运筹与管理科学丛书 15

模糊优化方法与应用

刘彦奎 陈艳菊 刘 颖 秦 蕊 著

科学出版社

北 京

内 容 简 介

在模糊决策系统中, 模糊优化方法在工程与管理问题中有着越来越广泛的应用. 本书主要介绍模糊优化方法中一些最新研究成果. 在理论方面, 介绍 2-型模糊理论的公理化体系以及简约不确定性的新方法; 在优化模型方面, 介绍两阶段模糊规划的最新进展; 在模型求解方法方面, 给出新的模糊规划模型逼近方法; 在应用方面, 既有静态模糊优化方法的应用, 又有两阶段(动态)模糊优化方法的应用.

本书可作为高等院校运筹学、管理科学、信息科学、系统科学与系统工程专业高年级本科生或研究生的教材, 也可以作为相关领域的科技工作者、工程技术人员、高校教师的参考书.

图书在版编目(CIP)数据

模糊优化方法与应用/刘彦奎等著. —北京: 科学出版社, 2013
(运筹与管理科学丛书; 15)
ISBN 978-7-03-036312-1

Ⅰ. ①模 ⋯ Ⅱ. ①刘 ⋯ Ⅲ. ①模糊数学–最佳化–研究 Ⅳ. ①O159

中国版本图书馆 CIP 数据核字 (2013) 第 001047 号

责任编辑: 徐园园 赵彦超 / 责任校对: 朱光兰
责任印制: 徐晓晨 / 封面设计: 王 浩

科学出版社 出版
北京东黄城根北街 16 号
邮政编码: 100717
http://www.sciencep.com

北京虎彩文化传播有限公司 印刷
科学出版社发行 各地新华书店经销
*
2013 年 3 月第 一 版 开本: B5(720 × 1000)
2019 年 1 月第四次印刷 印张: 17 3/4
字数: 340 000
定价: 128.00 元
(如有印装质量问题, 我社负责调换)

《运筹与管理科学丛书》序

　　运筹学是运用数学方法来刻画、分析以及求解决策问题的科学. 运筹学的例子在我国古已有之, 春秋战国时期著名军事家孙膑为田忌赛马所设计的排序就是一个很好的代表. 运筹学的重要性同样在很早就被人们所认识, 汉高祖刘邦在称赞张良时就说道: "运筹帷幄之中, 决胜千里之外."

　　运筹学作为一门学科兴起于第二次世界大战期间, 源于对军事行动的研究. 运筹学的英文名字 Operational Research 诞生于 1937 年. 运筹学发展迅速, 目前已有众多的分支, 如线性规划、非线性规划、整数规划、网络规划、图论、组合优化、非光滑优化、锥优化、多目标规划、动态规划、随机规划、决策分析、排队论、对策论、物流、风险管理等.

　　我国的运筹学研究始于 20 世纪 50 年代, 经过半个世纪的发展, 运筹学研究队伍已具相当大的规模. 运筹学的理论和方法在国防、经济、金融、工程、管理等许多重要领域有着广泛应用, 运筹学成果的应用也常常能带来巨大的经济和社会效益. 由于在我国经济快速增长的过程中涌现出了大量迫切需要解决的运筹学问题, 因而进一步提高我国运筹学的研究水平、促进运筹学成果的应用和转化、加快运筹学领域优秀青年人才的培养是我们当今面临的十分重要、光荣, 同时也是十分艰巨的任务. 我相信, 《运筹与管理科学丛书》能在这些方面有所作为.

　　《运筹与管理科学丛书》可作为运筹学、管理科学、应用数学、系统科学、计算机科学等有关专业的高校师生、科研人员、工程技术人员的参考书, 同时也可作为相关专业的高年级本科生和研究生的教材或教学参考书. 希望该丛书能越办越好, 为我国运筹学和管理科学的发展做出贡献.

袁亚湘

2007 年 9 月

前　　言

在工业生产、农业生产、交通运输、能源开发、生态环境、工程与管理等许多实际决策问题中，都存在着数学规划的应用，其中目标函数及约束函数都是在建模过程中确定的，而且在许多情形下这些目标函数和约束函数中的参数都具有不确定性. 这里的不确定性可能表现为与系统有关事件的随机性，也可能表现为与决策者或专家主观判断有关的模糊性. 本书主要目的是介绍模糊决策系统中优化理论的最新研究成果. 在理论方面重点介绍近几年发展起来的 2-型模糊理论；在优化模型方面，将介绍两阶段模糊规划模型的最新进展；在模型求解方法方面，将介绍模型新的逼近方法；在应用方面，将介绍静态与两阶段 (动态) 模糊优化方法在有价证券选择、数据包络分析、设备选址以及原材料获取计划等问题中的应用.

此外，本书在结构安排上考虑了两类读者的需要. 对于喜欢数学理论的读者，通过本书的学习，可在模糊理论方面做进一步深入的研究. 而对于那些擅长实际应用的读者，则可以将本书中所提出的优化方法与其他建模方法进行比较，并结合一些具体工程或管理问题，做一些创新性的应用研究.

本书共分 8 章. 第 1 章主要介绍模糊理论中的一些基本概念，包括可信性测度、可信性空间、模糊变量、独立性、期望值、方差、可信性分布、2-型模糊集、第二隶属函数以及不确定性的迹等.

第 2 章主要介绍模糊模拟方法在求解模糊规划问题中的应用. 首先给出模糊变量序列几种收敛模式，然后讨论逼近方法关于收敛模式的收敛性，给出三个主要结论：模拟模糊事件可信性的收敛性、模拟关键值的收敛性和模拟期望值的收敛性.

第 3 章主要介绍一类新的模糊规划 —— 两阶段模糊规划或称为带有补偿的模糊规划. 首先介绍两阶段模糊规划模型的建立及其性质，然后介绍与模糊规划有关的三种解概念，在此基础上引入两个重要指标：完全信息期望值和模糊解的价值.

第 4 章介绍两阶段模糊整数规划模型的逼近方法. 为了说明逼近方法的有效性，本章讨论近似两阶段模糊优化问题与原两阶段模糊优化问题在目标函数值、最优目标函数值以及最优解三方面的收敛关系.

第 5 章介绍模糊规划在有价证券选择、数据包络分析、两阶段设备选址和原材料获取计划问题中的应用，设计求解优化模型的算法并通过数值试验说明算法的有效性.

第 6 章主要介绍 2-型模糊理论的公理化体系 —— 模糊可能性理论. 该理论包

括如下一些基本概念: 模糊可能性测度、模糊可能性空间、2-型模糊变量、2-型可能性分布函数、2-型边缘可能性分布函数、相互独立的 2-型模糊变量和乘积模糊可能性空间等.

第 7 章介绍简约不确定性的方法. 重点介绍三种新方法: 关键值简约、均值简约和等价值简约. 所谓简约就是一种舍弃, 更是一种保留, 三种简约方法分别通过三种不同积分对第二可能性分布的不确定性进行简约, 所得到的简约模糊变量均具有参数可能性分布, 从而确保 2-型可能性分布的重要信息不会缺失.

第 8 章主要介绍参数模糊优化方法. 该章内容是第 5 章相关内容的延伸, 主要阐明当实际决策问题中的可能性分布不能确定时, 可以借助参数可能性分布并采用参数规划建模方法. 这样得到的优化模型更加具有柔性, 充分体现模糊理论在解决实际问题过程中所起到的重要作用.

本书中的研究工作得到国家自然科学基金 (No.60974134)、河北省自然科学基金 (No.A2008000563, No.A2011201007) 及河北省人才工程培养经费资助科研项目 (课题) 的资助, 作者在此表示衷心的感谢.

作　者

2012 年 11 月

常 用 符 号

α, β	置信水平	$\Re$	实数集
$\boldsymbol{\xi}, \boldsymbol{\eta}, \boldsymbol{\zeta}$	模糊向量或 2-型模糊向量	$\Re^n$	n 维欧氏空间
ξ, η, ζ	模糊变量或 2-型模糊变量	$\vee$	取大算子
$\hat{\xi}$	模糊变量实现值	$\wedge$	取小算子
I_A	集合 A 的示性函数	x	决策向量
μ	可能性分布	y	决策向量
G_ξ	可信性分布	T, W, h	矩阵
$\xi_{\sup}(\alpha)$	可信性 α-乐观值	$Q(x, \xi)$	第二阶段最优值函数
$\xi_{\inf}(\alpha)$	可信性 α-悲观值	$\mathcal{Q}(x)$	补偿函数
Pos	可能性测度	$\|\cdot\|$	欧几里得范数
Nec	必要性测度	WS	分布解
Cr	可信性测度	RP	补偿解
E	期望值	EV	期望值解
V	方差	EVPI	完全信息期望值
$\breve{f}$	函数 f 的伪逆	VFS	模糊解价值
Ξ	模糊向量的支撑	$\widetilde{\text{Pos}}$	模糊可能性测度
$(\Gamma, \mathcal{A})$	备域空间	CV	关键值
$(\Gamma, \mathcal{A}, \text{Pos})$	可能性空间	CV^*	乐观关键值
$(\Gamma, \mathcal{A}, \text{Cr})$	可信性空间	CV_*	悲观关键值

目　　录

第 1 章　预 备 知 识

可信性测度是一种非可加测度, 本章首先介绍与这一测度有关的积分理论, 重点回顾一些基本概念和基本性质. 此外, 本章还介绍一些与 2-型模糊集有关的概念.

1.1　可信性测度

1.1.1　备域

备域这个概念是由 Wang(1982) 首先提出的, 它是一类特殊的 σ-代数. 设 Γ 是一个非空的论域. 下面先介绍 σ-代数的概念.

定义 1.1(Halmos, 1974)　称由 Γ 的子集所构成的集类 Σ 为一个 σ-代数, 如果它满足下面的三个条件

(1) $\Gamma \in \Sigma$;

(2) 若 $E \in \Sigma$, 则 $\Gamma \setminus E \in \Sigma$;

(3) 若 $E_i \in \Sigma$, $i = 1, 2, \cdots$, 则 $\bigcup_{i=1}^{\infty} E_i \in \Sigma$.

定义 1.2(Wang, 1982)　备域 $\mathcal{A}$ 是一个由 Γ 的子集所构成的集类, 并且满足下面的条件

(1) $\Gamma \in \mathcal{A}$;

(2) 对任意 $A \in \mathcal{A}$, 有 $\Gamma \setminus A \in \mathcal{A}$;

(3) 若 $A_i \in \mathcal{A}$, $i \in I$, 则 $\bigcup_{i \in I} A_i \in \mathcal{A}$, 其中 I 是一个任意指标集,

称 $(\Gamma, \mathcal{A})$ 为一个备域空间. 幂集 $\mathcal{P}(\Gamma)$ 是 Γ 上一个特殊的备域, 它是 Γ 上备域中最大的一个, 从而 $(\Gamma, \mathcal{P}(\Gamma))$ 是一个特殊的备域空间.

由定义 1.2 易知, 任意一族备域的交仍然是备域.

设 $\mathcal{C}$ 是 $\mathcal{P}(\Gamma)$ 的子类. 由 $\mathcal{C}$ 生成的最小备域记为

$$\mathcal{A}(\mathcal{C}) = \cap\{\mathcal{A} \mid \mathcal{C} \subset \mathcal{A}, \mathcal{A} \text{ 为备域}\}.$$

容易验证, 备域 $\mathcal{A}(\mathcal{C})$ 有以下性质:

(1) $\mathcal{C} \subset \mathcal{A}(\mathcal{C})$;

(2) 对任意备域 $\mathcal{A}'$, 有 $\mathcal{C} \subset \mathcal{A}' \Rightarrow \mathcal{A}(\mathcal{C}) \subset \mathcal{A}'$.

命题 1.1(Liu, Wang, 2006)　设 ξ 是从 Γ 到 $\Re$ 的一个实值函数, $\mathcal{C}$ 是 $\Re$ 的一个备域, 那么 $\xi^{-1}\mathcal{C}$ 是 Γ 的一个备域.

命题 1.2(Liu, Wang, 2006)　对 $\Re$ 的任意集类 $\mathcal{C}$, 有 $\mathcal{A}(\xi^{-1}\mathcal{C}) = \xi^{-1}(\mathcal{A}(\mathcal{C}))$.

1.1.2 可信性空间

可信性测度是 Liu B 和 Liu Y K 于 2002 年提出的, 它是一个具有自对偶性的非可加模糊测度. 对于模糊测度, 有兴趣的读者可参阅文献 (Klir, 1999; Sugeno, 1974; Wang, Kilr, 1992).

定义 1.3(Zadeh, 1978) 设 $(\Gamma, \mathcal{A})$ 是一个备域空间, Pos 是定义在备域 $\mathcal{A}$ 上的一个集函数. 如果 Pos 满足下面的条件

(1) $\mathrm{Pos}(\varnothing) = 0$, 且 $\mathrm{Pos}(\Gamma) = 1$;

(2) 对 $\mathcal{A}$ 的任意子类 $\{A_i \mid i \in I\}$, 有

$$\mathrm{Pos}\left(\bigcup_{i \in I} A_i\right) = \sup_{i \in I} \mathrm{Pos}(A_i),$$

称它是一个可能性测度, 称三元组 $(\Gamma, \mathcal{A}, \mathrm{Pos})$ 为一个可能性空间. 在文献 (Nahmias, 1978) 中, Nahmias 称其为模式空间.

由定义 1.3 知, 可能性测度具有如下基本性质.

(1) 有界性: 对于任何 $A \in \mathcal{A}$, $0 \leqslant \mathrm{Pos}(A) \leqslant 1$;

(2) 单调性: 如果 $A, B \in \mathcal{A}$, 且 $A \subset B$, 有 $\mathrm{Pos}(A) \leqslant \mathrm{Pos}(B)$;

(3) 强次可加性: 对任意 $A, B \in \mathcal{A}$, 有

$$\mathrm{Pos}(A \cup B) + \mathrm{Pos}(A \cap B) \leqslant \mathrm{Pos}(A) + \mathrm{Pos}(B);$$

(4) 下半连续性: 如果 $\{A_n\} \subset \mathcal{A}$, $A_1 \subset A_2 \subset \cdots$, 则

$$\lim_{n \to \infty} \mathrm{Pos}(A_n) = \mathrm{Pos}\left(\lim_{n \to \infty} A_n\right) = \mathrm{Pos}\left(\bigcup_{n=1}^{\infty} A_n\right).$$

利用可能性测度，如下定义的集函数:

$$\mathrm{Nec}(A) = 1 - \mathrm{Pos}(A^c), \quad A \in \mathcal{A}$$

称为必要性测度, 其中 A^c 为集合 A 的补集. 可能性测度 Pos 和必要性测度 Nec 是一对对偶的半连续模糊测度. 必要性测度具有如下性质.

(1) 单调性: 如果 $A, B \in \mathcal{A}$, 且 $A \subset B$, 有 $\mathrm{Nec}(A) \leqslant \mathrm{Nec}(B)$;

(2) 上半连续: 如果 $\{A_n\} \subset \mathcal{A}$, $A_1 \supset A_2 \supset \cdots$, 则

$$\lim_{n \to \infty} \mathrm{Nec}(A_n) = \mathrm{Nec}\left(\lim_{n \to \infty} A_n\right) = \mathrm{Nec}\left(\bigcap_{n=1}^{\infty} A_n\right);$$

(3) 弱超可加: 对任意 $A, B \in \mathcal{A}$, 有

$$\mathrm{Nec}(A \cup B) + \mathrm{Nec}(A \cap B) \geqslant \mathrm{Nec}(A) + \mathrm{Nec}(B).$$

显然, 一个事件的可能性为 1 时, 该事件未必发生. 一个事件的必要性为 0 时, 该事件有可能发生. 因此可能性测度和必要性测度都不具有自对偶性. 下面介绍可信性测度 Cr, 它是一个具有自对偶性的集函数, 其定义如下:

定义 1.4(Liu B, Liu Y K, 2002)　设 $(\Gamma, \mathcal{A})$ 是一个备域空间, Cr 是定义在 $\mathcal{A}$ 上的一个集函数. 如果对任意的 $A \in \mathcal{A}$, 有

$$\mathrm{Cr}(A) = \frac{1}{2}\left(1 + \mathrm{Pos}(A) - \mathrm{Pos}(A^c)\right), \tag{1.1}$$

则称 Cr 是一个可信性测度. 称三元组 $(\Gamma, \mathcal{A}, \mathrm{Cr})$ 为可信性空间.

例 1.1　设 $\Gamma = \{\gamma_1, \gamma_2, \gamma_3, \gamma_4\}$. 定义一个 $\mathcal{P}(\Gamma)$ 上的集函数如下:

$$\mathrm{Pos}\{\gamma_1\} = 0.1, \quad \mathrm{Pos}\{\gamma_2\} = 0.5, \quad \mathrm{Pos}\{\gamma_3\} = 1, \quad \mathrm{Pos}\{\gamma_4\} = 0.7,$$

对任意的集合 $A \in \mathcal{P}(\Gamma)$, 定义

$$\mathrm{Pos}(A) = \max_{\gamma_i \in A} \mathrm{Pos}\{\gamma_i\},$$

且

$$\mathrm{Cr}(A) = \frac{1}{2}\left(1 + \mathrm{Pos}(A) - \mathrm{Pos}(A^c)\right),$$

那么 Pos 是 $\mathcal{P}(\Gamma)$ 上的一个可能性测度, Cr 是 $\mathcal{P}(\Gamma)$ 上的一个可信性测度, 三元组 $(\Gamma, \mathcal{P}(\Gamma), \mathrm{Cr})$ 为可信性空间. 模糊事件 $\{\gamma_2, \gamma_4\}$ 的可信性测度

$$\mathrm{Cr}\{\gamma_2, \gamma_4\} = \frac{1}{2}\left(1 + \mathrm{Pos}\{\gamma_2, \gamma_4\} - \mathrm{Pos}\{\gamma_1, \gamma_3\}\right) = \frac{1}{2}(1 + 0.7 - 1) = 0.35.$$

下面介绍 Cr 的一些性质 (Liu B, Liu Y K, 2002).

定理 1.1　若 $(\Gamma, \mathcal{A}, \mathrm{Cr})$ 是一个可信性空间, 则

(1) $\mathrm{Cr}(\varnothing) = 0$, $\mathrm{Cr}(\Gamma) = 1$;

(2) 有界性: 对任意 $A \in \mathcal{A}$, 有 $0 \leqslant \mathrm{Cr}(A) \leqslant 1$;

(3) 单调性: 如果 $A, B \in \mathcal{A}$, 且 $A \subset B$, 则 $\mathrm{Cr}(A) \leqslant \mathrm{Cr}(B)$;

(4) 自对偶性: 对任意 $A \in \mathcal{A}$, 有 $\mathrm{Cr}(A) + \mathrm{Cr}(A^c) = 1$;

(5) 可列次可加性: 对任意 $\{A_n\} \subset \mathcal{A}$, 有 $\mathrm{Cr}\left(\bigcup_{n=1}^{\infty} A_n\right) \leqslant \sum_{n=1}^{\infty} \mathrm{Cr}(A_n)$.

1.2 模 糊 变 量

1.2.1 模糊变量的定义

Kaumann(1975) 是最早提出模糊变量的学者, Zadeh(1975, 1978) 也对这一概念进行了研究. 1978 年模糊变量的公理化定义由 Nahmias(1978) 在模式空间上给出. 1982 年, Wang 将这一定义推广到了备域空间.

定义 1.5(Wang, 1982) 设 $(\Gamma, \mathcal{A})$ 是一个备域空间, ξ 为定义在 Γ 上的一个实值函数. 如果对于任意的 $t \in \Re$, 有

$$\{\gamma \mid \xi(\gamma) \leqslant t\} \in \mathcal{A},$$

则称 ξ 为一个模糊变量.

一般地, 模糊向量可以类似地定义如下.

定义 1.6 一个模糊向量 $\boldsymbol{\xi} = (\xi_1, \cdots, \xi_n)$ 是从备域空间 $(\Gamma, \mathcal{A})$ 到空间 $(\Re^n, \mathcal{P}(\Re^n))$ 上的向量值函数, 并且满足对任意的 $B \in \mathcal{P}(\Re^n)$, 有

$$\boldsymbol{\xi}^{-1}B = \{\gamma \in \Gamma \mid \boldsymbol{\xi}(\gamma) \in B\} \in \mathcal{A}.$$

可以验证 $\boldsymbol{\xi} = (\xi_1, \xi_2, \cdots, \xi_n)$ 是一个模糊向量的充要条件是 $\xi_1, \xi_2, \cdots, \xi_n$ 都是模糊变量 (Liu, Wang, 2006).

例 1.2 设 $\Gamma = \{\gamma_1, \gamma_2\}$, $\mathcal{A} = \mathcal{P}(\Gamma)$, 定义 $\xi(\gamma_i) = i, i = 1, 2$, 则 ξ 是一个模糊变量.

例 1.3 一个确定的常数 c 可看成一个特殊的模糊变量.

模糊向量的函数还是一个模糊变量, 其运算规则如下.

设 $f : \Re^n \to \Re$ 是一个函数, $\xi_i : \Gamma \to \Re$, $i = 1, \cdots, n$ 是模糊变量, 则 $\boldsymbol{\xi} = f(\xi_1, \xi_2, \cdots, \xi_n)$ 是一个模糊向量, 其定义如下:

$$\boldsymbol{\xi}(\gamma) = f(\xi_1(\gamma), \xi_2(\gamma), \cdots, \xi_n(\gamma)), \quad \forall \gamma \in \Gamma.$$

设 $f : \Re^n \to \Re$ 是一个函数, $\xi_i : \Gamma_i \to \Re$, $i = 1, \cdots, n$ 是模糊变量, 则 $\boldsymbol{\xi} = f(\xi_1, \xi_2, \cdots, \xi_n)$ 是一个模糊向量, 其定义如下:

$$\boldsymbol{\xi}(\gamma_1, \gamma_2, \cdots, \gamma_n) = f(\xi_1(\gamma_1), \xi_2(\gamma_2), \cdots, \xi_n(\gamma_n)), \quad \forall \gamma_i \in \Gamma_i, i = 1, \cdots, n.$$

例 1.4 设 $\Gamma = \{\gamma_1, \gamma_2\}$, ξ_1 和 ξ_2 是定义在 Γ 上的两个模糊变量, 且 $\xi_1(\gamma_i) = i$, $\xi_2(\gamma_i) = i + 1, i = 1, 2$, 则

$$(\xi_1 + \xi_2)(\gamma_1) = \xi_1(\gamma_1) + \xi_2(\gamma_1) = 3,$$

$$(\xi_1 + \xi_2)(\gamma_2) = \xi_1(\gamma_2) + \xi_2(\gamma_2) = 5.$$

例 1.5 设 $\Gamma_1 = \{\gamma_1, \gamma_2\}$, $\Gamma_2 = \{\gamma_3, \gamma_4\}$, ξ_1 和 ξ_2 分别是定义在 Γ_1, Γ_2 上的模糊变量, 且 $\xi_1(\gamma_i) = i, i = 1, 2, \xi_2(\gamma_i) = i + 1, i = 3, 4$, 则

$$(\xi_1 + \xi_2)(\gamma_1, \gamma_3) = \xi_1(\gamma_1) + \xi_2(\gamma_3) = 5,$$

$$(\xi_1 + \xi_2)(\gamma_2, \gamma_3) = \xi_1(\gamma_2) + \xi_2(\gamma_3) = 6,$$

$$(\xi_1 + \xi_2)(\gamma_1, \gamma_4) = \xi_1(\gamma_1) + \xi_2(\gamma_4) = 6,$$

$$(\xi_1 + \xi_2)(\gamma_2, \gamma_4) = \xi_1(\gamma_2) + \xi_2(\gamma_4) = 7.$$

1.2.2 模糊变量的可能性分布

下面, 我们首先给出模糊变量可能性分布的定义.

定义 1.7(Nahmias, 1978) 设对于任意的 $t \in \Re$,

$$\mu_\xi(t) = \text{Pos}\{\gamma \in \Gamma \mid \xi(\gamma) = t\}. \tag{1.2}$$

称函数 $\mu_\xi(t)$, $t \in \Re$ 为模糊变量 ξ 的可能性分布.

如果存在某一实数 r 满足 $\mu_\xi(r) = 1$, 则称模糊变量 ξ 是正则的.

如果模糊变量的可能性分布 $\mu_\xi(t)$ 是一个连续的实值函数, 则称 ξ 是一个连续型的模糊变量. 如果 $X = \{t_1, t_2, t_3, \cdots\}$ 是 ξ 的一切可能取值的集合, 则称 ξ 是一个离散型的模糊变量. 离散型模糊变量的可能性分布常表示为

$$\text{Pos}\{\gamma \in \Gamma \mid \xi(\gamma) = t_i\} = \mu_i, \quad i = 1, 2, \cdots,$$

或

$$\xi \sim \begin{pmatrix} t_1 & t_2 & t_3 & \cdots \\ \mu_1 & \mu_2 & \mu_3 & \cdots \end{pmatrix}.$$

易知

$$\mu_i > 0, \quad \bigvee_{i=1}^{\infty} \mu_i = 1.$$

若 ξ 是一个离散型模糊变量, 则下面一些事件的可能性和可信性可以直接通过 $\{\mu_i\}$ 来表示. 例如,

$$\text{Pos}\{a < \xi \leqslant b\} = \bigvee_{a < t_i \leqslant b} \text{Pos}\{\xi = t_i\} = \bigvee_{\{i \mid a < t_i \leqslant b\}} \mu_i; \tag{1.3}$$

$$\text{Pos}\{\xi > a\} = \bigvee_{t_i > a} \text{Pos}\{\xi = t_i\} = \bigvee_{\{i \mid t_i > a\}} \mu_i; \tag{1.4}$$

$$\text{Cr}\{a < \xi \leqslant b\} = \frac{1}{2}\left(1 + \bigvee_{\{i \mid a < t_i \leqslant b\}} \mu_i - \left(\bigvee_{\{i \mid t_i \leqslant a\}} \mu_i\right) \bigvee \left(\bigvee_{\{i \mid t_i > b\}} \mu_i\right)\right). \tag{1.5}$$

若 ξ 是连续型模糊变量, 则下面一些事件的可能性和可信性, 可以直接通过可能性分布 μ_ξ 来表示. 例如,

$$\text{Pos}\{\xi \geqslant a\} = \sup_{u \geqslant a} \mu_\xi(u), \tag{1.6}$$

$$\text{Pos}\{\xi < a\} = \sup_{u < a} \mu_\xi(u), \tag{1.7}$$

从而

$$\text{Cr}\{\xi \geqslant a\} = \frac{1}{2}\left(1 - \sup_{u < a} \mu_\xi(u) + \sup_{u \geqslant a} \mu_\xi(u)\right), \tag{1.8}$$

其中 $\text{Pos}\{\xi \geqslant a\}$ 和 $\text{Cr}\{\xi \geqslant a\}$ 分别表示 ξ 不小于 a 的可能性和可信性.

1.2.3 几种常用的连续型模糊变量

为便于后面章节的使用, 下面给出几种常用的连续型模糊变量.

例 1.6 如果模糊变量 ξ 具有如下的可能性分布

$$\mu_\xi(r) = \begin{cases} \dfrac{r - r_0 + \alpha}{\alpha}, & r_0 - \alpha \leqslant r < r_0, \\ \dfrac{r_0 + \beta - r}{\beta}, & r_0 \leqslant r \leqslant r_0 + \beta, \\ 0, & \text{其他}, \end{cases}$$

其中 $\alpha > 0$ 称为左跨度, $\beta > 0$ 称为右跨度, 则称 ξ 是一个三角模糊变量, 记作 $\xi = (r_0, \alpha, \beta)$ 或 $\xi = (r_0 - \alpha, r_0, r_0 + \beta)$, 如图 1.1 所示.

例 1.7 如果模糊变量 ξ 具有如下的可能性分布

$$\mu_\xi(r) = \begin{cases} \dfrac{r - r_1 + \alpha}{\alpha}, & r_1 - \alpha \leqslant r < r_1, \\ 1, & r_1 \leqslant r < r_2, \\ \dfrac{r_2 + \beta - r}{\beta}, & r_2 \leqslant r \leqslant r_2 + \beta, \\ 0, & \text{其他}, \end{cases}$$

其中 $\alpha > 0$ 称为左跨度, $\beta > 0$ 称为右跨度, 则称 ξ 是一个梯形模糊变量, 记作 $\xi = (r_1, r_2, \alpha, \beta)$ 或 $\xi = (r_1 - \alpha, r_1, r_2, r_2 + \beta)$, 如图 1.2 所示.

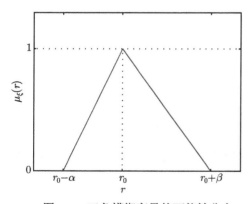
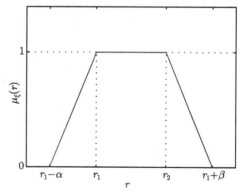

图 1.1 三角模糊变量的可能性分布　　图 1.2 梯形模糊变量的可能性分布

例 1.8 如果模糊变量 ξ 具有如下的可能性分布

$$\mu_\xi(r) = \exp\left\{-(r-m)^2/(2\sigma^2)\right\}, \quad r \in \Re,$$

其中 $m \in \Re$, $\sigma > 0$, 则称 ξ 是一个参数为 m, σ 的正态模糊变量, 记作 $\xi = n(m, \sigma)$, 如图 1.3 所示.

例 1.9 如果模糊变量 ξ 具有如下的可能性分布

$$\mu_\xi(r) = \mathrm{e}^{-\lambda r}, \quad r \in \Re^+,$$

其中 $\lambda \in \Re^+$, 则称 ξ 是一个参数为 λ 的指数模糊变量, 记作 $\xi = e(\lambda)$, 如图 1.4 所示.

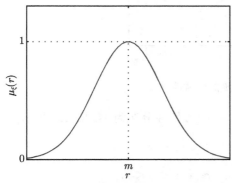

图 1.3 正态模糊变量的可能性分布　　图 1.4 指数模糊变量的可能性分布

1.2.4 可信性分布函数

定义 1.8(Liu, 2004)　设 ξ 是一个定义在可信性空间 $(\Gamma, \mathcal{A}, \mathrm{Cr})$ 上的模糊变量, ξ 的可信性分布定义为

$$G_{\mathrm{Cr},\xi}(x) = \mathrm{Cr}\{\gamma \in \Gamma \mid \xi(\gamma) \geqslant x\}, \quad x \in \Re, \tag{1.9}$$

或者

$$G_{\mathrm{Cr},\xi}(x) = \mathrm{Cr}\{\gamma \in \Gamma \mid \xi(\gamma) \leqslant x\}, \quad x \in \Re. \tag{1.10}$$

在本书中我们采用前一种定义方式.

定义 1.9(Liu, 2002)　设 $\xi_i, i = 1, \cdots, n$ 是定义在可信性空间 $(\Gamma, \mathcal{A}, \mathrm{Cr})$ 上的模糊变量. 模糊向量 $\boldsymbol{\xi} = (\xi_1, \cdots, \xi_n)$ 的可信性分布定义为

$$G_{\mathrm{Cr},\boldsymbol{\xi}}(x_1, \cdots, x_n) = \mathrm{Cr}\{\gamma \in \Gamma \mid \xi_i(\gamma) \geqslant x_i, i = 1, \cdots, n\}, \quad x_1, \cdots, x_n \in \Re.$$

例 1.10 三角模糊变量 $\xi = (r_0, \alpha, \beta)$ 的可信性分布为 (如图 1.5 所示)

$$G_{\mathrm{Cr},\xi}(x) = \begin{cases} 1, & x \leqslant r_0 - \alpha, \\ \dfrac{r_0 + \alpha - x}{2\alpha}, & r_0 - \alpha < x \leqslant r_0, \\ \dfrac{r_0 + \beta - x}{2\beta}, & r_0 < x \leqslant r_0 + \beta, \\ 0, & x > r_0 + \beta. \end{cases}$$

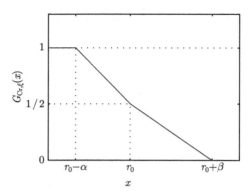

图 1.5   三角模糊变量的可信性分布

例 1.11   梯形模糊变量 $\xi = (r_1, r_2, \alpha, \beta)$ 的可信性分布为 (如图 1.6 所示)

$$
G_{\mathrm{Cr},\xi}(x) = \begin{cases}
1, & x \leqslant r_1 - \alpha, \\[2mm]
\dfrac{r_1 + \alpha - x}{2\alpha}, & r_1 - \alpha < x \leqslant r_1, \\[2mm]
\dfrac{1}{2}, & r_1 < x \leqslant r_2, \\[2mm]
\dfrac{r_2 + \beta - x}{2\beta}, & r_2 < x \leqslant r_2 + \beta, \\[2mm]
0, & x > r_2 + \beta.
\end{cases}
$$

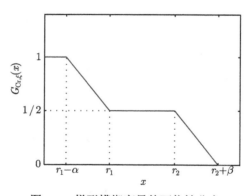

图 1.6   梯形模糊变量的可信性分布

例 1.12   正态模糊变量 $\xi = n(m, \sigma)$ 的可信性分布为 (如图 1.7 所示)

$$
G_{\mathrm{Cr},\xi}(x) = \begin{cases}
1 - \dfrac{1}{2} \exp\left\{ -\dfrac{(x-m)^2}{2\sigma^2} \right\}, & x < m, \\[3mm]
\dfrac{1}{2} \exp\left\{ -\dfrac{(x-m)^2}{2\sigma^2} \right\}, & x \geqslant m.
\end{cases}
$$

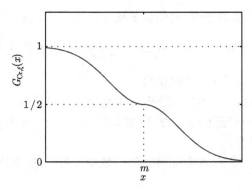

图 1.7　正态模糊变量的可信性分布

例 1.13　参数为 λ 的指数模糊变量 $\xi = e(\lambda)$ 的可信性分布为 (如图 1.8 所示)

$$G_{\mathrm{Cr},\xi}(x) = \begin{cases} 1, & x \leqslant 0, \\ \dfrac{1}{2}\exp\{-\lambda x\}, & x > 0. \end{cases}$$

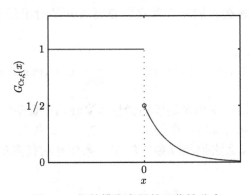

图 1.8　指数模糊变量的可信性分布

一般地, 具有可能性分布函数 $\mu_\xi(x)$ 的模糊变量 ξ 的可信性分布为

$$G_{\mathrm{Cr},\xi}(x) = \frac{1}{2}\left(1 + \sup_{y \geqslant x}\mu_\xi(y) - \sup_{y < x}\mu_\xi(y)\right).$$

1.2.5　独立模糊变量

下面, 我们首先给出模糊变量和模糊向量独立性的概念, 并讨论独立性的充要条件 (Liu, Gao, 2007). 然后将独立性的定义进行推广, 引入 T-独立的概念.

定义 1.10(Liu, Gao, 2007)　假设 $\xi_i, i = 1, \cdots, n$ 是定义在可信性空间 $(\Gamma, \mathcal{A},$

Cr) 上的模糊变量. 如果对于 $\Re$ 的任意子集 $B_i, i = 1, \cdots, n,$ 都有

$$\text{Cr}\left\{\gamma \in \Gamma \mid \xi_i(\gamma) \in B_i, i = 1, 2, \cdots, n\right\} = \min_{1 \leqslant i \leqslant n} \text{Cr}\left\{\gamma \in \Gamma \mid \xi_i(\gamma) \in B_i\right\}, \qquad (1.11)$$

则称模糊变量 $\xi_1, \cdots, \xi_n$ 是相互独立的.

定义 1.11(Liu, Gao, 2007) 假设 $\{\xi_i\}$ 是定义在可信性空间 $(\Gamma, \mathcal{A}, \text{Cr})$ 上的一列模糊变量. 如果对于任意的 $n \geqslant 2$, 模糊变量 $\xi_1, \cdots, \xi_n$ 相互独立, 则称模糊变量序列 $\{\xi_i\}$ 是相互独立的.

若 $\xi_1, \cdots, \xi_n$ 中的任意两个模糊变量都是相互独立的, 则称 $\xi_1, \cdots, \xi_n$ 两两相互独立.

如果模糊变量 $\xi_1, \cdots, \xi_n$ 相互独立, 则它们两两独立, 反之不成立.

性质 1.1(Liu, Gao, 2007) 如果模糊变量 $\xi_1, \cdots, \xi_n$ 相互独立, 则其中任意 m 个 $(2 \leqslant m \leqslant n)$ 模糊变量也相互独立.

1.2.6 模糊变量独立的充要条件

由可信性测度 Cr 的自对偶性, 可得下面关于模糊变量相互独立的充要条件.

定理 1.2(Liu, Gao, 2007) 假设 $\xi_i, i = 1, 2, \cdots, n$ 是定义在可信性空间 $(\Gamma, \mathcal{A}, \text{Cr})$ 上的模糊变量, 那么它们相互独立的充要条件是对于任意的 $B_i \subset \Re, i = 1, 2, \cdots, n,$ 有

$$\text{Cr}\left(\bigcup_{i=1}^{n}\{\gamma \mid \xi_i(\gamma) \in B_i\}\right) = \max_{1 \leqslant i \leqslant n} \text{Cr}\{\xi_i(\gamma) \in B_i\}.$$

下面给出由可能性测度刻画的模糊变量独立性的充要条件.

定理 1.3(Liu, Gao, 2007) 假设 $\xi_i, i = 1, 2, \cdots, n$ 是定义在可信性空间 $(\Gamma, \mathcal{A}, \text{Cr})$ 上的模糊变量, 那么它们相互独立的充要条件是对任意的子集 $B_i \subset \Re, i = 1, 2, \cdots, n,$ 有

$$\text{Pos}\left\{\gamma \in \Gamma \mid \xi_i(\gamma) \in B_i, i = 1, 2, \cdots, n\right\} = \min_{1 \leqslant i \leqslant n} \text{Pos}\left\{\gamma \in \Gamma \mid \xi_i(\gamma) \in B_i\right\}. \qquad (1.12)$$

定理 1.4(Liu, Gao, 2007) 假设 $\xi_i, i = 1, 2, \cdots, n$ 是定义在可信性空间 $(\Gamma, \mathcal{A}, \text{Cr})$ 上的模糊变量, 则它们相互独立的充要条件是对任意的实数 $x_i \in \Re, i = 1, \cdots, n,$ 有

$$\text{Pos}\left\{\gamma \in \Gamma \mid \xi_i(\gamma) = x_i, i = 1, 2, \cdots, n\right\} = \min_{1 \leqslant i \leqslant n} \text{Pos}\left\{\gamma \in \Gamma \mid \xi_i(\gamma) = x_i\right\}.$$

定理 1.5(Liu, Gao, 2007) 假设 $\xi_i, i = 1, 2, \cdots, n$ 是相互独立的模糊变量, $f_i : \Re \to \Re, i = 1, 2, \cdots, n$ 是实值函数, 则 $f_i(\xi_i), i = 1, 2, \cdots, n$ 是相互独立的模糊变量.

下面给出模糊向量相互独立的定义以及充分必要条件.

定义 1.12(Liu, Gao, 2007) 假设 $\boldsymbol{\xi} = (\xi_1, \cdots, \xi_m)$, $\boldsymbol{\eta} = (\eta_1, \cdots, \eta_n), \cdots, \boldsymbol{\zeta} = (\zeta_1, \cdots, \zeta_r)$ 是同一可信性空间上的模糊向量. 如果对于任意的 $A \subset \Re^m$, $B \subset \Re^n, \cdots, C \subset \Re^r$, 有

$$\mathrm{Cr}\{\boldsymbol{\xi} \in A, \boldsymbol{\eta} \in B, \cdots, \boldsymbol{\zeta} \in C\} = \mathrm{Cr}\{\boldsymbol{\xi} \in A\} \wedge \mathrm{Cr}\{\boldsymbol{\eta} \in B\} \wedge \cdots \wedge \mathrm{Cr}\{\boldsymbol{\zeta} \in C\},$$

那么称模糊向量 $\boldsymbol{\xi}, \boldsymbol{\eta}, \cdots, \boldsymbol{\zeta}$ 是相互独立的.

定理 1.6(Liu, Gao, 2007) 假设 $\boldsymbol{\xi}_i, i = 1, 2, \cdots, n$ 分别是定义在可信性空间 $(\Gamma, \mathcal{A}, \mathrm{Cr})$ 上的 m_i-维模糊向量, 那么它们相互独立的充要条件是对于任意的 $B_i \subset \Re^{m_i}, i = 1, 2, \cdots, n$ 有

$$\mathrm{Cr}\left(\bigcup_{i=1}^n \{\gamma \mid \boldsymbol{\xi}_i(\gamma) \in B_i\}\right) = \max_{1 \leqslant i \leqslant n} \mathrm{Cr}\{\boldsymbol{\xi}_i(\gamma) \in B_i\}.$$

1.2.7 T-独立性

下面我们在一般意义下讨论模糊变量的独立性.

设 a, b, c 为 $[0, 1]$ 中的实数, 映射 $T : [0, 1] \times [0, 1] \to [0, 1]$ 满足下面的条件:

(1) $T(a, b) = T(b, a)$;

(2) $a \leqslant c, b \leqslant d \Rightarrow T(a, b) \leqslant T(c, d)$;

(3) $T(T(a, b), c) = T(a, T(b, c))$;

(4) $T(a, 1) = a$,

则称其为 T-模 (Klemet et al., 2000).

定义 1.13(De Cooman, 1997) 已知模糊变量 $\xi_1, \cdots, \xi_m$ 以及 T-模 T. 称 $\xi_1, \cdots, \xi_m$ 是 T-独立的, 如果对于 $\Re$ 的任意子集 $B_1, B_2, \cdots, B_m$, 都有

$$\mathrm{Pos}\{\xi_i \in B_i, i = 1, 2, \cdots, m\} = T_{i=1}^m \mathrm{Pos}\{\xi_i \in B_i\}. \tag{1.13}$$

定理 1.7(广义 Zadeh 扩展原理) 设 $\xi_1, \cdots, \xi_n$ 是 T-独立的模糊变量, 其可能性分布分别为 $\mu_1, \cdots, \mu_n$, f 是 $\Re^n$ 上的 n 元实值函数, 即 $f : \Re^n \to \Re$, 那么模糊变量 $f(\xi_1, \xi_2, \cdots, \xi_n)$ 的可能性分布为

$$\mu_{f(\xi_1, \xi_2, \cdots, \xi_n)}(x) = \sup_{x_1, x_2, \cdots, x_n \in \Re} \{T_{i=1}^n \mu_i(x_i) \mid x = f(x_1, x_2, \cdots, x_n)\}. \tag{1.14}$$

显然取小算子 "$\wedge$" 是一种特殊的 T-模. 当 $T = \wedge$ 时, 由 Zadeh 扩展原理可以得到下面有关模糊变量线性组合的性质.

定理 1.8 设 $\xi = e(\lambda_1)$ 和 $\eta = e(\lambda_2)$ 是两个独立的指数模糊变量，$a > 0$ 为一个纯量值，则有

$$\xi + \eta = e\left(\frac{\lambda_1\lambda_2}{\lambda_1 + \lambda_2}\right), \quad a\xi = e\left(\frac{\lambda_1}{a}\right).$$

证明 设 ξ 和 η 的可能性分布如下：

$$\mu_\xi(x) = \mathrm{e}^{-\lambda_1 x}, \quad \mu_\eta(y) = \mathrm{e}^{-\lambda_2 y}, \quad x, y, \lambda_1, \lambda_2 \in \Re^+.$$

由广义 Zadeh 扩展原理有

$$\mu_{\xi+\eta}(z) = \sup_{x,y \in \Re} \left\{\mu_\xi(x) \wedge \mu_\eta(y) \mid x + y = z\right\}.$$

易知当 $\mu_\xi(x) = \mu_\eta(y)$ 时，$\mu_\xi(x) \wedge \mu_\eta(y)$ 取到最大值，此时必有 $\lambda_1 x = \lambda_2 y$，因此，$x = \dfrac{\lambda_2}{\lambda_1 + \lambda_2} z$，且有

$$\mu_{\xi+\eta}(z) = \mu_\xi(x) = \mu_\xi\left(\frac{\lambda_2}{\lambda_1 + \lambda_2} z\right) = \mathrm{e}^{-\frac{\lambda_1\lambda_2}{\lambda_1 + \lambda_2} z},$$

即

$$\xi + \eta = e\left(\frac{\lambda_1\lambda_2}{\lambda_1 + \lambda_2}\right).$$

由

$$\mu_{a\xi}(z) = \mathrm{Pos}\{a\xi = z\} = \mathrm{Pos}\left\{\xi = \frac{z}{a}\right\} = \mathrm{e}^{-\frac{\lambda_1}{a} z},$$

可得

$$a\xi = e\left(\frac{\lambda_1}{a}\right). \qquad \qquad \square$$

关于三角和梯形模糊变量，可得下面两个结论.

定理 1.9 设 $\xi = (a_1, b_1, \alpha_1, \beta_1)$ 和 $\eta = (a_2, b_2, \alpha_2, \beta_2)$ 是两个独立的梯形模糊变量，$\lambda \neq 0$ 为一个纯量值，则有

$$\xi + \eta = (a_1 + a_2, b_1 + b_2, \alpha_1 + \alpha_2, \beta_1 + \beta_2),$$

$$\lambda\xi = \begin{cases} (\lambda a_1, \lambda b_1, \lambda\alpha_1, \lambda\beta_1), & \lambda > 0, \\ (\lambda b_1, \lambda a_1, -\lambda\beta_1, -\lambda\alpha_1), & \lambda < 0. \end{cases}$$

定理 1.10 设 $\xi = n(m_1, \sigma_1)$ 和 $\eta = n(m_2, \sigma_2)$ 是两个独立的正态模糊变量，$\lambda \neq 0$ 为一个纯量值，则有

$$\xi + \eta = n(m_1 + m_2, \sigma_1 + \sigma_2), \quad \lambda\xi = n(\lambda m_1, |\lambda|\sigma_1), \quad \lambda \neq 0.$$

1.3 期望与方差

本书采用 Liu B 和 Liu Y K (2002) 中给出的模糊变量期望值定义, 有关其他方式的定义, 有兴趣的读者可参考文献 (Campos et al., 1989; Dubois et al., 1987; González, 1990; Heilpern, 1992; Yager, 1981, 2002).

1.3.1 期望值的定义

在介绍模糊变量的期望值以前, 我们先回顾一类模糊积分 ——Choquet 积分 (Liu Y K, Liu B, 2002).

设 X 为一论域, μ 是定义在 σ-代数 Σ 上的一个有限模糊测度, f 为定义在 X 上的可测函数, 那么 f 在 X 上的 Choquet 积分 (Denneberg, 1994) 定义为

$$(\mathrm{C}) \int_X f \mathrm{d}\mu = \int_0^\infty \mu(\{f(x) \geqslant r\}) \mathrm{d}r + \int_{-\infty}^0 [\mu(\{f(x) \geqslant r\}) - \mu(X)] \mathrm{d}r.$$

简记为 $(\mathrm{C}) \int f \mathrm{d}\mu$. 若 $A \in \Sigma$, 则 f 在 A 上的 Choquet 积分定义为

$$(\mathrm{C}) \int_A f \mathrm{d}r = (\mathrm{C}) \int_X f I_A \mathrm{d}\mu.$$

基于 Choquet 积分, 在可信性测度理论中, 我们采用如下定义的模糊变量期望值算子.

定义 1.14 假设 ξ 是定义在可信性空间 $(\Gamma, \mathcal{A}, \mathrm{Cr})$ 上的一个模糊变量, 则 ξ 的期望值定义为

$$E[\xi] = \int_0^\infty \mathrm{Cr}\{\xi \geqslant r\} \mathrm{d}r - \int_{-\infty}^0 \mathrm{Cr}\{\xi \leqslant r\} \mathrm{d}r, \tag{1.15}$$

要求上述表达式右端的两个积分至少有一个有限. 若式 (1.15) 右端的两个积分都取有限值, 则称模糊变量 ξ 具有有限的期望值.

1.3.2 常用模糊变量的期望值

例 1.14 如果 $\xi = n(m, \sigma)$ 是一个正态模糊变量, 则 $E[\xi] = m$.

例 1.15 设 ξ 是一个参数为 λ 的指数模糊变量, 具有如下的可能性分布:

$$\mu_\xi(r) = \mathrm{e}^{-\lambda r}, \quad r \in \Re^+,$$

其中 $\lambda \in \Re^+$, 则 $E[\xi] = 1/(2\lambda)$.

类似地, 对于三角模糊变量和梯形模糊变量, 我们有如下的计算结果.

例 1.16   如果 ξ 是一个三角模糊变量 (r_0, α, β), 则 ξ 的期望值是

$$E[\xi] = \frac{1}{4}\left(4r_0 - \alpha + \beta\right).$$

例 1.17   如果 ξ 是一个梯形模糊变量 $(r_1, r_2, \alpha, \beta)$, 则 ξ 的期望值是

$$E[\xi] = \frac{1}{4}\left(2r_1 + 2r_2 - \alpha + \beta\right).$$

下面根据定义给出离散型模糊变量期望值的计算方法 (Liu Y K, Liu B, 2002).

例 1.18   假设 ξ 是一个正则的离散型模糊变量, 其可能性分布为

$$\mu(r) = \begin{cases} \mu_1, & r = a_1, \\ \mu_2, & r = a_2, \\ \cdots\cdots \\ \mu_n, & r = a_n. \end{cases}$$

不失一般性, 假设 $a_1 \leqslant a_2 \leqslant \cdots \leqslant a_n$. 由定义 1.14, 模糊变量 ξ 的期望值可以表示为

$$E[\xi] = \sum_{i=1}^{n} a_i p_i, \tag{1.16}$$

其中权重 p_i, $i = 1, 2, \cdots, n$ 由式 (1.17) 确定

$$p_i = \frac{1}{2}\left(\max_{1 \leqslant j \leqslant i} \mu_j - \max_{0 \leqslant j \leqslant i-1} \mu_j\right) + \frac{1}{2}\left(\max_{i \leqslant j \leqslant n} \mu_j - \max_{i+1 \leqslant j \leqslant n+1} \mu_j\right), \tag{1.17}$$

规定 $\mu_0 = 0$, $\mu_{n+1} = 0$. 显然, 权重满足下面的条件:

$$p_i \geqslant 0 \quad \text{且} \quad \sum_{i=1}^{n} p_i = \bigvee_{i=1}^{n} \mu_i = 1.$$

例 1.19   设模糊变量 ξ 具有如下的可能性分布:

$$\xi \sim \begin{pmatrix} 1 & 2 & 3 \\ 0.6 & 1 & 0.8 \end{pmatrix},$$

计算 $E[\xi]$.

由式 (1.17), 可知

$$p_1 = \frac{1}{2}(0.6 - 0) + \frac{1}{2}(\max\{0.6, 1, 0.8\} - \max\{1, 0.8\}) = 0.3,$$

$$p_2 = \frac{1}{2}(\max\{0.6, 1\} - 0.6) + \frac{1}{2}(\max\{1, 0.8\} - 0.8) = 0.3,$$

$$p_3 = \frac{1}{2}(\max\{0.6, 1, 0.8\} - \max\{0.6, 1\}) + \frac{1}{2}(0.8 - 0) = 0.4.$$

再由式 (1.16), 可计算 $E[\xi] = 1 \times 0.3 + 2 \times 0.3 + 3 \times 0.4 = 2.1$.

1.3.3 期望值的线性

在本小节中, 我们讨论模糊变量期望值算子的线性. 下面先介绍单调非增函数的伪逆函数及其基本性质 (Denneberg, 1994).

设 $f : I \to \bar{\Re} = \Re \cup \{\pm\infty\}$ 是定义在区间 $I \subset \bar{\Re}$ 上的一个非增函数, 并且 $J = [\inf_{x \in I} f(x), \sup_{x \in I} f(x)] \subset \bar{\Re}$. 记 $a = \inf I$, 如果

$$a \vee \sup\{x \mid f(x) > y\} \leqslant \check{f}(y) \leqslant a \vee \sup\{x \mid f(x) \geqslant y\}, \tag{1.18}$$

则称函数 $\check{f} : J \to \bar{I}$ 为函数 f 的一个伪逆.

容易验证函数 $\check{f}$ 是非增的并且它的伪逆 $(\check{f})^{\vee}$ 除去至多可数个点 (e.c.) 外等于 f, 即

$$(\check{f})^{\vee} = f \quad \text{e.c..} \tag{1.19}$$

对于 f 和其伪逆 $\check{f}$, 有下面的结论:

命题 1.3(Denneberg, 1994) 对于一个非增函数 $f : [0, b] \to \bar{\Re}$, 如果 $0 < b < \infty$, 则对 f 的任意伪逆 $\check{f}$, 有

$$\int_0^b f(x)\mathrm{d}x = \int_0^\infty \check{f}(y)\mathrm{d}y + \int_{-\infty}^0 \left(\check{f}(y) - b\right)\mathrm{d}y. \tag{1.20}$$

下面讨论模糊变量的乐观值函数与可信性分布函数, 它们是一对特殊的伪逆函数. 模糊变量乐观值的定义如下:

定义 1.15(Liu, 2004) 设 ξ 是一个模糊变量, $\alpha \in (0, 1]$. ξ 的 α-乐观值函数定义为

$$\xi_{\sup}(\alpha) = \sup\{x \mid \mathrm{Cr}\{\gamma \in \Gamma \mid \xi(\gamma) \geqslant x\} \geqslant \alpha\} = \sup\{x \mid G_{\mathrm{Cr},\xi}(x) \geqslant \alpha\}, \tag{1.21}$$

而 ξ 的 α-悲观值函数定义为

$$\xi_{\inf}(\alpha) = \inf\{x \mid \mathrm{Cr}\{\gamma \in \Gamma \mid \xi(\gamma) \leqslant x\} \geqslant \alpha\}. \tag{1.22}$$

易知可信性分布函数 $G_{\mathrm{Cr},\xi}(x)$ 和乐观值函数 $\xi_{\sup}(\alpha)$ 都是非增的实值函数, 且 $G_{\mathrm{Cr},\xi}(x)$ 是 $\xi_{\sup}(\alpha)$ 的伪逆函数. 因此有下面的结论:

引理 1.16(Liu Y K, Liu B, 2003b) 假设 ξ 是定义在可信性空间 $(\Gamma, \mathcal{A}, \mathrm{Cr})$ 上的模糊变量, 则

$$E[\xi] = \int_0^1 \xi_{\sup}(\alpha)\mathrm{d}\alpha.$$

命题 1.4(Liu Y K, Liu B, 2003b) 如果 ξ 和 η 是定义在可信性空间 $(\Gamma, \mathcal{A}, \mathrm{Cr})$ 上的两个相互独立的模糊变量, 则它们的乐观值函数具有下面的性质:

(1) 对任意的 $\alpha \in (0, 1]$, $(\xi + \eta)_{\sup}(\alpha) = \xi_{\sup}(\alpha) + \eta_{\sup}(\alpha)$;

(2) 如果 $\lambda \geqslant 0$, 则对任意的 $\alpha \in (0, 1]$, $(\lambda\xi)_{\sup}(\alpha) = \lambda\xi_{\sup}(\alpha)$.

定理 1.11(Liu Y K, Liu B, 2003b)　假设 ξ 和 η 是定义在可信性空间 $(\Gamma, \mathcal{A}, \mathrm{Cr})$ 上的两个相互独立的模糊变量, 则它们的期望值具有下面的性质:

(1) $E[\xi + \eta] = E[\xi] + E[\eta]$;

(2) 对任意实数 a, 有 $E[a\xi] = aE[\xi]$.

设 f 和 g 都是定义在 $\Re^m$ 上的实值函数, 若对于任意的 $\boldsymbol{u}, \boldsymbol{u}' \in \Re^m$, 由 $f(\boldsymbol{u}) < f(\boldsymbol{u}')$ 可推出 $g(\boldsymbol{u}) < g(\boldsymbol{u}')$, 则称 f 和 g 是同单调的 (Narukawa et al., 2000). 如果 $\boldsymbol{\xi} = (\xi_1, \cdots, \xi_m)$ 是一个模糊向量, 那么 $f(\boldsymbol{\xi})$ 和 $g(\boldsymbol{\xi})$ 都是模糊变量, 其期望值具有如下性质.

定理 1.12(Liu B, Liu Y K, 2002)　假设 $\boldsymbol{\xi}$ 是一个模糊向量, f 和 g 都是定义在 $\Re^m$ 上的实值函数, 那么有

(1) 如果 $f \leqslant g$, 则 $E[f(\boldsymbol{\xi})] \leqslant E[g(\boldsymbol{\xi})]$;

(2) $E[-f(\boldsymbol{\xi})] = -E[f(\boldsymbol{\xi})]$;

(3) 如果 f 和 g 是同单调的, 那么对任意的非负实数 a, b, 有

$$E[af(\boldsymbol{\xi}) + bg(\boldsymbol{\xi})] = aE[f(\boldsymbol{\xi})] + bE[g(\boldsymbol{\xi})];$$

(4) 若 $E[f(\boldsymbol{\xi})]$ 存在, 则 $|E[f(\boldsymbol{\xi})]| \leqslant E[|f(\boldsymbol{\xi})|]$.

1.3.4　模糊变量的方差

定义 1.17(Liu B, Liu Y K, 2002)　假设 ξ 是定义在可信性空间 $(\Gamma, \mathcal{A}, \mathrm{Cr})$ 上的一个模糊变量, 且具有有限的期望值 $E[\xi]$, 则 ξ 的方差, 记为 $V[\xi]$, 定义为

$$V[\xi] = E\left[(\xi - E[\xi])^2\right].$$

定理 1.13(Liu B, Liu Y K, 2002)　假设 ξ 是定义在可信性空间 Γ 上的模糊变量, 并且具有有限的期望值 $E[\xi]$. 如果 $V[\xi] = 0$, 则对几乎所有的 $\gamma \in \Gamma$, 都有 $\xi(\gamma) = E[\xi]$.

由方差的定义知, 模糊变量 ξ 的方差 $V[\xi]$ 就是模糊变量 $(\xi - E[\xi])^2$ 的期望值. 因此, 具有下面可能性分布

$$\xi \sim \begin{pmatrix} t_1 & t_2 & \cdots & t_n \\ \mu_1 & \mu_2 & \cdots & \mu_n \end{pmatrix},$$

其中

$$\mu_i > 0, \quad \bigvee_{i=1}^{n} \mu_i = 1$$

的离散型模糊变量 ξ 的方差 $V[\xi]$ 可以用离散型模糊变量 $(\xi - E[\xi])^2$ 期望值的计算公式求得, 步骤如下:

步骤 1 计算模糊变量 ξ 的期望值 $E[\xi]$.

步骤 2 写出 $(\xi - E[\xi])^2$ 的可能性分布

$$(\xi - E[\xi])^2 \sim \begin{pmatrix} (t_1 - E[\xi])^2 & (t_2 - E[\xi])^2 & \cdots & (t_n - E[\xi])^2 \\ \mu_1 & \mu_2 & \cdots & \mu_n \end{pmatrix}.$$

若 $(t_i - E[\xi])^2, i = 1, 2, \cdots, n$ 中有相同值, 则只需列出一个, 各个相同值对应的可能性取大作为 $(\xi - E[\xi])^2$ 取此值的可能性. 不妨设 $(t_i - E[\xi])^2, i = 1, 2, \cdots, n$ 互不相同.

步骤 3 对 $(t_i - E[\xi])^2, i = 1, 2, \cdots, n$ 从小到大排序. 不妨设 $(t_i - E[\xi])^2 \leqslant (t_{i+1} - E[\xi])^2, i = 1, 2, \cdots, n-1$, 则

$$V[\xi] = E\left[(\xi - E[\xi])^2\right] = \sum_{i=1}^{n} p_i(t_i - E[\xi])^2,$$

其中权重 $p_i, i = 1, 2, \cdots, n$ 由下式确定

$$p_i = \frac{1}{2}\left(\max_{1 \leqslant j \leqslant i} \mu_j - \max_{0 \leqslant j \leqslant i-1} \mu_j\right) + \frac{1}{2}\left(\max_{i \leqslant j \leqslant n} \mu_j - \max_{i+1 \leqslant j \leqslant n+1} \mu_j\right),$$

规定 $\mu_0 = 0, \mu_{n+1} = 0$.

例 1.20 设模糊变量 ξ 具有如下的可能性分布

$$\xi \sim \begin{pmatrix} 1 & 2 & 3 \\ 0.6 & 1 & 0.8 \end{pmatrix},$$

计算 $V[\xi]$.

由例 1.19, 可知 $E[\xi] = 2.1$, 所以

$$(\xi - E[\xi])^2 \sim \begin{pmatrix} 0.01 & 0.81 & 1.21 \\ 1 & 0.8 & 0.6 \end{pmatrix}.$$

由式 (1.17), 可知

$$p_1 = \frac{1}{2}(1 - 0) + \frac{1}{2}(\max\{1, 0.8, 0.6\} - \max\{0.8, 0.6\}) = 0.6,$$

$$p_2 = \frac{1}{2}(\max\{1, 0.8\} - 1) + \frac{1}{2}(\max\{0.8, 0.6\} - 0.6) = 0.1,$$

$$p_3 = \frac{1}{2}(\max\{1, 0.8, 0.6\} - \max\{1, 0.8\}) + \frac{1}{2}(0.6 - 0) = 0.3.$$

再由式 (1.16), 可得 $V[\xi] = 0.01 \times 0.6 + 0.81 \times 0.1 + 1.21 \times 0.3 = 0.45$.

1.4   2-型模糊集

在本节中, 我们将介绍 2-型模糊集理论, 包括 2-型模糊集的定义和 2-型模糊集的运算.

1.4.1   2-型模糊集的基本概念

对于一个 1-型隶属函数, 如果将某个 x 对应的点左右移动, 使对应于 x 的隶属函数不再只取一个值, 而是在一个区间内变化, 这样就能得到所有点的分布幅度, 即对于所有的 $x \in X$, 我们得到一个三维隶属函数 ——2-型隶属函数, 并用它来表示 2-型模糊集 (图 1.9 和图 1.10).

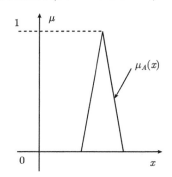

图 1.9   1-型模糊集 A 的隶属函数

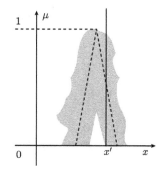

图 1.10   2-型模糊集的隶属函数

定义 1.18(Mendel, John, 2002)   当 $x \in X, u \in J_x \subseteq [0,1]$ 时, 一个 2-型模糊集 $\tilde{A}$ 由 2-型隶属函数 $\mu_{\tilde{A}}(x,u)$ 确定, 即

$$\tilde{A} = \{((x,u), \mu_{\tilde{A}}(x,u)) \mid \forall x \in X, \forall u \in J_x \subseteq [0,1]\}, \tag{1.23}$$

其中 $0 \leqslant \mu_{\tilde{A}}(x,u) \leqslant 1$. $\tilde{A}$ 还可以表示为

$$\tilde{A} = \int_{x \in X} \int_{u \in J_x} \frac{\mu_{\tilde{A}}(x,u)}{(x,u)}, \quad J_x \subseteq [0,1], \tag{1.24}$$

其中 $\iint$ 表示对于所有的 x 和 u 的并.

在定义 1.18 中, 约束条件 $\forall u \in J_x \subseteq [0,1]$ 与 1-型模糊集中的条件 $0 \leqslant \mu_A(x) \leqslant 1$ 一致. 也就是说 2-型模糊集的隶属函数中的不确定性一旦消失, 2-型隶属函数就成为 1-型模糊集的隶属函数, 这种情况下有 $u = \mu_A(x)$ 且 $0 \leqslant \mu_A(x) \leqslant 1$. 约束条件 $0 \leqslant \mu_A(x) \leqslant 1$ 与隶属函数的幅度在 $[0,1]$ 中是一致的.

例 1.21 如图 1.11 所示, $\mu_{\tilde{A}}(x,u)$ 关于 x 和 u 是离散的, 且 $X = \{1,2,3,4,5\}$, $U = \{0,0.2,0.4,0.6,0.8,1\}$, 可知 $J_1 = \{0,0.2,0.4,0.6,0.8\}$, $J_3 = \{0.6,0.8\}$, $J_1 = J_2 = J_4 = J_5$. 每一个峰柱都代表 $\mu_{\tilde{A}}(x,u)$ 在某一点 (x,u) 处的值.

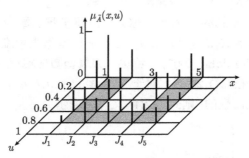

图 1.11 例 1.21 中 2-型模糊集的隶属函数

定义 1.19(Mendel, John, 2002) 对于 x 的每一个值 $x = x'$, 称以 u 和 $\mu_{\tilde{A}}(x',u)$ 为坐标轴的 2-维平面为 $\mu_{\tilde{A}}(x,u)$ 的垂直面. 第二隶属函数就是 $\mu_{\tilde{A}}(x,u)$ 的一个垂直面. 对于 $x' \in X$, 和 $u \in J_{x'} \subseteq [0,1]$, 定义 $\mu_{\tilde{A}}(x = x',u)$ 为

$$\mu_{\tilde{A}}(x = x',u) \equiv \mu_{\tilde{A}}(x') = \int_{u \in J_{x'}} \frac{f_{x'}(u)}{u}, \quad J_{x'} \subseteq [0,1], \tag{1.25}$$

其中 $0 \leqslant f_{x'}(u) \leqslant 1$. 对于 $\forall x' \in X$, $\mu_{\tilde{A}}(x')$ 是第二隶属函数, 它是一个 1-型模糊集, 也称其为第二集.

例 1.22 如图 1.11 中所示的 2-型模糊集, 其第二隶属函数有 5 个垂直面. 图 1.12 表示的是 $x = 2$ 的情况. 当 $x = 2$ 时, 第二隶属函数是 $\mu_{\tilde{A}}(2) = 0.5/0 + 0.35/0.2 + 0.35/0.4 + 0.2/0.6 + 0.5/0.8$.

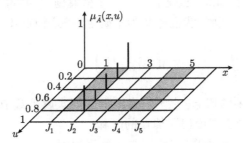

图 1.12 例 1.22 中 $x = 2$ 的隶属函数

基于第二集的概念, 我们把 2-型模糊集定义为第二集的并, 即用垂直面的概念将 $\tilde{A}$ 表示为

$$\tilde{A} = \{(x, \mu_{\tilde{A}}(x)) \mid \forall x \in X\}, \tag{1.26}$$

或

$$\tilde{A} = \int_{x \in X} \frac{\mu_{\tilde{A}}(x)}{x} = \int_{x \in X} \frac{\left[\int_{u \in J_x} f_x(u)/u \right]}{x}, \quad J_x \subseteq [0,1]. \tag{1.27}$$

定义 1.20(Mendel, John, 2002)   称第二隶属函数的域为 x 的本原隶属度. 在式 (1.27) 中, 对于 $\forall x \in X, J_x \subseteq [0,1]$, J_x 就是 x 的本原隶属度.

定义 1.21(Mendel, John, 2002)   称第二隶属函数的幅度为第二度. 在式 (1.27) 中, $f_x(u)$ 是第二度; 在式 (1.23) 中, 对于 $x' \in X, u' \in J_{x'}$, $\mu_{\tilde{A}}(x', u')$ 是第二度.

若 X 和 J_x 都是离散的, 则式 (1.24) 又可以表示为

$$\tilde{A} = \sum_{i=1}^{N} \frac{\left[\sum_{u \in J_{x_i}} f_{x_i}(u)/u \right]}{x_i}$$

$$= \frac{\left[\sum_{k=1}^{M_1} f_{x_1}(u_{1k})/u_{1k} \right]}{x_1} + \cdots + \frac{\left[\sum_{k=1}^{M_N} f_{x_N}(u_{Nk})/u_{Nk} \right]}{x_N},$$

其中 + 表示并.

定义 1.22(Mendel, 2001)   假设 2-型模糊集的每个第二隶属函数中都有一个第二度等于 1 的点. 一个主隶属函数是所有出现的这种点的并, 即当 $f_x(u) = 1$ 时,

$$\mu_{\text{principal}}(x) = \int_{x \in X} \frac{u}{x}, \tag{1.28}$$

这与 1-型模糊集一致.

定义 1.23(Mendel, John, 2002)   一个 2-型模糊集 $\tilde{A}$ 的本原隶属度所包含的不确定性构成一个有界区域, 我们称其为不确定性的迹 (FOU), 它是所有本原隶属度的并, 即

$$\text{FOU}(\tilde{A}) = \bigcup_{x \in X} J_x. \tag{1.29}$$

迹是一个十分重要的概念, 它不但指出了 2-型隶属函数中的不确定性, 而且对 2-型隶属函数第二度的支撑给出了简单的解释.

下面介绍本原隶属函数的概念, 它与本原隶属度不同.

定义 1.24(Mendel, 2001)   考虑一族 1-型隶属函数 $\mu_A(x \mid p_1, p_2, \cdots, p_v)$, 其中 $p_1, p_2, \cdots, p_v$ 是参数, $p_i \in P_i (i = 1, 2, \cdots, v)$, P_i 即 J_{x_i}. 称这些 1-型隶属函数 $\mu_A(x|p_1 = p_1', p_2 = p_2', \cdots, p_v = p_v')$ 为本原隶属函数.

我们将本原隶属函数简记为 $\mu_A(x)$, 本原隶属函数的全体就构成了迹.

例 1.23 图 1.9 还可以表示一个三角的本原隶属函数, 假设图像上的点在某个取值范围内变化, 它的迹如图 1.13 所示.

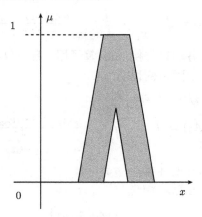

图 1.13 2-型不确定性的迹

1.4.2 2-型模糊集的运算

首先介绍一些关于 1-型模糊集的知识. 假设 F_1 和 F_2 是两个 1-型模糊集, 隶属函数分别为 $\mu_{F_1}(y)$ 和 $\mu_{F_2}(y)$, 即

$$F_1 = \int_{y \in Y} \frac{\mu_{F_1}(y)}{y}, \quad F_2 = \int_{y \in Y} \frac{\mu_{F_2}(y)}{y}.$$

在取大和取小 T-模意义下, 1-型模糊集的并、交和补运算分别定义为

$$\mu_{F_1 \cup F_2}(y) = \max[\mu_{F_1}(y), \mu_{F_2}(y)], \quad \forall y \in Y,$$

$$\mu_{F_1 \cap F_2}(y) = \min[\mu_{F_1}(y), \mu_{F_2}(y)], \quad \forall y \in Y,$$

$$\mu_{\bar{F_1}}(y) = 1 - \mu_{F_1}(y), \quad \forall y \in Y,$$

$$\mu_{\bar{F_2}}(y) = 1 - \mu_{F_2}(y), \quad \forall y \in Y.$$

在对 2-型模糊集进行并、交和补运算时, 需要使用 Zadeh 扩展原理.

设 $A_1, \cdots, A_r$ 分别是论域 $X_1, \cdots, X_r$ 中的 1-型模糊集, f 是论域 $X_1 \times \cdots \times X_r$ 到论域 Y 上的映射, 则 $B = f(A_1, \cdots, A_r)$ 是 1-型模糊集, 且满足

$$\mu_B(y) = \begin{cases} \sup_{(x_1, \cdots, x_r) \in f^{-1}(y)} \min\{\mu_{A_1}(x_1), \cdots, \mu_{A_r}(x_r)\}, & f^{-1}(y) \neq \varnothing, \\ 0, & f^{-1}(y) = \varnothing, \end{cases} \quad (1.30)$$

其中 $f^{-1}(y) = \{(x_1, \cdots, x_r) \mid x_1 \in X_1, \cdots, x_r \in X_r, y = f(x_1, \cdots, x_r)\}$.

推广运算 $f(x_1, \cdots, x_r)$ 为 $f(A_1, \cdots, A_r)$ 时, 不只是推广包含于 f 中的单个算子. 例如, 乘法和加法等, 而是采用下面的定义:

$$f(A_1, \cdots, A_r) = \int_{x_1 \in X_1} \cdots \int_{x_r \in X_r} \frac{\mu_{A_1}(x_1) \star \cdots \star \mu_{A_r}(x_r)}{f(x_1, \cdots, x_r)}. \tag{1.31}$$

式 (1.30) 中的 sup 算子由并运算替换, min 算子用一般的 T-模 ($\star$) 代替时, 式 (1.31) 可由式 (1.30) 直接得到. 下面举例说明.

如果 $f(x_1, x_2) = x_1 x_2 / (x_1 + x_2)$, 则

$$f(A_1, A_2) = \int_{x_1 \in X_1} \int_{x_2 \in X_2} \frac{\mu_{A_1}(x_1) \star \mu_{A_2}(x_2)}{\dfrac{x_1 x_2}{x_1 + x_2}}, \tag{1.32}$$

而不是 $f(A_1, A_2) = A_1 A_2 / (A_1 + A_2)$.

假设 $\tilde{A}$ 和 $\tilde{B}$ 是两个 2-型模糊集,

$$\tilde{A} = \int_X \frac{\mu_{\tilde{A}}(x)}{x} = \int_X \frac{\left[\int_{J_x^u} \dfrac{f_x(u)}{u} \right]}{x}, \quad J_x^u \subseteq [0,1], \tag{1.33}$$

$$\tilde{B} = \int_X \frac{\mu_{\tilde{B}}(x)}{x} = \int_X \frac{\left[\int_{J_x^\omega} \dfrac{g_x(\omega)}{\omega} \right]}{x}, \quad J_x^\omega \subseteq [0,1]. \tag{1.34}$$

下面介绍如何计算 2-型模糊集 $\tilde{A}$ 和 $\tilde{B}$ 的并、交和补.

1. 并

首先, 两个 2-型模糊集的并仍是一个 2-型模糊集, 且由式 (1.27) 可知, 2-型模糊集 $\tilde{A}$ 和 $\tilde{B}$ 的并定义为

$$\tilde{A} \cup \tilde{B} = \int_{x \in X} \frac{\mu_{\tilde{A} \cup \tilde{B}}(x)}{x} = \int_{x \in X} \frac{\left[\int_{\nu \in J_x^\nu \subseteq [0,1]} \dfrac{h_x(\nu)}{\nu} \right]}{x}, \tag{1.35}$$

其中

$$\int_{\nu \in J_x^\nu \subseteq [0,1]} \frac{h_x(\nu)}{\nu} = \varphi \left(\int_{u \in J_x^u} \frac{f_x(u)}{u}, \int_{\omega \in J_x^\omega} \frac{g_x(\omega)}{\omega} \right) = \varphi(\mu_{\tilde{A}}(x), \mu_{\tilde{B}}(x)), \tag{1.36}$$

φ 是关于第二隶属函数 $\mu_{\tilde{A}}(x)$ 和 $\mu_{\tilde{B}}(x)$ 的 T-模. 由于 1-型模糊集的并等价于隶属函数的 T-模, 这里的 φ 也是同类型的 T-模. 在 1-型模糊集并的定义中, 右边的部分与扩展原理中 $F(x_1, x_2)$ 作用相同. 因此由扩展原理可得

$$\varphi \left(\int_{u \in J_x^u} \frac{f_x(u)}{u}, \int_{\omega \in J_x^\omega} \frac{g_x(\omega)}{\omega} \right) = \int_{u \in J_x^u} \int_{\omega \in J_x^\omega} \frac{f_x(u) \star g_x(\omega)}{\varphi(u, \omega)}. \tag{1.37}$$

当 φ 为取大算子 $\vee$ 时, 则由式 (1.35)~ 式 (1.37) 可得

$$\mu_{\tilde{A}\cup\tilde{B}}(x) = \int_{\nu\in J_x^\nu\subseteq[0,1]} \frac{h_x(\nu)}{\nu} = \int_{u\in J_x^u}\int_{\omega\in J_x^\omega} \frac{f_x(u)\star g_x(\omega)}{(u\vee\omega)}, \quad x\in X, \qquad (1.38)$$

其中 $\star$ 表示取小或乘积, $\iint$ 表示在 $J_x^u\times J_x^\omega$ 上的并.

式 (1.38) 的另一种形式是用第二隶属函数 $\mu_{\tilde{A}}(x)$ 和 $\mu_{\tilde{B}}(x)$ 表示为

$$\mu_{\tilde{A}\cup\tilde{B}}(x) = \int_{u\in J_x^u}\int_{\omega\in J_x^\omega} \frac{f_x(u)\star g_x(\omega)}{\nu} \equiv \mu_{\tilde{A}}(x)\sqcup\mu_{\tilde{B}}(x), \quad x\in X, \qquad (1.39)$$

其中 $\nu\equiv u\vee\omega$, $\sqcup$ 表示并算子 (Mizumoto, Tanaka, 1976).

需要指出的是, 在式 (1.39) 中, 如果不止一组 u 和 ω 得到相同的 $u\vee\omega$, 则在并运算中我们要保留最大的隶属度. 例如, 假设有 $u_1\vee\omega_1=\theta$ 和 $u_2\vee\omega_2=\theta$, 那么使用式 (1.39) 计算时会有一项

$$\frac{f_x(u_1)\star g_x(\omega_1)}{\theta} + \frac{f_x(u_2)\star g_x(\omega_2)}{\theta},$$

其中 + 表示并.

2. 交

两个 2-型模糊集的交还是一个 2-型模糊集, 根据式 (1.27), 2-型模糊集 $\tilde{A}$ 和 $\tilde{B}$ 的交定义为

$$\tilde{A}\cap\tilde{B} = \int_{x\in X} \frac{\mu_{\tilde{A}\cap\tilde{B}}(x)}{x}. \qquad (1.40)$$

除了 φ 是取小或是乘积算子, $\mu_{\tilde{A}\cap\tilde{B}}(x)$ 的推导与 $\mu_{\tilde{A}\cup\tilde{B}}(x)$ 相同. 因此,

$$\mu_{\tilde{A}\cap\tilde{B}}(x) = \int_{u\in J_x^u}\int_{\omega\in J_x^\omega} \frac{f_x(u)\star g_x(\omega)}{(u\wedge\omega)}, \quad x\in X, \qquad (1.41)$$

式 (1.41) 的另一种形式是用第二隶属函数 $\mu_{\tilde{A}}(x)$ 和 $\mu_{\tilde{B}}(x)$ 表示为

$$\mu_{\tilde{A}\cap\tilde{B}}(x) = \int_{u\in J_x^u}\int_{\omega\in J_x^\omega} \frac{f_x(u)\star g_x(\omega)}{\nu} \equiv \mu_{\tilde{A}}(x)\sqcap\mu_{\tilde{B}}(x), \quad x\in X, \qquad (1.42)$$

其中 $\nu\equiv u\wedge\omega$, $\sqcap$ 表示交算子 (Mizumoto, Tanaka, 1976). 与 2-型模糊集的并相同, 如果有不止一组 u 和 ω 得到相同的 $u\wedge\omega$, 则在交运算中我们要保留最大的隶属度.

3. 补

2-型模糊集 $\tilde{A}$ 的补也是 2-型模糊集, 就像 1-型模糊集的补集也是 1-型模糊集一样. 因此, 根据式 (1.27), 有

$$\bar{\tilde{A}} = \int_{x\in X} \frac{\mu_{\bar{\tilde{A}}}(x)}{x}, \qquad (1.43)$$

其中 $\mu_{\bar{\bar{A}}}(x)$ 是第二隶属函数. 由扩展原理可得

$$\mu_{\bar{\bar{A}}}(x) = \int_{u \in J_x^u} \frac{f_x(u)}{(1-u)} \equiv \neg \mu_{\tilde{A}}(x), \quad x \in X, \tag{1.44}$$

其中 $\neg$ 表示补算子 (Mizumoto, Tanaka, 1976). 在式 (1.44) 中, 求第二隶属函数 $\mu_{\bar{\bar{A}}}(x)$ 的补时, 应该对 $\forall u \in J_x^u$ 计算 $1-u$, 并且 $1-u$ 处 $\mu_{\bar{\bar{A}}}(x)$ 的第二度与 $\mu_{\tilde{A}}(x)$ 的第二度 $f_x(u)$ 对应. 根据式 (1.43), 求解 $\mu_{\bar{\bar{A}}}(x, \nu)$ 需要对任意的 $x \in X$ 进行计算.

    例 1.24   若存在两个 2-型模糊集 $\tilde{A}$ 和 $\tilde{B}$, 对于某个给定的 x, 有 $\mu_{\tilde{A}}(x) = \frac{0.5}{0} + \frac{0.7}{0.1}$ 和 $\mu_{\tilde{B}}(x) = \frac{0.3}{0.4} + \frac{0.9}{0.8}$. 由式 (1.39) 有

$$\begin{aligned}
\mu_{\tilde{A} \cup \tilde{B}}(x) &= \mu_{\tilde{A}}(x) \sqcup \mu_{\tilde{B}}(x) \\
&= \left(\frac{0.5}{0} + \frac{0.7}{0.1} \right) \sqcup \left(\frac{0.3}{0.4} + \frac{0.9}{0.8} \right) \\
&= \frac{0.5 \wedge 0.3}{0 \vee 0.4} + \frac{0.5 \wedge 0.9}{0 \vee 0.8} + \frac{0.7 \wedge 0.3}{0.1 \vee 0.4} + \frac{0.7 \wedge 0.9}{0.1 \vee 0.8} \\
&= \frac{0.3}{0.4} + \frac{0.7}{0.8}.
\end{aligned}$$

由式 (1.42) 有

$$\begin{aligned}
\mu_{\tilde{A} \cap \tilde{B}}(x) &= \mu_{\tilde{A}}(x) \sqcap \mu_{\tilde{B}}(x) \\
&= \left(\frac{0.5}{0} + \frac{0.7}{0.1} \right) \sqcap \left(\frac{0.3}{0.4} + \frac{0.9}{0.8} \right) \\
&= \frac{0.5 \wedge 0.3}{0 \wedge 0.4} + \frac{0.5 \wedge 0.9}{0 \wedge 0.8} + \frac{0.7 \wedge 0.3}{0.1 \wedge 0.4} + \frac{0.7 \wedge 0.9}{0.1 \wedge 0.8} = \frac{0.5}{0} + \frac{0.7}{0.1}.
\end{aligned}$$

最后, 由式 (1.44) 有

$$\mu_{\bar{\bar{A}}}(x) = \neg \mu_{\tilde{A}}(x) = \frac{0.5}{1-0} + \frac{0.7}{1-0.1} = \frac{0.5}{1} + \frac{0.7}{0.9}.$$

第 2 章　模 糊 模 拟

本章主要介绍模糊模拟方法在求解模糊规划问题中的应用. 首先给出几种模糊变量 (向量) 序列的收敛模式, 然后介绍模糊向量的逼近方法, 并讨论逼近方法关于收敛模式的收敛性, 得到三个主要结论: 模拟可信性的收敛性、模拟关键值的收敛性和模拟期望值的收敛性.

2.1　模糊向量的收敛模式与逼近方法

2.1.1　收敛模式

在第 1 章中, 我们已给出了可信性分布函数 $G_{\mathrm{Cr},\xi}(x)$ 和模糊变量关键值(乐观值 $\xi_{\sup}(\alpha)$ 及悲观值 $\xi_{\inf}(\alpha)$) 的定义. 下面将通过可信性分布和关键值函数引入模糊变量序列的几个收敛模式.

定义 2.1(Liu, 2006)　假设 $\{\xi_n\}$ 是一个定义在 $\mathcal{A}$ 上的 m 维模糊向量序列, ξ 是一个定义在 $\mathcal{A}$ 上的 m 维模糊向量. 如果对于任意给定的 $\varepsilon > 0$, 存在正整数 N, 使对于任意的 $\gamma \in \Gamma$ 和 $n \geqslant N$, 有

$$\|\boldsymbol{\xi}_n(\gamma) - \boldsymbol{\xi}(\gamma)\| < \varepsilon,$$

则称 $\{\xi_n\}$ 一致收敛于 ξ, 其中 $\|\cdot\|$ 是定义在 $\Re^m$ 上的欧几里得范数.

定义 2.2(Liu, 2006)　假设 $\{\xi_n\}$ 是一个定义在 $\mathcal{A}$ 上的模糊变量序列, ξ 是一个定义在 $\mathcal{A}$ 上的模糊变量. 如果在函数 $G_{\mathrm{Cr},\xi}(r)$ 的任意连续点 r 处, 都有

$$\lim_{n\to\infty} G_{\mathrm{Cr},\xi_n}(r) = G_{\mathrm{Cr},\xi}(r),$$

则称模糊变量序列 $\{\xi_n\}$ 依可信性分布收敛到模糊变量 ξ.

定义 2.3(Liu, 2006)　假设 $\{\xi_n\}$ 是一个定义在 $\mathcal{A}$ 上的模糊变量序列, ξ 是一个定义在 $\mathcal{A}$ 上的模糊变量. 如果在函数 $\xi_{\sup}(\alpha)$ 的任意连续点 α 处, 都有

$$\lim_{n\to\infty} (\xi_n)_{\sup}(\alpha) = \xi_{\sup}(\alpha),$$

则称模糊变量序列 $\{\xi_n\}$ 依乐观值收敛到模糊变量 ξ.

定义 2.4(Liu, 2006)　假设 $\{\xi_n\}$ 是一个定义在 $\mathcal{A}$ 上的模糊变量序列, ξ 是一个定义在 $\mathcal{A}$ 上的模糊变量. 如果对于任意给定的 $\varepsilon > 0$, 都有

$$\lim_{n \to \infty} \mathrm{Cr}\{\gamma \in \Gamma \mid |\xi_n(\gamma) - \xi(\gamma)| \geqslant \varepsilon\} = 0,$$

则称模糊变量序列 $\{\xi_n\}$ 依可信性测度收敛到模糊变量 ξ.

定义 2.5(Liu, 2006)　如果存在一个正数 a, 使得 $G_{\mathrm{Cr},\xi}(-a) = 1$ 且 $G_{\mathrm{Cr},\xi}(a) = 0$, 则称模糊变量 ξ 本质有界.

如果模糊变量 $\xi_i, i = 1, 2, \cdots, m$ 是本质有界的, 则称模糊向量 $\boldsymbol{\xi} = (\xi_1, \xi_2, \cdots, \xi_m)$ 本质有界.

假设 $\{\xi_n\}$ 是一个定义在 $\mathcal{A}$ 上的模糊变量序列, 如果存在正数 a, 对于任意的 ξ_n, $G_{\mathrm{Cr},\xi_n}(-a) = 1$ 且 $G_{\mathrm{Cr},\xi_n}(a) = 0$, 则称模糊变量序列 $\{\xi_n\}$ 一致本质有界.

2.1.2　逼近方法

设 $\boldsymbol{\xi} = (\xi_1, \xi_2, \cdots, \xi_m)$ 是一个本质有界的模糊向量, ξ_i 的可能性分布 $\nu_i, i = 1, 2, \cdots, m$ 在 $\Re$ 上连续. 设 $\boldsymbol{\xi}$ 的可能性分布为 μ, 则对于任意的 $(u_1, u_2, \cdots, u_m) \in \Re^m$, 有

$$\mu(u_1, u_2, \cdots, u_m) = \min_{1 \leqslant i \leqslant m} \nu_i(u_i). \tag{2.1}$$

令 $\Xi = \Pi_{i=1}^{m}[a_i, b_i]$ 是模糊向量 $\boldsymbol{\xi}$ 的支撑, 其中 $[a_i, b_i]$ 是 ξ_i 的支撑, $i = 1, 2, \cdots, m$. 由于 $\boldsymbol{\xi}$ 是本质有界的, 因此 $a_i, b_i(i = 1, 2, \cdots, m)$ 都是有限值.

下面介绍用离散的模糊向量序列 $\{\boldsymbol{\zeta}_n\}$ 逼近连续模糊向量 $\boldsymbol{\xi}$ 的方法. 对于任意正整数 n, 定义 $\boldsymbol{\zeta}_n = (\zeta_{n,1}, \zeta_{n,2}, \cdots, \zeta_{n,m})$ 为

$$\boldsymbol{\zeta}_n = h_n(\boldsymbol{\xi}) = (h_{n,1}(\xi_1), h_{n,2}(\xi_2), \cdots, h_{n,m}(\xi_m)), \tag{2.2}$$

其中模糊变量 $\zeta_{n,i} = h_{n,i}(\xi_i), i = 1, 2, \cdots, m,$

$$h_{n,i}(u_i) = \begin{cases} a_i, & u_i \in \left[a_i, a_i + \dfrac{1}{n}\right), \\ \sup\left\{\dfrac{k_i}{n} \,\middle|\, k_i \in Z, \dfrac{k_i}{n} \leqslant u_i\right\}, & u_i \in \left[a_i + \dfrac{1}{n}, b_i\right], \end{cases} \tag{2.3}$$

且 Z 是整数集.

对于任意的 $i, 1 \leqslant i \leqslant m$, 由 $\zeta_{n,i}$ 的定义, 当 ξ_i 在 $[a_i, b_i]$ 中取值时, 模糊变量 $\zeta_{n,i}$ 在集合 $\{a_i, k_i/n \mid k_i = [na_i] + 1, \cdots, K_i\}$ 中取值, 其中 $[r]$ 表示不超过 r 的最大整数. 例如, $[2.6] = 2, [-2.1] = -3$. 若 nb_i 为整数, 则 $K_i = nb_i - 1$; 否则 $K_i = [nb_i]$. 对于任意的整数 k_i, 当 ξ_i 在区间 $[k_i/n, k_i + 1/n)$ 中取值时, 模糊变量 $\zeta_{n,i}$ 的值为

k_i/n. 因此, 模糊变量 $\zeta_{n,i}$ 的可能性分布 $\nu_{n,i}$ 表示如下:

$$\nu_{n,i}(a_i) = \text{Pos}\left\{\gamma \mid a_i \leqslant \xi_i(\gamma) < a_i + \frac{1}{n}\right\},$$

$$\nu_{n,i}\left(\frac{k_i}{n}\right) = \text{Pos}\left\{\gamma \mid \frac{k_i}{n} \leqslant \xi_i(\gamma) < \frac{k_i+1}{n}\right\}, \tag{2.4}$$

其中 $k_i = [na_i]+1, \cdots, K_i$. 对一般模糊变量 ξ_i, 可能性分布 $\nu_{n,i}$ 可由模糊模拟求得, 具体过程如下:

首先, 令 $\nu_{n,i}(k_i/n) = \nu_i(k_i/n)$. 其次, 由 ξ_i 的支撑 $[a_i, b_i]$ 生成 $\hat{\xi}_i$. 如果 $k_i/n \leqslant \hat{\xi}_i < k_i + 1/n$, 且 $\nu_{n,i}(k_i/n) < \nu_i(\hat{\xi}_i)$, 则令 $\nu_{n,i}(k_i/n) = \nu_i(\hat{\xi}_i)$. 将这一过程重复 N 次, $\nu_{n,i}(k_i/n)$ 即是模糊变量 $\zeta_{n,i}$ 取值为 k_i/n 的可能性的估计值.

因此, 模糊向量 $\zeta_n = (\zeta_{n,1}, \cdots, \zeta_{n,m})$ 的可能性分布, 记为 μ_n,

$$\mu_n\left(\frac{k_1}{n}, \frac{k_2}{n}, \cdots, \frac{k_m}{n}\right) = \min_{1 \leqslant i \leqslant m} \text{Pos}\left\{\zeta_{n,i} = \frac{k_i}{n}\right\} = \min_{1 \leqslant i \leqslant m} \nu_{n,i}\left(\frac{k_i}{n}\right), \tag{2.5}$$

其中 $i = 1, 2, \cdots, m$, 且 $k_i = [na_i], [na_i]+1, \cdots, K_i$.

此外, 由 $\zeta_{n,i}$ 的定义, 对于任意的 $\gamma \in \Gamma$, $i = 1, 2, \cdots, m$,

$$\xi_i(\gamma) - \frac{1}{n} < \zeta_{n,i}(\gamma) \leqslant \xi_i(\gamma)$$

都成立. 因此, 对于任意的 $\gamma \in \Gamma$, $i = 1, 2, \cdots, m$, 有

$$|\zeta_{n,i}(\gamma) - \xi_i(\gamma)| < \frac{1}{n}. \tag{2.6}$$

设 ζ_n 和 ξ 均为 m-维的模糊向量, $\zeta_{n,i}$ 和 ξ_i 分别是它们的第 i 个分量, 由式 (2.6), 对于任意 $\gamma \in \Gamma$,

$$\|\zeta_n(\gamma) - \xi(\gamma)\| = \sqrt{\sum_{i=1}^m (\zeta_{n,i}(\gamma) - \xi_i(\gamma))^2} \leqslant \frac{\sqrt{m}}{n}, \tag{2.7}$$

则模糊向量序列 $\{\zeta_n\}$ 在 Γ 上一致收敛于模糊向量 ξ. 称本原模糊向量序列 $\{\zeta_n\}$ 是模糊向量 ξ 的离散化.

下面给出一个例子说明上述逼近方法.

例 2.1 设 ξ_1 和 ξ_2 分别为三角模糊变量 $(0, 1, 2)$ 和 $(-1, 0, 1)$, 且 $\xi = (\xi_1, \xi_2)$. 令 $\zeta_{n,i} = h_{n,i}(\xi_i)$, $i = 1, 2$, 则离散的模糊向量 $\zeta_n = (\zeta_{n,1}, \zeta_{n,2})$, $n = 1, 2, \cdots$ 的可能性分布如下:

$$h_{n,1}(u_1) = \sup\left\{\frac{k_1}{n} \,\middle|\, k_1 \in Z, \frac{k_1}{n} \leqslant u_1\right\}, \quad u_1 \in [-1, 1]$$

且

$$h_{n,2}(u_2) = \sup\left\{\frac{k_2}{n}\,\middle|\,k_2 \in Z, \frac{k_2}{n} \leqslant u_2\right\}, \quad u_2 \in [0,2].$$

首先, 计算模糊变量 $\zeta_{n,1}, n = 1, 2, \cdots$ 的可能性分布.

令 $n = 1$, 当 ξ_1 在 $[-1,0)$ 中取值时, $\zeta_{1,1}$ 的值为 -1, 当 ξ_1 在 $[0,1)$ 中取值时, $\zeta_{1,1}$ 的值为 0, 可能性分别为

$$\nu_{1,1}(-1) = \mathrm{Pos}\{-1 \leqslant \xi_1 < 0\} = 1,$$

$$\nu_{1,1}(0) = \mathrm{Pos}\{0 \leqslant \xi_1 < 1\} = 1.$$

从而, 模糊变量 $\zeta_{1,1}$ 取值 -1 和 0 的可能性都是 1.

令 $n = 2$, 当模糊变量 ξ_1 在 $[-1, -1/2)$, $[-1/2, 0)$, $[0, 1/2)$ 和 $[1/2, 1)$ 中取值时, 变量 $\zeta_{2,1}$ 的取值分别为 $-1, -1/2, 0$ 和 $1/2$, 其可能性分别为

$$\nu_{2,1}(-1) = \mathrm{Pos}\left\{-1 \leqslant \xi_1 < -\frac{1}{2}\right\} = \frac{1}{2},$$

$$\nu_{2,1}\left(-\frac{1}{2}\right) = \mathrm{Pos}\left\{-\frac{1}{2} \leqslant \xi_1 < 0\right\} = 1,$$

$$\nu_{2,1}(0) = \mathrm{Pos}\left\{0 \leqslant \xi_1 < \frac{1}{2}\right\} = 1,$$

$$\nu_{2,1}\left(\frac{1}{2}\right) = \mathrm{Pos}\left\{\frac{1}{2} \leqslant \xi_1 < 1\right\} = \frac{1}{2}.$$

所以, 模糊变量 $\zeta_{2,1}$ 取值为 $-1, -1/2, 0$ 和 $1/2$ 时的可能性分别为 $1/2, 1, 1$ 和 $1/2$.

一般地, 模糊变量 $\zeta_{n,1}$ 取值为 $k_1/n, k_1 = -n, -n+1, \cdots, n-1$, 其可能性分布为

$$\nu_{n,1}\left(\frac{k_1}{n}\right) = \begin{cases} 1 + \dfrac{k_1+1}{n}, & \text{当 } -n \leqslant k_1 < 0, \\ 1 - \dfrac{k_1}{n}, & \text{当 } 0 \leqslant k_1 \leqslant n-1, \\ 0, & \text{其他}. \end{cases} \tag{2.8}$$

根据 $\zeta_{n,1}$ 的定义, 有

$$\xi_1 - \frac{1}{n} < \zeta_{n,1} \leqslant \xi_1, \quad n = 1, 2, \cdots. \tag{2.9}$$

同理可知, $\zeta_{n,2}$ 的可能性分布为

$$\nu_{n,2}\left(\frac{k_2}{n}\right) = \begin{cases} \dfrac{k_2+1}{n}, & \text{当 } 0 \leqslant k_2 < n, \\ 2 - \dfrac{k_2}{n}, & \text{当 } n \leqslant k_2 \leqslant 2n-1, \\ 0, & \text{其他}, \end{cases} \tag{2.10}$$

且

$$\xi_2 - \frac{1}{n} < \zeta_{n,2} \leqslant \xi_2, \quad n = 1, 2, \cdots. \tag{2.11}$$

由式 (2.8) 和式 (2.10), 可得 $\boldsymbol{\zeta}_n = (\zeta_{n,1}, \zeta_{n,2})$ 的可能性分布具有如下形式:

$$\mu_n\left(\frac{k_1}{n}, \frac{k_2}{n}\right) = \text{Pos}\left\{\zeta_{n,1} = \frac{k_1}{n}, \zeta_{n,2} = \frac{k_2}{n}\right\}$$

$$= \begin{cases} \min\left\{1 + \dfrac{k_1 + 1}{n}, \dfrac{k_2 + 1}{n}\right\}, & \text{当} -n \leqslant k_1 < 0, 0 \leqslant k_2 < n, \\[2mm] \min\left\{1 + \dfrac{k_1 + 1}{n}, 2 - \dfrac{k_2}{n}\right\}, & \text{当} -n \leqslant k_1 < 0, n \leqslant k_2 \leqslant 2n - 1, \\[2mm] \min\left\{1 - \dfrac{k_1}{n}, \dfrac{k_2 + 1}{n}\right\}, & \text{当} 0 \leqslant k_1 < n, 0 \leqslant k_2 < n, \\[2mm] \min\left\{1 - \dfrac{k_1}{n}, 2 - \dfrac{k_2}{n}\right\}, & \text{当} 0 \leqslant k_1 < n, n \leqslant k_2 \leqslant 2n - 1, \\[2mm] 0, & \text{其他.} \end{cases}$$

此外, 通过式 (2.9) 和式 (2.11) 得

$$\|\boldsymbol{\zeta}_n - \boldsymbol{\xi}\| = \sqrt{(\zeta_{n,1} - \xi_1)^2 + (\zeta_{n,2} - \xi_2)^2} < \frac{\sqrt{2}}{n}.$$

上式表明, 离散型的模糊向量序列 $\{\boldsymbol{\zeta}_n\}$ 一致收敛于连续型模糊向量 $\boldsymbol{\xi}$.

2.2 可信性模拟方法

设 $g_1, g_2, \cdots, g_p$ 是定义在 $\Re^m$ 上的实值函数, ξ_i 为本质有界的模糊变量, 其可能性分布分别为 ν_i, $i = 1, 2, \cdots, m$. 为了检验模糊机会约束规划 (Liu, Iwamura, 1998) 的约束以及计算模糊环境下相关机会规划 (Liu, 2000, 2002) 的目标函数, 通常需要计算模糊事件

$$g_j(\boldsymbol{\xi}) \geqslant 0, \quad j = 1, 2, \cdots, p \tag{2.12}$$

的可能性或可信性, 其中 $\boldsymbol{\xi} = (\xi_1, \xi_2, \cdots, \xi_m)$ 是支撑 Ξ 上的模糊变量. 如果对于 $\boldsymbol{u} = (u_1, u_2, \cdots, u_m) \in \Re^m$, 令

$$g(\boldsymbol{u}) = \min_{1 \leqslant j \leqslant p} g_j(\boldsymbol{u}),$$

则模糊事件 (2.12) 等价于

$$g(\boldsymbol{\xi}) \geqslant 0, \tag{2.13}$$

其可信性记为 $\text{Cr}\{g(\boldsymbol{\xi}) \geqslant 0\}$.

下面分两种情况讨论 $\text{Cr}\{g(\boldsymbol{\xi}) \geqslant 0\}$ 的计算.

情形 1　支撑 Ξ 有限. 设 $\boldsymbol{\xi} = (\xi_1, \xi_2, \cdots, \xi_m)$ 的可能性分布为

$$\boldsymbol{\xi} \sim \begin{pmatrix} \hat{\boldsymbol{\xi}}_1 & \hat{\boldsymbol{\xi}}_2 & \cdots & \hat{\boldsymbol{\xi}}_K \\ \nu_1 & \nu_2 & \cdots & \nu_K \end{pmatrix}, \tag{2.14}$$

其中 $\nu_k = \mathrm{Pos}\{\boldsymbol{\xi} = \hat{\boldsymbol{\xi}}_k\} > 0$, $\hat{\boldsymbol{\xi}}_k = (\hat{\xi}_{k,1}, \hat{\xi}_{k,2}, \cdots, \hat{\xi}_{k,m}) \in \Re^m$, 且 $\max_{k=1}^K \nu_k = 1$.

模糊事件 (2.13) 的可信性可由如下公式计算

$$\mathrm{Cr}\{g(\boldsymbol{\xi}) \geqslant 0\} = \frac{1}{2}\left(1 + \max\{\nu_k \mid g(\hat{\boldsymbol{\xi}}_k) \geqslant 0\} - \max\{\nu_k \mid g(\hat{\boldsymbol{\xi}}_k) < 0\}\right),$$

其中 $\Xi = \left\{\hat{\boldsymbol{\xi}}_1, \hat{\boldsymbol{\xi}}_2, \cdots, \hat{\boldsymbol{\xi}}_K\right\} \subset \Re^m$.

情形 2　支撑 $\Xi = \prod_{i=1}^m [a_i, b_i]$, 其中 $[a_i, b_i]$ 是 ξ_i 的支撑, $i = 1, 2, \cdots, m$. 在这种情况中, 可用模糊模拟方法 (Liu, 2000, 2002) 计算可信性 $L = \mathrm{Cr}\{g(\boldsymbol{\xi}) \geqslant 0\}$. 此方法表述如下:

令 $\{\boldsymbol{\zeta}_n\}$ 为模糊向量 $\boldsymbol{\xi}$ 的离散化序列. 对于任意给定的 n, 模糊向量 $\boldsymbol{\zeta}_n$ 取 K 个值 $\hat{\boldsymbol{\zeta}}_n^k = (\hat{\zeta}_{n,1}, \hat{\zeta}_{n,2}, \cdots, \hat{\zeta}_{n,m})$, $k = 1, 2, \cdots, K$, 其中 $K = K_1 K_2 \cdots K_m$. 用 $\boldsymbol{\zeta}_n$ 的可能性分布代替 $\boldsymbol{\xi}$ 的分布, 并且用可信性 $\mathrm{Cr}\{g(\boldsymbol{\zeta}_n) \geqslant 0\}$ 来逼近 $\mathrm{Cr}\{g(\boldsymbol{\xi}) \geqslant 0\}$.

记 $\nu_k = \nu_{n,1}(\hat{\zeta}_{n,1}^k) \wedge \nu_{n,2}(\hat{\zeta}_{n,2}^k) \wedge \cdots \wedge \nu_{n,m}(\hat{\zeta}_{n,m}^k)$, $k = 1, 2, \cdots, K$, 其中由式 (2.4) 定义的 $\nu_{n,i}$ 分别为模糊变量 $\zeta_{n,i}, i = 1, 2, \cdots, m$ 的可能性分布, 且对于一般的模糊向量 $\boldsymbol{\xi}$ 由模糊模拟计算得到. 于是, 可信性 $\mathrm{Cr}\{g(\boldsymbol{\zeta}_n) \geqslant 0\}$ 可由如下式 (2.15) 计算

$$L = \frac{1}{2}\left(1 + \max\{\nu_k \mid g(\hat{\boldsymbol{\zeta}}_n^k) \geqslant 0\} - \max\{\nu_k \mid g(\hat{\boldsymbol{\zeta}}_n^k) < 0\}\right). \tag{2.15}$$

可以证明, 当 $n \to \infty$ 时, $\mathrm{Cr}\{g(\boldsymbol{\zeta}_n) \geqslant 0\}$ 收敛于 $\mathrm{Cr}\{g(\boldsymbol{\xi}) \geqslant 0\}$. 这说明当 n 充分大时, 可信性 $\mathrm{Cr}\{g(\boldsymbol{\xi}) \geqslant 0\}$ 可由式 (2.15) 计算. 计算 $\mathrm{Cr}\{g(\boldsymbol{\xi}) \geqslant 0\}$ 的步骤总结如下:

算法 2.1　模糊模拟 (Liu, 2000, 2002)

步骤 1　在 $\boldsymbol{\xi}$ 的支撑 Ξ 中生成 K 个点 $\hat{\boldsymbol{\zeta}}_n^k = (\hat{\zeta}_{n,1}^k, \hat{\zeta}_{n,2}^k, \cdots, \hat{\zeta}_{n,m}^k)$, $k = 1, 2, \cdots, K$.

步骤 2　计算 $g(\hat{\boldsymbol{\zeta}}_n^k)$, $k = 1, 2, \cdots, K$.

步骤 3　令 $\nu_k = \nu_{n,1}(\hat{\zeta}_{n,1}^k) \wedge \nu_{n,2}(\hat{\zeta}_{n,2}^k) \wedge \cdots \wedge \nu_{n,m}(\hat{\zeta}_{n,m}^k)$, $k = 1, 2, \cdots, K$.

步骤 4　通过式 (2.15) 返回 L 的值.

算法 2.1 的收敛性由下面的定理 2.1 保证.

定理 2.1 (Liu, 2006)　设 g 是 $\Re^m$ 上的连续函数, $\boldsymbol{\xi}$ 是一个 m 维连续型模糊向量. 如果 $\boldsymbol{\xi}$ 是本质有界的模糊向量, 且本原模糊向量序列 $\{\boldsymbol{\zeta}_n\}$ 是 $\boldsymbol{\xi}$ 的离散化. 假定 0 是函数 $\mathrm{Cr}\{g(\boldsymbol{\xi}) \geqslant r\}$ 的一个连续点, 则有

$$\lim_{n \to \infty} \mathrm{Cr}\{g(\boldsymbol{\zeta}_n) \geqslant 0\} = \mathrm{Cr}\{g(\boldsymbol{\xi}) \geqslant 0\}. \tag{2.16}$$

证明 假设 $\boldsymbol{\xi} = (\xi_1, \xi_2, \cdots, \xi_m)$ 是一个本质有界的模糊向量, 则存在正数 $a_i, i = 1, 2, \cdots, m$, 使得对于任意的 $i = 1, 2, \cdots, m$, $\mathrm{Cr}\{\xi_i \geqslant -a_i\} = 1$ 和 $\mathrm{Cr}\{\xi_i \geqslant a_i\} = 0$ 都成立. 由于 g 是 $\Re^m$ 上的连续函数, 从而在紧集 $\prod_{i=1}^m[-a_i, a_i]$ 上为一致连续的. 因此, 对于任意 $\varepsilon > 0$, 存在 $\eta > 0$, 使得

$$|g(\hat{\boldsymbol{\xi}}') - g(\hat{\boldsymbol{\xi}}'')| < \varepsilon \tag{2.17}$$

成立, 其中 $\hat{\boldsymbol{\xi}}', \hat{\boldsymbol{\xi}}'' \in \prod_{i=1}^m[-a_i, a_i]$, 且 $\|\hat{\boldsymbol{\xi}}' - \hat{\boldsymbol{\xi}}''\| < \eta$.

由于序列 $\{\boldsymbol{\zeta}_n\}$ 在 Γ 上一致收敛于 $\boldsymbol{\xi}$, 所以对于上述 $\eta > 0$, 存在正整数 N, 使得对于任意 $\gamma \in \Gamma$ 和 $n \geqslant N$, 有

$$\|\boldsymbol{\zeta}_n(\gamma) - \boldsymbol{\xi}(\gamma)\| = \sqrt{\sum_{i=1}^m (\zeta_{n,i}(\gamma) - \xi_i(\gamma))^2} < \eta$$

都成立. 由式 (2.17) 得

$$|g(\boldsymbol{\zeta}_n(\gamma)) - g(\boldsymbol{\xi}(\gamma))| < \varepsilon$$

对于任意 $\gamma \in \Gamma$ 和 $n \geqslant N$ 也成立. 因此, 对于任意的 $n \geqslant N$,

$$\mathrm{Cr}\left\{\gamma \mid |g(\boldsymbol{\zeta}_n(\gamma)) - g(\boldsymbol{\xi}(\gamma))| \geqslant \varepsilon\right\} = \mathrm{Cr}\{\varnothing\} = 0,$$

即

$$\lim_{n\to\infty} \mathrm{Cr}\left\{\gamma \mid |g(\boldsymbol{\zeta}_n(\gamma)) - g(\boldsymbol{\xi}(\gamma))| \geqslant \varepsilon\right\} = 0.$$

记

$$A_1 = \{\gamma \mid g(\boldsymbol{\zeta}_n(\gamma)) \geqslant r, |g(\boldsymbol{\zeta}_n(\gamma)) - g(\boldsymbol{\xi}(\gamma))| < \varepsilon\},$$

$$A_2 = \{\gamma \mid g(\boldsymbol{\zeta}_n(\gamma)) \geqslant r, |g(\boldsymbol{\zeta}_n(\gamma)) - g(\boldsymbol{\xi}(\gamma))| \geqslant \varepsilon\},$$

则有 $\{\gamma \mid g(\boldsymbol{\zeta}_n(\gamma)) \geqslant r\} = A_1 \cup A_2$.

由可信性测度的次可加性, 有

$$\mathrm{Cr}\{\gamma \mid g(\boldsymbol{\zeta}_n(\gamma)) \geqslant r\} \leqslant \mathrm{Cr}(A_1) + \mathrm{Cr}(A_2).$$

由 Cr 的单调性, 可得

$$\mathrm{Cr}(A_1) \leqslant \mathrm{Cr}\{\gamma \mid g(\boldsymbol{\zeta}_n(\gamma)) \geqslant r, g(\boldsymbol{\xi}(\gamma)) > g(\boldsymbol{\zeta}_n(\gamma)) - \varepsilon\}$$

$$\leqslant \mathrm{Cr}\{\gamma \mid g(\boldsymbol{\xi}(\gamma)) > r - \varepsilon\} \leqslant \mathrm{Cr}\{g(\boldsymbol{\xi}(\gamma)) \geqslant r - \varepsilon\}$$

且 $\mathrm{Cr}(A_2) \leqslant \mathrm{Cr}\{\gamma \mid |g(\boldsymbol{\zeta}_n(\gamma)) - g(\boldsymbol{\xi}(\gamma))| \geqslant \varepsilon\}$.

综上可知, 对于任意 $n \geqslant N$, 有

$$\mathrm{Cr}\{\gamma \mid g(\boldsymbol{\zeta}_n(\gamma)) \geqslant r\}$$
$$\leqslant \mathrm{Cr}\{g(\boldsymbol{\xi}) \geqslant r - \varepsilon\} + \mathrm{Cr}\{|g(\boldsymbol{\zeta}_n) - g(\boldsymbol{\xi})| \geqslant \varepsilon\}$$
$$= \mathrm{Cr}\{\gamma \mid g(\boldsymbol{\xi}(\gamma)) \geqslant r - \varepsilon\},$$

即

$$\limsup_{n \to \infty} \mathrm{Cr}\{\gamma \mid g(\boldsymbol{\zeta}_n(\gamma)) \geqslant r\} \leqslant \mathrm{Cr}\{\gamma \mid g(\boldsymbol{\xi}(\gamma)) \geqslant r - \varepsilon\}.$$

由于 $\mathrm{Cr}\{\gamma \mid g(\boldsymbol{\xi}(\gamma)) \geqslant t\}$ 是关于 t 的单调有界函数, 因此, 令 $\varepsilon \to 0$, 得到

$$\limsup_{n \to \infty} \mathrm{Cr}\{\gamma \mid g(\boldsymbol{\zeta}_n(\gamma)) \geqslant r\} \leqslant \mathrm{Cr}\{\gamma \mid g(\boldsymbol{\xi}(\gamma)) \geqslant r^-\},$$

其中 $\mathrm{Cr}\{\gamma \mid g(\boldsymbol{\xi}(\gamma)) \geqslant r^-\}$ 是函数 $\mathrm{Cr}\{\gamma \mid g(\boldsymbol{\xi}(\gamma)) \geqslant t\}$ 在点 $t = r$ 处的左极限.

此外, 记

$$B_1 = \{\gamma \mid g(\boldsymbol{\xi}(\gamma)) \geqslant r + \varepsilon, |g(\boldsymbol{\zeta}_n(\gamma)) - g(\boldsymbol{\xi}(\gamma))| < \varepsilon\},$$
$$B_2 = \{\gamma \mid g(\boldsymbol{\xi}(\gamma)) \geqslant r + \varepsilon, |g(\boldsymbol{\zeta}_n(\gamma)) - g(\boldsymbol{\xi}(\gamma))| \geqslant \varepsilon\},$$

则有

$$\mathrm{Cr}(B_1) \leqslant \mathrm{Cr}\{\gamma \mid g(\boldsymbol{\xi}(\gamma)) \geqslant r + \varepsilon, g(\boldsymbol{\xi}(\gamma)) - \varepsilon < g(\boldsymbol{\zeta}_n(\gamma))\}$$
$$\leqslant \mathrm{Cr}\{\gamma \mid g(\boldsymbol{\zeta}_n(\gamma)) > r\} \leqslant \mathrm{Cr}\{\gamma \mid g(\boldsymbol{\zeta}_n(\gamma)) \geqslant r\},$$

且 $\mathrm{Cr}(B_2) \leqslant \mathrm{Cr}\{\gamma \mid |g(\boldsymbol{\zeta}_n(\gamma)) - g(\boldsymbol{\xi}(\gamma))| \geqslant \varepsilon\}$. 因此,

$$\mathrm{Cr}\{\gamma \mid g(\boldsymbol{\xi}(\gamma)) \geqslant r + \varepsilon\} \leqslant \mathrm{Cr}(B_1) + \mathrm{Cr}(B_2)$$
$$\leqslant \mathrm{Cr}\{g(\boldsymbol{\zeta}_n) \geqslant r\} + \mathrm{Cr}\{|g(\boldsymbol{\zeta}_n) - g(\boldsymbol{\xi})| \geqslant \varepsilon\}.$$

令 $n \to \infty$, 当 $\varepsilon \to 0$ 时, 有

$$\liminf_{n \to \infty} \mathrm{Cr}\{\gamma \mid g(\boldsymbol{\zeta}_n(\gamma)) \geqslant r\} \geqslant \mathrm{Cr}\{\gamma \mid g(\boldsymbol{\xi}(\gamma)) \geqslant r^+\},$$

其中 $\mathrm{Cr}\{\gamma \mid g(\boldsymbol{\xi}(\gamma)) \geqslant r^+\}$ 是函数 $\mathrm{Cr}\{\gamma \mid g(\boldsymbol{\xi}(\gamma)) \geqslant t\}$ 在 $t = r$ 处的右极限. 因此, 如果 r 是函数 $\mathrm{Cr}\{\gamma \mid g(\boldsymbol{\xi}(\gamma)) \geqslant t\}$ 的连续点, 则有

$$\lim_{n \to \infty} \mathrm{Cr}\{\gamma \mid g(\boldsymbol{\zeta}_n(\gamma)) \geqslant r\} = \mathrm{Cr}\{\gamma \mid g(\boldsymbol{\xi}(\gamma)) \geqslant r\},$$

即序列 $\{g(\boldsymbol{\zeta}_n)\}$ 依可信性测度收敛于 $g(\boldsymbol{\xi})$. 综上所述, 0 是函数 $\mathrm{Cr}\{g(\boldsymbol{\xi}) \geqslant r\}$ 的连续点,

$$\lim_{n \to \infty} \mathrm{Cr}\{g(\boldsymbol{\zeta}_n) \geqslant 0\} = \mathrm{Cr}\{g(\boldsymbol{\xi}) \geqslant 0\}. \qquad \square$$

下面给出一个例子帮助读者理解定理 2.1.

例 2.2 对于任意 $(u_1, u_2) \in \Re^2$, 定义函数 $g(u_1, u_2) = u_1$. 设 $\boldsymbol{\xi} = (\xi_1, \xi_2)$ 是在例 2.1 中定义的模糊向量, 且 $\{\boldsymbol{\zeta}_n\}$ 是 $\boldsymbol{\xi}$ 的离散化. 下面说明

$$\lim_{n \to \infty} \mathrm{Cr}\{g(\boldsymbol{\zeta}_n) \geqslant r\} = \mathrm{Cr}\{g(\boldsymbol{\xi}) \geqslant r\}, \quad r \in \Re. \tag{2.18}$$

由 g 的定义, 有 $g(\boldsymbol{\xi}) = \xi_1$ 和 $g(\boldsymbol{\zeta}_n) = \zeta_{n,1}$. 对于任意 $r \in \Re$, 要计算 $\mathrm{Cr}\{g(\boldsymbol{\xi}) \geqslant r\}$ 和 $\mathrm{Cr}\{g(\boldsymbol{\zeta}_n) \geqslant r\}$.

由 ξ_1 的可能性分布, 有

$$\mathrm{Cr}\{g(\boldsymbol{\xi}) \geqslant r\} = \begin{cases} 1, & r \leqslant -1, \\ \dfrac{1}{2}(1-r), & -1 < r \leqslant 1, \\ 0, & \text{其他.} \end{cases}$$

此外, 根据模糊变量 $\zeta_{n,1}$ 的可能性分布 (2.8), 有

$$\mathrm{Cr}\{g(\boldsymbol{\zeta}_n) \geqslant r\} = \begin{cases} 1, & r \leqslant -1, \\ \dfrac{1}{2}\left(1 - \dfrac{k_1+1}{n}\right), & \dfrac{k_1}{n} < r \leqslant \dfrac{k_1+1}{n}, \ -n \leqslant k_1 \leqslant n-1, \\ 0, & \text{其他.} \end{cases}$$

由于 $\mathrm{Cr}\{g(\boldsymbol{\xi}) \geqslant r\}$ 在 $\Re$ 上连续, 下面证明对于任意的 $r \in \Re$, 式 (2.18) 都成立.

当 $r \leqslant -1$ 或 $r > 1$ 时, 由上面计算的结果, 有 $\mathrm{Cr}\{g(\boldsymbol{\zeta}_n) \geqslant r\} = \mathrm{Cr}\{g(\boldsymbol{\xi}) \geqslant r\}$, 说明式 (2.18) 成立.

当 $r \in (-1, 1]$ 时, 存在一个整数 $k_1, -n \leqslant k_1 \leqslant n-1$, 使得 $k_1/n < r \leqslant k_1 + 1/n$ 成立, 等价于

$$\frac{1}{2}\left(1 - \frac{k_1+1}{n}\right) \leqslant \frac{1}{2}(1-r) < \frac{1}{2}\left(1 - \frac{k_1}{n}\right).$$

由 $\mathrm{Cr}\{g(\boldsymbol{\xi}) \geqslant r\} = (1-r)/2$ 和 $\mathrm{Cr}\{g(\boldsymbol{\zeta}_n) \geqslant r\} = [1 - (k_1+1)/n]/2$ 可推出

$$\mathrm{Cr}\{g(\boldsymbol{\zeta}_n) \geqslant r\} \leqslant \mathrm{Cr}\{g(\boldsymbol{\xi}) \geqslant r\} < \mathrm{Cr}\{g(\boldsymbol{\zeta}_n) \geqslant r\} + \frac{1}{2n}.$$

因此, 有 $0 \leqslant \mathrm{Cr}\{g(\boldsymbol{\xi}) \geqslant r\} - \mathrm{Cr}\{g(\boldsymbol{\zeta}_n) \geqslant r\} < 1/(2n)$, 即

$$\lim_{n \to \infty} \left(\mathrm{Cr}\{g(\boldsymbol{\xi}) \geqslant r\} - \mathrm{Cr}\{g(\boldsymbol{\zeta}_n) \geqslant r\}\right) = 0.$$

综上可知, $\lim_{n \to \infty} \mathrm{Cr}\{g(\boldsymbol{\zeta}_n) \geqslant r\} = \mathrm{Cr}\{g(\boldsymbol{\xi}) \geqslant r\}$.

2.3 关键值模拟方法

设 f 是一个定义在 $\Re^m$ 上的实值函数, ξ_i 为一个本质有界的模糊变量, 其可能性分布分别为 ν_i, $i = 1, 2, \cdots, m$. 为了计算模糊环境下的机会约束规划 (Liu, 2002) 的目标值, 需要计算 β 水平下的关键值 $f(\boldsymbol{\xi})_{\sup}(\beta)$, 即在不等式

$$\mathrm{Cr}\left\{f(\boldsymbol{\xi}) \geqslant \bar{f}\right\} \geqslant \beta \tag{2.19}$$

成立的条件下最大化 $\bar{f}$, 其中 β 是给定的置信水平, $\boldsymbol{\xi} = (\xi_1, \xi_2, \cdots, \xi_m)$ 是支撑为 Ξ 的模糊向量.

我们分如下两种情况进行讨论.

情形 1   支撑 Ξ 有限. 设模糊变量 $\boldsymbol{\xi}$ 的实现值是 $\hat{\boldsymbol{\xi}}_1, \hat{\boldsymbol{\xi}}_2, \cdots, \hat{\boldsymbol{\xi}}_K$, 其可能性分别为 $\nu_1, \nu_2, \cdots, \nu_K$.

记 $f_k = f(\hat{\boldsymbol{\xi}}_k)$, $c_k = \mathrm{Cr}\left\{f(\boldsymbol{\xi}) \geqslant f_k\right\}$, $k = 1, 2, \cdots, K$, 则 $f(\boldsymbol{\xi})_{\sup}(\beta)$ 的值由下式计算

$$f(\boldsymbol{\xi})_{\sup}(\beta) = \max\left\{f_k \mid c_k \geqslant \beta\right\},$$

其中 $c_k = (1 + \max\{\nu_j \mid f_j \geqslant f_k\} - \max\{\nu_j \mid f_j < f_k\})/2$, $k = 1, 2, \cdots, K$.

情形 2   支撑 $\Xi = \prod_{i=1}^m [a_i, b_i]$, 其中 $[a_i, b_i]$ 是 ξ_i 的支撑, $i = 1, 2, \cdots, m$.

为了计算 $f(\boldsymbol{\xi})_{\sup}(\beta)$ 的值, 用 $\boldsymbol{\xi}$ 的离散化 $\boldsymbol{\zeta}_n$ 的可能性分布替换 $\boldsymbol{\xi}$ 的可能性分布, 并且用 $f(\boldsymbol{\zeta}_n)_{\sup}(\beta)$ 逼近 $f(\boldsymbol{\xi})_{\sup}(\beta)$.

记 $f_k = f(\hat{\boldsymbol{\zeta}}_n^k)$, 其中 $\hat{\boldsymbol{\zeta}}_n^k = (\hat{\zeta}_{n,1}^k, \hat{\zeta}_{n,2}^k, \cdots, \hat{\zeta}_{n,m}^k)$, $c_k = \mathrm{Cr}\{f(\boldsymbol{\zeta}_n^k) \geqslant f_k\}$. 对于任意 $k = 1, 2, \cdots, K$, $\nu_k = \nu_{n,1}(\hat{\zeta}_{n,1}^k) \wedge \nu_{n,2}(\hat{\zeta}_{n,2}^k) \wedge \cdots \wedge \nu_{n,m}(\hat{\zeta}_{n,m}^k)$, 其中 $\nu_{n,i}$ 是由式 (2.4) 定义的 $\zeta_{n,i}$, $i = 1, 2, \cdots, m$ 的可能性分布, 则 $f(\boldsymbol{\zeta}_n)_{\sup}(\beta)$ 的值可由如下式 (2.20) 计算

$$U = \max\left\{f_k \mid c_k \geqslant \beta\right\}, \tag{2.20}$$

其中, 对于任意 $k = 1, 2, \cdots, K$,

$$c_k = \frac{1}{2}\left(1 + \max\left\{\nu_j \mid f_j \geqslant f_k\right\} - \max\left\{\nu_j \mid f_j < f_k\right\}\right). \tag{2.21}$$

可以证明, 当 $n \to \infty$ 时, $f(\boldsymbol{\zeta}_n)_{\sup}(\beta)$ 收敛于 $f(\boldsymbol{\xi})_{\sup}(\beta)$. 因此, 当 n 充分大时, β-关键值 $f(\boldsymbol{\xi})_{\sup}(\beta)$ 可由式 (2.20) 计算. 计算关键值的步骤总结如下:

算法 2.2   模糊模拟 (Liu, 2000, 2002)

步骤 1   在 $\boldsymbol{\xi}$ 的支撑 Ξ 中均匀生成 K 个点 $\hat{\boldsymbol{\zeta}}_n^k = (\hat{\zeta}_{n,1}^k, \hat{\zeta}_{n,2}^k, \cdots, \hat{\zeta}_{n,m}^k)$, $k = 1, 2, \cdots, K$.

步骤 2   令 $f_k = f(\hat{\boldsymbol{\zeta}}_n^k)$, $k = 1, 2, \cdots, K$.

步骤 3 令 $\nu_k = \nu_{n,1}(\hat{\zeta}_{n,1}^k) \wedge \nu_{n,2}(\hat{\zeta}_{n,2}^k) \wedge \cdots \wedge \nu_{n,m}(\hat{\zeta}_{n,m}^k)$, $k = 1, 2, \cdots, K$.

步骤 4 由式 (2.21) 计算 $c_k = \mathrm{Cr}\{f(\boldsymbol{\zeta}_n^k) \geqslant f_k\}$, $k = 1, 2, \cdots, K$.

步骤 5 通过式 (2.20) 返回 U 的值.

算法 2.2 的收敛性由下述定理 2.2 保证.

定理 2.2(Liu, 2006) 设 f 是 $\Re^m$ 上的连续函数, $\boldsymbol{\xi}$ 是一个 m 维连续型模糊向量, 并且 $\beta \in (0, 1)$ 是给定的置信水平. 如果 $\boldsymbol{\xi}$ 是本质有界的, 且本原模糊向量序列 $\{\boldsymbol{\zeta}_n\}$ 是 $\boldsymbol{\xi}$ 的离散化, 假定 β 是函数 $f(\boldsymbol{\xi})_{\sup}(\alpha)$ 的连续点, 则有

$$\lim_{n \to \infty} f(\boldsymbol{\zeta}_n)_{\sup}(\beta) = f(\boldsymbol{\xi})_{\sup}(\beta). \tag{2.22}$$

证明 由定理 2.1 的证明, 可知序列 $\{f(\boldsymbol{\zeta}_n)\}$ 依可信性分布收敛于 $f(\boldsymbol{\xi})$, 即如果 r 是函数 $G_{\mathrm{Cr},f(\boldsymbol{\xi})}(r)$ 的连续点, 则有

$$\lim_{n \to \infty} G_{\mathrm{Cr},f(\boldsymbol{\zeta}_n)}(r) = G_{\mathrm{Cr},f(\boldsymbol{\xi})}(r). \tag{2.23}$$

下面证明序列 $\{f(\boldsymbol{\zeta}_n)\}$ 依乐观值收敛于 $f(\boldsymbol{\xi})$.

事实上, 假设式 (2.23) 成立, $\alpha \in (0, 1)$ 满足至多存在一个 r, 使得 $G_{\mathrm{Cr},f(\boldsymbol{\xi})}(r) = \alpha$. 记 $z = f(\boldsymbol{\xi})_{\sup}(\alpha)$.

一方面, 对于任意 $r < z$ 有 $G_{\mathrm{Cr},f(\boldsymbol{\xi})}(r) > \alpha$. 因此, 假定 r 是 $G_{\mathrm{Cr},f(\boldsymbol{\xi})}$ 的连续点, 则对于任意 $n \geqslant N_r$(某个正整数), 有 $G_{\mathrm{Cr},f(\boldsymbol{\zeta}_n)}(r) > \alpha$. 所以, 当 r 是 $G_{\mathrm{Cr},f(\boldsymbol{\xi})}$ 的连续点时, 有 $f(\boldsymbol{\zeta}_n)_{\sup}(\alpha) \geqslant r$. 取 $G_{\mathrm{Cr},f(\boldsymbol{\xi})}$ 的连续点序列 $\{r_n\}$ 递增收敛于 z, 则有

$$\liminf_{n \to \infty} f(\boldsymbol{\zeta}_n)_{\sup}(\alpha) \geqslant r,$$

即

$$\liminf_{n \to \infty} f(\boldsymbol{\zeta}_n)_{\sup}(\alpha) \geqslant z.$$

另一方面, 当 $r > z$ 时, 有 $G_{\mathrm{Cr},f(\boldsymbol{\xi})}(r) < \alpha$. 假定 r 是 $G_{\mathrm{Cr},f(\boldsymbol{\xi})}$ 的连续点, 则对于任意 $m \geqslant N_r'$(某些正整数), 有 $G_{\mathrm{Cr},f(\boldsymbol{\zeta}_n)}(r) < \alpha$. 因此, 当 r 是 $G_{\mathrm{Cr},f(\boldsymbol{\xi})}$ 的连续点时, $f(\boldsymbol{\zeta}_n)_{\sup}(\alpha) \leqslant r$. 取 $G_{\mathrm{Cr},f(\boldsymbol{\xi})}$ 的连续点序列 $\{r_n\}$ 递减收敛于 z, 则有

$$\limsup_{n \to \infty} f(\boldsymbol{\zeta}_n)_{\sup}(\alpha) \leqslant r,$$

即

$$\limsup_{n \to \infty} f(\boldsymbol{\zeta}_n)_{\sup}(\alpha) \leqslant z.$$

因此, 除至多可数多个 α 外, $f(\boldsymbol{\zeta}_n)_{\sup}(\alpha) \to f(\boldsymbol{\xi})_{\sup}(\alpha)$ 都成立 (除了那些存在多个 r 使 $G_{\mathrm{Cr},f(\boldsymbol{\xi})}(r) = \alpha$ 的 α). 因此序列 $\{f(\boldsymbol{\zeta}_n)\}$ 依关键值收敛于 $f(\boldsymbol{\xi})$, 又由于

β 是函数 $f(\boldsymbol{\xi})_{\sup}(\alpha)$ 的连续点, 因此,

$$\lim_{n \to \infty} f(\boldsymbol{\zeta}_n)_{\sup}(\beta) = f(\boldsymbol{\xi})_{\sup}(\beta). \qquad \square$$

下面给出的例 2.3 可以帮助读者理解定理 2.2.

例 2.3   对于任意 $(u_1, u_2) \in \Re^2$. 定义函数 f 为 $f(u_1, u_2) = u_2$. 设 $\boldsymbol{\xi} = (\xi_1, \xi_2)$ 为例 2.1 中定义的模糊向量, 且 $\{\boldsymbol{\zeta}_n\}$ 是 $\boldsymbol{\xi}$ 的离散化. 下面说明

$$\lim_{n \to \infty} f(\boldsymbol{\zeta}_n)_{\sup}(\beta) = f(\boldsymbol{\xi})_{\sup}(\beta), \quad \beta \in (0, 1]. \qquad (2.24)$$

由 f 的定义, 可知 $f(\boldsymbol{\xi}) = \xi_2$, $f(\boldsymbol{\zeta}_n) = \zeta_{n,2}$. 下面对于任意的 $\beta \in (0, 1]$, 计算 $f(\boldsymbol{\xi})_{\sup}(\beta)$ 和 $f(\boldsymbol{\zeta}_n)_{\sup}(\beta)$.

由 ξ_2 的可能性分布, 有

$$\mathrm{Cr}\{f(\boldsymbol{\xi}) \geqslant r\} = \begin{cases} 1, & r \leqslant 0, \\ 1 - \dfrac{r}{2}, & 0 < r \leqslant 2, \\ 0, & \text{其他}. \end{cases}$$

因此, 对于任意的 $\beta \in (0, 1]$, 有

$$f(\boldsymbol{\xi})_{\sup}(\beta) = \sup\{r \mid \mathrm{Cr}\{f(\boldsymbol{\xi}) \geqslant r\} \geqslant \beta\} = 2(1 - \beta).$$

此外, 由模糊变量 $\zeta_{n,2}$ 的可能性分布 (2.10), 有

$$\mathrm{Cr}\{f(\boldsymbol{\zeta}_n) \geqslant r\} = \begin{cases} 1, & r \leqslant 0, \\ \dfrac{1}{2}\left(2 - \dfrac{k_2 + 1}{n}\right), & \dfrac{k_2}{n} < r \leqslant \dfrac{k_2 + 1}{n}, \ 0 \leqslant k_2 \leqslant 2n - 1, \\ 0, & \text{其他}. \end{cases}$$

这样, 对于任意的 $\beta \in (0, 1]$ 且 $[2 - (k_2 + 1)/n]/2 < \beta \leqslant (2 - k_2/n)/2$, 有

$$f(\boldsymbol{\zeta}_n)_{\sup}(\beta) = \sup\{r \mid \mathrm{Cr}\{f(\boldsymbol{\zeta}_n) \geqslant r\} \geqslant \beta\} = \frac{k_2}{n},$$

其中 $0 \leqslant k_2 \leqslant 2n - 1$.

由于 $f(\boldsymbol{\xi})_{\sup}(\beta)$ 在 $(0, 1]$ 上连续, 下面证明对于任意的 $\beta \in (0, 1]$, 式 (2.24) 成立.

事实上, 对于任意的 $\beta \in (0, 1]$, 存在一个正整数 k_2, $0 \leqslant k_2 \leqslant 2n - 1$, 使得 $[2 - (k_2 + 1)/n]/2 < \beta \leqslant (2 - k_2/n)/2$ 成立, 即 $k_2/n \leqslant 2(1 - \beta) < (k_2 + 1)/n$. 因为 $f(\boldsymbol{\xi})_{\sup}(\beta) = 2(1 - \beta)$, $f(\boldsymbol{\zeta}_n)_{\sup}(\beta) = k_2/n$, 可得

$$f(\boldsymbol{\zeta}_n)_{\sup}(\beta) \leqslant f(\boldsymbol{\xi})_{\sup}(\beta) < f(\boldsymbol{\zeta}_n)_{\sup}(\beta) + \frac{1}{n}.$$

因此,

$$0 \leqslant f(\boldsymbol{\xi})_{\sup}(\beta) - f(\boldsymbol{\zeta}_n)_{\sup}(\beta) < \frac{1}{n},$$

即 $\lim\limits_{n \to \infty} (f(\boldsymbol{\xi})_{\sup}(\beta) - f(\boldsymbol{\zeta}_n)_{\sup}(\beta)) = 0$. 所以,

$$\lim_{n \to \infty} f(\boldsymbol{\zeta}_n)_{\sup}(\beta) = f(\boldsymbol{\xi})_{\sup}(\beta).$$

2.4 期望值模拟方法

设 f 是定义在 $\Re^m$ 上的实值函数, ξ_i, $i = 1, 2, \cdots, m$ 为本质有界的模糊变量, 其可能性分布为 ν_i, $i = 1, 2, \cdots, m$. 为了求解模糊期望值模型 (Liu B, Liu Y K, 2002), 需要计算目标函数及约束中的期望值 $E[f(\boldsymbol{\xi})]$, 其中 $\boldsymbol{\xi} = (\xi_1, \xi_2, \cdots, \xi_m)$ 是支撑 Ξ 上的模糊向量.

我们分如下两种情况进行讨论.

情形 1 支撑 Ξ 有限. 设模糊向量 $\boldsymbol{\xi}$ 的实现值为 $\hat{\boldsymbol{\xi}}_1, \hat{\boldsymbol{\xi}}_2, \cdots, \hat{\boldsymbol{\xi}}_K$, 其可能性分别为 $\nu_1, \nu_2, \cdots, \nu_K$.

记 $f_k = f(\hat{\boldsymbol{\xi}}_k)$, $k = 1, 2, \cdots, K$. 不失一般性, 设 $f_1 \leqslant f_2 \leqslant \cdots \leqslant f_K$ (否则可以重新排列使之满足这一条件), 则期望值 $E[f(\boldsymbol{\xi})]$ 可由下式计算

$$E[f(\boldsymbol{\xi})] = \sum_{k=1}^{K} w_k f_k,$$

其中 $w_k = \left(\max_{j=k}^{K} \nu_j - \max_{j=k+1}^{K+1} \nu_j\right)/2 + \left(\max_{j=1}^{k} \nu_j - \max_{j=0}^{k-1} \nu_j\right)/2$, $k = 1, 2, \cdots, K$ 且 $\nu_0 = \nu_{K+1} = 0$.

情形 2 支撑 $\Xi = \prod_{i=1}^{m} [a_i, b_i]$, 其中 $[a_i, b_i]$ 为 ξ_i 的支撑, $i = 1, 2, \cdots, m$.

为了计算 $E[f(\boldsymbol{\xi})]$, 用 $\boldsymbol{\xi}$ 的离散化 $\boldsymbol{\zeta}_n$ 的可能性分布替换 $\boldsymbol{\xi}$ 的可能性分布, 并且用期望值 $E[f(\boldsymbol{\zeta}_n)]$ 来逼近期望值 $E[f(\boldsymbol{\xi})]$.

记 $f_k = f(\hat{\boldsymbol{\zeta}}_n^k)$, 其中 $\hat{\boldsymbol{\zeta}}_n^k = (\hat{\zeta}_{n,1}^k, \hat{\zeta}_{n,2}^k, \cdots, \hat{\zeta}_{n,m}^k)$. 对于 $k = 1, 2, \cdots, K$, $\nu_k = \nu_{n,1}(\hat{\zeta}_{n,1}^k) \wedge \nu_{n,2}(\hat{\zeta}_{n,2}^k) \wedge \cdots \wedge \nu_{n,m}(\hat{\zeta}_{n,m}^k)$, 其中 $\nu_{n,i}$ 是由式 (2.4) 定义的模糊变量 $\zeta_{n,i}$, $i = 1, 2, \cdots, m$ 的可能性分布, 且对于一般的模糊向量 $\boldsymbol{\xi}$ 由模糊模拟计算. 重排 ν_k 和 f_k 的下标 k 使之满足 $f_1 \leqslant f_2 \leqslant \cdots \leqslant f_K$. 由式 (2.25) 计算权重 $w_k, k = 1, 2, \cdots, K$,

$$w_k = \frac{1}{2}\left(\max_{j=1}^{k} \nu_j - \max_{j=0}^{k-1} \nu_j\right) + \frac{1}{2}\left(\max_{j=k}^{K} \nu_j - \max_{j=k+1}^{K+1} \nu_j\right) \tag{2.25}$$

且 $\nu_0 = \nu_{K+1} = 0$. 然后, 由式 (2.26) 计算期望值 $E[f(\boldsymbol{\zeta}_n)]$,

$$P = \sum_{k=1}^{K} w_k f_k. \tag{2.26}$$

可以证明当 $n \to \infty$ 时, $E[f(\boldsymbol{\zeta}_n)]$ 收敛于 $E[f(\boldsymbol{\xi})]$. 因此, 当 n 充分大时, 期望值 $E[f(\boldsymbol{\xi})]$ 可由式 (2.26) 计算. 计算期望值的步骤总结如下:

算法 2.3 模糊模拟 (Liu B, Liu Y K, 2002)

步骤 1 在 $\boldsymbol{\xi}$ 的支撑 Ξ 中生成 K 个点 $\hat{\boldsymbol{\zeta}}_n^k = (\hat{\zeta}_{n,1}^k, \hat{\zeta}_{n,2}^k, \cdots, \hat{\zeta}_{n,m}^k)$, $k = 1, 2, \cdots, K$.

步骤 2 令 $\nu_k = \nu_{n,1}(\hat{\zeta}_{n,1}^k) \wedge \nu_{n,2}(\hat{\zeta}_{n,2}^k) \wedge \cdots \wedge \nu_{n,m}(\hat{\zeta}_{n,m}^k)$, 且 $f_k = f(\hat{\boldsymbol{\zeta}}_n^k)$, $k = 1, 2, \cdots, K$.

步骤 3 重排 ν_k 和 f_k 的下标 k 使之满足 $f_1 \leqslant f_2 \leqslant \cdots \leqslant f_K$.

步骤 4 根据式 (2.25) 计算 w_k, $k = 1, 2, \cdots, K$.

步骤 5 通过式 (2.26) 返回 P 的值.

算法 2.3 的收敛性由下述定理 2.3 保证.

定理 2.3(Liu, 2006) 假设 f 是 $\Re^m$ 上的连续函数, $\boldsymbol{\xi}$ 是一个 m 维的连续型模糊向量. 如果 $\boldsymbol{\xi}$ 是本质有界的, 且本原模糊向量序列 $\{\boldsymbol{\zeta}_n\}$ 是 $\boldsymbol{\xi}$ 的离散化, 则有

$$\lim_{n \to \infty} E\left[f(\boldsymbol{\zeta}_n)\right] = E\left[f(\boldsymbol{\xi})\right]. \tag{2.27}$$

证明 首先证明 $\{f(\boldsymbol{\zeta}_n)\}$ 是一致本质有界的模糊变量序列.

事实上, 由于模糊向量 $\boldsymbol{\xi}$ 为本质有界的, 对于 $i = 1, 2, \cdots, m$, 存在正数 a_i, 使得 $\mathrm{Cr}\{\xi_i \geqslant -a_i\} = 1$ 和 $\mathrm{Cr}\{\xi_i \geqslant a_i\} = 0$ 成立. 如果记 $\Xi = \prod_{i=1}^m [-a_i, a_i]$, 则 f 在紧集 Ξ 上是有界的, 即存在一个正数 a, 使得对于任意的 $\hat{\boldsymbol{\xi}} \in \Xi$, 有

$$\left| f(\hat{\boldsymbol{\xi}}) \right| \leqslant a$$

成立. 再由 $\boldsymbol{\zeta}_n$ 的定义, 可知 $\hat{\boldsymbol{\zeta}}_n = h_n(\hat{\boldsymbol{\xi}}) \in \Xi$, 即对于任意的 $\boldsymbol{\zeta}_n \in \Xi$ 和 n, 有

$$\left| f(\hat{\boldsymbol{\zeta}}_n) \right| \leqslant a.$$

因此, 对于任意的 n 有

$$\mathrm{Cr}\{f(\boldsymbol{\zeta}_n) \geqslant -a\} = 1, \quad \mathrm{Cr}\{f(\boldsymbol{\zeta}_n) \geqslant a\} = 0,$$

即 $\{f(\boldsymbol{\zeta}_n)\}$ 为一致本质有界的模糊变量序列.

记

$$E\left[f(\boldsymbol{\zeta}_n)\right] = \int_{-a}^{a} \mathrm{Cr}_{f(\boldsymbol{\zeta}_n)}(r)\mathrm{d}r,$$

其中

$$\mathrm{Cr}_{f(\boldsymbol{\zeta}_n)}(r) = \begin{cases} \mathrm{Cr}\{f(\boldsymbol{\zeta}_n) \geqslant r\} - 1, & \text{当 } -a \leqslant r < 0, \\ \mathrm{Cr}\{f(\boldsymbol{\zeta}_n) \geqslant r\}, & \text{当 } 0 \leqslant r \leqslant a, \end{cases} \quad n = 1, 2, \cdots.$$

由定理 2.1 的证明, 可知序列 $\{f(\boldsymbol{\zeta}_n)\}$ 依可信性分布收敛于 $f(\boldsymbol{\xi})$, 即除去至多可数个 r,

$$\lim_{n\to\infty} \mathrm{Cr}_{f(\boldsymbol{\zeta}_n)}(r) = \mathrm{Cr}_{f(\boldsymbol{\xi})}(r)$$

都成立. 由于 $|\mathrm{Cr}_{f(\boldsymbol{\zeta}_n)}(r)| \leqslant 1$, 应用 Lebesgue 有界收敛定理 (Halmos, 1974), 对于函数列

$$\{\mathrm{Cr}_{f(\boldsymbol{\zeta}_n)}(r)\},$$

有

$$\lim_{n\to\infty} E\left[f(\boldsymbol{\zeta}_n)\right] = \int_{-a}^{a} \mathrm{Cr}_{f(\boldsymbol{\xi})}(r)\mathrm{d}r = E\left[f(\boldsymbol{\xi})\right]. \qquad \square$$

下面通过例 2.4 来验证定理 2.3.

例 2.4 对于任意的 $(u_1, u_2) \in \Re^2$, 定义函数 $f(u_1, u_2) = u_1 + u_2$. 假设 $\boldsymbol{\xi} = (\xi_1, \xi_2)$ 为例 2.1 中定义的模糊向量, 且 $\{\boldsymbol{\zeta}_n\}$ 是 $\boldsymbol{\xi}$ 的离散化. 证明 $\lim\limits_{n\to\infty} E\left[f(\boldsymbol{\zeta}_n)\right] = E\left[f(\boldsymbol{\xi})\right]$.

由 f 的定义, 有 $f(\boldsymbol{\xi}) = \xi_1 + \xi_2$, $f(\boldsymbol{\zeta}_n) = \zeta_{n,1} + \zeta_{n,2}$.

由于三角模糊变量 (r_0, α, β) 的期望值为 $(4r_0 - \alpha + \beta)/4$, 因此由期望值算子的独立线性, 有 $E[f(\boldsymbol{\xi})] = E[\xi_1] + E[\xi_2] = 1$.

此外, 由例 2.1, 模糊变量 $\zeta_{n,1}$ 的可能性分布为式 (2.8). 因此, 由式 (2.25) 可得权重 $w_{k_1} = 1/2n$, $k_1 = -n, -n+1, \cdots, n-1$, 由式 (2.26) 可得 $\zeta_{n,1}$ 的期望值

$$E[\zeta_{n,1}] = \sum_{k_1=-n}^{n-1} w_{k_1} \frac{k_1}{n} = \sum_{k_1=-n}^{n-1} \frac{1}{2n} \frac{k_1}{n} = -\frac{1}{2n}.$$

同理, 根据式 (2.10), 可推出

$$E[\zeta_{n,2}] = \sum_{k_2=0}^{2n-1} w_{k_2} \frac{k_2}{n} = \sum_{k_2=0}^{2n-1} \frac{1}{2n} \frac{k_2}{n} = \frac{2n-1}{2n}.$$

由期望值算子的独立线性,

$$E[f(\boldsymbol{\zeta}_n)] = E[\zeta_{n,1}] + E[\zeta_{n,2}] = \frac{n-1}{n},$$

所以

$$\lim_{n\to\infty} E[f(\boldsymbol{\zeta}_n)] = 1 = E[f(\boldsymbol{\xi})].$$

第3章　两阶段模糊规划

本章讨论两阶段模糊规划或称为带有补偿的模糊规划 (fuzzy programming with recourse, FPR)(Liu, 2005), 模型中的不确定参数是具有已知可能性分布的模糊向量. 在两阶段 FPR 模型中, 某些决策变量必须在知道模糊参数的实现值之前作出, 即所谓的第一阶段决策; 而在第二阶段中, 所有模糊参数的实现值都已经知道, 于是决策者可以采取某些补偿措施, 即在 FPR 问题中, 允许第一阶段决策的不可行性, 但决策者需要在第二阶段采取相应的补偿措施.

本章主要介绍两阶段模糊规划模型的建立、模型性质、与模糊规划有关的三种解概念; 在此基础上给出两个重要指标, 并讨论两个指标之间的数量关系.

3.1　补偿问题的提出

在引入两阶段 FPR 模型之前, 我们先考虑如下形式的线性规划问题

$$\begin{cases} \min & c^{\mathrm{T}}x + q^{\mathrm{T}}y \\ \text{s.t.} & Ax = b, \\ & Tx + Wy = h, \\ & x \geqslant 0, y \geqslant 0, \end{cases} \tag{3.1}$$

其中 $x \in \Re^{n_1}, y \in \Re^{n_2}$, 并且 c, A, b, q, T, W 和 h 分别为确定的 $n_1 \times 1$, $m_1 \times n_1$, $m_1 \times 1$, $n_2 \times 1$, $m_2 \times n_1$, $m_2 \times n_2$ 和 $m_2 \times 1$ 阶矩阵.

如果 q, T, W 和 h 中的一些元素是定义在可信性空间 $(\Gamma, \mathcal{P}(\Gamma), \mathrm{Cr})$ 上的模糊向量, 分别记作 $q(\boldsymbol{\xi}), T(\boldsymbol{\xi}), W(\boldsymbol{\xi})$ 和 $h(\boldsymbol{\xi})$, 则上述确定形式的规划问题成为下面的规划模型

$$\begin{cases} \min & c^{\mathrm{T}}x + q^{\mathrm{T}}(\boldsymbol{\xi})y \\ \text{s.t.} & Ax = b, \\ & T(\boldsymbol{\xi})x + W(\boldsymbol{\xi})y = h(\boldsymbol{\xi}), \\ & x \geqslant 0, y \geqslant 0. \end{cases} \tag{3.2}$$

为了求解这一问题, 按下面的方案进行决策:

给出决策 x

观察模糊向量 $\boldsymbol{\xi}$ 的实现值

给出决策 y.

根据这一方案, 可以提出一个 FPR 问题, 其中有两个优化问题需要求解. 给定 x 和 $\boldsymbol{\xi}$, 构造如下的第二阶段问题 (或称为补偿问题):

$$
\begin{cases}
\min & q^{\mathrm{T}}(\boldsymbol{\xi})y \\
\text{s.t.} & W(\boldsymbol{\xi})y = h(\boldsymbol{\xi}) - T(\boldsymbol{\xi})x, \\
& y \geqslant 0.
\end{cases}
\tag{3.3}
$$

对于 $\boldsymbol{\xi}$ 的每一个实现值, 决策 y 是第二阶段线性规划的一个解. 设

$$
Q(x, \boldsymbol{\xi}) = \min \left\{ q^{\mathrm{T}}(\boldsymbol{\xi})y \mid W(\boldsymbol{\xi})y = h(\boldsymbol{\xi}) - T(\boldsymbol{\xi})x, \ y \geqslant 0 \right\}.
\tag{3.4}
$$

作为 x 和 $\boldsymbol{\xi}$ 的函数, $Q(x, \boldsymbol{\xi})$ 称为第二阶段最优值函数, 式 (3.4) 中的规划问题有可能是不可行的, 这时我们规定 $Q(x, \boldsymbol{\xi})$ 为 $+\infty$. 另外规定 $-\infty + (+\infty) = +\infty$.

令

$$
K = \{x \mid x \in \Re^{n_1}, \mathrm{Cr}\{Q(x, \boldsymbol{\xi}) < +\infty\} = 1\},
\tag{3.5}
$$

即 K 中的元素使问题 (3.3) 对 $\boldsymbol{\xi}$ 的几乎每一个实现值都有可行解. 此外, 决策 x 需满足下面的条件

$$
Ax = b, \quad x \geqslant 0, \quad x \in K,
\tag{3.6}
$$

其中 $x \in K$ 称为诱导约束. 记 $\mathcal{Q}_E(x) = E_{\boldsymbol{\xi}}[Q(x, \boldsymbol{\xi})]$, 称为补偿函数, 其中 $E_{\boldsymbol{\xi}}$ 是关于模糊向量 $\boldsymbol{\xi}$ 的期望值算子. 于是得到如下形式的第一阶段规划问题

$$
\begin{cases}
\min & c^{\mathrm{T}}x + \mathcal{Q}_E(x) \\
\text{s.t.} & Ax = b, \\
& x \geqslant 0, \\
& x \in K.
\end{cases}
\tag{3.7}
$$

结合问题 (3.3) 和问题 (3.7), 可以建立如下的两阶段 FPR 模型 (Liu, 2005):

$$
\begin{cases}
\min & c^{\mathrm{T}}x + \mathcal{Q}_E(x) \\
\text{s.t.} & Ax = b, \\
& x \geqslant 0, \\
& x \in K,
\end{cases}
\tag{3.8}
$$

其中 $\mathcal{Q}_E(x) = E_{\boldsymbol{\xi}}[Q(x, \boldsymbol{\xi})]$, 且

$$
\begin{cases}
Q(x, \boldsymbol{\xi}) = \min\limits_{y} & q^{\mathrm{T}}(\boldsymbol{\xi})y \\
\text{s.t.} & W(\boldsymbol{\xi})y = h(\boldsymbol{\xi}) - T(\boldsymbol{\xi})x, \\
& y \geqslant 0.
\end{cases}
\tag{3.9}
$$

模型 (3.8) 和模型 (3.9) 等价于如下的规划问题 (Liu, 2005):

$$
\begin{cases}
\min_{x} & Z(x) = c^{\mathrm{T}}x + E_{\boldsymbol{\xi}}\left[\min_{y} q^{\mathrm{T}}(\boldsymbol{\xi})y\right] \\
\text{s.t.} & Ax = b, \\
& T(\boldsymbol{\xi})x + W(\boldsymbol{\xi})y = h(\boldsymbol{\xi}), \\
& x \geqslant 0, y \geqslant 0.
\end{cases}
\tag{3.10}
$$

在上面的模型中, 第一阶段决策与第二阶段决策是有区别的. 第一阶段的决策用一个 n_1 维的非负向量 x 表示, 而第二阶段的决策用一个 n_2 维的非负向量 y 表示. 对应于决策 x, 有第一阶段向量 c, b 以及矩阵 A. 在第二阶段中, $q(\boldsymbol{\xi}), h(\boldsymbol{\xi}), T(\boldsymbol{\xi}), W(\boldsymbol{\xi})$ 中的一些元素是模糊向量, 并可表示为下面的仿射组合

$$
\begin{cases}
q(\boldsymbol{\xi}) = q^0 + \displaystyle\sum_{i=1}^{r} q^i \cdot \xi_i, \\
h(\boldsymbol{\xi}) = h^0 + \displaystyle\sum_{i=1}^{r} h^i \cdot \xi_i, \\
T(\boldsymbol{\xi}) = T^0 + \displaystyle\sum_{i=1}^{r} T^i \cdot \xi_i, \\
W(\boldsymbol{\xi}) = W^0 + \displaystyle\sum_{i=1}^{r} W^i \cdot \xi_i,
\end{cases}
\tag{3.11}
$$

其中向量 $\boldsymbol{\xi} = (\xi_1, \xi_2, \cdots, \xi_r)^{\mathrm{T}}$ 是一个模糊向量, 而 $q^i, h^i, T^i, W^i, i = 0, 1, \cdots, r$ 都是确定的矩阵, 其阶数分别为 $n_2 \times 1, m_2 \times 1, m_2 \times n_1, m_2 \times n_2$. 给定 $\boldsymbol{\xi}$ 的一个实现值 $\hat{\boldsymbol{\xi}}$, 问题 (3.10) 的第二阶段数据 $q(\hat{\boldsymbol{\xi}}), h(\hat{\boldsymbol{\xi}}), T(\hat{\boldsymbol{\xi}})$ 和 $W(\hat{\boldsymbol{\xi}})$ 就变为已知, 于是需要补偿决策 y 来满足模糊约束: $T(\boldsymbol{\xi})x + W(\boldsymbol{\xi})y = h(\boldsymbol{\xi})$. 由于决策 y 完全由决策 x 以及 $\boldsymbol{\xi}$ 的实现值决定, 所以实际的决策只有 x. 一旦 x 以及 $\boldsymbol{\xi}$ 的实现值已知后, 决策 y 的值也就确定了, 这通常需要求解一个线性规划才能得到.

注 3.1   为强调 y 的取值依赖于 $\boldsymbol{\xi}$ 和 x, 第二阶段的决策有时也表示为 $y(\boldsymbol{\xi})$ 或 $y(\boldsymbol{\xi}, x)$. 但是 $y(\boldsymbol{\xi})$ 与 $q(\boldsymbol{\xi}), h(\boldsymbol{\xi}), T(\boldsymbol{\xi}), W(\boldsymbol{\xi})$ 不同, $y(\boldsymbol{\xi})$ 不是 $\boldsymbol{\xi}$ 的函数, 只是表明对于不同 $\boldsymbol{\xi}$ 的实现值, y 的取值一般也不同.

例 3.1   假设两阶段 FPR 问题的第二阶段模型如下:

$$
\begin{cases}
\min_{y} & y \\
\text{s.t.} & \xi y = x - 2, \\
& y \geqslant 0,
\end{cases}
$$

其中 $\xi = (1, 2, 3)$ 是一个三角模糊变量.

注意到模糊变量 ξ 在 $[1, 3]$ 中取值, 即 $\hat{\xi} \in [1, 3]$. 如果 $x < 2$, 则不存在 y, 使得约束 $\hat{\xi}y = x - 2$ 成立, 此时 $Q(x, \xi) = +\infty$. 此外, 对每一个固定的 $x \geqslant 2$, 以及

$\hat{\xi} \in [1,3]$, 我们都有最优解 $y^* = (x-2)/\hat{\xi}$, 其对应的最优值为

$$Q(x, \hat{\xi}) = \frac{x-2}{\hat{\xi}}.$$

所以, 集合 $K = \{x | x \geqslant 2\}$, 第二阶段最优值函数为

$$Q(x, \xi) = \begin{cases} \dfrac{x-2}{\xi}, & \text{若 } x \geqslant 2, \\ \infty, & \text{其他.} \end{cases}$$

上式说明, 对于任意给定的 $x \geqslant 2$, $Q(x, \xi)$ 是一个模糊变量. 例如, $Q(4, \xi)$ 是模糊变量 $2/\xi$, 而 $Q(2.5, \xi)$ 是模糊变量 $1/(2\xi)$.

根据 ξ 的可能性分布函数, 得到 $1/\xi$ 的可能性分布函数如下:

$$\mu_{\frac{1}{\xi}}(t) = \begin{cases} 3 - \dfrac{1}{t}, & \dfrac{1}{3} \leqslant t \leqslant \dfrac{1}{2}, \\ \dfrac{1}{t} - 1, & \dfrac{1}{2} < t \leqslant 1, \\ 0, & \text{其他.} \end{cases}$$

则对于任意的 $r \geqslant 0$, 有

$$\mathrm{Cr}\left\{\frac{1}{\xi} \geqslant r\right\} = \begin{cases} 1, & 0 \leqslant r \leqslant \dfrac{1}{3}, \\ \dfrac{1}{2}\left(\dfrac{1}{r} - 1\right), & \dfrac{1}{3} < r \leqslant 1, \\ 0, & \text{其他.} \end{cases}$$

所以

$$E\left[\frac{1}{\xi}\right] = \int_0^\infty \mathrm{Cr}\left\{\frac{1}{\xi} \geqslant r\right\} \mathrm{d}r = \frac{\ln 3}{2}.$$

进一步, 由于 $Q(x, \xi) = (x-2)/\xi$, 因此, 对任意的 $x \geqslant 2$, 补偿函数

$$Q_E(x) = E_\xi[Q(x, \xi)] = E\left[\frac{x-2}{\xi}\right] = (x-2)E\left[\frac{1}{\xi}\right] = \frac{(x-2)\ln 3}{2}.$$

特别地, 假定问题 (3.8) 和问题 (3.9) 中的模糊向量 $\boldsymbol{\xi}$ 是离散型的, 其分布如下:

$$\begin{array}{ll} \hat{\xi}^1 & \text{可能性为 } \mu_1 > 0, \\ \hat{\xi}^2 & \text{可能性为 } \mu_2 > 0, \\ & \cdots\cdots \\ \hat{\xi}^N & \text{可能性为 } \mu_N > 0, \end{array}$$

并且 $\max_{i=1}^{N} \mu_i = 1$. 不失一般性, 假定对每一个 i 以及给定的 x, 第二阶段最优值函数满足 $Q(x, \hat{\xi}^1) \leqslant Q(x, \hat{\xi}^2) \leqslant \cdots \leqslant Q(x, \hat{\xi}^N)$, 那么补偿函数 $\mathcal{Q}(x)$ 在 x 点的值可由下面式 (3.12) 计算

$$\mathcal{Q}_E(x) = \sum_{i=1}^{N} p_i Q(x, \hat{\xi}^i), \tag{3.12}$$

其中

$$\begin{cases} Q\left(x, \hat{\xi}^i\right) = & \min \quad (\hat{q}^i)^{\mathrm{T}} y^i \\ & \text{s.t.} \quad \hat{W}^i y^i = \hat{h}^i - \hat{T}^i x, \\ & \qquad y^i \geqslant 0, \end{cases} \tag{3.13}$$

且权重 $p_i, i = 1, 2, \cdots, N$, 由下面的式 (3.14) 给出

$$p_i = \frac{1}{2}\left(\max_{k=1}^{i} \mu_k - \max_{k=0}^{i-1} \mu_k\right) + \frac{1}{2}\left(\max_{k=i}^{N} \mu_k - \max_{k=i+1}^{N+1} \mu_k\right), \tag{3.14}$$

规定 $\mu_0 = 0, \mu_{N+1} = 0$, 并且 p_i 满足下面的条件

$$p_i \geqslant 0 \quad \text{且} \quad \sum_{i=1}^{N} p_i = \max_{i=1}^{N} \mu_i = 1.$$

例 3.2　考虑下面的 FPR 问题

$$\begin{cases} \min_{x} & 2x_1 + 3x_2 + E_\xi[\min 2y_1 + y_2] \\ \text{s.t.} & x_1 \leqslant 1, \\ & x_2 \leqslant 1, \\ & y_1 + y_2 \geqslant 1 - x_1, \\ & y_1 \geqslant \xi - x_1 - x_2, \\ & x_1, x_2, y_1, y_2 \geqslant 0, \end{cases} \tag{3.15}$$

其中模糊变量 ξ 取值为 $0, 1$ 和 2 的可能性分别是 $1/3, 1$ 和 $2/3$.

对于给定的 $0 \leqslant x_1, x_2 \leqslant 1$, 如果 ξ 取值为 0, 那么第二阶段的最优解为 $y_1^* = 0$, $y_2^* = 1 - x_1$, 由此可得第二阶段最优值

$$Q(x_1, x_2, 0) = 1 - x_1.$$

如果 ξ 取值为 1, 当 $x_1 + x_2 \leqslant 1$ 时, 第二阶段的最优解为 $y_1^* = 1 - x_1 - x_2, y_2^* = x_2$; 当 $x_1 + x_2 > 1$ 时, 第二阶段的最优解为 $y_1^* = 0, y_2^* = 1 - x_1$, 由此可得第二阶段最优值

$$Q(x_1, x_2, 1) = \begin{cases} 1 - x_1, & x_1 + x_2 > 1, \\ 2 - 2x_1 - x_2, & x_1 + x_2 \leqslant 1. \end{cases}$$

如果 ξ 取值为 2, 那么第二阶段的最优解为 $y_1^* = 2 - x_1 - x_2, y_2^* = 0$, 由此可得第二阶段最优值

$$Q(x_1, x_2, 2) = 2(2 - x_1 - x_2).$$

因此, 对每个 $0 \leqslant x_1, x_2 \leqslant 1$, 由 ξ 的可能性分布, 我们知道第二阶段最优值函数分别取值 $Q(x_1, x_2, 0), Q(x_1, x_2, 1)$ 和 $Q(x_1, x_2, 2)$, 其对应的可能性分别为 $1/3$, 1 以及 $2/3$. 另外, 容易验证对任意的 $0 \leqslant x_1, x_2 \leqslant 1$, $Q(x_1, x_2, 0) \leqslant Q(x_1, x_2, 1) \leqslant Q(x_1, x_2, 2)$. 于是, 根据式 (3.12), 补偿函数

$$\begin{aligned} \mathcal{Q}_E(x_1, x_2) &= \frac{1}{6} Q(x_1, x_2, 0) + \frac{1}{2} Q(x_1, x_2, 1) + \frac{1}{3} Q(x_1, x_2, 2) \\ &= \begin{cases} -\dfrac{4}{3} x_1 - \dfrac{2}{3} x_2 + 2, & x_1 + x_2 > 1, \\ -\dfrac{11}{6} x_1 - \dfrac{7}{6} x_2 + \dfrac{5}{2}, & x_1 + x_2 \leqslant 1. \end{cases} \end{aligned}$$

综上可知, 问题 (3.15) 等价于如下的规划模型

$$\begin{cases} \min_{x} & 2x_1 + 3x_2 + \mathcal{Q}_E(x_1, x_2) \\ \text{s.t.} & 0 \leqslant x_1 \leqslant 1, \\ & 0 \leqslant x_2 \leqslant 1. \end{cases}$$

3.2 模型基本性质

本节将讨论 FPR 模型的一些基本性质, 给出诱导约束 K 的闭凸性. 在例 3.1 中, $K = \{x | x \geqslant 2\}$ 是 $\Re$ 的闭凸集, 下面的性质 3.1 说明这个结论可以推广到更一般的情况.

性质 3.1 (Liu, 2005) 诱导约束 K 是空间 $\Re^{n_1}$ 中的闭凸子集.

证明 首先证明 K 是一个凸集.

令 $x_1, x_2 \in K$, 且 $\Gamma_1 = \{\gamma \mid Q(x_1, \xi(\gamma)) < +\infty\}$, $\Gamma_2 = \{\gamma \mid Q(x_2, \xi(\gamma)) < +\infty\}$, 则由 K 的定义知 $\mathrm{Cr}\{\Gamma_1\} = \mathrm{Cr}\{\Gamma_2\} = 1$, 所以 $\mathrm{Cr}\{\Gamma_1^c\} = \mathrm{Cr}\{\Gamma_2^c\} = 0$. 因为 $0 \leqslant \mathrm{Cr}\{\Gamma_1^c \cup \Gamma_2^c\} \leqslant \mathrm{Cr}\{\Gamma_1^c\} + \mathrm{Cr}\{\Gamma_2^c\}$, 所以 $\mathrm{Cr}\{\Gamma_1^c \cup \Gamma_2^c\} = 0$, 这说明 $\mathrm{Cr}\{\Gamma_1 \cap \Gamma_2\} = 1$. 对任意的 $\gamma \in \Gamma_1 \cap \Gamma_2$, 存在 y_1, y_2, 使得

$$W(\xi(\gamma))y_1 = h(\xi(\gamma)) - T(\xi(\gamma))x_1, \quad y_1 \geqslant 0,$$

$$W(\xi(\gamma))y_2 = h(\xi(\gamma)) - T(\xi(\gamma))x_2, \quad y_2 \geqslant 0,$$

则对于任意的 $\lambda \in (0, 1)$, 有

$$W(\xi(\gamma))[\lambda y_1 + (1-\lambda)y_2] = h(\xi(\gamma)) - T(\xi(\gamma))[\lambda x_1 + (1-\lambda)x_2], \quad \lambda y_1 + (1-\lambda)y_2 \geqslant 0.$$

所以 $Q(\lambda x_1 + (1 - \lambda)x_2, \xi(\gamma)) < +\infty$, 这说明

$$\Gamma_\lambda = \{\gamma \mid Q(\lambda x_1 + (1 - \lambda)x_2, \xi(\gamma)) < +\infty\} \supset \Gamma_1 \cap \Gamma_2.$$

因此 $\mathrm{Cr}\{\Gamma_\lambda\} = 1$, $\lambda x_1 + (1 - \lambda)x_2 \in K$, 即 K 是凸集.

下面再证明 K 是闭集.

令 $\{x_n\}$ 是 K 中的一个点列, 其极限是 $\hat{x}$. 记

$$\Gamma_i = \{\gamma \mid Q(x_i, \xi(\gamma)) < +\infty\}, \quad i = 1, 2, \cdots,$$

则 $\mathrm{Cr}\{\Gamma_i\} = 1$, $i = 1, 2, \cdots$. 令

$$\Lambda_k = \bigcap_{i=1}^{k} \Gamma_i,$$

则 $\Lambda_{k+1} \subset \Lambda_k$, 且 $\lim\limits_{k \to \infty} \Lambda_k = \bigcap_{k=1}^{\infty} \Lambda_k = \bigcap_{i=1}^{\infty} \Gamma_i$. 由前面的证明和数学归纳法, 可知 $\mathrm{Cr}\{\Lambda_k\} = 1$, $k = 1, 2, \cdots$, 且

$$\mathrm{Nec}\left\{\bigcap_{i=1}^{\infty} \Gamma_i\right\} = \mathrm{Nec}\left\{\lim_{k \to \infty} \Lambda_k\right\} = \lim_{k \to \infty} \mathrm{Nec}\{\Lambda_k\} = \lim_{k \to \infty} 1 = 1.$$

由于 $1 \geqslant \mathrm{Cr}\{A\} \geqslant \mathrm{Nec}\{A\}$, 所以 $\mathrm{Cr}\left\{\bigcap_{i=1}^{\infty} \Gamma_i\right\} = 1$.

设 $\hat{x} \notin K$, 则存在 $\gamma_0 \in \bigcap_{i=1}^{\infty} \Gamma_i$ 和 $\rho > 0$, 使得 $\mathrm{Cr}\{\gamma_0\} > 0$, 且对任意的 $y \geqslant 0$,

$$\|W(\xi(\gamma_0))y - h(\xi(\gamma_0)) + T(\xi(\gamma_0))\hat{x}\| \geqslant \rho,$$

其中 $\|\cdot\|$ 是 $\Re^{m_2}$ 中的欧几里得范数. 记

$$O_{\hat{x}} = \left\{x \mid \|W(\xi(\gamma_0))y - h(\xi(\gamma_0)) + T(\xi(\gamma_0))\hat{x}\| \geqslant \frac{\rho}{2}, \forall y \geqslant 0\right\}$$

为 $\hat{x}$ 的一个邻域. 由于 $\lim\limits_{i \to \infty} x_i = \hat{x}$, 因此存在 $x_{i_0} \in O_{\hat{x}}$, 使得

$$Q(x_{i_0}, \xi(\gamma_0)) < +\infty,$$

即存在 $y_{i_0} \geqslant 0$, 使得

$$W(\xi(\gamma_0))y_{i_0} = h(\xi(\gamma_0)) - T(\xi(\gamma_0))x_{i_0},$$

这与 $\|W(\xi(\gamma_0))y - h(\xi(\gamma_0)) + T(\xi(\gamma_0))\hat{x}\| \geqslant \dfrac{\rho}{2}$ 矛盾, 所以 $\hat{x} \in K$. 这说明 K 是闭的. □

如果假定第二阶段模型的最优值函数 $Q(x, \xi) \neq -\infty$, 则 $Q(x, \xi)$ 有下面的基本性质 3.2.

性质 3.2(Liu, 2005)　考虑带有补偿的模糊规划 (3.8) 和模糊规划 (3.9). 若矩阵 W 是确定的, 则 $Q(x, \xi)$ 有下面的性质:

(1) $Q(x, \xi)$ 关于 $(h(\xi), T(\xi))$ 是凸函数;

(2) $Q(x, \xi)$ 关于 $q(\xi)$ 是凹函数;

(3) $Q(x, \xi)$ 关于 $x \in K$ 是凸函数.

证明　设 y_1^* 和 y_2^* 分别是下面第二阶段规划问题

$$\begin{cases} Q(x, \xi) = \min_y & q^{\mathrm{T}} y \\ \quad\text{s.t.} & Wy = h(\xi) - T(\xi)x, \\ & y \geqslant 0, \end{cases} \tag{3.16}$$

对应 $(h, T) = (h_1, T_1) = (h(\hat{\xi}^1), T(\hat{\xi}^1))$ 和 $(h, T) = (h_2, T_2) = (h(\hat{\xi}^2), T(\hat{\xi}^2))$ 的最优解. 任取 $\lambda \in (0, 1)$, 记 $h_\lambda = \lambda h_1 + (1 - \lambda)h_2, T_\lambda = \lambda T_1 + (1 - \lambda)T_2$, 对于 $(h, T) = (h_\lambda, T_\lambda)$, $\lambda y_1^* + (1 - \lambda)y_2^*$ 仍是问题 (3.16) 的可行解. 对于 $(h, T) = (h_\lambda, T_\lambda)$, 设问题 (3.16) 的最优解为 y_λ^*, 则

$$Q(x, h_\lambda, T_\lambda) = q^{\mathrm{T}} y_\lambda^* \leqslant q^{\mathrm{T}}(\lambda y_1^* + (1 - \lambda)y_2^*)$$
$$= \lambda q^{\mathrm{T}} y_1^* + (1 - \lambda)q^{\mathrm{T}} y_2^* = \lambda Q(x, h_1, T_1) + (1 - \lambda)Q(x, h_2, T_2).$$

所以 $Q(x, \xi)$ 关于 $(h(\xi), T(\xi))$ 是凸函数.

下面证明结论 (2).

对于 $q = q_1 = q(\hat{\xi}^1)$ 和 $q = q_2 = q(\hat{\xi}^2)$, 设下面第二阶段规划问题

$$\begin{cases} Q(x, \xi) = \min_y & q^{\mathrm{T}}(\xi) y \\ \quad\text{s.t.} & Wy = h - Tx, \\ & y \geqslant 0 \end{cases} \tag{3.17}$$

的最优解分别为 y_1^* 和 y_2^*. 任取 $\lambda \in (0, 1)$, 记 $q_\lambda = \lambda q_1 + (1 - \lambda)q_2$, 易知 $q = q_\lambda$ 时, 问题 (3.17) 的任意可行解 y 也是 $q = q_1$ 和 $q = q_2$ 时的可行解. 因此

$$q_\lambda^{\mathrm{T}} y = \lambda q_1^{\mathrm{T}} y + (1 - \lambda)q_2^{\mathrm{T}} y \geqslant \lambda q_1^{\mathrm{T}} y_1^* + (1 - \lambda)q_2^{\mathrm{T}} y_2^*.$$

这说明 $Q(x, q_\lambda) \geqslant \lambda Q(x, q_1) + (1 - \lambda)Q(x, q_2)$, 即 $Q(x, \xi)$ 关于 $q(\xi)$ 是凹函数.

最后证明结论 (3).

由性质 3.1 知, K 是凸的. 令 $x_1, x_2 \in K$, $\Gamma_1 = \{\gamma \mid Q(x_1, \xi(\gamma)) < +\infty\}$, $\Gamma_2 = \{\gamma \mid Q(x_2, \xi(\gamma)) < +\infty\}$, 则 $\mathrm{Cr}\{\Gamma_1\} = \mathrm{Cr}\{\Gamma_2\} = 1$, 由性质 3.1 的证明知 $\mathrm{Cr}\{\Gamma_1 \cap \Gamma_2\} = 1$. 因此只需证明对任意的 $\gamma \in \Gamma_1 \cap \Gamma_2, \lambda \in (0, 1)$, 有

$$Q(\lambda x_1 + (1 - \lambda)x_2, \xi(\gamma)) \leqslant \lambda Q(x_1, \xi(\gamma)) + (1 - \lambda)Q(x_2, \xi(\gamma)).$$

假设对于 $\gamma \in \Gamma_1 \cap \Gamma_2$, 当 $x = x_1$ 和 $x = x_2$ 时, 第二阶段规划问题

$$
\begin{cases}
Q(x, \xi(\gamma)) = & \min_{y} \quad q^{\mathrm{T}}(\xi(\gamma))y \\
& \text{s.t.} \quad Wy = h(\xi(\gamma)) - T(\xi(\gamma))x, \\
& \qquad y \geqslant 0
\end{cases}
\tag{3.18}
$$

的最优解分别为 y_1^* 和 y_2^*, 则对于任意的 $\lambda \in (0,1)$, 当 $x = x_\lambda = \lambda x_1 + (1-\lambda)x_2$ 时, $\lambda y_1^* + (1-\lambda)y_2^*$ 是问题 (3.18) 的一个可行解. 设 $x = x_\lambda$ 时, 问题 (3.18) 的最优解是 y_λ^*, 则

$$
\begin{aligned}
Q(x_\lambda, \xi(\gamma)) = q^{\mathrm{T}}(\xi(\gamma))y_\lambda^* &\leqslant q^{\mathrm{T}}(\xi(\gamma))(\lambda y_1^* + (1-\lambda)y_2^*) \\
&= \lambda q^{\mathrm{T}}(\xi(\gamma))y_1^* + (1-\lambda)q^{\mathrm{T}}(\xi(\gamma))y_2^* \\
&= \lambda Q(x_1, \xi(\gamma)) + (1-\lambda)Q(x_2, \xi(\gamma)),
\end{aligned}
$$

所以 $Q(x, \xi)$ 关于 $x \in K$ 是凸函数. □

3.3　三种解概念

本节介绍与模糊规划模型有关的三个解的概念: 等待且看到解 (wait-and-see solution), 这里且现在解 (here-and-now solution) 和期望值解 (expected value solution), 并介绍这三个解之间的关系 (Wang, Liu, 2003).

3.3.1　等待且看到解

对于 ξ 的每个实现值 $\hat{\xi}$, 定义关于这个实现值的规划问题如下:

$$
\begin{cases}
\min_{x} \quad z(x, \hat{\xi}) = c^{\mathrm{T}}x + \min_{y}\left\{ q^{\mathrm{T}}(\hat{\xi})y \mid W(\hat{\xi})y = h(\hat{\xi}) - T(\hat{\xi})x, y \geqslant 0 \right\} \\
\text{s.t.} \quad Ax = b, x \geqslant 0,
\end{cases}
\tag{3.19}
$$

即

$$
\begin{cases}
\min \quad c^{\mathrm{T}}x + Q(x, \hat{\xi}) \\
\text{s.t.} \quad Ax = b, x \geqslant 0.
\end{cases}
\tag{3.20}
$$

假设对模糊向量 ξ 的每一个实现值 $\hat{\xi}$, 都至少存在一个 x, 使得 $z(x, \hat{\xi}) < +\infty$. 这样可以保证问题 (3.19) 有最优解, 记为 $\bar{x}(\hat{\xi})$. 我们希望找到问题 (3.19) 关于每一个实现值的最优解 $\bar{x}(\xi)$, 相应的目标函数值为 $z(\bar{x}(\xi), \xi)$. 由于可以得到 $\bar{x}(\xi)$ 和 $z(\bar{x}(\xi), \xi)$ 的分布, 因此这类问题称为分布问题 (可以看成线性规划中灵敏度分析和参数分析的推广). 假定可以找到问题的所有最优解 $\bar{x}(\xi)$, 因此可以计算最优值 $z(\bar{x}(\xi), \xi)$ 的期望值. 记

$$
\mathrm{WS} = E_{\xi}\left[\min_{x} z(x, \xi) \right] = E_{\xi}\left[z(\bar{x}(\xi), \xi) \right],
$$

由于决策 x 是在得到 ξ 的实现值后做出的, 因此称 WS 为等待且看到解, 也称为分布解 (Wang, Liu, 2003).

3.3.2　这里且现在解

记
$$\mathrm{RP} = \min_x E_{\boldsymbol{\xi}}\left[z(x, \boldsymbol{\xi})\right],$$

由于第一阶段的决策 x 是在得到 ξ 的实现值前做出的, 因此称 RP 为模糊两阶段规划问题 (3.10) 的这里且现在解, 又称为补偿解 (Wang, Liu, 2003).

3.3.3　期望值解

根据等待且看到解的定义, 需要明确 ξ 的实现值, 且对于每个实现值, 求解相应的规划问题 (3.19), 才能得到等待且看到解, 因此这种方法在求解实际问题时工作量是相当大的. 况且对于某些实际问题, 由于不可能得到 ξ 的所有实现值, 因此得到等待且看到解是不可能的. 此时人们自然会想到去求解一个相对简单的规划问题. 将问题 (3.10) 中的模糊向量用其期望值代替, 称为期望值问题或均值问题, 记作
$$\mathrm{EV} = \min_x z(x, \bar{\boldsymbol{\xi}}),$$

其中 $\bar{\boldsymbol{\xi}} = E[\boldsymbol{\xi}]$, 这一问题的最优解称为期望值解 (Wang, Liu, 2003), 记作 $\bar{x}(\bar{\boldsymbol{\xi}})$.

定义问题 (3.10) 使用期望值解的期望的结果 (记作 EEV) 如下:
$$\mathrm{EEV} = E_{\boldsymbol{\xi}}\left[z(\bar{x}(\bar{\boldsymbol{\xi}}), \boldsymbol{\xi})\right].$$

由定义可知, 对于 ξ 的不同实现值, 第一阶段所做决策为 $x = \bar{x}(\bar{\boldsymbol{\xi}})$, 而第二阶段的最优决策为 $y(\bar{x}(\bar{\boldsymbol{\xi}}), \boldsymbol{\xi})$. 数值 EEV 衡量了第一阶段所做决策 $x = \bar{x}(\bar{\boldsymbol{\xi}})$ 在平均意义下的优劣程度.

3.3.4　三个解的关系

一般地, WS, RP 和 EEV 的值是不同的. 下面的性质给出了三者之间的数量关系.

性质 3.3(Wang, Liu, 2003)　对于任意的 FPR 问题, 都有 WS$\leqslant$RP$\leqslant$EEV.

证明　对模糊向量 ξ 的每个实现值 $\hat{\boldsymbol{\xi}}$, 都有
$$\min_x z(x, \hat{\boldsymbol{\xi}}) \leqslant z(x, \hat{\boldsymbol{\xi}}), \quad \forall x.$$

两边关于 ξ 取期望值, 得到
$$E_{\boldsymbol{\xi}}\left[\min_x z(x, \boldsymbol{\xi})\right] \leqslant E_{\boldsymbol{\xi}}\left[z(x, \boldsymbol{\xi})\right].$$

进一步, 有

$$E_{\xi}\left[\min_x z(x,\xi)\right] \leqslant \min_x E_{\xi}\left[z(x,\xi)\right],$$

即 WS≤RP. 由于对每一个 x 都有

$$\min_x E_{\xi}\left[z(x,\xi)\right] \leqslant E_{\xi}\left[z(x,\xi)\right],$$

对于 $x = \bar{x}(\bar{\xi})$, 上式也成立. 因此

$$\min_x E_{\xi}\left[z(x,\xi)\right] \leqslant E_{\xi}\left[z(\bar{x}(\bar{\xi}),\xi)\right],$$

即 RP≤EEV.   □

下面考虑如下形式的两阶段模糊规划:

$$\begin{cases} \min_x & z_u(x,h(\xi)) = c^{\mathrm{T}}x + \min_y\left\{q^{\mathrm{T}}y \mid Wy \geqslant h(\xi) - Tx, y \geqslant 0\right\} \\ \text{s.t.} & Ax = b, x \geqslant 0, \end{cases} \tag{3.21}$$

其中只有 $h(\xi)$ 是模糊的, 第二阶段的约束是不等式.

性质 3.4(Wang, Liu, 2003)　　对于 FPR 问题 (3.21), 我们定义 RP $= \min_x E_{\xi}\left[z_u(x,h(\xi))\right]$. 如果 $h(\xi)$ 有一个确定的上界 $h_{\max}$, $x_{\max}$ 是 $\min_x z_u(x,h_{\max})$ 的最优解, 则

$$\mathrm{RP} \leqslant z_u(x_{\max}, h_{\max}).$$

证明　　由第二阶段的问题易知, 对 ξ 的任一个实现值 $\hat{\xi}$, 都有

$$z_u(x, h(\hat{\xi})) \leqslant z_u(x, h_{\max}).$$

因此

$$E_{\xi}\left[z_u(x, h(\xi))\right] \leqslant z_u(x, h_{\max}).$$

进一步, 有

$$\min_x E_{\xi}\left[z_u(x, h(\xi))\right] \leqslant \min_x z_u(x, h_{\max}) = z_u(x_{\max}, h_{\max}).$$

所以 RP $\leqslant z_u(x_{\max}, h_{\max})$.   □

性质 3.5(Wang, Liu, 2003)　　若 ξ 是离散型的, 其取值分别为 $\hat{\xi}^i, i = 1, \cdots, n$, 则

$$z_* \leqslant \mathrm{WS} \leqslant z^*,$$

其中 $z_* = \min_i z(\bar{x}(\hat{\xi}^i), \hat{\xi}^i)$, $z^* = \max_i z(\bar{x}(\hat{\xi}^i), \hat{\xi}^i)$.

证明　　由模糊变量期望值及 WS 的定义可证.   □

3.4 完全信息期望值

下面介绍两个重要的指标：完全信息期望值 (EVPI) 和模糊解的价值 (VFS) (Wang, Liu, 2003)，并通过数值例子说明两者之间的关系.

定义 3.1(Wang, Liu, 2003)　　称 WS 和 RP 的差为完全信息期望值 (EVPI)，即

$$\text{EVPI} = \text{RP} - \text{WS}.$$

定义 3.2(Wang, Liu, 2003)　　称 RP 和 EEV 的差为模糊解的价值 (VFS)，即

$$\text{VFS} = \text{EEV} - \text{RP}.$$

由性质 3.3 可得 EVPI $\geqslant 0$, VFS $\geqslant 0$. 下面例 3.3 表明，通常这两个指标值是不相等的.

例 3.3　　考虑下面的两阶段规划问题:

$$\begin{cases} \min & z(x,\xi) = 2x + 3E_\xi\left[4y + |x - \xi|\,|y \geqslant 0\right] \\ \text{s.t.} & 4 \leqslant x \leqslant 8, \end{cases} \tag{3.22}$$

其中 ξ 是一离散型模糊变量, 其可能性分布为

$$\mu_\xi(t) = \begin{cases} \dfrac{1}{2}, & t = 4, \\ 1, & t = 8, \\ 0, & \text{其他}. \end{cases}$$

求该规划问题的 EVPI 和 VFS.

当 $\xi = 4$ 时，

$$\min_x z(x,\xi) = \min_{4 \leqslant x \leqslant 8} z(x,4) = \min_{4 \leqslant x \leqslant 8} 2x + 3x - 12 = 8.$$

当 $\xi = 8$ 时，

$$\min_x z(x,\xi) = \min_{4 \leqslant x \leqslant 8} z(x,8) = \min_{4 \leqslant x \leqslant 8} 24 - x = 16.$$

所以

$$\text{WS} = E_\xi\left[\min_x z(x,\xi)\right] = 8p_1 + 16p_2 = 14,$$

其中 $p_1 = 1/4$, $p_2 = 3/4$ 是离散性模糊变量期望值计算公式中的权重.

当 $\xi = 4$ 时, $z(x,\xi) = z(x,4) = 5x - 12$. 当 $\xi = 8$ 时, $z(x,\xi) = z(x,8) = 24 - x$.

当 $4 \leqslant x \leqslant 6$ 时, $5x - 12 \leqslant 24 - x$, 因此

$$E_\xi [z(x, \xi)] = (5x - 12)p_1 + (24 - x)p_2 = \frac{x}{2} + 15.$$

当 $6 < x \leqslant 8$ 时, $24 - x \leqslant 5x - 12$, 因此

$$E_\xi [z(x, \xi)] = (24 - x)p_2 + (5x - 12)p_1 = \frac{x}{2} + 15.$$

$$\mathrm{RP} = \min_x E_\xi [z(x, \xi)] = \min_{4 \leqslant x \leqslant 8} \frac{x}{2} + 15 = 17.$$

进一步得到 $\mathrm{EVPI} = \mathrm{RP} - \mathrm{WS} = 17 - 14 = 3.$

计算得 $E[\xi] = 7$, $\min\limits_{4 \leqslant x \leqslant 8} z(x, 7) = \min\limits_{4 \leqslant x \leqslant 8} 2x + 3|x - 7| = 14$, 此时 $\bar{x}(\bar{\xi}) = 7$.

当 $\xi = 4$ 时, $z(7, 4) = 23$. 当 $\xi = 8$ 时, $z(7, 8) = 17$. 所以

$$\mathrm{EEV} = E_\xi \left[z(\bar{x}(\bar{\xi}), \xi)\right] = E_\xi [z(7, \xi)] = 23p_1 + 17p_2 = \frac{37}{2}.$$

进一步, 得到 $\mathrm{VFS} = \mathrm{EEV} - \mathrm{RP} = 37/2 - 17 = 3/2.$

由上面的计算结果得到 $\mathrm{VFS} \neq \mathrm{EVPI}.$

第 4 章　模糊整数规划逼近方法

本章将讨论整数 FPR 问题的逼近方法, 将一个无限维的优化问题转化为有限维的优化问题进行求解, 进而研究原优化问题与近似优化问题之间的收敛关系. 4.1 节首先介绍参数线性规划问题, 其次针对两阶段模糊整数规划问题给出相应的逼近方法; 4.2 节, 4.3 节和 4.4 节分别讨论原优化问题与近似优化问题之间在目标函数值、最优目标函数值和最优解三方面的收敛关系.

4.1　补偿函数逼近方法

4.1.1　参数线性规划问题

一般的参数线性规划问题可表示为如下形式

$$
\begin{cases}
\min & q^{\mathrm{T}}(t)y \\
\text{s.t.} & W(t)y = h(t), \\
& y \geqslant 0,
\end{cases}
\tag{4.1}
$$

其中 $t \in \mathcal{T} \subset \Re^r, y \in \Re^{n_2}$,

$$
\begin{aligned}
q(t) &= q^0 + q^1 t_1 + q^2 t_2 + \cdots + q^r t_r, \\
h(t) &= h^0 + h^1 t_1 + h^2 t_2 + \cdots + h^r t_r, \\
W(t) &= W^0 + W^1 t_1 + W^2 t_2 + \cdots + W^r t_r,
\end{aligned}
$$

且 $q^i, h^i, W^i, i = 0, 1, \cdots, r$ 分别为 $n_2 \times 1$, $m_2 \times 1$ 和 $m_2 \times n_2$ 阶矩阵.

问题 (4.1) 的对偶问题为

$$
\begin{cases}
\max & h^{\mathrm{T}}(t)u \\
\text{s.t.} & W^{\mathrm{T}}(t)u \leqslant q(t).
\end{cases}
\tag{4.2}
$$

将问题 (4.1) 的最优目标值记为 $\theta(t) = \min\left\{q^{\mathrm{T}}(t)y \mid W(t)y = h(t), y \geqslant 0\right\}$. 如果问题 (4.1) 不可行或没有下界, 那么 θ 分别定义为 $+\infty$ 或 $-\infty$. 因此, $\theta = \theta(t)$ 是一个广义实值函数.

引理 4.1 (Kall, 1976)　设 $\mathcal{T}$ 是 $\Re^r$ 上的一个紧区间. 如果对于任意的 $t \in \mathcal{T}$, 满足以下条件

(1) $w \in \Re^{n_2}, w \neq 0, w \geqslant 0, W(t)w = 0 \Rightarrow q^{\mathrm{T}}(t)w > 0$;

(2) $u \in \Re^{m_2}, u \neq 0, W^{\mathrm{T}}(t)u \leqslant 0 \Rightarrow h^{\mathrm{T}}(t)u < 0$,

则集合

$$\mathcal{B} = \{(y, u) \mid \exists t \in \mathcal{T} : W(t)y = h(t), y \geqslant 0, q^{\mathrm{T}}(t)y - h^{\mathrm{T}}(t)u \leqslant 0, W^{\mathrm{T}}(t)u \leqslant q(t)\}$$

是 $\Re^{n_2+m_2}$ 上的一个有界子集.

证明　假设 $\mathcal{B}$ 是无界的, 则存在 $\mathcal{B}$ 中的某个序列 $\{(y_n, u_n)\}$ 以及 $t_n \in \mathcal{T}$, 使得对于任意的 n, 有

$$\|(y_n, u_n)\| \geqslant n$$

并且

$$W(t_n)y_n = h(t_n), \quad y_n \geqslant 0, \quad q^{\mathrm{T}}(t_n)y_n - h^{\mathrm{T}}(t_n)u_n \leqslant 0, \quad W^{\mathrm{T}}(t_n)u_n \leqslant q(t_n).$$

由于 $\mathcal{T}$ 是 $\Re^r$ 上的一个紧子集, 不失一般性, 假设收敛序列 $\{t_n\}$ 的极限为 t^*. 因为

$$\|(y_n, u_n)\| \leqslant \|y_n\| + \|u_n\|,$$

从而数列 $\{y_n\}$ 和 $\{u_n\}$ 中至少有一个是无界的.

一方面, 若假设 $\{y_n\}$ 是无界的, 则存在某个子列 $\{y_{n_i}\}$, 使得对于任意 $n_i, i = 1, 2, \cdots$, 有 $\|y_{n_i}\| \geqslant i$, 并且

$$w_i = \frac{y_{n_i}}{\|y_{n_i}\|} \to w^*.$$

显然, $w^* \geqslant 0$ 且 $\|w^*\| = 1$.

由于 $W(t)$, $h(t)$ 和 $q(t)$ 关于 t 是连续的, 则有

$$W(t^*)w^* = \lim_{i \to \infty} W(t_{n_i})w_i = \lim_{i \to \infty} \frac{h(t_{n_i})}{\|y_{n_i}\|} = 0.$$

由假设条件 (1) 得

$$\lim_{i \to \infty} q^{\mathrm{T}}(t_{n_i})w_i = q^{\mathrm{T}}(t^*)w^* > 0,$$

即

$$q^{\mathrm{T}}(t_{n_i})y_{n_i} = \|y_{n_i}\|q^{\mathrm{T}}(t_{n_i})w_i \to +\infty. \tag{4.3}$$

另一方面, 若假设 $\{u_n\}$ 是无界的, 则存在某个子列 $\{u_{n_i'}\}$, 使得对于任意的 $n_i', i = 1, 2, \cdots$, 有 $\|u_{n_i'}\| \geqslant i$, 并且

$$v_i = \frac{u_{n_i'}}{\|u_{n_i'}\|} \to v^*.$$

显然, $\|v^*\| = 1$.

由于 $W(t)$, $h(t)$, $q(t)$ 关于 t 连续, 则有

$$W^{\mathrm{T}}(t^*)v^* = \lim_{i\to\infty} W^{\mathrm{T}}(t_{n_i'})v_i \leqslant \lim_{i\to\infty} \frac{q(t_{n_i'})}{\|u_{n_i'}\|} = 0.$$

由假设条件 (2) 得

$$\lim_{i\to\infty} h^{\mathrm{T}}(t_{n_i'})v_i = h^{\mathrm{T}}(t^*)v^* < 0,$$

即

$$h^{\mathrm{T}}(t_{n_i'})u_{n_i'} = \|u_{n_i'}\| h^{\mathrm{T}}(t_{n_i'})v_i \to -\infty. \tag{4.4}$$

然而式 (4.3) 和式 (4.4) 都与

$$q^{\mathrm{T}}(t_n)y_n - h^{\mathrm{T}}(t_n)u_n \leqslant 0, \quad n = 1, 2, \cdots$$

矛盾, 当 $(y_n, u_n) \in \mathcal{B}$ 时上式一定成立. 因此 $\mathcal{B}$ 是有界的. □

下面的引理给出了 $\theta(t)$ 关于 t 为实值连续函数的充分条件.

引理 4.2(Kall, 1976) 设 $\mathcal{T}$ 是 $\Re^r$ 上的一个紧区间. 如果对于任意的 $t \in \mathcal{T}$, 满足以下条件

(1) $w \in \Re^{n_2}, w \neq 0, w \geqslant 0, W(t)w = 0 \Rightarrow q^{\mathrm{T}}(t)w > 0,$

(2) $u \in \Re^{m_2}, u \neq 0, W^{\mathrm{T}}(t)u \leqslant 0 \Rightarrow h^{\mathrm{T}}(t)u < 0,$

则 $\theta(t)$ 是 $\mathcal{T}$ 上的实值连续函数.

证明 对于任意的 $t \in \mathcal{T}$, $y^* \in \Re^{n_2}_+$ 和 $u^* \in \Re^{m_2}$ 分别是规划 (4.1) 和对偶问题 (4.2) 的最优解, 当且仅当对于任意的 $y \in \Re^{n_2}_+$ 和 $u \in \Re^{m_2}$, 有式 (4.5) 成立

$$\begin{aligned} q^{\mathrm{T}}(t)y^* + u^{\mathrm{T}}(h(t) - W(t)y^*) &\leqslant q^{\mathrm{T}}(t)y^* + (u^*)^{\mathrm{T}}(h(t) - W(t)y^*) \\ &\leqslant q^{\mathrm{T}}(t)y + (u^*)^{\mathrm{T}}(h(t) - W(t)y), \end{aligned} \tag{4.5}$$

其中 $h(t) - W(t)y^* = 0$.

因此, 若 $\hat{t} \in \mathcal{T}$, $\bar{t} \in \mathcal{T}$, 而 $\hat{y}, \hat{u}$ 和 $\bar{y}, \bar{u}$ 分别是原问题和对偶问题关于 $\hat{t}$ 和 $\bar{t}$ 的最优解, 则有

$$q^{\mathrm{T}}(\hat{t})\hat{y} + \bar{u}^{\mathrm{T}}(h(\hat{t}) - W(\hat{t})\hat{y}) \leqslant q^{\mathrm{T}}(\hat{t})\hat{y} \leqslant q^{\mathrm{T}}(\hat{t})\bar{y} + \hat{u}^{\mathrm{T}}(h(\hat{t}) - W(\hat{t})\bar{y})$$

及

$$q^{\mathrm{T}}(\bar{t})\bar{y} + \hat{u}^{\mathrm{T}}(h(\bar{t}) - W(\bar{t})\bar{y}) \leqslant q^{\mathrm{T}}(\bar{t})\bar{y} \leqslant q^{\mathrm{T}}(\bar{t})\hat{y} + \bar{u}^{\mathrm{T}}(h(\bar{t}) - W(\bar{t})\hat{y}).$$

由此可以推出

$$\begin{aligned} |\theta(\hat{t}) - \theta(\bar{t})| &= |q^{\mathrm{T}}(\hat{t})\hat{y} - q^{\mathrm{T}}(\bar{t})\bar{y}| \\ &\leqslant \max\{|\Delta q^{\mathrm{T}}\bar{y} + \hat{u}^{\mathrm{T}}(\Delta h - \Delta W\bar{y})|, |\Delta q^{\mathrm{T}}\hat{y} + \bar{u}^{\mathrm{T}}(\Delta h - \Delta W\hat{y})|\}, \end{aligned} \tag{4.6}$$

其中

$$\Delta q = q(\hat{t}) - q(\bar{t}),$$
$$\Delta h = h(\hat{t}) - h(\bar{t}),$$
$$\Delta W = W(\hat{t}) - W(\bar{t}).$$

因为 $(\hat{y}, \hat{u}) \in \mathcal{B}$, $(\bar{y}, \bar{u}) \in \mathcal{B}$, 由引理 4.1 和式 (4.6), 所以 $\theta(t)$ 关于 t 连续. $\qquad\qquad\square$

4.1.2 问题的形成

为了建立两阶段整数 FPR 问题, 首先考虑下面的模糊优化问题

$$\begin{cases} \min & c^{\mathrm{T}}x + q^{\mathrm{T}}(\boldsymbol{\xi})y \\ \text{s.t.} & Ax = b, \\ & T(\boldsymbol{\xi})x + W(\boldsymbol{\xi})y = h(\boldsymbol{\xi}), \\ & x \in Z_+^{n_1}, y \geqslant 0. \end{cases} \tag{4.7}$$

在问题 (4.7) 中, $Z_+^{n_1}$ 是由 n_1 维的非负整数向量组成的集合, $y \in \Re_+^{n_2}$, c, A, b 分别是 $n_1 \times 1$, $m_1 \times n_1$ 和 $m_1 \times 1$ 阶的确定矩阵. $q(\boldsymbol{\xi}), h(\boldsymbol{\xi}), T(\boldsymbol{\xi})$ 和 $W(\boldsymbol{\xi})$ 中的分量是模糊变量, 并可表示为下面的仿射组合

$$\begin{cases} q(\boldsymbol{\xi}) = q^0 + \sum_{i=1}^{r} q^i \cdot \xi_i, \\ h(\boldsymbol{\xi}) = h^0 + \sum_{i=1}^{r} h^i \cdot \xi_i, \\ T(\boldsymbol{\xi}) = T^0 + \sum_{i=1}^{r} T^i \cdot \xi_i, \\ W(\boldsymbol{\xi}) = W^0 + \sum_{i=1}^{r} W^i \cdot \xi_i, \end{cases} \tag{4.8}$$

其中 $\boldsymbol{\xi} = (\xi_1, \xi_2, \cdots, \xi_r)^{\mathrm{T}}$ 是一个模糊向量, $q^i, h^i, T^i, W^i, i = 0, 1, \cdots, r$ 分别是 $n_2 \times 1, m_2 \times 1, m_2 \times n_1$ 和 $m_2 \times n_2$ 阶的确定矩阵. $\boldsymbol{\xi}$ 的支撑记为 Ξ, 它是使得 $\mathrm{Cr}\{\gamma \mid \boldsymbol{\xi}(\gamma) \in \Xi\} = 1$ 成立的 $\Re^r$ 中最小闭子集.

关于问题 (4.7), 有一种决策方案: 第一阶段的决策 x 需要在得到模糊向量 $\boldsymbol{\xi}(\gamma)$ 的观察值之前做出, 第二阶段的决策 y 完全由决策 x 和 $\boldsymbol{\xi}(\gamma)$ 的实现值来决定. 这一方案适用于某些不确定环境下带有风险的优化问题.

根据这一方案, 我们提出一个两阶段模糊优化问题, 在这个决策过程中需要求解两个优化问题. 假设 x 和 γ 已经确定, 可以把第二阶段问题或称补偿问题表示成

$$\begin{cases} \min_{y} & q^{\mathrm{T}}(\boldsymbol{\xi}(\gamma))y \\ \text{s.t.} & W(\boldsymbol{\xi}(\gamma))y = h(\boldsymbol{\xi}(\gamma)) - T(\boldsymbol{\xi}(\gamma))x, \\ & y \geqslant 0. \end{cases} \tag{4.9}$$

由第 3 章的内容可知, 第一阶段的决策变量 x 需要满足

$$D_1 = \left\{ Ax = b, x \in Z_+^{n_1} \right\}$$

和诱导约束 $x \in K$.

根据引理 4.2, 对于任意给定的 $x \in D = D_1 \cap K$, 如果 Ξ 是 $\Re^r$ 上的一个紧区间, 并且第二阶段优化问题 (4.9) 满足下面的两个假设条件

(A1) $y \in \Re^{n_2}, y \neq 0, y \geqslant 0, W(\hat{\xi})y = 0 \Rightarrow q^{\mathrm{T}}(\hat{\xi})y > 0$;

(A2) $u \in \Re^{m_2}, u \neq 0, W^{\mathrm{T}}(\hat{\xi})u \leqslant 0 \Rightarrow (h(\hat{\xi}) - T(\hat{\xi})x)^{\mathrm{T}}u < 0$,

则 $Q(x, \hat{\xi})$ 是 Ξ 上的一个实值连续函数.

综上所述, 有如下的第一阶段的期望值问题:

$$\begin{cases} \min\limits_{x} & z(x) = c^{\mathrm{T}}x + \mathcal{Q}_E(x) \\ \text{s.t.} & x \in D, \end{cases} \tag{4.10}$$

其中 $\mathcal{Q}_E(x)$ 表示给定第一阶段决策 x 时第二阶段的期望费用, 即

$$\mathcal{Q}_E(x) = E_{\boldsymbol{\xi}}[Q(x, \boldsymbol{\xi})],$$

这里 $Q(x, \boldsymbol{\xi}(\gamma))$ 是在给定 x 和 γ 的情况下, 第二阶段规划问题 (4.9) 的最优值.

关于模糊优化问题 (4.7), 模型 (4.10) 建议决策者在得到 $\boldsymbol{\xi}(\gamma)$ 的观察值之前做出决策 $x, x \in D$, 使得模糊费用的期望值 $c^{\mathrm{T}}x + \mathcal{Q}_E(x)$ 最小, 这是一种 "这里且现在" 的决策方式.

在本章中, 我们假设所讨论的问题 (4.10) 具有下面三个特征:

(1) 补偿函数 $\mathcal{Q}_E(x)$ 很难计算;

(2) 对于给定的 x 和 γ, 第二阶段函数值 $Q(x, \boldsymbol{\xi}(\gamma))$ 容易计算;

(3) 可行域 D 即便有限但可行点的数目也是很大的, 所以不能采用枚举法求解, 称问题 (4.10) 为原始 FPR 问题.

4.1.3 补偿函数的逼近方法

由于原始 FPR 问题 (4.10) 包含具有无限支撑的模糊向量, 这是一个不能直接求解的无限维优化问题. 因此, 求解问题 (4.10) 必须依赖逼近方法, 将原始 FPR 问题转化为有限维优化问题.

现在假设原始 FPR 问题 (4.10) 中的模糊向量 $\boldsymbol{\xi} = (\xi_1, \xi_2, \cdots, \xi_r)^{\mathrm{T}}$ 具有如下无限支撑:

$$\Xi = \prod_{i=1}^{r} [a_i, b_i],$$

其中 $[a_i, b_i]$ 是 ξ_i 的支撑, 则模糊向量 $\boldsymbol{\xi}$ 的可能性分布可由本原模糊向量序列 $\{\boldsymbol{\zeta}_m\}$ 的可能性分布逼近, 其中 $\boldsymbol{\zeta}_m = (\zeta_{m,1}, \zeta_{m,2}, \cdots, \zeta_{m,r})^{\mathrm{T}}$.

对于任意的 $i \in \{1, 2, \cdots, r\}$, 定义模糊变量 $\zeta_{m,i} = g_{m,i}(\xi_i)$, $m = 1, 2, \cdots$, 函数 $g_{m,i}$ 的形式如下:

$$g_{m,i}(u_i) = \begin{cases} a_i, & u_i \in \left[a_i, a_i + \dfrac{1}{m}\right), \\ \sup\left\{\dfrac{k_i}{m} \,\middle|\, k_i \in Z, \text{ s.t. } \dfrac{k_i}{m} \leqslant u_i\right\}, & u_i \in \left[a_i + \dfrac{1}{m}, b_i\right], \end{cases}$$

其中 Z 是整数集.

由 $\zeta_{m,i}$ 的定义, 对于任意的 $i, 1 \leqslant i \leqslant r$, 当 ξ_i 在 $[a_i, b_i]$ 中取值时, 模糊变量 $\zeta_{m,i}$ 在集合

$$\left\{\frac{r_i}{m} \,\middle|\, r_i = ma_i, \ r_i = k_i = [ma_i] + 1, \cdots, K_i\right\}$$

中取值, 其中 $[r]$ 是不超过 r 的最大整数, 且若 mb_i 为整数, 则 $K_i = mb_i - 1$, 否则 $K_i = [mb_i]$. 对于任意的 r_i, 当 ξ_i 在 $[r_i/m, (r_i+1)/m)$ 中取值时, 模糊变量 $\zeta_{m,i}$ 的 值为 r_i/m. 因此, 对于 $r_i = ma_i$ 和 $r_i = k_i = [ma_i] + 1, \cdots, K_i$, 模糊变量 $\zeta_{m,i}$ 的可能性 $\nu_{m,i}$ 表示如下:

$$\nu_{m,i}\left(\frac{r_i}{m}\right) = \text{Pos}\left\{\gamma \,\middle|\, \frac{r_i}{m} \leqslant \xi_i(\gamma) < \frac{r_i + 1}{m}\right\}. \tag{4.11}$$

同样地, 对于 $i = 1, 2, \cdots, r$, $r_i = ma_i$ 和 $r_i = k_i = [ma_i] + 1, \cdots, K_i$, 模糊向量 $\boldsymbol{\zeta}_m = (\zeta_{m,1}, \cdots, \zeta_{m,r})^{\mathrm{T}}$ 的可能性分布 ν_m 可表示为

$$\begin{aligned} \nu_m\left(\frac{r_1}{m}, \frac{r_2}{m}, \cdots, \frac{r_r}{m}\right) &= \min_{1 \leqslant i \leqslant r} \text{Pos}\left\{\zeta_{m,i} = \frac{r_i}{m}\right\} \\ &= \min_{1 \leqslant i \leqslant r} \nu_{m,i}\left(\frac{r_i}{m}\right). \end{aligned} \tag{4.12}$$

由 $\zeta_{m,i}$ 的定义, 对于任意的 $\gamma \in \Gamma$, $i = 1, 2, \cdots, r$, 有

$$\xi_i(\gamma) - \frac{1}{m} < \zeta_{m,i}(\gamma) \leqslant \xi_i(\gamma),$$

即对于任意的 $\gamma \in \Gamma$,

$$\|\boldsymbol{\zeta}_m(\gamma) - \boldsymbol{\xi}(\gamma)\| = \sqrt{\sum_{i=1}^{r} (\zeta_{m,i}(\gamma) - \xi_i(\gamma))^2} \leqslant \frac{\sqrt{r}}{m}. \tag{4.13}$$

因此, 模糊向量序列 $\{\boldsymbol{\zeta}_m\}$ 一致收敛于模糊向量 $\boldsymbol{\xi}$. 称具有有限支撑的模糊向量序列 $\{\boldsymbol{\zeta}_m\}$ 是 $\boldsymbol{\xi}$ 的离散化.

通过逼近方法, 可以得到如下的近似优化问题:

$$\begin{cases} \min\limits_{x} & \hat{z}_m(x) = c^{\mathrm{T}}x + \widehat{\mathcal{Q}}_m(x) \\ \text{s.t.} & x \in D, \end{cases} \tag{4.14}$$

其中 $\widehat{\mathcal{Q}}_m(x) = E_{\boldsymbol{\zeta}_m}[Q(x, \boldsymbol{\zeta}_m)]$, 给定 x 和 γ,

$$\begin{cases} Q(x, \boldsymbol{\zeta}_m(\gamma)) = & \min\limits_{y} \quad q^{\mathrm{T}}(\boldsymbol{\zeta}_m(\gamma))y \\ & \text{s.t.} \quad W(\boldsymbol{\zeta}_m(\gamma))y = h(\boldsymbol{\zeta}_m(\gamma)) - T(\boldsymbol{\zeta}_m(\gamma))x, \\ & \qquad y \geqslant 0. \end{cases} \tag{4.15}$$

第二阶段中, $q(\boldsymbol{\zeta}_m)$, $h(\boldsymbol{\zeta}_m)$, $T(\boldsymbol{\zeta}_m)$ 和 $W(\boldsymbol{\zeta}_m)$ 中的一些元素是离散型模糊变量, 并可表示为下面的仿射组合

$$\begin{cases} q(\boldsymbol{\zeta}_m) = q^0 + \sum\limits_{i=1}^{r} q^i \cdot \zeta_{m,i}, \\ h(\boldsymbol{\zeta}_m) = h^0 + \sum\limits_{i=1}^{r} h^i \cdot \zeta_{m,i}, \\ T(\boldsymbol{\zeta}_m) = T^0 + \sum\limits_{i=1}^{r} T^i \cdot \zeta_{m,i}, \\ W(\boldsymbol{\zeta}_m) = W^0 + \sum\limits_{i=1}^{r} W^i \cdot \zeta_{m,i}. \end{cases} \tag{4.16}$$

问题 (4.14) 就是近似的 FPR 问题. 问题 (4.14) 的最优解 $\hat{x}_m$ 就是原始 FPR 问题 (4.10) 最优解的一个近似.

4.2 目标函数值收敛性

由于模糊向量 $\boldsymbol{\zeta}_m$ 是 $\boldsymbol{\xi}$ 的函数, 即 $\boldsymbol{\zeta}_m = g_m(\boldsymbol{\xi})$. 因此, $\boldsymbol{\zeta}_m$ 和 $\boldsymbol{\xi}$ 定义在同一可信性空间 $(\Gamma, \mathcal{A}, \mathrm{Cr})$ 上, 并且 $Q(x, \boldsymbol{\zeta}_m)$ 和 $Q(x, \boldsymbol{\xi})$ 的分布分别由 $\boldsymbol{\zeta}_m$ 和 $\boldsymbol{\xi}$ 的可能性分布决定.

给定 $x \in D$, 为了计算补偿函数 $\mathcal{Q}_E(x)$, 用 $\boldsymbol{\xi}$ 的离散化 $\boldsymbol{\zeta}_m$ 的可能性分布代替 $\boldsymbol{\xi}$ 的可能性分布, 然后计算补偿函数 $\widehat{\mathcal{Q}}_m(x)$.

对于 $k = 1, 2, \cdots, K$, $K = (K_1 - [ma_1] + 1) \times \cdots \times (K_r - [ma_r] + 1)$, 有

$$\hat{\boldsymbol{\zeta}}_m^k = (\hat{\zeta}_{m,1}^k, \hat{\zeta}_{m,2}^k, \cdots, \hat{\zeta}_{m,r}^k)^{\mathrm{T}}$$

和

$$\nu_k = \nu_{m,1}(\hat{\zeta}_{m,1}^k) \wedge \nu_{m,2}(\hat{\zeta}_{m,2}^k) \wedge \cdots \wedge \nu_{m,r}(\hat{\zeta}_{m,r}^k),$$

其中模糊变量 $\zeta_{m,i}, i = 1, 2, \cdots, r$ 的可能性分布 $\nu_{m,i}$ 由式 (4.11) 定义. 对于任意的整数 k, 我们可以用单纯形方法求解第二阶段规划问题, 并记 Q_k 为最优值, 即 $Q_k = Q(x, \hat{\zeta}_m^k)$.

对于 ν_k 和 Q_k 的下标 k 重新排序, 使得 $Q_1 \leqslant Q_2 \leqslant \cdots \leqslant Q_K$. 然后按式 (4.17) 计算权重 $w_k, k = 1, 2, \cdots, K$,

$$w_k = \frac{1}{2}\left(\max_{j=1}^{k}\nu_j - \max_{j=0}^{k-1}\nu_j\right) + \frac{1}{2}\left(\max_{j=k}^{K}\nu_j - \max_{j=k+1}^{K+1}\nu_j\right) \tag{4.17}$$

且 $\nu_0 = \nu_{K+1} = 0$. 计算补偿函数 $\widehat{Q}_m(x)$ 的式 (4.18) 为

$$\widehat{Q}_m(x) = \sum_{k=1}^{K} w_k Q_k. \tag{4.18}$$

下面将证明当 $m \to \infty$ 时, $\widehat{Q}_m(x)$ 收敛到 $Q_E(x)$, 从而当 m 充分大时, 可由式 (4.18) 估计补偿函数 $Q_E(x)$. 计算补偿函数的逼近方法总结如下:

算法 4.1　逼近方法

步骤 1　在 ξ 的支撑 Ξ 中生成 K 个点 $\hat{\zeta}_m^k = (\hat{\zeta}_{m,1}^k, \hat{\zeta}_{m,2}^k, \cdots, \hat{\zeta}_{m,r}^k)^{\mathrm{T}}$, $k = 1, 2, \cdots, K$.

步骤 2　用单纯形法求解第二阶段线性规划问题 (4.15), 并记最优值为 $Q_k = Q(x, \hat{\zeta}_m^k)$, $k = 1, 2, \cdots, K$.

步骤 3　令 $\nu_k = \nu_{m,1}(\hat{\zeta}_{m,1}^k) \wedge \nu_{m,2}(\hat{\zeta}_{m,2}^k) \wedge \cdots \wedge \nu_{m,r}(\hat{\zeta}_{m,r}^k)$, $k = 1, 2, \cdots, K$.

步骤 4　对 ν_k 和 Q_k 的下标 k 进行重排, 使得 $Q_1 \leqslant Q_2 \leqslant \cdots \leqslant Q_K$.

步骤 5　根据式 (4.17) 计算 $w_k, k = 1, 2, \cdots, K$.

步骤 6　由式 (4.18) 返回 Q_E 的值.

上述逼近方法的收敛性由下面的定理 4.1 保证, 其中在原始 FPR 问题 (4.10) 中, 不要求补偿矩阵 W 是确定的.

定理 4.1 (Liu, Tian, 2009) 设对于原始的 FPR 问题 (4.10), ξ 是一个连续型的模糊向量, 支撑 Ξ 是 $\Re^r$ 中的紧区间, 且 $\{\zeta_m\}$ 是 ξ 的离散化. 如果 4.1.2 小节条件 (A1) 和条件 (A2) 成立, 则对于任意给定的 $x \in D$, 逼近的 FPR 问题 (4.14) 的目标函数值 $\hat{z}_m(x)$ 收敛于原始 FPR 问题 (4.10) 的目标函数值 $z(x)$, 即

$$\lim_{m \to \infty} \hat{z}_m(x) = z(x),$$

其中 $\hat{z}_m(x) = c^{\mathrm{T}}x + E_{\zeta_m}[Q(x, \zeta_m)]$, $z(x) = c^{\mathrm{T}}x + E_{\xi}[Q(x, \xi)]$.

证明　对于任意的 $x \in D$, 由引理 4.2, 以及条件 (A1) 和条件 (A2), 第二阶段的目标函数值 $Q(x, \hat{\xi})$ 关于 $\hat{\xi} \in \Xi$ 是连续的. 其余部分的证明同定理 2.3.　□

注 4.1　$\{\hat{z}_m(x)\}$ 是一个普通函数列, 定理 4.1 表明在 D 中 $\hat{z}_m(x)$ 处处收敛于 $z(x)$. 因此, 对于任意给定的 $x \in D$, 当 m 充分大时, 原始 FPR 问题 (4.10) 的目标函数值 $z(x)$ 可由 $\hat{z}_m(x)$ 近似.

4.3　最优目标值收敛性

由于可行域 D 是有限的, 因此原始 FPR 问题 (4.10) 和逼近的 FPR 问题 (4.14) 的最优解集合一定非空. 令 z^* 和 $\hat{z}_m^*$ 分别为原问题和逼近问题的最优值, 即

$$z^* = \min_{x \in D} \left\{ z(x) = c^{\mathrm{T}}x + \mathcal{Q}_E(x) \right\} \tag{4.19}$$

和

$$\hat{z}_m^* = \min_{x \in D} \left\{ \hat{z}_m(x) = c^{\mathrm{T}}x + \widehat{\mathcal{Q}}_m(x) \right\}, \tag{4.20}$$

其中 $\mathcal{Q}_E(x) = E_{\boldsymbol{\xi}}[Q(x, \boldsymbol{\xi})]$, $\widehat{\mathcal{Q}}_m(x) = E_{\boldsymbol{\zeta}_m}[Q(x, \boldsymbol{\zeta}_m)]$.

下面的定理 4.2 保证 $\hat{z}_m^*$ 收敛于 z^*.

定理 4.2(Liu, Tian, 2009)　设原始 FPR 问题 (4.10) 中, $\boldsymbol{\xi}$ 是一个连续型的模糊向量, 支撑 Ξ 是 $\Re^r$ 中的紧区间, 且 $\{\boldsymbol{\zeta}_m\}$ 是 $\boldsymbol{\xi}$ 的离散化. 假设 4.1.2 小节条件 (A1) 和条件 (A2) 成立, 则逼近的 FPR 问题 (4.14) 的最优值 $\hat{z}_m^*$ 收敛于原始 FPR 问题 (4.10) 的最优值 z^*, 即

$$\lim_{m \to \infty} \hat{z}_m^* = z^*,$$

其中 z^* 和 $\hat{z}_m^*$ 分别由式 (4.19) 和式 (4.20) 确定.

证明　根据定理 4.1, 对于任意的 $x \in D$, 当 $m \to \infty$ 时, 有

$$\hat{z}_m(x) \to z(x).$$

由于 D 是有限的, 可知在 $x \in D$ 上, $\hat{z}_m(x)$ 一致收敛于 $z(x)$. 因此当 $m \to \infty$ 时,

$$\delta_m = \max_{x \in D} |\hat{z}_m(x) - z(x)| \to 0.$$

记

$$z^* = z(x^*), \quad \hat{z}_m^* = \hat{z}_m(x_m^*).$$

一方面, 如果 $\hat{z}_m^* \leqslant z^*$, 则由 $z(x^*) \leqslant z(x_m^*)$ 可得

$$|\hat{z}_m^* - z^*| = |\hat{z}_m(x_m^*) - z(x^*)| \leqslant |\hat{z}_m(x_m^*) - z(x_m^*)| \leqslant \delta_m.$$

另一方面, 如果 $\hat{z}_m^* > z^*$, 则由 $\hat{z}_m(x_m^*) \leqslant \hat{z}_m(x^*)$ 可得

$$|\hat{z}_m^* - z^*| = |\hat{z}_m(x_m^*) - z(x^*)| \leqslant |\hat{z}_m(x^*) - z(x^*)| \leqslant \delta_m.$$

综上所述, 当 $m \to \infty$ 时, $\hat{z}_m^* \to z^*$. □

注 4.2　定理 4.2 表明最优值的估计是相容和无偏的. 实际上, 由定理 4.2 可知

$$\lim_{m\to\infty}\hat{z}_m^* = \lim_{m\to\infty}\min_{x\in D}\hat{z}_m(x) = \min_{x\in D}\lim_{m\to\infty}\hat{z}_m(x) = \min_{x\in D}z(x) = z^*.$$

因此, 逼近的最优值 $\hat{z}_m^*$ 对于原最优值 z^* 的收敛性与 D 中 $z_m(x)$ 对 $z(x)$ 的收敛性相一致. 因为确定的实数 $\hat{z}_m^*$ 的期望就是本身, 所以 $\hat{z}_m^*$ 对 z^* 的估计是渐近无偏的.

4.4　最优解收敛性

定义 4.1(Liu, Tian, 2009)　对于原始 FPR 问题 (4.10) 和逼近的 FPR 问题 (4.14), 设 z^* 是原始问题 (4.10) 的最优值, 且 $\varepsilon \geqslant 0$. 如果对于 $\bar{x} \in D$, $z(\bar{x}) \leqslant z^* + \varepsilon$, 则称 $\bar{x}$ 为原始问题 (4.10) 的 ε-**最优解**.

此外, 设 $\hat{z}_m^*$ 是问题 (4.14) 的最优值且 $\varepsilon \geqslant 0$. 如果 $\hat{x} \in D$, 有 $\hat{z}_m(\hat{x}) \leqslant \hat{z}_m^* + \varepsilon$, 则称 $\hat{x}$ 为逼近问题 (4.14) 的 ε-**最优解**. 进一步, 如果

$$\limsup_{m\to\infty}\left(\hat{z}_m(x^*) - \min_{x\in D}\hat{z}_m(x)\right) \leqslant \varepsilon$$

成立, 则称点 $x^* \in D$ 是 FPR 问题 (4.14) 的渐近 ε-**最优解**.

原始 FPR 问题 (4.10) 和逼近的 FPR 问题 (4.14) 的最优解集合分别记为 D^* 和 $\hat{D}_m$, 而问题 (4.10) 和问题 (4.14) 的 ε-最优解的集合分别记为 D^ε 和 $\hat{D}_m^\varepsilon$. 显然, 当 $\varepsilon = 0$ 时, D^ε 与 D^* 重合, $\hat{D}_m^\varepsilon$ 与 $\hat{D}_m$ 重合.

由定理 4.1, 在可行域 D 内, $\hat{z}_m(x)$ 收敛到 $z(x)$, 那么原始 FPR 问题 (4.10) 的 ε-最优解是否为逼近的 FPR 问题 (4.14) 的一个渐近 ε-最优解, 下面的定理 4.3 可回答这个问题.

定理 4.3(Liu, Tian, 2009)　设原始的 FPR 问题 (4.10) 中, ξ 为一个连续型模糊向量, 且支撑 Ξ 为 $\Re^r$ 中的紧区间, 且 $\{\zeta_m\}$ 是 ξ 的离散化. 如果 4.1.2 小节条件 (A1) 和条件 (A2) 成立, 则原始 FPR 问题 (4.10) 的 ε-最优解就是逼近的 FPR 问题 (4.14) 的渐近 ε-最优解.

证明　设 x^* 是原始 FPR 问题 (4.10) 的 ε-最优解. 由定理 4.1 有

$$\lim_{m\to\infty}\hat{z}_m(x^*) = z(x^*).$$

另外, 根据定理 4.2, 有

$$\lim_{m\to\infty}\min_{x\in D}\hat{z}_m(x) = \min_{x\in D}z(x),$$

可知

$$z(x^*) \leqslant \min_{x\in D}z(x) + \varepsilon.$$

从而

$$\limsup_{m \to \infty} \left(\hat{z}_m(x^*) - \min_{x \in D} \hat{z}_m(x) \right)$$

$$= \lim_{m \to \infty} \left(\hat{z}_m(x^*) - \min_{x \in D} \hat{z}_m(x) \right)$$

$$= \lim_{m \to \infty} \hat{z}_m(x^*) - \lim_{m \to \infty} \min_{x \in D} \hat{z}_m(x)$$

$$= z(x^*) - \min_{x \in D} z(x) \leqslant \varepsilon.$$

因此 x^* 是逼近的 FPR 问题 (4.14) 的渐近 ε-最优解. □

注 4.3 由定理 4.3, 原始的 FPR 问题 (4.10) 的 ε-最优解是逼近的 FPR 问题 (4.14) 的渐近 ε-最优解. 最优解的收敛性, 即在 D 上 $z_m(x)$ 收敛于 $z(x)$, 具有鲁棒性.

定理 4.3 的逆命题也成立, 即逼近的 FPR 问题 (4.14) 的 ε-最优解收敛于原始 FPR 问题 (4.10) 的 ε-最优解.

定理 4.4(Liu, Tian, 2009) 设原始的 FPR 问题 (4.10) 中, $\boldsymbol{\xi}$ 为一个连续型的模糊向量, 其支撑 Ξ 为 $\Re^r$ 中的紧区间, 且 $\{\boldsymbol{\zeta}_m\}$ 是 $\boldsymbol{\xi}$ 的离散化. 如果 4.1.2 小节条件 (A1) 和条件 (A2) 成立, 则当 m 充分大时, 逼近的 FPR 问题 (4.14) 的 ε-最优解是原始 FPR 问题 (4.10) 的 ε-最优解, 即当 m 充分大时, 有

$$\widehat{D}_m^\varepsilon \subset D^\varepsilon.$$

证明 对于任意给定的 $\varepsilon > 0$, 定义

$$\eta(\varepsilon) = \min_{x \in D \setminus D^\varepsilon} z(x) - z^* - \varepsilon.$$

由定义 4.1, 对于任意的 $x \in D \setminus D^\varepsilon$, 有 $z(x) > z^* + \varepsilon$. 由于 D 是一个有限集合, 则有 $\eta(\varepsilon) > 0$.

令

$$\delta_m = \max_{x \in D} |\hat{z}_m(x) - z(x)|,$$

则由定理 4.2 得 $\delta_m \to 0$.

因此, 对上述 $\eta(\varepsilon) > 0$, 存在某个正整数 M, 当 $m \geqslant M$ 时, 有

$$\delta_m < \eta(\varepsilon)/2,$$

并且对于任意的 $x \in D \setminus D^\varepsilon$, 有

$$\hat{z}_m(x) > z^* + \varepsilon + \eta(\varepsilon)/2.$$

此外, 由定理 4.1 的证明得

$$|\hat{z}_m^* - z^*| \leqslant \delta_m.$$

因此, 对于任意的 $m \geqslant M$, $\hat{z}_m^* < z^* + \eta(\varepsilon)/2$. 从而当 $x \in D \backslash D^\varepsilon$ 时, 对于任意的 $m \geqslant M$, 有

$$\hat{z}_m(x) > \hat{z}_m^* + \varepsilon,$$

即 x 不属于集合 $\widehat{D}_m^\varepsilon$. 故对于任意的 $m \geqslant M$, 恒有 $\widehat{D}_m^\varepsilon \subset D^\varepsilon$.　　□

注 4.4　　定理 4.4 表明当 m 充分大时逼近的 FPR 问题的 ε-最优解也是原始 FPR 问题的 ε-最优解. 因此, 当 m 充分大时, 可以通过求解逼近的 FPR 问题获得原始 FPR 问题的 ε-最优解. 显然, ε-最优解是无偏的.

定理 4.5(Liu, Tian, 2009)　　设原始 FPR 问题 (4.10) 中, $\boldsymbol{\xi}$ 为一个连续型的模糊向量, 其支撑 Ξ 为 $\Re^r$ 中的紧区间, 且 $\{\boldsymbol{\zeta}_m\}$ 是 $\boldsymbol{\xi}$ 的离散化. 如果 4.1.2 小节条件 (A1) 和条件 (A2) 成立, 则对于任意的 η 和 ε, $0 \leqslant \eta \leqslant \varepsilon$, 当 m 充分大时, 逼近的 FPR 问题 (4.14) 的 η-最优解就是原始 FPR 问题 (4.10) 的 ε-最优解, 即当 m 充分大时, 有

$$\widehat{D}_m^\eta \subset D^\varepsilon.$$

证明　　令 η 和 ε 是非负数, 且 $0 \leqslant \eta \leqslant \varepsilon$, 则

$$D^\eta \subset D^\varepsilon, \quad \widehat{D}_m^\eta \subset \widehat{D}_m^\varepsilon.$$

由定理 4.4, 对于任意 $\eta \in [0, \varepsilon]$, 当 m 充分大时,

$$\widehat{D}_m^\eta \subset D^\varepsilon$$

恒成立.　　□

定理 4.6(Liu, Tian, 2009)　　设原始 FPR 问题 (4.10) 中, $\boldsymbol{\xi}$ 为一个连续型的模糊向量, 其支撑 Ξ 为 $\Re^r$ 中的紧区间, 且 $\{\boldsymbol{\zeta}_m\}$ 是 $\boldsymbol{\xi}$ 的离散化. 如果 4.1.2 小节条件 (A1) 和条件 (A2) 成立, 原始 FPR 问题 (4.10) 有唯一的最优解 x^*, 则当 m 充分大时, 逼近的 FPR 问题 (4.14) 也有唯一的最优解 $\hat{x}_m^*$, 且 $\hat{x}_m^* = x^*$.

证明　　如果 $D^\varepsilon = \{x^*\}$ 是个单点集, 由定理 4.4, 当 m 充分大时, $\widehat{D}_m^\varepsilon$ 是 $D^\varepsilon = \{x^*\}$ 的非空子集, 即 $\widehat{D}_n^\varepsilon = \{\hat{x}_m^*\}$, $\hat{x}_m^* = x^*$.

特别地, 如果原始问题 (4.10) 有唯一的最优解 x^*, 则对于充分大的 m, 逼近的 FPR 问题 (4.14) 有唯一最优解 $\hat{x}_m^*$ 且 $\hat{x}_m^* = x^*$.　　□

第 5 章   模糊规划的应用

本章主要探讨模糊优化方法在一些管理问题中的应用. 5.1 节和 5.2 节讨论静态模糊优化方法的应用, 包括有价证券选择与数据包络分析; 5.3 节和 5.4 节研究两阶段 (动态) 模糊优化方法的应用, 包括设备选址与原材料获取计划问题.

5.1   有价证券选择

众所周知, 证券投资的收益与风险并存. 一般来说, 收益越大, 风险也越大. 任何证券的投资目的都是为了获取一定的收益; 而要获得一定的收益, 又不可避免地需要承担各种风险. 选择什么样的证券组合才能使投资者对收益满意, 又能承担相应的风险. 这就需要根据决策者的投资偏好来权衡收益和风险两者之间的关系: 是追求高收益, 承担潜在大的风险; 还是规避风险, 获得较低的收益.

如果一个投资者希望将他的所有资金投资到 n 种证券上, 则他需要根据证券的收益情况, 决定在每种证券上的投资比例. 由于在投资决策阶段, 收益率难以准确预测, 其中一种方法是投资者可以借助专家的经验. 专家的知识和经验对于投资者估计收益率非常具有参考价值, 在文献中通常采用模糊变量 (向量) 来反映专家的经验分布.

在本节里, 我们首先推导四种常用连续型模糊变量方差的解析表达式, 然后提出三类模糊有价证券选择模型 (Chen et al., 2006).

5.1.1   常用模糊变量的方差

由于期望值算子不具有线性性, 通常无法得到方差的解析表达式, 因此实际计算时通常采用模拟技术得到方差的近似值. 本小节将介绍几类重要模糊变量方差的解析表达式 (Chen et al., 2006), 并在后面章节中给出这些公式在具体问题中的应用.

基于模糊变量期望值和方差的定义, 下面讨论四类常用连续型模糊变量方差的计算公式.

定理 5.1 (Chen et al., 2006) 若 $\xi = n(m, \sigma)$ 是一个正态模糊变量, 具有如下可能性分布

$$\mu(r) = \exp\left(\frac{-(r-m)^2}{2\sigma^2}\right),$$

则方差 $V[\xi] = \sigma^2$.

证明　由于 $E[\xi] = m$, 则有

$$\mathrm{Pos}\{(\xi - m)^2 = r\} = \mathrm{Pos}\{\{\xi - m = \sqrt{r}\} \cup \{\xi - m = -\sqrt{r}\}\}$$
$$= \mathrm{Pos}\{\xi - m = \sqrt{r}\} \vee \mathrm{Pos}\{\xi - m = -\sqrt{r}\}.$$

进而可得

$$\mathrm{Pos}\{(\xi - m)^2 \geqslant r\} = \exp\left(\frac{-r}{2\sigma^2}\right), \quad \mathrm{Cr}\{(\xi - m)^2 \geqslant r\} = \frac{1}{2}\exp\left(\frac{-r}{2\sigma^2}\right),$$

其中 $r > 0$. 因此, 方差为

$$V[\xi] = E[(\xi - m)^2] = \int_0^\infty \mathrm{Cr}\{(\xi - m)^2 \geqslant r\}\mathrm{d}r = \sigma^2. \qquad \square$$

定理 5.2 (Chen et al., 2006)　若 $\xi = (r_0, \alpha, \beta)$ 是一个三角模糊变量, 则方差

$$V[\xi] = \begin{cases} \dfrac{33\alpha^3 + 11\alpha\beta^2 + 21\alpha^2\beta - \beta^3}{384\alpha}, & \alpha > \beta, \\[3mm] \dfrac{\alpha^2}{6}, & \alpha = \beta, \\[3mm] \dfrac{33\beta^3 + 11\alpha^2\beta + 21\alpha\beta^2 - \alpha^3}{384\beta}, & \alpha < \beta. \end{cases}$$

证明　已知 ξ 的可能性分布为

$$\mu(r) = \begin{cases} \dfrac{r - r_0 + \alpha}{\alpha}, & r_0 - \alpha \leqslant r < r_0, \\[3mm] \dfrac{r_0 + \beta - r}{\beta}, & r_0 \leqslant r \leqslant r_0 + \beta, \\[3mm] 0, & \text{其他}. \end{cases}$$

记 $m = E[\xi]$. 当 $\alpha = \beta$ 时, $m = r_0$, 由定理 5.1 的证明, 有

$$\mathrm{Pos}\{(\xi - m)^2 \geqslant r\} = \begin{cases} \dfrac{\beta - \sqrt{r}}{\beta}, & 0 \leqslant r < \beta^2, \\[3mm] 0, & \beta^2 \leqslant r, \end{cases}$$

$$\mathrm{Cr}\{(\xi - m)^2 \geqslant r\} = \begin{cases} \dfrac{\beta - \sqrt{r}}{2\beta}, & 0 \leqslant r < \beta^2, \\[3mm] 0, & \beta^2 \leqslant r, \end{cases}$$

$$V[\xi] = E[(\xi - m)^2] = \int_0^\infty \mathrm{Cr}\{(\xi - m)^2 \geqslant r\}\mathrm{d}r = \frac{\alpha^2}{6}.$$

当 $\alpha > \beta$ 时, 有

$$\text{Pos}\{(\xi - m)^2 \geqslant r\} = \begin{cases} 1, & 0 \leqslant r < (r_0 - m)^2, \\ \dfrac{r_0 + \beta - m - \sqrt{r}}{\beta}, & (r_0 - m)^2 \leqslant r < r_s, \\ \dfrac{-\sqrt{r} - (r_0 - \alpha - m)}{\alpha}, & r_s \leqslant r < (r_0 - \alpha - m)^2, \\ 0, & (r_0 - \alpha - m)^2 \leqslant r, \end{cases}$$

$$\text{Cr}\{(\xi - m)^2 \geqslant r\} = \begin{cases} 1 - \dfrac{\sqrt{r} - (r_0 - \alpha - m)}{2\alpha}, & 0 \leqslant r < (r_0 - m)^2, \\ \dfrac{r_0 + \beta - m - \sqrt{r}}{2\beta}, & (r_0 - m)^2 \leqslant r < r_s, \\ \dfrac{-\sqrt{r} - (r_0 - \alpha - m)}{2\alpha}, & r_s \leqslant r < (r_0 - \alpha - m)^2, \\ 0, & (r_0 - \alpha - m)^2 \leqslant r, \end{cases}$$

其中 $r_s = (\alpha + \beta)^2/16$, 则

$$\begin{aligned} V[\xi] = E[(\xi - m)^2] &= \int_0^\infty \text{Cr}\{(\xi - m)^2 \geqslant r\} \mathrm{d}r \\ &= \frac{33\alpha^3 + 11\alpha\beta^2 + 21\alpha^2\beta - \beta^3}{384\alpha}. \end{aligned}$$

当 $\alpha < \beta$ 时, 有

$$\text{Pos}\{(\xi - m)^2 \geqslant r\} = \begin{cases} 1, & 0 \leqslant r < (r_0 - m)^2, \\ \dfrac{-\sqrt{r} - (r_0 - \alpha - m)}{\alpha}, & (r_0 - m)^2 \leqslant r < r_s, \\ \dfrac{r_0 + \beta - m - \sqrt{r}}{\beta}, & r_s \leqslant r < (r_0 + \beta - m)^2, \\ 0, & (r_0 + \beta - m)^2 \leqslant r, \end{cases}$$

$$\text{Cr}\{(\xi - m)^2 \geqslant r\} = \begin{cases} 1 - \dfrac{r_0 + \beta - m + \sqrt{r}}{2\beta}, & 0 \leqslant r < (r_0 - m)^2, \\ \dfrac{-\sqrt{r} - (r_0 - \alpha - m)}{2\alpha}, & (r_0 - m)^2 \leqslant r < r_s, \\ \dfrac{r_0 + \beta - m - \sqrt{r}}{2\beta}, & r_s \leqslant r < (r_0 + \beta - m)^2, \\ 0, & (r_0 + \beta - m)^2 \leqslant r. \end{cases}$$

因此

$$\begin{aligned} V[\xi] = E[(\xi - m)^2] &= \int_0^\infty \text{Cr}\{(\xi - m)^2 \geqslant r\} \mathrm{d}r \\ &= \frac{33\beta^3 + 11\alpha^2\beta + 21\alpha\beta^2 - \alpha^3}{384\beta}. \end{aligned}$$

$\square$

定理 5.3 (Chen et al., 2006) 设 $\xi = (r_1, r_2, \alpha, \beta)$ 是一个梯形模糊变量, 其期望值为 m.

(1) 若 $\alpha = \beta$, 则方差

$$V[\xi] = \frac{3(r_2 - r_1 + \beta)^2 + \beta^2}{24}.$$

(2) 若 $\alpha > \beta, r_1 - m < 0$, 则方差

$$V[\xi] = \frac{1}{6} \left[-\frac{(r_2 - m)^3}{\beta} - \frac{(r_1 - \alpha - m)^3}{\alpha} + \frac{(\alpha r_2 + \beta r_1 - m(\alpha + \beta))^3}{\alpha\beta(\alpha - \beta)^2} \right].$$

(3) 若 $\alpha > \beta, r_1 - m \geqslant 0$, 则方差

$$V[\xi] = \frac{1}{6} \left[\frac{(r_1 - m)^3}{\alpha} - \frac{(r_2 - m)^3}{\beta} - \frac{(r_1 - \alpha - m)^3}{\alpha} + \frac{(\alpha r_2 + \beta r_1 - m(\alpha + \beta))^3}{\alpha\beta(\alpha - \beta)^2} \right].$$

(4) 若 $\alpha < \beta, r_2 - m > 0$, 则方差

$$V[\xi] = \frac{1}{6} \left[\frac{(r_1 - m)^3}{\alpha} + \frac{(r_2 + \beta - m)^3}{\beta} - \frac{(\alpha r_2 + \beta r_1 - m(\alpha + \beta))^3}{\alpha\beta(\alpha - \beta)^2} \right].$$

(5) 若 $\alpha < \beta, r_2 - m \leqslant 0$, 则方差

$$V[\xi] = \frac{1}{6} \left[\frac{(r_1 - m)^3}{\alpha} + \frac{(r_2 + \beta - m)^3}{\beta} - \frac{(r_2 - m)^3}{\beta} - \frac{(\alpha r_2 + \beta r_1 - m(\alpha + \beta))^3}{\alpha\beta(\alpha - \beta)^2} \right].$$

证明 ξ 的可能性分布为

$$\mu(r) = \begin{cases} \dfrac{r - r_1 + \alpha}{\alpha}, & r_1 - \alpha \leqslant r < r_1, \\ 1, & r_1 \leqslant r < r_2, \\ \dfrac{r_2 + \beta - r}{\beta}, & r_2 \leqslant r \leqslant r_2 + \beta, \\ 0, & 其他. \end{cases}$$

(1) 若 $\alpha = \beta$, 由定理 5.1 的证明, 有

$$\text{Pos}\{(\xi - m)^2 \geqslant r\} = \begin{cases} 1, & 0 \leqslant r < (r_2 - m)^2 \\ \dfrac{r_2 + \beta - m - \sqrt{r}}{\beta}, & (r_2 - m)^2 \leqslant r < (r_2 + \beta - m)^2 \\ 0, & (r_2 + \beta - m)^2 \leqslant r, \end{cases}$$

$$\text{Cr}\{(\xi - m)^2 \geqslant r\} = \begin{cases} \dfrac{1}{2}, & 0 \leqslant r < (r_2 - m)^2, \\ \dfrac{r_2 + \beta - m - \sqrt{r}}{2\beta}, & (r_2 - m)^2 \leqslant r < (r_2 + \beta - m)^2, \\ 0, & (r_2 + \beta - m)^2 \leqslant r. \end{cases}$$

所以, 方差为

$$V[\xi] = E[(\xi - m)^2] = \int_0^\infty \mathrm{Cr}\{(\xi - m)^2 \geqslant r\}\mathrm{d}r$$

$$= \frac{3(r_2 - r_1 + \beta)^2 + \beta^2}{24}.$$

(2) 假设 $\alpha > \beta$, $r_1 - m < 0$, 由定理 5.1 的证明, 得到

$$\mathrm{Pos}\{(\xi - m)^2 \geqslant r\} = \begin{cases} 1, & 0 \leqslant r < (r_2 - m)^2, \\ \dfrac{r_2 + \beta - m - \sqrt{r}}{\beta}, & (r_2 - m)^2 \leqslant r < r_s, \\ \dfrac{-\sqrt{r} - (r_1 - \alpha - m)}{\alpha}, & r_s \leqslant r < (r_1 - \alpha - m)^2, \\ 0, & (r_1 - \alpha - m)^2 \leqslant r, \end{cases}$$

$$\mathrm{Cr}\{(\xi - m)^2 \geqslant r\} = \begin{cases} \dfrac{1}{2}, & 0 \leqslant r < (r_2 - m)^2, \\ \dfrac{r_2 + \beta - m - \sqrt{r}}{2\beta}, & (r_2 - m)^2 \leqslant r < r_s, \\ \dfrac{-\sqrt{r} - (r_1 - \alpha - m)}{2\alpha}, & r_s \leqslant r < (r_1 - \alpha - m)^2, \\ 0, & (r_1 - \alpha - m)^2 \leqslant r, \end{cases}$$

其中 $r_s = (\alpha r_2 + \beta r_1 - m\alpha - m\beta)^2/(\alpha - \beta)^2$. 因此, 方差为

$$V[\xi] = E[(\xi - m)^2] = \int_0^\infty \mathrm{Cr}\{(\xi - m)^2 \geqslant r\}\mathrm{d}r$$

$$= \frac{1}{6}\left[-\frac{(r_2 - m)^3}{\beta} - \frac{(r_1 - \alpha - m)^3}{\alpha} + \frac{(\alpha r_2 + \beta r_1 - m(\alpha + \beta))^3}{\alpha\beta(\alpha - \beta)^2}\right].$$

(3) 假设 $\alpha > \beta$, $r_1 - m \geqslant 0$, 得到

$$\mathrm{Pos}\{(\xi - m)^2 \geqslant r\} = \begin{cases} 1, & 0 \leqslant r < (r_2 - m)^2, \\ \dfrac{r_2 + \beta - m - \sqrt{r}}{\beta}, & (r_2 - m)^2 \leqslant r < r_s, \\ \dfrac{-\sqrt{r} - (r_1 - \alpha - m)}{\alpha}, & r_s \leqslant r < (r_1 - \alpha - m)^2, \\ 0, & (r_1 - \alpha - m)^2 \leqslant r, \end{cases}$$

$$\mathrm{Cr}\{(\xi - m)^2 \geqslant r\} = \begin{cases} 1 - \dfrac{\sqrt{r} - (r_1 - \alpha - m)}{2\alpha}, & 0 \leqslant r < (r_1 - m)^2, \\ \dfrac{1}{2}, & (r_1 - m)^2 \leqslant r < (r_2 - m)^2, \\ \dfrac{r_2 + \beta - m - \sqrt{r}}{2\beta}, & (r_2 - m)^2 \leqslant r < r_s, \\ \dfrac{-\sqrt{r} - (r_1 - \alpha - m)}{2\alpha}, & r_s \leqslant r < (r_1 - \alpha - m)^2, \\ 0, & (r_1 - \alpha - m)^2 \leqslant r. \end{cases}$$

所以, 方差为
$$V[\xi] = E[(\xi - m)^2] = \int_0^\infty \mathrm{Cr}\{(\xi - m)^2 \geqslant r\}\mathrm{d}r$$
$$= \frac{1}{6}\left[\frac{(r_1 - m)^3}{\alpha} - \frac{(r_2 - m)^3}{\beta} - \frac{(r_1 - \alpha - m)^3}{\alpha} + \frac{(\alpha r_2 + \beta r_1 - m(\alpha + \beta))^3}{\alpha\beta(\alpha - \beta)^2}\right].$$

(4) 假定 $\alpha < \beta$, $r_2 - m > 0$, 有
$$\mathrm{Pos}\{(\xi - m)^2 \geqslant r\} = \begin{cases} 1, & 0 \leqslant r < (r_1 - m)^2, \\ \dfrac{-\sqrt{r} - (r_1 - \alpha - m)}{\alpha}, & (r_1 - m)^2 \leqslant r < r_s, \\ \dfrac{r_2 + \beta - m - \sqrt{r}}{\beta}, & r_s \leqslant r < (r_2 + \beta - m)^2, \\ 0, & (r_2 + \beta - m)^2 \leqslant r, \end{cases}$$

$$\mathrm{Cr}\{(\xi - m)^2 \geqslant r\} = \begin{cases} \dfrac{1}{2}, & 0 \leqslant r < (r_1 - m)^2, \\ \dfrac{-\sqrt{r} - (r_1 - \alpha - m)}{2\alpha}, & (r_1 - m)^2 \leqslant r < r_s, \\ \dfrac{r_2 + \beta - m - \sqrt{r}}{2\beta}, & r_s \leqslant r < (r_2 + \beta - m)^2, \\ 0, & (r_2 + \beta - m)^2 \leqslant r. \end{cases}$$

因此, 方差为
$$V[\xi] = E[(\xi - m)^2] = \int_0^\infty \mathrm{Cr}\{(\xi - m)^2 \geqslant r\}\mathrm{d}r$$
$$= \frac{1}{6}\left[\frac{(r_1 - m)^3}{\alpha} + \frac{(r_2 + \beta - m)^3}{\beta} - \frac{(\alpha r_2 + \beta r_1 - m(\alpha + \beta))^3}{\alpha\beta(\alpha - \beta)^2}\right].$$

(5) 假定 $\alpha < \beta$, $r_2 - m \leqslant 0$, 我们得到
$$\mathrm{Pos}\{(\xi - m)^2 \geqslant r\} = \begin{cases} 1, & 0 \leqslant r < (r_1 - m)^2, \\ \dfrac{-\sqrt{r} - (r_1 - \alpha - m)}{\alpha}, & (r_1 - m)^2 \leqslant r < r_s, \\ \dfrac{r_2 + \beta - m - \sqrt{r}}{\beta}, & r_s \leqslant r < (r_2 + \beta - m)^2, \\ 0, & (r_2 + \beta - m)^2 \leqslant r, \end{cases}$$

$$\mathrm{Cr}\{(\xi - m)^2 \geqslant r\} = \begin{cases} 1 - \dfrac{r_2 + \beta - m + \sqrt{r}}{2\beta}, & 0 \leqslant r < (r_2 - m)^2, \\ \dfrac{1}{2}, & (r_2 - m)^2 \leqslant r < (r_1 - m)^2, \\ \dfrac{-\sqrt{r} - (r_1 - \alpha - m)}{2\alpha}, & (r_1 - m)^2 \leqslant r < r_s, \\ \dfrac{r_2 + \beta - m - \sqrt{r}}{2\beta}, & r_s \leqslant r < (r_2 + \beta - m)^2, \\ 0, & (r_2 + \beta - m)^2 \leqslant r. \end{cases}$$

所以, 方差为

$$V[\xi] = E[(\xi - m)^2] = \int_0^\infty \mathrm{Cr}\{(\xi - m)^2 \geqslant r\}\mathrm{d}r$$
$$= \frac{1}{6}\left[\frac{(r_1 - m)^3}{\alpha} + \frac{(r_2 + \beta - m)^3}{\beta} - \frac{(r_2 - m)^3}{\beta} - \frac{(\alpha r_2 + \beta r_1 - m(\alpha + \beta))^3}{\alpha\beta(\alpha - \beta)^2}\right]. \quad \square$$

定理 5.4 设 ξ 是一个参数为 λ 的指数模糊变量, 具有如下的可能性分布

$$\mu_\xi(r) = \mathrm{e}^{-\lambda r}, \quad r \in \Re^+,$$

其中 $\lambda \in \Re^+$, 记作 $\xi = e(\lambda)$, 则方差

$$V[\xi] = \frac{3}{2\lambda^2}\mathrm{e}^{-1} + \frac{3}{4\lambda^2} - \frac{1}{\lambda^2}\mathrm{e}^{-\frac{1}{2}}.$$

证明 由于 $E[\xi] = 1/(2\lambda)$, 则有

$$\mathrm{Pos}\{(\xi - E[\xi])^2 = r\} = \mathrm{Pos}\{\{\xi - E[\xi] = \sqrt{r}\} \cup \{\xi - E[\xi] = -\sqrt{r}\}\}$$
$$= \mathrm{Pos}\{\xi = E[\xi] + \sqrt{r}\} \vee \mathrm{Pos}\{\xi = E[\xi] - \sqrt{r}\}.$$

所以

$$\mathrm{Pos}\{(\xi - E[\xi])^2 = r\} = \begin{cases} \mathrm{Pos}\left\{\xi = \dfrac{1}{2\lambda} - \sqrt{r}\right\}, & r \leqslant \dfrac{1}{4\lambda^2}, \\ \mathrm{Pos}\left\{\xi = \dfrac{1}{2\lambda} + \sqrt{r}\right\}, & r > \dfrac{1}{4\lambda^2}, \end{cases}$$

$$= \begin{cases} \mathrm{e}^{-\frac{1}{2}}\mathrm{e}^{\lambda\sqrt{r}}, & r \leqslant \dfrac{1}{4\lambda^2}, \\ \mathrm{e}^{-\frac{1}{2}}\mathrm{e}^{-\lambda\sqrt{r}}, & r > \dfrac{1}{4\lambda^2}, \end{cases}$$

$$\mathrm{Cr}\{(\xi - E[\xi])^2 \geqslant r\} = \begin{cases} 1 - \dfrac{1}{2}\mathrm{Pos}\{\xi - E[\xi]\}^2 < r\}, & r \leqslant \dfrac{1}{4\lambda^2}, \\ \dfrac{1}{2}\mathrm{Pos}\{\xi - E[\xi]\}^2 \geqslant r\}, & r > \dfrac{1}{4\lambda^2}, \end{cases}$$

$$= \begin{cases} 1 - \dfrac{1}{2}\mathrm{e}^{-\frac{1}{2}}\mathrm{e}^{\lambda\sqrt{r}}, & r \leqslant \dfrac{1}{4\lambda^2}, \\ \dfrac{1}{2}\mathrm{e}^{-\frac{1}{2}}\mathrm{e}^{-\lambda\sqrt{r}}, & r > \dfrac{1}{4\lambda^2}. \end{cases}$$

再由方差定义得

$$V[\xi] = E[(\xi - E[\xi])^2] = \int_0^\infty \mathrm{Cr}\{(\xi - E[\xi])^2 \geqslant r\}\mathrm{d}r$$

$$= \int_{\frac{1}{4\lambda^2}}^{\infty} \frac{1}{2} e^{-\frac{1}{2}} e^{-\lambda\sqrt{r}} dr + \int_0^{\frac{1}{4\lambda^2}} 1 - \frac{1}{2} e^{-\frac{1}{2}} e^{\lambda\sqrt{r}} dr$$

$$= \frac{3}{2\lambda^2} e^{-1} + \frac{3}{4\lambda^2} - \frac{1}{\lambda^2} e^{-\frac{1}{2}}$$

$$= \left(\frac{3}{2} e^{-1} + \frac{3}{4} - e^{-\frac{1}{2}} \right) \frac{1}{\lambda^2}. \qquad \Box$$

5.1.2   方差的性质

由上面计算结果可以看出, 正态模糊变量 $\xi = n(m, \sigma)$ 的方差是参数 σ 的增函数, 而指数模糊变量 $\xi = e(\lambda)$ 的方差是参数 λ 的减函数. 下面我们再给出三角模糊变量和梯形模糊变量方差的简单性质.

性质 5.1   若 $\xi = (r_0, \alpha, \beta)$ 是三角模糊变量, 则 ξ 的方差 $V[\xi]$ 分别是关于 α, β 的增函数.

证明   (1) 当 $\alpha = \beta$ 时, 结论显然成立.

(2) 当 $\alpha > \beta$ 时, 设 $\alpha_1 \neq \alpha_2$, 则

$$\frac{33\alpha_1^3 + 11\alpha_1\beta^2 + 21\alpha_1^2\beta - \beta^3}{384\alpha_1} - \frac{33\alpha_2^3 + 11\alpha_2\beta^2 + 21\alpha_2^2\beta - \beta^3}{384\alpha_2}$$

$$= \frac{(\alpha_1 - \alpha_2)(33\alpha_1^2\alpha_2 + 33\alpha_1\alpha_2^2 + 21\alpha_1\alpha_2\beta + \beta^3)}{384\alpha_1\alpha_2}.$$

当 $\alpha_1 < \alpha_2$ 时, 上式为负值; 当 $\alpha_1 > \alpha_2$ 时, 上式为正值, 所以 $V[\xi]$ 是关于 α 的增函数. 记

$$f(\alpha, \beta) = \frac{33\alpha^3 + 11\alpha\beta^2 + 21\alpha^2\beta - \beta^3}{384\alpha},$$

则有

$$\frac{\partial f(\alpha, \beta)}{\partial \beta} = \frac{22\alpha\beta + 21\alpha^2 - 3\beta^2}{384\alpha} > 0,$$

所以 $V[\xi]$ 是关于 β 的增函数.

(3) 同理可证当 $\alpha < \beta$ 时, $V[\xi]$ 也是关于 α, β 的增函数.

综合 (1), (2) 和 (3) 所述, 可知结论正确. $\Box$

性质 5.2   若 $\xi = (r_1, r_2, \alpha, \beta)$ 是梯形模糊变量, 则 ξ 的方差 $V[\xi]$ 分别是 α, β 的增函数, 同时也是 $r_2 - r_1$ 的增函数.

证明   (1) 当 $\alpha = \beta$ 时, 结论显然成立.

(2) 当 $\alpha > \beta$ 时, 设 $h = r_2 - r_1$, 有

$$r_1 - m = \frac{1}{4}(\alpha - \beta - 2h),$$

$$r_2 - m = \frac{1}{4}(\alpha - \beta + 2h),$$

$$r_1 - \alpha - m = -\frac{1}{4}(3\alpha + \beta + 2h),$$

$$\alpha r_2 + \beta r_1 - m(\alpha + \beta) = \frac{1}{4}(\alpha + \beta + 2h)(\alpha - \beta),$$

则当 $r_1 - m < 0$ 时, 方差 $V[\xi]$ 的表达式经过整理可写成如下的形式:

$$\frac{1}{32}[3(2h + \alpha)^2 + \beta^2 + (3\alpha + \beta + 2h)^2 + (\alpha + \beta + 2h)^2 + (3\alpha + \beta + 2h)(\alpha + \beta + 2h)],$$

上式分别是 α, β 和 h 的增函数.

当 $r_1 - m \geqslant 0$ 时, 经过整理, 方差 $V[\xi]$ 可写成如下的形式:

$$\frac{1}{64\alpha}(60\alpha h^2 + 66\alpha^2 h + 33\alpha^3 + 11\alpha\beta^2 + 21\alpha^2\beta + 36\alpha\beta h - 8h^3 - 6\beta^2 h - 12\beta h^2 - \beta^3),$$

易知此式是关于 α 的增函数. 上式关于 β 求偏导, 再由 $r_1 - m = (\alpha - \beta - 2h)/4 \geqslant 0$, 得到 $h \leqslant (\alpha - \beta)/2$, 所以有

$$\frac{1}{64\alpha}(22\alpha\beta + 21\alpha^2 + 36\alpha h - 12\beta h - 12h^2 - 3\beta^2)$$

$$\geqslant \frac{1}{64\alpha}(22\alpha\beta + 18\alpha^2 - 12h^2)$$

$$\geqslant \frac{1}{64\alpha}[22\alpha\beta + 18\alpha^2 - 3(\alpha - \beta)^2] > 0,$$

因此 $V[\xi]$ 是 β 的增函数. 同理可证 $V[\xi]$ 是 h 的增函数.

(3) 当 $\alpha < \beta$ 时, 同理可证结论成立.

综合 (1), (2) 和 (3) 所述, 可知结论正确. □

5.1.3 第一类模糊有价证券选择模型

将收益率视为模糊变量, 当收益率是正态模糊变量、三角模糊变量或梯形模糊变量时, 期望值和方差可通过公式计算得到. 如果投资者希望风险最小且收益最大, 则可以将有价证券选择问题建立成下面的双目标规划模型 (5.1):

$$\begin{cases} \max & E\left[\sum_{i=1}^{n} \xi_i x_i\right] \\ \min & V\left[\sum_{i=1}^{n} \xi_i x_i\right] \\ \text{s.t.} & \sum_{i=1}^{n} x_i = 1, \\ & x_i \geqslant 0, i = 1, 2, \cdots, n, \end{cases} \tag{5.1}$$

其中模糊变量 ξ_i 是第 i 种证券的收益率, x_i 是决策变量, 表示在第 i 种证券上的投资比例. 这一双目标模型虽然代表了所有投资者的投资目标, 但是该模型描述的只是一种理想情况. 在现实的投资环境下, 根本无法找到合适的投资方案使投资者在风险最小的情况下获得最大的收益. 也就是说我们无法得到模型 (5.1) 的最优解, 一般只能得到模型的非劣解 (Cohon, 1978). 求解这一模型时可以使用不同的多目标优化方法, 如权系数法、约束法和目标规划 (Steuer, 1986). 在此, 我们采用权系数法将上面的模型转换成下面的单目标模型 (5.2)(Chen et al., 2006):

$$
\begin{cases}
\max & \omega E\left[\sum_{i=1}^{n} \xi_i x_i\right] - (1-\omega)V\left[\sum_{i=1}^{n} \xi_i x_i\right] \\
\text{s.t.} & \sum_{i=1}^{n} x_i = 1, \\
& x_i \geqslant 0, i = 1, 2, \cdots, n,
\end{cases}
\tag{5.2}
$$

其中权系数 $\omega \in [0,1]$ 代表投资者愿意承担风险的程度. $\omega = 1$ 表示投资者将忽略风险, $\omega = 0$ 表示投资者非常保守.

当可选择的有价证券的收益用相互独立的正态模糊变量 $\xi_i = n(m_i, \sigma_i)$ 刻画时, 由 Zadeh 扩展原理知, 对于任意的实数 $x_i \geqslant 0, i = 1, 2, \cdots, n$, 有

$$
\sum_{i=1}^{n} \xi_i x_i = n\left(\sum_{i=1}^{n} m_i x_i, \sum_{i=1}^{n} \sigma_i x_i\right).
$$

根据正态模糊变量的数学期望和方差公式, 模型 (5.2) 可转化为下面等价模型 (5.3):

$$
\begin{cases}
\min & (1-\omega)\left(\sum_{i=1}^{n} \sigma_i x_i\right)^2 - \omega\left(\sum_{i=1}^{n} m_i x_i\right) \\
\text{s.t.} & \sum_{i=1}^{n} x_i - 1 = 0, \\
& x_i \geqslant 0, i = 1, 2, \cdots, n.
\end{cases}
\tag{5.3}
$$

当可选择的有价证券的收益用相互独立的三角模糊变量 $\xi_i = (c_i - L_i, c_i, c_i + R_i), L_i \geqslant R_i$ 刻画时, 由 Zadeh 扩展原理知, 对于任意的实数 $x_i \geqslant 0, i = 1, 2, \cdots, n$, 有

$$
\sum_{i=1}^{n} \xi_i x_i = \left(\sum_{i=1}^{n} c_i x_i, \sum_{i=1}^{n} L_i x_i, \sum_{i=1}^{n} R_i x_i\right).
$$

根据三角模糊变量的数学期望和方差公式, 模型 (5.2) 可转化为下面确定的等价形式

$$
\left\{
\begin{array}{ll}
\min & (1-\omega)\left(\dfrac{33\left(\sum\limits_{i=1}^{n}L_i x_i\right)^2 + 11\left(\sum\limits_{i=1}^{n}R_i x_i\right)^2 + 21\left(\sum\limits_{i=1}^{n}L_i x_i\right)\left(\sum\limits_{i=1}^{n}R_i x_i\right)}{384}\right. \\[6mm]
& \left. -\dfrac{\left(\sum\limits_{i=1}^{n}R_i x_i\right)^3}{384\left(\sum\limits_{i=1}^{n}L_i x_i\right)}\right) - \dfrac{\omega}{4}\left(\sum\limits_{i=1}^{n}(4c_i - L_i + R_i)x_i\right) \\[6mm]
\text{s.t.} & \sum\limits_{i=1}^{n} x_i - 1 = 0, \\[4mm]
& x_i \geqslant 0, i = 1, 2, \cdots, n.
\end{array}
\right.
\tag{5.4}
$$

同理, 当可选择的有价证券的收益用相互独立的三角模糊变量 $\xi_i = (c_i - L_i, c_i, c_i + R_i), L_i < R_i$ 刻画时, 模型 (5.2) 也可转化为确定的等价形式.

5.1.4   第二类模糊有价证券选择模型

如果投资者希望自己的投资风险最小, 而收益率在某一个置信水平 α 下不低于预先给定的阈值, 则有价证券选择问题可以建成如下的数学模型 (Chen et al., 2006):

$$
\left\{
\begin{array}{ll}
\min & V\left[\sum\limits_{i=1}^{n}\xi_i x_i\right] \\[4mm]
\text{s.t.} & \mathrm{Cr}\left\{\sum\limits_{i=1}^{n}\xi_i x_i \geqslant r_0\right\} \geqslant \alpha, \\[4mm]
& \sum\limits_{i=1}^{n} x_i = 1, \\[4mm]
& x_i \geqslant 0, i = 1, 2, \cdots, n,
\end{array}
\right.
\tag{5.5}
$$

其中 r_0 是一个事先给定的值, 表示投资者可以接受的最低收益, 模糊变量 ξ_i 表示第 i 种证券的收益率. x_i 是决策变量, 表示在第 i 种证券上的投资比例. 如果投资者希望在自己所能接受的收益大小下使风险降到最小, 可将模型中的约束条件 $\mathrm{Cr}\{\sum_{i=1}^{n}\xi_i x_i \geqslant r_0\} \geqslant \alpha$ 用 $E[\sum_{i=1}^{n}\xi_i x_i] \geqslant r_0$ 代替, 得到下面的规划模型

$$
\begin{cases}
\min & V\left[\displaystyle\sum_{i=1}^{n}\xi_i x_i\right] \\
\text{s.t.} & E\left[\displaystyle\sum_{i=1}^{n}\xi_i x_i\right] \geqslant r_0, \\
& \displaystyle\sum_{i=1}^{n} x_i = 1, \\
& x_i \geqslant 0, i = 1, 2, \cdots, n.
\end{cases}
\tag{5.6}
$$

实际决策问题中通常要求 $\alpha > 0.5$. 当 $\alpha > 0.5$ 时, 由 $\mathrm{Cr}\{\xi \geqslant r_0\} \geqslant \alpha$, 即

$$
\sup_{u \geqslant r_0} \mu(u) + 1 - \sup_{u < r_0} \mu(u) \geqslant 2\alpha,
$$

我们有, 当 $\xi = n(m, \sigma)$ 是正态模糊变量时, $r_0 \leqslant m$ 且

$$
\sup_{u < r_0} \mu(u) = \mu(r_0) \leqslant 2 - 2\alpha,
$$

所以

$$
\mathrm{Cr}\{\xi \geqslant r_0\} \geqslant \alpha \Leftrightarrow r_0 \leqslant m - \sqrt{-2\ln(2-2\alpha)}\sigma.
\tag{5.7}
$$

当 $\xi = (c - L, c, c + R)$ 是三角模糊变量时, $r_0 \leqslant c$ 且

$$
\sup_{u < r_0} \mu(u) = \mu(r_0) \leqslant 2 - 2\alpha,
$$

所以

$$
\mathrm{Cr}\{\xi \geqslant r_0\} \geqslant \alpha \Leftrightarrow r_0 \leqslant c - L(2\alpha - 1).
\tag{5.8}
$$

当可选择的有价证券的收益用相互独立的正态模糊变量 $\xi_i = n(m_i, \sigma_i), i = 1, 2, \cdots, n$ 刻画时, 利用方差公式以及式 (5.7), 模型 (5.5) 可转化为下面确定的等价形式

$$
\begin{cases}
\min & \left(\displaystyle\sum_{i=1}^{n}\sigma_i x_i\right)^2 \\
\text{s.t.} & \displaystyle\sum_{i=1}^{n} m_i x_i - r_0 - \sqrt{-2\ln(2-2\alpha)}\left(\displaystyle\sum_{i=1}^{n}\sigma_i x_i\right) \geqslant 0, \\
& \displaystyle\sum_{i=1}^{n} x_i - 1 = 0, \\
& x_i \geqslant 0, i = 1, 2, \cdots, n.
\end{cases}
\tag{5.9}
$$

当可选择的有价证券的收益用相互独立的三角模糊变量 $\xi_i = (c_i - L_i, c_i, c_i + R_i), L_i \geqslant R_i, i = 1, 2, \cdots, n$ 刻画时, 利用方差公式以及式 (5.8), 模型 (5.5) 可转化为下面确定的等价形式

$$
\begin{cases}
\min & \dfrac{33\left(\displaystyle\sum_{i=1}^{n} L_i x_i\right)^2 + 11\left(\displaystyle\sum_{i=1}^{n} R_i x_i\right)^2 + 21\left(\displaystyle\sum_{i=1}^{n} L_i x_i\right)\left(\displaystyle\sum_{i=1}^{n} R_i x_i\right)}{384} \\
& \quad - \dfrac{\left(\displaystyle\sum_{i=1}^{n} R_i x_i\right)^3}{384\left(\displaystyle\sum_{i=1}^{n} L_i x_i\right)} \\
\text{s.t.} & \displaystyle\sum_{i=1}^{n} c_i x_i - \left(\sum_{i=1}^{n} L_i x_i\right)(2\alpha - 1) \geqslant r_0, \\
& \displaystyle\sum_{i=1}^{n} x_i - 1 = 0, \\
& x_i \geqslant 0, i = 1, 2, \cdots, n.
\end{cases}
\tag{5.10}
$$

同理, 当可选择的有价证券的收益用相互独立的三角模糊变量 $\xi_i = (c_i - L_i, c_i, c_i + R_i), L_i < R_i, i = 1, 2, \cdots, n$ 刻画时, 模型 (5.5) 也可转化为确定的等价形式.

5.1.5 第三类模糊有价证券选择模型

假定投资者根据求解模型得到的决策向量将他的资金投资在某些证券上, 如果造成未进行投资的证券收益率比已投资证券收益率高的结局, 投资者就会感觉很遗憾. 由于我们在决策阶段不知道收益率大小, 因此任何的投资决策都可能会给投资者带来遗憾. 为了最小化投资者的遗憾程度, 可以选择如下的优化模型 (5.11)(Chen et al., 2006):

$$
\begin{cases}
\min & \bar{r} \\
\text{s.t.} & \mathrm{Cr}\left\{ r\left(\displaystyle\sum_{i=1}^{n} \xi_i x_i\right) \leqslant \bar{r} \right\} \geqslant \alpha, \\
& \displaystyle\sum_{i=1}^{n} x_i = 1, \\
& x_i \geqslant 0, i = 1, 2, \cdots, n,
\end{cases}
\tag{5.11}
$$

其中 $r\left(\sum_{i=1}^{n} \xi_i x_i\right)$ 表示遗憾程度. 文献 (Inuiguchi, Tanino, 2000) 中有不同的方法对遗憾程度进行量化, $\alpha \in (0, 1]$ 是给定的置信水平, $\bar{r}$ 是事先给定的遗憾程度 $r\left(\sum_{i=1}^{n} \xi_i x_i\right)$ 的一个水平值. 在此, 我们令 $r\left(\sum_{i=1}^{n} \xi_i x_i\right) = \max_t\{\xi_t - \sum_{i=1}^{n} \xi_i x_i, \ t = 1, 2, \cdots, n\}$. 由于最小化 $\bar{r}$ 等价于最小化 $\xi_t - \sum_{i=1}^{n} \xi_i x_i, \ t = 1, 2, \cdots, n$, 因此不管哪种证券的收益率最好, 只要最小化 $\bar{r}$, 我们的遗憾程度都将最小.

当可选择的有价证券的收益用相互独立的正态模糊变量 $\xi_i = n(m_i, \sigma_i), i = 1, 2, \cdots, n$ 刻画时, 由于

$$\xi_t - \sum_{i=1}^{n} \xi_i x_i = \left(m_t - \sum_{i=1}^{n} m_i x_i, \sum_{i=1}^{n} \sigma_i x_i + \sigma_t - 2\sigma_t x_t \right), \quad t = 1, 2, \cdots, n,$$

根据式 (5.7), 模型 (5.11) 可转化为下面确定的等价形式

$$\begin{cases} \min & \bar{r} \\ \text{s.t.} & m_t - \sum_{i=1}^{n} m_i x_i + \sqrt{-2\ln(2-2\alpha)} \left(\sum_{i=1}^{n} \sigma_i x_i + \sigma_t - 2\sigma_t x_t \right) \leqslant \bar{r}, \\ & t = 1, 2, \cdots, n, \\ & \sum_{i=1}^{n} x_i - 1 = 0, \\ & x_i \geqslant 0, i = 1, 2, \cdots, n. \end{cases} \tag{5.12}$$

上面模型 (5.12) 又等价于

$$\begin{cases} \min & \max_t \left\{ m_t - \sum_{i=1}^{n} m_i x_i \right. \\ & \left. + \sqrt{-2\ln(2-2\alpha)} \left(\sum_{i=1}^{n} \sigma_i x_i + \sigma_t - 2\sigma_t x_t \right), t = 1, 2, \cdots, n \right\} \\ \text{s.t.} & \sum_{i=1}^{n} x_i - 1 = 0, \\ & x_i \geqslant 0, i = 1, 2, \cdots, n. \end{cases} \tag{5.13}$$

当可选择的有价证券的收益用相互独立的三角模糊变量 $\xi_i = (c_i - L_i, c_i, c_i + R_i), i = 1, 2, \cdots, n$ 刻画时, 对于任意的 $t = 1, 2, \cdots, n$,

$$\xi_t - \sum_{i=1}^{n} \xi_i x_i = \left(c_t - \sum_{i=1}^{n} c_i x_i, L_t(1-x_t) + \sum_{i=1, i\neq t}^{n} R_i x_i, R_t(1-x_t) + \sum_{i=1, i\neq t}^{n} L_i x_i \right).$$

根据式 (5.8), 模型 (5.11) 可转化为下面确定的等价形式

$$\begin{cases} \min & \max_t \left\{ c_t - \sum_{i=1}^{n} c_i x_i + \left(\sum_{i=1, i\neq t}^{n} L_i x_i + R_t(1-x_t) \right) (2\alpha - 1) \right\} \\ \text{s.t.} & \sum_{i=1}^{n} x_i - 1 = 0, \\ & x_i \geqslant 0, i = 1, 2, \cdots, n. \end{cases} \tag{5.14}$$

5.1.6 数值例子

例 5.1 考虑下面的模糊有价证券选择模型

$$\begin{cases} \max & \omega E\left[\sum_{i=1}^{12} \xi_i x_i\right] - (1-\omega)V\left[\sum_{i=1}^{12} \xi_i x_i\right] \\ \text{s.t.} & \sum_{i=1}^{12} x_i = 1, \\ & x_i \geqslant 0, i = 1, 2, \cdots, 12, \end{cases} \tag{5.15}$$

其中

$$\xi_1 = n(0.223, 0.127), \quad \xi_2 = n(0.22, 0.118),$$
$$\xi_3 = n(0.215, 0.117), \quad \xi_4 = n(0.214, 0.115),$$
$$\xi_5 = n(0.208, 0.109), \quad \xi_6 = n(0.199, 0.097),$$
$$\xi_7 = n(0.198, 0.089), \quad \xi_8 = n(0.196, 0.085),$$
$$\xi_9 = n(0.195, 0.084), \quad \xi_{10} = n(0.19, 0.082),$$
$$\xi_{11} = n(0.184, 0.081), \quad \xi_{12} = n(0.183, 0.08)$$

是相互独立的正态模糊变量.

模型 (5.15) 等价于

$$\begin{cases} \min & (1-\omega)\left(\sum_{i=1}^{12} \sigma_i x_i\right)^2 - \omega\left(\sum_{i=1}^{12} m_i x_i\right) \\ \text{s.t.} & \sum_{i=1}^{12} x_i - 1 = 0, \\ & x_i \geqslant 0, i = 1, 2, \cdots, 12. \end{cases} \tag{5.16}$$

对于 ω 几种不同的取值情况, 采用 LINGO 软件求解, 得到如表 5.1 所示的投资方案.

表 5.1   模型 (5.15) 的计算结果

权重 ω 　　投资决策	x_1	x_2	x_3	x_4	x_5	x_6	x_7	x_8	x_9	x_{10}	x_{11}	x_{12}
0	0	0	0	0	0	0	0	0	0	0	0	1
0.15	0	0	0	0	0	0	0	1	0	0	0	0
0.5	1	0	0	0	0	0	0	0	0	0	0	0
0.8	1	0	0	0	0	0	0	0	0	0	0	0
1	1	0	0	0	0	0	0	0	0	0	0	0

由 ξ_i 的分布, 可以看出当 $i < j$ 时, $V[\xi_i] \geqslant V[\xi_j]$ 且 $E[\xi_i] \geqslant E[\xi_j]$. 由于 $\omega = 0$ 表示投资者非常的保守, 此时投资者对风险最小的第 12 种证券进行投资, 适合保守的投资者做决策. 如果投资者愿意承担风险 ($\omega \geqslant 0.5$), 此时投资者可以把几乎所有的资金投在收益最大的第 1 种证券上.

例 5.2   考虑下面的模糊有价证券选择模型

$$\begin{cases} \max \quad \omega E\left[\sum_{i=1}^{12}\xi_i x_i\right] - (1-\omega)V\left[\sum_{i=1}^{12}\xi_i x_i\right] \\ \text{s.t.} \quad \sum_{i=1}^{12}x_i = 1, \\ \quad\quad x_i \geqslant 0, i=1,2,\cdots,12, \end{cases} \tag{5.17}$$

其中

$\xi_1 = (0.165 - 0.22, 0.165, 0.165 + 0.105),\quad \xi_2 = (0.16 - 0.219, 0.16, 0.16 + 0.103),$

$\xi_3 = (0.155 - 0.218, 0.155, 0.155 + 0.101),\quad \xi_4 = (0.145 - 0.217, 0.145, 0.145 + 0.1),$

$\xi_5 = (0.14 - 0.215, 0.14, 0.14 + 0.095),\quad \xi_6 = (0.135 - 0.21, 0.135, 0.135 + 0.09),$

$\xi_7 = (0.13 - 0.202, 0.13, 0.13 + 0.085),\quad \xi_8 = (0.127 - 0.201, 0.127, 0.127 + 0.084),$

$\xi_9 = (0.125 - 0.2, 0.125, 0.125 + 0.082),\quad \xi_{10} = (0.123 - 0.2, 0.123, 0.123 + 0.08),$

$\xi_{11} = (0.12 - 0.183, 0.12, 0.12 + 0.075),\quad \xi_{12} = (0.117 - 0.18, 0.117, 0.117 + 0.073)$

是相互独立的三角模糊变量.

模型 (5.17) 等价于

$$\begin{cases} \min \quad (1-\omega)\left(\dfrac{33\left(\sum\limits_{i=1}^{12}L_i x_i\right)^2 + 11\left(\sum\limits_{i=1}^{12}R_i x_i\right)^2 + 21\left(\sum\limits_{i=1}^{12}L_i x_i\right)\left(\sum\limits_{i=1}^{12}R_i x_i\right)}{384} \right. \\ \qquad\qquad \left. -\dfrac{\left(\sum\limits_{i=1}^{12}R_i x_i\right)^3}{384\left(\sum\limits_{i=1}^{12}L_i x_i\right)} \right) - \dfrac{\omega}{4}\left(\sum\limits_{i=1}^{12}(4c_i - L_i + R_i)x_i\right) \\ \text{s.t.} \quad \sum\limits_{i=1}^{12}x_i - 1 = 0, \\ \qquad x_i \geqslant 0, i=1,2,\cdots,12. \end{cases}$$

$$\tag{5.18}$$

对于 ω 几种不同取值情况, 采用 LINGO 软件求解, 得到如表 5.2 所示的投资方案.

由 ξ_i 的分布及方差的性质可得, 当 $i < j$ 时, $V[\xi_i] \geqslant V[\xi_j]$ 且 $E[\xi_i] \geqslant E[\xi_j]$. 由于 $\omega = 0$ 表示投资者非常的保守, 此时投资者对风险最小的第 12 种证券进行投资, 适合保守的投资者作决策. 如果投资者愿意承担风险 ($\omega > 0$), 此时投资者可以把几乎所有的资金投在收益最大的第 1 种证券上.

表 5.2 模型 (5.17) 的计算结果

权重 ω ＼投资决策	x_1	x_2	x_3	x_4	x_5	x_6	x_7	x_8	x_9	x_{10}	x_{11}	x_{12}
0	0	0	0	0	0	0	0	0	0	0	0	1
0.2	1	0	0	0	0	0	0	0	0	0	0	0
0.5	1	0	0	0	0	0	0	0	0	0	0	0
0.8	1	0	0	0	0	0	0	0	0	0	0	0
1	1	0	0	0	0	0	0	0	0	0	0	0

例 5.3 考虑下面的模糊有价证券选择模型

$$
\begin{cases}
\min & V\left[\sum_{i=1}^{12} \xi_i x_i\right] \\
\text{s.t.} & \mathrm{Cr}\left\{\sum_{i=1}^{12} \xi_i x_i \geqslant r_0\right\} \geqslant 0.85, \\
& \sum_{i=1}^{12} x_i = 1, \\
& x_i \geqslant 0, i = 1, 2, \cdots, 12,
\end{cases}
\tag{5.19}
$$

其中 $\xi_i, i = 1, \cdots, 12$ 与例 5.1 中的模糊变量相同.

模型 (5.19) 等价于

$$
\begin{cases}
\min & \left(\sum_{i=1}^{12} \sigma_i x_i\right)^2 \\
\text{s.t.} & \sum_{i=1}^{12} m_i x_i - r_0 - \sqrt{-2\ln 0.3}\left(\sum_{i=1}^{12} \sigma_i x_i\right) \geqslant 0, \\
& \sum_{i=1}^{12} x_i - 1 = 0, \\
& x_i \geqslant 0, i = 1, 2, \cdots, 12.
\end{cases}
\tag{5.20}
$$

对于参数几种不同取值情况, 采用 LINGO 软件求解, 得到如表 5.3 所示的投资方案.

表 5.3 模型 (5.19) 的计算结果

α	r_0	x_1	x_2	x_3	x_4	x_5	x_6	x_7	x_8	x_9	x_{10}	x_{11}	x_{12}
0.85	0.06	0	0	0	0	0	0	0	0	0	0.2927	0	0.7073
0.85	0.062	0	0	0	0	0	0	0	0	0	0.806	0	0.194

由计算结果可以看出, 可以接受的收益最小值变大, 可选择的投资方案减少, 投

资风险自然会增大.

例 5.4 考虑下面的模糊有价证券选择模型

$$
\begin{cases}
\min & V\left[\sum_{i=1}^{12} \xi_i x_i\right] \\
\text{s.t.} & \mathrm{Cr}\left\{\sum_{i=1}^{12} \xi_i x_i \geqslant r_0\right\} \geqslant \alpha, \\
& \sum_{i=1}^{12} x_i = 1, \\
& x_i \geqslant 0, i = 1, 2, \cdots, 12,
\end{cases}
\tag{5.21}
$$

其中 $\xi_i, i = 1, \cdots, 12$ 与例 5.2 中的模糊变量相同.

模型 (5.21) 可转化为下面确定的等价形式

$$
\begin{cases}
\min & \dfrac{33\left(\sum_{i=1}^{12} L_i x_i\right)^2 + 11\left(\sum_{i=1}^{12} R_i x_i\right)^2 + 21\left(\sum_{i=1}^{12} L_i x_i\right)\left(\sum_{i=1}^{12} R_i x_i\right)}{384} \\
& \quad - \dfrac{\left(\sum_{i=1}^{12} R_i x_i\right)^3}{384\left(\sum_{i=1}^{12} L_i x_i\right)} \\
\text{s.t.} & \sum_{i=1}^{12} c_i x_i - (2\alpha - 1)\left(\sum_{i=1}^{12} L_i x_i\right) \geqslant r_0, \\
& \sum_{i=1}^{12} x_i - 1 = 0, \\
& x_i \geqslant 0, i = 1, 2, \cdots, 12.
\end{cases}
\tag{5.22}
$$

对于参数几种不同取值情况, 采用 LINGO 软件求解, 得到如表 5.4 所示的投资方案.

表 5.4　模型 (5.21) 的计算结果

α	r_0	x_1	x_2	x_3	x_4	x_5	x_6	x_7	x_8	x_9	x_{10}	x_{11}	x_{12}
0.75	0.04	0.4643	0	0	0	0	0	0	0	0	0	0	0.5357
0.75	0.05	0.8214	0	0	0	0	0	0	0	0	0	0	0.1786

由计算结果可以看出: 如果在银行存款的利率是 4%, 则在有价证券的收益率不低于此值的置信水平 $\alpha = 0.75$ 时, 模型提供的投资决策是将 46.43% 的资金投资

于第 1 种有价证券, 53.57% 的资金投资于第 12 种有价证券; 如果在银行存款的利率提高为 5%, 则在有价证券的收益率不低于此值的置信水平 $\alpha = 0.75$ 时, 模型提供的投资决策是在第 1 种有价证券上的资金投资比例增加为 82.14%, 而在第 12 种有价证券上的资金投资比例减少为 17.86%.

例 5.5 考虑下面的模糊有价证券选择模型

$$
\begin{cases}
\min \quad \bar{r} \\
\text{s.t.} \quad \text{Cr}\left\{ r\left(\sum_{i=1}^{12} \xi_i x_i \right) \leqslant \bar{r} \right\} \geqslant \alpha, \\
\sum_{i=1}^{12} x_i = 1, \\
x_i \geqslant 0, i = 1, 2, \cdots, 12,
\end{cases}
\tag{5.23}
$$

其中 $\xi_i, i = 1, \cdots, 12$ 与例 5.1 中的模糊变量相同.

令 $r(\sum_{i=1}^{12} \xi_i x_i) = \max_t \{ \xi_t - \sum_{i=1}^{12} \xi_i x_i, t = 1, 2, \cdots, 12 \}$. 由于最小化 $\bar{r}$ 等价于最小化 $\xi_t - \sum_{i=1}^{12} \xi_i x_i, t = 1, 2, \cdots, 12$, 因此不管哪种证券的收益率最好, 只要最小化 $\bar{r}$, 就能使遗憾程度达到最小.

模型 (5.23) 等价于

$$
\begin{cases}
\min \quad \max_t \left\{ m_t - \sum_{i=1}^{12} m_i x_i \right. \\
\qquad \left. + \sqrt{-2\ln(2 - 2\alpha)} \left(\sum_{i=1}^{12} \sigma_i x_i + \sigma_t - 2\sigma_t x_t \right), t = 1, 2, \cdots, 12 \right\} \\
\text{s.t.} \quad \sum_{i=1}^{12} x_i - 1 = 0, \\
x_i \geqslant 0, i = 1, 2, \cdots, 12.
\end{cases}
\tag{5.24}
$$

对于不同 α 值, 采用 LINGO 软件求解, 得到如表 5.5 所示的投资方案.

表 5.5 模型 (5.23) 的计算结果

α	$\bar{r}$	x_1	x_2	x_3	x_4	x_5
0.9	0.3423	0.2225	0.1943	0.1797	0.1717	0.1383
0.95	0.4101	0.2174	0.1899	0.1773	0.1696	0.1386

x_6	x_7	x_8	x_9	x_{10}	x_{11}	x_{12}
0.0677	0.0257	0	0	0	0	0
0.0723	0.0312	0.0369	0	0	0	0

从计算结果可以看出: 模糊有价证券模型 (5.23) 可以得到分散投资解, 从而可以降低投资风险.

例 5.6　考虑下面的模糊有价证券选择模型

$$
\begin{cases}
\min \quad \bar{r} \\
\text{s.t.} \quad \text{Cr}\left\{ r\left(\sum_{i=1}^{12} \xi_i x_i \right) \leqslant \bar{r} \right\} \geqslant \alpha, \\
\quad\quad \sum_{i=1}^{12} x_i = 1, \\
\quad\quad x_i \geqslant 0, i = 1, 2, \cdots, 12,
\end{cases}
\tag{5.25}
$$

其中 $\xi_i, i = 1, \cdots, 12$ 与例 5.2 中的模糊变量相同.

令 $r(\sum_{i=1}^{12} \xi_i x_i) = \max_t\{\xi_t - \sum_{i=1}^{12} \xi_i x_i, t = 1, 2, \cdots, 12\}$. 由于最小化 $\bar{r}$ 等价于最小化 $\xi_t - \sum_{i=1}^{12} \xi_i x_i, t = 1, 2, \cdots, 12$, 因此不管哪种证券的收益率最好, 只要最小化 $\bar{r}$, 就能使遗憾程度达到最小.

模型 (5.25) 可转化为下面确定的等价形式

$$
\begin{cases}
\min \quad \max_t \left\{ c_t - \sum_{i=1}^{12} c_i x_i + \left(\sum_{i=1, i \neq t}^{12} L_i x_i + R_t(1 - x_t) \right)(2\alpha - 1) \right\} \\
\text{s.t.} \quad \sum_{i=1}^{12} x_i - 1 = 0, \\
\quad\quad x_i \geqslant 0, i = 1, 2, \cdots, 12.
\end{cases}
\tag{5.26}
$$

对于不同 α 值, 采用 LINGO 软件求解, 得到如表 5.6 所示的投资方案.

表 5.6　模型 (5.25) 的计算结果

α	$\bar{r}$	x_1	x_2	x_3	x_4	x_5
0.95	0.2386	0.2191	0.1977	0.1759	0.1388	0.1079
0.9	0.2105	0.2291	0.2056	0.1816	0.1402	0.1071

x_6	x_7	x_8	x_9	x_{10}	x_{11}	x_{12}
0.0763	0.0430	0.028	0.0134	0	0	0
0.0732	0.0373	0.0209	0.0051	0	0	0

从计算结果可以看出: 我们得到了模糊有价证券选择模型 (5.25) 的分散投资解, 这与理论分析的结果是一致的.

5.2　数据包络分析

在人们的生产和社会活动中常会遇到这样的问题: 经过一段时间之后, 需要对一系列相同类型的 "部门" 或 "单位"(决策单元 (decision-making unit, DMU)) 进行评价, 其评价的依据是决策单元的 "输入" 和 "输出" 数据. "输入" 数据是指决策单元在从事某种活动中对 "资源" 的耗费, 而 "输出" 数据是指决策单元在耗费了 "资源" 后, 从事该项活动 "成效" 的一些指标.

数据包络分析 (data envelopment analysis, DEA) 是以相对效率概念为基础发展起来的一种用于评价具有多个输入和输出的一系列同类 "部门" 或 "单位"(DMU) 间相对有效性的有力工具. 传统的 DEA 模型要求使用精确的输入数据和输出数据来评价决策单元 (DMU) 的相对有效性, 属于确定性的方法. 但在实际问题中, 由于测量误差, 数据噪音等因素, 各决策单元的输入数据和输出数据往往具有不确定性. 而输入数据和输出数据的不确定性常表现为模糊性, 这就需要使用一套处理模糊性的理论工具研究 DEA. 以可信性理论为基础的优化方法为我们研究模糊环境下的 DEA 提供了理论基础. 下面介绍两类模糊 DEA 模型: 输入倾向模糊机会约束 DEA 模型和输出倾向模糊机会约束 DEA 模型 (Meng, Liu, 2007a).

5.2.1 模糊 DEA 模型

假设有 n 个具有可比性的决策单元. 每个决策单元都具有 m 个同类型的输入和 r 个同类型的输出. 所有决策单元的输入和输出都是非负的, 且至少有一种输入和一种输出是正的. 为了建立模型, 我们采用下面的符号:

DMU$_i$ 第 i 个决策单元 (DMU);

DMU$_0$ 目标决策单元 (DMU), 它是 n 个决策单元之一;

$\tilde{x}_i$ 第 i 个决策单元 (DMU$_i$) 所消耗的模糊输入列向量;

$\tilde{x}_0$ 目标决策单元 (DMU$_0$) 所消耗的模糊输入列向量;

$\tilde{y}_i$ 第 i 个决策单元 (DMU$_i$) 所产出的模糊输出列向量;

$\tilde{y}_0$ 目标决策单元 (DMU$_0$) 所产出的模糊输出列向量;

$u \in \Re^m$ 输入权重列向量;

$v \in \Re^r$ 输出权重列向量.

基于模糊期望值算子和可信性测度, 我们建立如下输入倾向模糊机会约束 DEA 模型 (Meng, Liu, 2007a):

$$\begin{cases} \max\limits_{u,v} & V_{\text{EDEA}}^I = E\left[v^{\mathrm{T}}\tilde{y}_0/u^{\mathrm{T}}\tilde{x}_0\right] \\ \text{s.t.} & \mathrm{Cr}\{u^{\mathrm{T}}\tilde{x}_i - v^{\mathrm{T}}\tilde{y}_i \geqslant 0\} \geqslant \alpha_i, \quad i = 1, 2, \cdots, n, \\ & u \geqslant 0, \quad u \neq 0, \\ & v \geqslant 0, \quad v \neq 0, \end{cases} \qquad (5.27)$$

其中 E 表示模糊变量的期望值算子, $\alpha_i, i = 1, 2, \cdots, n$ 是决策者预先给定的可信水平.

在模型 (5.27) 中, 我们要寻找使期望值 $E\left[v^{\mathrm{T}}\tilde{y}_0/u^{\mathrm{T}}\tilde{x}_0\right]$ 最大的决策 (u,v), 同时保证模糊事件 $u^{\mathrm{T}}\tilde{x}_i - v^{\mathrm{T}}\tilde{y}_i \geqslant 0$, $i = 1,2,\cdots,n$ 至少以可信性 α_i, $i = 1,2,\cdots,n$ 成立. 此外, 它是一个评价 DMU_0 的具有输入倾向的 DEA 模型, 对于被评价的 n 个 DMU, 就有 $(\tilde{x}_0,\tilde{y}_0) = (\tilde{x}_i,\tilde{y}_i)$, $i = 1,2,\cdots,n$ 这个模型需要求解 n 次.

基于模糊期望值算子和可信性测度, 我们还可以建立如下具有输出倾向模糊机会约束 DEA 模型 (Meng, Liu, 2007a)

$$\begin{cases} \min_{u,v} & V_{\mathrm{EDEA}}^O = E\left[u^{\mathrm{T}}\tilde{x}_0/v^{\mathrm{T}}\tilde{y}_0\right] \\ \mathrm{s.t.} & \mathrm{Cr}\{u^{\mathrm{T}}\tilde{x}_i - v^{\mathrm{T}}\tilde{y}_i \geqslant 0\} \geqslant \alpha_i, \quad i = 1,2,\cdots,n, \\ & u \geqslant 0, \quad u \neq 0, \\ & v \geqslant 0, \quad v \neq 0, \end{cases} \tag{5.28}$$

其中 $\alpha_i, i = 1,2,\cdots,n$ 表示决策者预先给定的可信水平. 可以用同样的方式解释具有输出倾向模糊机会约束 DEA 模型 (5.28).

我们知道, 对于确定的 DEA 模型, 利用最优值确定目标决策单元 DMU_0 的有效性. 在定义模糊环境下的有效性之前, 首先回顾确定环境下的有效性的概念.

对于具有输入倾向的和具有输出倾向的 CCR 模型, 如果最优目标值等于 1, 并且存在分量均大于 0 的最优解, 则称 DMU_0 是 CCR-有效的; 如果最优目标值等于 1, 并且最优解存在等于 0 的分量, 则称 DMU_0 是 CCR-弱有效的; 否则, 称为 CCR-无效. 在给定的可信性水平下, 我们用输入倾向模糊机会约束 DEA 模型和输出倾向模糊机会约束 DEA 模型中的期望值解释 DMU_0 的有效性. 对于输入倾向模糊机会约束 DEA 模型 (5.27), 我们定义如下有效性:

定义 5.1 (Meng, Liu, 2007a) 如果模型 (5.27) 的最优目标值 $V_{\mathrm{EDEA}}^I \geqslant 1$, 并且存在最优解 (u^*,v^*) 满足 $u^* > 0, v^* > 0$, 则称 DMU_0 期望-有效. 如果模型 (5.27) 的最优目标值 $V_{\mathrm{EDEA}}^I \geqslant 1$, 并且最优解 (u^*,v^*) 中至少存在一个分量为 0, 则称 DMU_0 期望-弱-有效. 否则, 称 DMU_0 期望-无效.

对于输出倾向的模糊机会约束 DEA 模型 (5.28), 有下面的定义 5.2.

定义 5.2 (Meng, Liu, 2007a) 如果模型 (5.28) 的最优目标值 $V_{\mathrm{EDEA}}^{O*} \leqslant 1$, 并且存在最优解 (u^*,v^*) 满足 $u^* > 0, v^* > 0$, 则称 DMU_0 期望-有效. 如果模型 (5.28) 的最优目标值 $V_{\mathrm{EDEA}}^{O*} \leqslant 1$, 并且最优解 (u^*,v^*) 中至少存在一个分量为 0, 则称 DMU_0 期望-弱-有效. 否则, 称 DMU_0 期望-无效.

注 5.1 定义 5.1 和定义 5.2 是确定的 CCR 有效性定义的推广.

在模型 (5.27) 和模型 (5.28) 中包含多个模糊变量. 为了得到最优值和最优解, 必须计算期望值和可信性. 对于一般的模糊变量, 检验机会约束是一个费时的工作. 在特殊可能性分布的情况下将可信性约束转换为其清晰等价形式将会降低计算复杂性. 下面仅以梯形模糊变量为例来说明这一思想.

令 $\xi = (a_1, a_2, a_3, a_4)$ 和 $\eta = (b_1, b_2, b_3, b_4)$ 是两个独立的梯形模糊变量. 由 Zadeh 扩展原理, 对任意的 $\beta, \gamma \geqslant 0$, 有

$$\xi + \eta = (a_1 + b_1, a_2 + b_2, a_3 + b_3, a_4 + b_4),$$

$$\beta\xi + \gamma\eta = (\beta a_1 + \gamma b_1, \beta a_2 + \gamma b_2, \beta a_3 + \gamma b_3, \beta a_4 + \gamma b_4).$$

定理 5.5 (Liu, 2004) 假设 $\xi_1, \xi_2, \cdots, \xi_n$ 是相互独立的梯形模糊变量, 其中 $\xi_i = (r_i^1, r_i^2, r_i^3, r_i^4)$, 且 $k_i > 0, i = 1, 2, \cdots, n$, 则对于任意给定的可信水平 $\alpha \in (0, 1]$, 有如下结论:

(1) 当 $\alpha < 0.5$ 时, $\mathrm{Cr}\{\sum_{i=1}^n k_i \xi_i \geqslant 0\} \geqslant \alpha$ 等价于 $(1-2\alpha)\sum_{i=1}^n k_i r_i^4 + 2\alpha\sum_{i=1}^n k_i r_i^3 \geqslant 0$;

(2) 当 $\alpha \geqslant 0.5$ 时, $\mathrm{Cr}\{\sum_{i=1}^n k_i \xi_i \geqslant 0\} \geqslant \alpha$ 等价于 $(2\alpha - 1)\sum_{i=1}^n k_i r_i^1 + 2(1-\alpha)\sum_{i=1}^n k_i r_i^2 \geqslant 0$.

记 $x_i^{r_i} = (x_{1i}^{r_i}, x_{2i}^{r_i}, \cdots, x_{mi}^{r_i})$, $y_i^{r_i} = (y_{1i}^{r_i}, y_{2i}^{r_i}, \cdots, y_{ri}^{r_i})$. 当 $\alpha_i \geqslant 0.5, i = 1, \cdots, n$ 时, 根据定理 5.5, 模糊机会约束 DEA 模型 (5.27) 和模型 (5.28) 分别等价于下面的模型 (5.29) 和模型 (5.30).

$$\begin{cases} \max_{u,v} & V_{\mathrm{EDEA}}^I = E\left[v^{\mathrm{T}}\tilde{y}_0 / u^{\mathrm{T}}\tilde{x}_0\right] \\ \mathrm{s.t.} & (2\alpha_i - 1)(u^{\mathrm{T}}x_i^{r_1} - v^{\mathrm{T}}y_i^{r_4}) + 2(1-\alpha_i)(u^{\mathrm{T}}x_i^{r_2} - v^{\mathrm{T}}y_i^{r_3}) \geqslant 0, \\ & i = 1, 2, \cdots, n, \\ & u \geqslant 0, \quad u \neq 0, \\ & v \geqslant 0, \quad v \neq 0, \end{cases} \quad (5.29)$$

$$\begin{cases} \min_{u,v} & V_{\mathrm{EDEA}}^O = E\left[u^{\mathrm{T}}\tilde{x}_0 / v^{\mathrm{T}}\tilde{y}_0\right] \\ \mathrm{s.t.} & (2\alpha_i - 1)(u^{\mathrm{T}}x_i^{r_1} - v^{\mathrm{T}}y_i^{r_4}) + 2(1-\alpha_i)(u^{\mathrm{T}}x_i^{r_2} - v^{\mathrm{T}}y_i^{r_3}) \geqslant 0, \\ & i = 1, 2, \cdots, n, \\ & u \geqslant 0, \quad u \neq 0, \\ & v \geqslant 0, \quad v \neq 0, \end{cases} \quad (5.30)$$

其中 $\alpha_i, i = 1, 2, \cdots, n$ 是对应于第 i 个约束的预先给定的可信水平.

5.2.2 模糊 DEA 模型的性质

下面将讨论所建立的模糊机会约束 DEA 模型的基本性质. 由于这两类模糊 DEA 模型是类似的, 我们只给出当输入和输出是梯形模糊变量时, 具有输入倾向模糊机会约束 DEA 模型的性质. 对于具有输出倾向模糊机会约束 DEA 模型, 当输入和输出是梯形模糊变量时, 有相似的性质.

假设模糊输入和模糊输出以表 5.7 的形式变化, 其中 $\tilde{x}_{ji}$ 表示 DMU$_i$ 的第 j 个模糊输入, $\tilde{y}_{ki}$ 表示 DMU$_i$ 的第 k 个模糊输出, $\beta_j \in \mathcal{R}$, $\beta_j > 0$, $\gamma_k \in \mathcal{R}$ 且 $\gamma_k > 0$, $j = 1, 2, \cdots, m$, $k = 1, 2, \cdots, r$,

表 5.7　模糊输入和模糊输出的变化

$1\rightarrow$	$\beta_1\tilde{x}_{11}$	$\cdots$	$\beta_1\tilde{x}_{1i}$	$\cdots$	$\beta_1\tilde{x}_{1n}$	
$2\rightarrow$	$\beta_2\tilde{x}_{21}$	$\cdots$	$\beta_2\tilde{x}_{2i}$	$\cdots$	$\beta_2\tilde{x}_{2n}$	
$\vdots$	$\vdots$		$\vdots$		$\vdots$	
$m\rightarrow$	$\beta_m\tilde{x}_{m1}$	$\cdots$	$\beta_m\tilde{x}_{mi}$	$\cdots$	$\beta_m\tilde{x}_{mn}$	
	$\gamma_1\tilde{y}_{11}$	$\cdots$	$\gamma_1\tilde{y}_{1i}$	$\cdots$	$\gamma_1\tilde{y}_{1n}$	$\rightarrow 1$
	$\gamma_2\tilde{y}_{21}$	$\cdots$	$\gamma_2\tilde{y}_{2i}$	$\cdots$	$\gamma_2\tilde{y}_{2n}$	$\rightarrow 2$
	$\vdots$		$\vdots$		$\vdots$	$\vdots$
	$\gamma_r\tilde{y}_{r1}$	$\cdots$	$\gamma_r\tilde{y}_{ri}$	$\cdots$	$\gamma_r\tilde{y}_{rn}$	$\rightarrow r$

我们得到下面的具有输入倾向的模糊机会约束 DEA 模型:

$$
\begin{cases}
\max\limits_{u,v} & V_{\mathrm{EDEA}}^I = E\left[\sum\limits_{k=1}^r v_k\gamma_k\tilde{y}_{k0} \Big/ \sum\limits_{j=1}^m u_j\beta_j\tilde{x}_{j0}\right] \\
\mathrm{s.t.} & \mathrm{Cr}\left\{\sum\limits_{j=1}^m u_j\beta_j\tilde{x}_{ji} - \sum\limits_{k=1}^r v_k\gamma_k\tilde{y}_{ki} \geqslant 0\right\} \geqslant \alpha_i, \quad i = 1, 2, \cdots, n, \\
& u \geqslant 0, \quad u \neq 0, \\
& v \geqslant 0, \quad v \neq 0,
\end{cases} \tag{5.31}
$$

其中 α_i 是相应于第 i 个约束的预先给定的可信水平. 在这种情况下, 有下面的结论.

定理 5.6 (Meng, Liu, 2007a)　模型 (5.27) 中的 DMU$_0$ 是期望-有效的 (或者期望-弱-有效的) 当且仅当模型 (5.31) 中的 DMU$_0$ 是期望-有效的 (或者期望-弱-有效的).

证明　我们只证明期望-有效的情况, 其他情况可以类似证明. 假设模型 (5.27) 中的 DMU$_0$ 是期望-有效的, u^0 和 v^0 是模型 (5.27) 的最优解, 则有 $u^0 > 0$, $v^0 > 0$. 令 $\hat{u} = (u_1^0/\beta_1, u_2^0/\beta_2, \cdots, u_m^0/\beta_m)^{\mathrm{T}}$, $\hat{v} = (v_1^0/\gamma_1, v_2^0/\gamma_2, \cdots, v_r^0/\gamma_r)^{\mathrm{T}}$, 则有 $\hat{u} > 0$, $\hat{v} > 0$. 从而, u^0 和 v^0 是模型 (5.27) 的最优解当且仅当 $\hat{u}$ 和 $\hat{v}$ 是模型 (5.31) 的最优解, 即模型 (5.27) 和模型 (5.31) 有相同的最优值. 所以, 模型 (5.31) 中的 DMU$_0$ 是期望-有效的. □

考虑表 5.8 中的数据, DMU$_i$ 的模糊输入和模糊输出以相同的倍数 ρ_i 增加, 即 $\rho_i(\tilde{x}_i, \tilde{y}_i) = (\rho_i\tilde{x}_i, \rho_i\tilde{y}_i)$, 其中 $\rho_i > 0$, $i = 1, 2, \cdots, n$,

表 5.8 模糊输入和模糊输出的变化

1→							
⋮	$\rho_1\tilde{x}_1$	$\rho_2\tilde{x}_2$	$\cdots$	$\rho_i\tilde{x}_i$	$\cdots$	$\rho_n\tilde{x}_n$	
m→							
							→1
							⋮
	$\rho_1\tilde{y}_1$	$\rho_2\tilde{y}_2$	$\cdots$	$\rho_i\tilde{y}_i$	$\cdots$	$\rho_n\tilde{y}_n$	
							→ r

则可以得到下面的具有输入倾向的模糊机会约束 DEA 模型

$$
\begin{cases}
\max\limits_{u,v} & V_{\text{EDEA}}^I = E\left[v^{\text{T}}(\rho_0\tilde{y}_0)/u^{\text{T}}(\rho_0\tilde{x}_0)\right], \\
\text{s.t.} & \text{Cr}\{u^{\text{T}}(\rho_i\tilde{x}_i) - v^{\text{T}}(\rho_i\tilde{y}_i) \geqslant 0\} \geqslant \alpha_i, \quad i = 1, 2, \cdots, n, \\
& u \geqslant 0, \quad u \neq 0, \\
& v \geqslant 0, \quad v \neq 0,
\end{cases}
\tag{5.32}
$$

其中 α_i 是相应于第 i 个约束的预先给定的可信性水平. 对于这种情况, 我们有下面的结论:

定理 5.7 (Meng, Liu, 2007a) 模型 (5.27) 中的 DMU$_0$ 是期望–有效的 (或者期望–弱–有效的) 当且仅当模型 (5.32) 中的 DMU$_0$ 是期望–有效的 (或者期望–弱–有效的).

证明 我们只证明期望–有效的情况, 其他情况可以类似证明. 假设模型 (5.27) 中的 DMU$_0$ 是期望–有效的, u^0 和 v^0 是模型 (5.27) 的最优解, 则有 $u^0 > 0, v^0 > 0$. 由于 $\rho_i > 0, i = 1, 2, \cdots, n$, 易知模型 (5.32) 等价于下面的模型.

$$
\begin{cases}
\max\limits_{u,v} & V_{\text{EDEA}}^I = E\left[v^{\text{T}}(\rho_0\tilde{y}_0)/u^{\text{T}}(\rho_0\tilde{x}_0)\right] \\
\text{s.t.} & \text{Cr}\{\rho_0(u^{\text{T}}\tilde{x}_i - v^{\text{T}}\tilde{y}_i) \geqslant 0\} \geqslant \alpha_i, \quad i = 1, 2, \cdots, n, \\
& u \geqslant 0, \quad u \neq 0, \\
& v \geqslant 0, \quad v \neq 0.
\end{cases}
\tag{5.33}
$$

令 $\hat{u} = u^0/\rho_0, \hat{v} = v^0/\rho_0$, 则 $\hat{u} > 0, \hat{v} > 0$. 从而, u^0 和 v^0 是模型 (5.27) 的最优解当且仅当 $\hat{u}$ 和 $\hat{v}$ 是模型 (5.33) 的最优解, 即模型 (5.27) 和模型 (5.32) 有相同的最优值. 所以, 模型 (5.32) 中的 DMU$_0$ 是期望–有效的. □

5.2.3 模拟退火算法

在模型 (5.27) 和模型 (5.28) 中, 当模糊输入和模糊输出数据的类型不同 (离散型模糊变量和连续型模糊变量) 时, 可以采用不同的求解方法. 一方面, 当输入和输出数据是离散型模糊变量时, 可将目标函数和可信性约束转换成它们的清晰等价形式. 另一方面, 当输入和输出数据是连续型模糊变量时, 一般不能将目标函数转换成它们的清晰等价形式. 然而, 在某些特殊的情况下, 可以将可信性约束转换成其清晰等价形式. 当输入和输出数据是连续型模糊变量时, 我们设计了一种基于逼近方法、神经网络 (NN) 和模拟退火 (SA) 的启发式算法来求解所建立的模糊 DEA 模型.

下面将说明当输入和输出数据是离散型模糊变量时, 如何计算目标函数和模糊事件 $\{u^{\mathrm{T}}\tilde{x}_0 - v^{\mathrm{T}}\tilde{y}_0 \geqslant 0\}$ 的可信性.

假定 $(\tilde{x}_0^{\mathrm{T}}, \tilde{y}_0^{\mathrm{T}}) = (\tilde{x}_{1,0}, \tilde{x}_{2,0}, \cdots, \tilde{x}_{m,0}, \tilde{y}_{m+1,0}, \tilde{y}_{m+2,0}, \cdots, \tilde{y}_{m+r,0})$ 有下面的可能性分布

$$(\tilde{x}_0^{\mathrm{T}}, \tilde{y}_0^{\mathrm{T}}) \sim \begin{pmatrix} (\hat{x}_0^{\mathrm{T}}, \hat{y}_0^{\mathrm{T}})_1 & (\hat{x}_0^{\mathrm{T}}, \hat{y}_0^{\mathrm{T}})_2 & \cdots & (\hat{x}_0^{\mathrm{T}}, \hat{y}_0^{\mathrm{T}})_K \\ \mu_1 & \mu_2 & \cdots & \mu_K \end{pmatrix},$$

其中

$$(\hat{x}_0^{\mathrm{T}}, \hat{y}_0^{\mathrm{T}})_k = ((\hat{x}_0^k)^{\mathrm{T}}, (\hat{y}_0^k)^{\mathrm{T}}) = (\hat{x}_{1,0}^k, \hat{x}_{2,0}^k, \cdots, \hat{x}_{m,0}^k, \hat{y}_{m+1,0}^k, \hat{y}_{m+2,0}^k, \cdots, \hat{y}_{m+r,0}^k) \in \Re^{m+r}$$

是 $(\tilde{x}_0^{\mathrm{T}}, \tilde{y}_0^{\mathrm{T}})$ 的第 k 个实现值, 可能性

$$\begin{aligned} \mu_k &= \mathrm{Pos}\{(\tilde{x}_0^{\mathrm{T}}, \tilde{y}_0^{\mathrm{T}}) = (\hat{x}_0^{\mathrm{T}}, \hat{y}_0^{\mathrm{T}})_k\} \\ &= \left(\min_{j=1}^m \mathrm{Pos}\{\tilde{x}_{j,0} = \hat{x}_{j,0}^k\}\right) \wedge \left(\min_{j=m+1}^{m+r} \mathrm{Pos}\{\tilde{y}_{j,0} = \hat{y}_{j,0}^k\}\right) > 0, \end{aligned}$$

并且 $\max_{k=1}^K \mu_k = 1$. 记 $f_k = v^{\mathrm{T}}\hat{y}_0^k / u^{\mathrm{T}}\hat{x}_0^k$, $k = 1, 2, \cdots, K$. 不失一般性, 假设 $f_1 \leqslant f_2 \leqslant \cdots \leqslant f_K$, 则目标函数值为 $E\left[v^{\mathrm{T}}\tilde{y}_0 / u^{\mathrm{T}}\tilde{x}_0\right] = \sum_{k=1}^K w_k f_k$, 其中 $w_k = (1/2)(\max_{i=1}^k \mu_i - \max_{i=0}^{k-1} \mu_i) + (1/2)(\max_{i=k}^K \mu_i - \max_{i=k+1}^{K+1} \mu_i)$ 且 $\mu_0 = \mu_{K+1} = 0$.

可利用公式 $\mathrm{Cr}\{u^{\mathrm{T}}\tilde{x}_0 - v^{\mathrm{T}}\tilde{y}_0 \geqslant 0\} = (1/2)(1 + \max_{k=1}^K\{\mu_k | u^{\mathrm{T}}\hat{x}_0^k - v^{\mathrm{T}}\hat{y}_0^k \geqslant 0\} - \max_{k=1}^K\{\mu_k | u^{\mathrm{T}}\hat{x}_0^k - v^{\mathrm{T}}\hat{y}_0^k < 0\})$ 计算模糊事件 $\{u^{\mathrm{T}}\tilde{x}_0 - v^{\mathrm{T}}\tilde{y}_0 \geqslant 0\}$ 的可信性.

下面举一个例子来说明上述计算方法.

例 5.7 令 $\tilde{x}_0$ 和 $\tilde{y}_0$ 是定义在可信性空间上的两个模糊变量, 具有下面的可能性分布:

$$\mu_{\tilde{x}_0}(x) = \begin{cases} 0.7, & x = 1, \\ 1, & x = 3, \\ 0, & \text{其他}, \end{cases} \qquad \mu_{\tilde{y}_0}(y) = \begin{cases} 0.5, & y = 2, \\ 1, & y = 4, \\ 0, & \text{其他}, \end{cases}$$

u 和 v 是两个正实数. 易知 $u\tilde{x}_0$ 和 $v\tilde{y}_0$ 的可能性分布分别如下:

$$\mu_{u\tilde{x}_0}(t) = \begin{cases} 0.7, & t = u, \\ 1, & t = 3u, \\ 0, & \text{其他}, \end{cases} \qquad \mu_{v\tilde{y}_0}(s) = \begin{cases} 0.5, & s = 2v, \\ 1, & s = 4v, \\ 0, & \text{其他}. \end{cases}$$

所以, $(u\tilde{x}_0, v\tilde{y}_0)$ 的可能性分布为

$$(u\tilde{x}_0, v\tilde{y}_0) \sim \begin{pmatrix} (u, 2v) & (u, 4v) & (3u, 2v) & (3u, 4v) \\ 0.5 & 0.7 & 0.5 & 1 \end{pmatrix}.$$

因此, $(v\tilde{y}_0)/(u\tilde{x}_0)$ 的期望值为

$$E\left[\frac{v\tilde{y}_0}{u\tilde{x}_0}\right] = 0.25 \times \frac{2v}{3u} + 0.4 \times \frac{4v}{3u} + 0 \times \frac{2v}{u} + 0.35 \times \frac{4v}{u} = \frac{21v}{10u}.$$

模糊事件 $\{u\tilde{x}_0 - v\tilde{y}_0 \geqslant 0\}$ 的可信性为

$$\mathrm{Cr}\{u\tilde{x}_0 - v\tilde{y}_0 \geqslant 0\} = \begin{cases} 1, & u \geqslant 4v, \\ 0.65, & 2v \leqslant u < 4v, \\ 0.65, & \frac{4}{3}v \leqslant u < 2v, \\ 0.25, & \frac{2}{3}v \leqslant u < \frac{4}{3}v, \\ 0, & u < \frac{2}{3}v. \end{cases}$$

在模糊机会约束 DEA 模型 (5.27) 和模型 (5.28) 中, 对每一个决策单元 DMU, 当输入和输出是连续型模糊变量时, 我们可以用逼近方法估算期望值 (Liu, 2006).

为方便起见, 下面用 $E(u, v, \tilde{x}_0, \tilde{y}_0)$ 表示模型 (5.27) 和模型 (5.28) 中的目标函数. 模拟退火 (SA) 算法是求解组合优化问题的一种有效方法, 其基本思想源于固体物质的退火过程. 模拟退火 (SA) 算法总结如下:

算法 5.1 模拟退火 (SA) 算法

步骤 1 给定初始温度 $t_0 := t_{\max}$, 任选一个初始解 (u_0, v_0), 计算它们相应的目标函数值 $E(u_0, v_0, \tilde{x}_0, \tilde{y}_0)$.

步骤 2 从给定的可行区域中随机抽取一点 (u, v), 并计算它们对应的目标函数值 $E(u, v, \tilde{x}_0, \tilde{y}_0)$ 和 $\Delta E = E(u_0, v_0, \tilde{x}_0, \tilde{y}_0) - E(u, v, \tilde{x}_0, \tilde{y}_0)$ (对应模型 (5.27)) 或者 $\Delta E = E(u, v, \tilde{x}_0, \tilde{y}_0) - E(u_0, v_0, \tilde{x}_0, \tilde{y}_0)$ (对应模型 (5.28)).

步骤 3 如果 $\min\{1, \exp(-\Delta E/t_k)\} \geqslant \mathrm{random}(0, 1)$, 则 $(u_0, v_0) := (u, v)$; 否则保持当前状态 (u_0, v_0).

步骤 4 在同一温度下, 若内循环 (I–C) 满足终止条件, 转入下一步; 否则转步骤 2.

步骤 5 用 $t_{k+1} := \lambda t_k$ 降低温度, 其中 $\lambda \in (0, 1)$.

步骤 6 若外循环 (O–C) 满足终止条件, 则输出最优解和最优值, 停止计算; 否则, 转步骤 2.

对于模型 (5.27) 和模型 (5.28), 由于目标函数的复杂性, 很难用传统的方法来求解. 在这里, 为了加快求解速度, 我们希望用训练好的神经网络来代替目标函数值 (期望值), 并结合逼近算法、神经网络和模拟退火设计一种启发式算法来求解模糊机会约束 DEA 问题. 启发式算法描述如下:

算法 5.2　启发式算法(Meng, Liu, 2007a)

步骤 1　通过逼近方法为目标函数

$$U : (u, v) \to E(u, v, \tilde{x}_0, \tilde{y}_0)$$

产生一个输入数据和输出数据集合.

步骤 2　利用产生的输入和输出数据训练一个神经网络来逼近期望值函数

$$E(u, v, \tilde{x}_0, \tilde{y}_0).$$

步骤 3　给定初始温度, 产生初始状态, 用训练好的神经网络计算它们对应的目标函数值.

步骤 4　判断外循环是否满足终止准则. 若满足, 则输出最优解和最优值; 否则, 转入下一步.

步骤 5　由状态生成函数产生新的状态, 并利用所训练的神经网络计算它所对应的目标函数值.

步骤 6　由状态接受函数判断是否接受这一新状态. 若接受, 则更新当前状态; 否则, 保持当前状态不变, 转入下一步.

步骤 7　判断内循环是否满足终止准则. 若满足, 慢慢地降低温度, 返回步骤 4; 否则, 返回步骤 5.

5.2.4　数值例子和有效性分析

为了说明上述启发式算法的可行性和有效性, 下面给出一个数值例子. 5 个决策单元的模糊输入和模糊输出数据由表 5.9 提供. 每个决策单元都有两个模糊输入和两个模糊输出, 这些模糊输入和模糊输出都是对称的三角模糊变量. 此外, 模型 (5.27) 和模型 (5.28) 的所有决策单元的约束函数的置信水平相等, 设 $\alpha_1 = \alpha_2 = \cdots = \alpha_n = \alpha$.

表 5.9　5 个 DMU 的模糊输入和模糊输出数据

DMU_i	输入 1	输入 2	输出 1	输出 2
$i=1$	(3.0, 3.5, 4.0)	(1.9, 2.1, 2.3)	(2.6, 2.8, 3.0)	(3.8, 4.1, 4.4)
$i=2$	(2.7, 2.7, 2.7)	(1.4, 1.5, 1.6)	(2.5, 2.5, 2.5)	(3.5, 3.7, 3.9)
$i=3$	(4.1, 4.5, 4.9)	(2.0, 2.4, 2.8)	(2.9, 3.4, 3.9)	(4.5, 5.3, 6.1)
$i=4$	(3.2, 3.9, 4.6)	(2.0, 2.1, 2.2)	(2.8, 3.2, 3.6)	(5.5, 5.7, 5.9)
$i=5$	(5.4, 6.0, 6.6)	(3.4, 3.9, 4.4)	(4.2, 4.9, 5.6)	(6.8, 7.7, 8.6)

表 5.10 给出了模型 (5.27) 对应置信水平 $\alpha = 0.95$ 的计算结果, 其结果解释如下: DMU_1, DMU_3 和 DMU_5 是期望–无效的, 其期望值分别为 0.873778, 0.935441 和 0.949802. 由于模型 (5.27) 是一种输入倾向模糊机会约束 DEA 模型, 因此如果这些决策单元想在竞争中提高自己的相对有效性, 它们必须适当减少自己的输入数

据. 此外, 其余两个决策单元都是期望-有效的. 由表 5.10 可以看出, DMU_2 是相对最有效的, 其次是 DMU_4 和 DMU_5. 因此, 相对有效性给出了决策单元的一些信息, 使决策者做出合理的决策来提高自己在评价中的相对有效性.

表 5.10 模型 (5.27) 中 $\alpha = 0.95$ 时的计算结果

DMUs	最优解 (u,v)	最优值	有效性分析
DMU_1	(0.0043, 0.0253, 0.0921, 0.0049)	0.873778	无效
DMU_2	(0.0107, 0.0279, 0.0165, 0.0053)	1.033811	有效
DMU_3	(0.0018, 0.0385, 0.0204, 0.0005)	0.935441	无效
DMU_4	(0.0059, 0.0132, 0.0067, 0.0035)	1.005339	有效
DMU_5	(0.0014, 0.0114, 0.0000, 0.0037)	0.949802	无效

模型 (5.28) 对应可信性水平 $\alpha = 0.95$ 的计算结果由表 5.11 给出. 由表 5.11 可以看出, DMU_1, DMU_3 和 DMU_5 是期望-无效的, 其期望值分别为 1.129857, 1.148728 和 1.102718. 这些相对期望-无效的决策单元在输出数据中有一些劣势. 因为模型 (5.28) 是具有输出倾向模糊机会约束 DEA 模型, 这些决策单元想在竞争中提高自己的相对有效值, 应该增加它们的输出数据. 然而, DMU_2 和 DMU_4 都是期望-有效的. 由表 5.11 可以看出, DMU_2 是相对最有效的, 其次是 DMU_4 和 DMU_5.

表 5.11 模型 (5.28) 中 $\alpha=0.95$ 时的计算结果

DMUs	最优解 (u,v)	最优值	有效性分析
DMU_1	(0.0025, 0.0214, 0.0054, 0.0048)	1.129857	无效
DMU_2	(0.0036, 0.0172, 0.0103, 0.0016)	0.974755	有效
DMU_3	(0.0058, 0.0147, 0.0119, 0.0006)	1.148728	无效
DMU_4	(0.0032, 0.0451, 0.0046, 0.0142)	0.998820	有效
DMU_5	(0.0120, 0.0062, 0.0136, 0.0005)	1.102718	无效

表 5.10 和表 5.11 的计算结果表明, 当所有决策单元可信性约束的置信水平相同时, 用输入倾向和输出倾向的 DEA 模型分别计算同一个决策单元的相对有效性, 有相同的结果. 两类模糊 DEA 模型中同样期望-无效的决策单元, 要想在竞争中提高能力, 根据评价模型不同, 采取的措施也不同. 因此, 在利用模糊机会约束 DEA 模型评价相对有效性时, 决策者的倾向很重要. 他们可以根据自己的需求来选择合理的模糊 DEA 模型.

5.3 两阶段设备选址

选址问题是指在给定的区域, 选择一个或多个位置建立新设备, 目标是使从设备到顾客的运费最省. 这里设备的含义是广义的, 可以指提供服务的设施, 也可以指需要服务的设施. 例如, 已知工厂和用户的位置, 确定新仓库的最优地址; 已知供电区域, 选择发电厂的最优地址; 已知一组油井的位置, 确定炼油厂的最优地址; 已知读者服务区域, 选择图书馆的最优地址; 确定新超市的位置等. 下面介绍带有风险值 (VaR) 目标的两阶段模糊选址分配模型 (facility location-allocation, FLA).

5.3.1　问题描述

为了建立一个两阶段模糊 FLA 模型, 我们采用下面的记号:

(x_i, y_i)　第 i 个设备的可能位置, $i = 1, 2, \cdots, n_1$;

s_i　第 i 个设备的存储能力或者生产能力, $i = 1, 2, \cdots, n_1$;

(a_j, b_j)　第 j 个顾客的已知位置, $j = 1, 2, \cdots, n_2$;

d_j　第 j 个顾客的模糊需求, $j = 1, 2, \cdots, n_2$;

$z_{ij}(\gamma)$　在状态 γ 下由 i 到 j 的运量, $i = 1, 2, \cdots, n_1, j = 1, 2, \cdots, n_2$.

假定任一顾客和任一设备之间都有道路相通, 并且单位运输费用与运量和路程成正比. 假定设备 $i, i = 1, \cdots, n_1$ 在区域 $R = \{(x, y) | g_i(x_i, y_i) \leqslant 0, i = 1, \cdots, n_1\}$ 内选址, 其中 $g_i(x_i, y_i) \leqslant 0, i = 1, 2, \cdots n_1$ 代表新设备可能的选址区域, $x = (x_1, \cdots, x_{n_1})^{\mathrm{T}}$, $y = (y_1, \cdots, y_{n_1})^{\mathrm{T}}$, 模糊需求量 $\boldsymbol{\xi} = (d_1, \cdots, d_{n_2})^{\mathrm{T}}$ 定义在可信性空间 $(\Gamma, \mathcal{A}, \mathrm{Cr})$ 上.

两阶段模糊 FLA 问题的决策变量分为两部分. 第一阶段的选址变量 (x, y) 表示模糊事件 γ 实现前必须为新设备选择的位置, 这里模糊事件的结果指模糊需求的确定值. 在第二阶段, 所有顾客的需求都已知了, 因而可以确定第二阶段的分配变量 $z_{ij}(\gamma)$ 的取值.

现在提出一个两阶段模糊 FLA 模型, 其中涉及两个优化问题. 对于给定的 (x, y) 和 γ, 第二阶段的问题描述如下:

$$
\begin{cases}
\min & \displaystyle\sum_{i=1}^{n_1}\sum_{j=1}^{n_2} z_{ij}(\gamma)\sqrt{(x_i - a_j)^2 + (y_i - b_j)^2} \\
\text{s.t.} & \displaystyle\sum_{j=1}^{n_2} z_{ij}(\gamma) \leqslant s_i, i = 1, \cdots, n_1, \\
& \displaystyle\sum_{i=1}^{n_1} z_{ij}(\gamma) = d_j(\gamma), j = 1, \cdots, n_2, \\
& z_{ij}(\gamma) \geqslant 0, i = 1, \cdots, n_1; j = 1, \cdots, n_2,
\end{cases}
\tag{5.34}
$$

这里 $z_{ij}(\gamma)$ 依赖于 γ 与 d_j 依赖于 γ 完全不同. $z_{ij}(\gamma)$ 对 γ 的依赖不是函数关系, 只表明 γ 的实现值不同, 变量 z_{ij} 取值一般也不同. 应选择合适的 z_{ij} 取值, 使问题 (5.34) 中的约束关于 γ 几乎必然成立.

用 $Q(x, y, \boldsymbol{\xi}(\gamma))$ 表示问题 (5.34) 在固定的 (x, y) 和 γ 处的最优值. 为了描述规避风险, 在形成第一阶段问题时, 通常有两种方法可供选择. 一种方法是选定一个

阈值 $\varphi^0 \in \Re_+$, 用超过该阈值的可信性 (Liu, Zhu, 2007)

$$\mathcal{Q}_C(x, y) = \mathrm{Cr}\left\{\gamma \in \Gamma \mid Q(x, y, \boldsymbol{\xi}(\gamma)) > \varphi^0\right\}$$

度量模糊目标值超过 φ^0 的风险. 阈值可能是企业所能承担费用的上限, 或者是可用资本的上限. 此类问题要求选择一个使模糊费用 $Q(x, y, \boldsymbol{\xi})$ 超过 φ^0 的可信性最小的可行决策 $(x, y) \in R$.

另一种方法是采用风险值 (VaR) 这一风险准则. 用

$$\Phi(x, y, \varphi) = \mathrm{Cr}\left\{\gamma \in \Gamma \mid Q(x, y, \boldsymbol{\xi}(\gamma)) \leqslant \varphi\right\}$$

表示模糊变量 $Q(x, y, \boldsymbol{\xi}(\gamma))$ 的可信性分布. 对于选定的可信性水平 $0 < \alpha < 1, \alpha$- 风险值目标函数定义为

$$\mathcal{Q}_{\alpha\mathrm{VaR}}(x, y) = \inf\left\{\varphi \mid \Phi(x, y, \varphi) \geqslant \alpha\right\}.$$

在风险值意义下的第一阶段优化问题可描述为

$$\min_{x,y}\left\{\mathcal{Q}_{\alpha\mathrm{VaR}}(x, y) \mid (x, y) \in R\right\}. \tag{5.35}$$

综上可知, 对于给定的可信性水平 α, 我们可以建立一个带有风险值目标函数的两阶段模糊 FLA 问题 (Liu, Tian, 2009)

$$\begin{cases} \min & \mathcal{Q}_{\alpha\mathrm{VaR}}(x, y) \\ \mathrm{s.t.} & g_i(x_i, y_i) \leqslant 0, i = 1, 2, \cdots, n_1, \end{cases} \tag{5.36}$$

其中

$$\mathcal{Q}_{\alpha\mathrm{VaR}}(x, y) = \inf\left\{\varphi \mid \mathrm{Cr}\left\{\gamma \mid Q(x, y, \boldsymbol{\xi}(\gamma)) \leqslant \varphi\right\} \geqslant \alpha\right\},$$

而 $Q(x, y, \boldsymbol{\xi}(\gamma))$ 是问题 (5.34) 的最优值.

5.3.2 模糊 FLA 模型的求解

如果顾客的需求 $\boldsymbol{\xi}$ 是连续型的模糊向量, 模型 (5.36) 是一个无限维的优化问题, 其求解算法依赖于逼近方法. 假定需求 $\boldsymbol{\xi} = (d_1, d_2, \cdots, d_{n_2})^{\mathrm{T}}$ 具有无限支撑 $\Xi = \prod_{i=1}^{n_2}[a_i, b_i] \subset \Re^{n_2}$. 利用逼近方法, 可以得到一列支撑有限的简单模糊向量 $\{\zeta_n\}$, 其中 $\zeta_n = (d_{n,1}, d_{n,2}, \cdots, d_{n,n_2})^{\mathrm{T}}$, $n = 1, 2, \cdots$. 对于每一个固定的 n, 模糊向量 ζ_n 取 $K = (K_1 - [na_1] + 1)(K_2 - [na_2] + 1)\cdots(K_{n_2} - [na_{n_2}] + 1)$ 个值, 记为 $\hat{\zeta}_n^k = (\hat{d}_{n,1}^k, \cdots, \hat{d}_{n,n_2}^k)^{\mathrm{T}}$, $k = 1, 2, \cdots, K$. 两阶段模糊 FLA 问题 (5.36) 变成下面的有限维模糊 FLA 问题:

$$\begin{cases} \min & \mathcal{Q}_{n,\alpha\mathrm{VaR}}(x, y) \\ \mathrm{s.t.} & g_i(x_i, y_i) \leqslant 0, i = 1, 2, \cdots, n_1, \end{cases} \tag{5.37}$$

其中
$$\mathcal{Q}_{n,\alpha\mathrm{VaR}}(x,y) = \inf\{\varphi \mid \mathrm{Cr}\{\gamma \mid Q(x,y,\boldsymbol{\zeta}_n(\gamma)) \leqslant \varphi\} \geqslant \alpha\},$$
而 $Q(x,y,\boldsymbol{\zeta}_n(\gamma))$ 是线性规划 (5.34) 的最优值.

由于逼近的 FLA 问题 (5.37) 既不是线性的也不是凸的, 因而不能用经典的方法求解. 下面我们将神经网络嵌入到粒子群 (particle swarm optimization, PSO) 算法中, 进而设计一个混合 PSO 算法. PSO 算法最早由 Kennedy 和 Eberhart (1995) 提出, 下面对这一方法进行简要的介绍.

产生训练数据　为了训练一个神经网络, 需要对 α-VaR 目标函数 $\mathcal{Q}_{n,\alpha\mathrm{VaR}}(x,y)$ 产生输入输出数据集合. 对于固定的 (x,y) 和样本点 $\hat{\boldsymbol{\zeta}}_n^k$, 可以用单纯形方法求解线性规划 (5.34) 得到第二阶段的最优值 $Q(x,y,\hat{\boldsymbol{\zeta}}_n^k)$. 如果记 $\varphi_k = Q(x,y,\hat{\boldsymbol{\zeta}}_n^k)$, $k = 1,2,\cdots,K$, 则 α-VaR 目标函数 $\mathcal{Q}_{\alpha\mathrm{VaR}}(x,y)$ 可由式 (5.38) 求得

$$\mathcal{Q}_{n,\alpha\mathrm{VaR}}(x,y) = \min\{\varphi_k \mid c_k \geqslant \alpha\}, \tag{5.38}$$

其中
$$c_k = \frac{1}{2}(1 + \max\{\nu_j \mid \varphi_j \leqslant \varphi_k\} - \max\{\nu_j \mid \varphi_j > \varphi_k\}), \tag{5.39}$$

$$\nu_k = \nu_{n,1}(\hat{d}_{n,1}^k) \wedge \nu_{n,2}(\hat{d}_{n,2}^k) \wedge \cdots \wedge \nu_{n,n_2}(\hat{d}_{n,n_2}^k), \tag{5.40}$$

$\nu_{n,i}$, $i = 1,2,\cdots,n_2$ 是 $d_{n,i}$ 的可能性分布.

给定 (x,y), 计算 $\mathcal{Q}_{n,\alpha\mathrm{VaR}}(x,y)$ 的过程可总结如下:

步骤 1　在模糊向量 $\boldsymbol{\xi}$ 的支撑 Ξ 中均匀产生样本点 $\hat{\boldsymbol{\zeta}}_n^k = (\hat{d}_{n,1}^k, \cdots, \hat{d}_{n,n_2}^k)^{\mathrm{T}}$, $k = 1,2,\cdots,K$.

步骤 2　对每个样本点 $\hat{\boldsymbol{\zeta}}_n^k$, $k = 1,\cdots,K$, 求解模型 (5.34), 最优值记为 $\varphi_k = Q(x,y,\hat{\boldsymbol{\zeta}}_n^k)$.

步骤 3　用式 (5.40) 计算可能性 ν_k, $k = 1,2,\cdots,K$.

步骤 4　根据式 (5.39) 计算可信性 c_k, $k = 1,2,\cdots,K$.

步骤 5　通过式 (5.38) 返回 $\mathcal{Q}_{n,\alpha\mathrm{VaR}}(x,y)$.

在文献 (Liu, Tian, 2009) 中已经证明 $\mathcal{Q}_{n,\alpha\mathrm{VaR}}(x,y)$ 收敛于 $\mathcal{Q}_{\alpha\mathrm{VaR}}(x,y)$.

训练神经网络　由于对于每一个 (x,y) 和每一个 $\boldsymbol{\zeta}_n$ 的实现值 $\boldsymbol{\zeta}_n(\gamma)$, 都需要求解问题 (5.34), 因而计算模型 (5.37) 的目标函数 $\mathcal{Q}_{n,\alpha\mathrm{VaR}}(x,y)$ 是一个费时的过程. 我们知道一个训练好的神经网络能够逼近一个可积函数, 为加快求解速度, 我们用一个神经网络代替函数 $\mathcal{Q}_{n,\alpha\mathrm{VaR}}(x,y)$. 这里, 我们利用加速 BP 算法训练一个神经网络用于逼近 α-VaR 目标函数 $\mathcal{Q}_{\alpha\mathrm{VaR}}(x,y)$. 我们只考虑有输入层、一个隐蔽层和输出层的神经网络. 在输入层有 $2n_1$ 个神经元代表 (x,y) 的输入值, 隐蔽层有 p 个神经元, 输出层有 1 个神经元代表函数 $\mathcal{Q}_{n,\alpha\mathrm{VaR}}(x,y)$ 的值. 设

$\{(x_i, y_i, q_i) \mid i = 1, 2, \cdots, M\}$ 是由逼近方法产生的输入输出数据集. 训练过程是寻找最优的权向量 w 使误差函数

$$\text{Err}(w) = \frac{1}{2} \sum_{i=1}^{M} |F(x_i, y_i, w) - q_i|^2$$

最小, 其中 $F(x_i, y_i, w)$ 是神经网络的输出函数, q_i 是 $Q_{n,\alpha\text{VaR}}(x_i, y_i)$ 的输出值.

表示结构 在模型 (5.37) 中, 用向量 $X = (x, y)$ 作为粒子表示新设备的位置, 其中 $x = (x_1, \cdots, x_{n_1})^{\text{T}}$, $y = (y_1, \cdots, y_{n_1})^{\text{T}}$, 并且

$$(x, y) = \begin{pmatrix} x_1 & y_1 \\ x_2 & y_2 \\ \vdots & \vdots \\ x_{n_1} & y_{n_1} \end{pmatrix},$$

其中 (x_i, y_i) 是第 i 个设备的位置, $i = 1, 2, \cdots, n_1$.

初始化 在区域 $\{(x, y) \mid g_i(x_i, y_i) \leqslant 0, i = 1, 2, \cdots, n_1\}$ 中初始化 pop-size 个粒子, 记作 $X_k = (x^k, y^k)$, $k = 1, \cdots, \text{pop-size}$.

PSO 算法中的运算 假定搜索空间是 $2n_1$ 维的, 并且 pop-size 个粒子形成了一个群体, 则第 k 个粒子的位置和速度可表示为

$$X_k = \begin{pmatrix} x_{k,1} & y_{k,1} \\ x_{k,2} & y_{k,2} \\ \vdots & \vdots \\ x_{k,n_1} & y_{k,n_1} \end{pmatrix}, \quad V_k = \begin{pmatrix} u_{k,1} & v_{k,1} \\ u_{k,2} & v_{k,2} \\ \vdots & \vdots \\ u_{k,n_1} & v_{k,n_1} \end{pmatrix}.$$

对每一个粒子, 个体最好的位置 (pbest) 表示为

$$P_k = \begin{pmatrix} p_{k,1} & q_{k,1} \\ p_{k,2} & q_{k,2} \\ \vdots & \vdots \\ p_{k,n_1} & q_{k,n_1} \end{pmatrix},$$

表示到 t 时刻为止, 个体的最小目标函数值.

整体最优粒子 (gbest) 表示为

$$P_g = \begin{pmatrix} p_{g,1} & q_{g,1} \\ p_{g,2} & q_{g,2} \\ \vdots & \vdots \\ p_{g,n_1} & q_{g,n_1} \end{pmatrix},$$

表示整个群体到 t 时刻为止找到的最优粒子.

利用上面的记号, 通过下面式 (5.41) 更新第 k 个粒子的位置

$$X_k(t+1) = X_k(t) + V_k(t+1), \tag{5.41}$$

同时通过下面式 (5.42) 更新第 k 个粒子的速度

$$V_k(t+1) = wV_k(t) + c_1 r_1(P_k - X_k(t)) + c_2 r_2(P_g - X_k(t)), \tag{5.42}$$

其中 $k = 1, 2, \cdots, \text{pop-size}, w$ 称为惯性系数, 非负常数 c_1 和 c_2 是学习因子, r_1 和 r_2 是在单位区间 $[0, 1]$ 内随机产生的两个独立的随机数.

混合 PSO 算法　为了求解问题 (5.37), 首先对于 α-VaR 目标函数 $\mathcal{Q}_{n,\alpha\text{VaR}}(x, y)$ 产生一个输入–输出数据集, 然后我们用所产生的数据训练一个神经网络. 当神经网络训练好后, 我们将其嵌入到 PSO 算法中, 设计一个混合算法. 在求解过程中, 通过训练好的神经网络计算所有粒子的目标值. 另外, 用式 (5.41) 更新第 k 个粒子的位置, 利用式 (5.42) 更新第 k 个粒子的速度. 重复上述过程直到满足终止准则.

综上所述, 求解模糊 FLA 问题 (5.37) 的混合 PSO 算法包括如下几个步骤 (Liu, Tian, 2009):

步骤 1　对于 α-VaR 目标函数 $\mathcal{Q}_{n,\alpha\text{VaR}}(x, y)$ 产生一个输入输出数据集.

步骤 2　通过产生的训练数据训练一个神经网络逼近 $\mathcal{Q}_{n,\alpha\text{VaR}}(x, y)$.

步骤 3　初始化 pop-size 个粒子, 其位置和速度是随机的, 用训练好的神经网络计算所有粒子的目标函数.

步骤 4　规定每一个粒子的当前位置为它的 pbest, 目标值等于它的目标值, 规定最好的位置为 gbest, 目标值为最好的初始粒子的目标值.

步骤 5　分别用式 (5.41) 和式 (5.42) 更新每一个粒子的位置和速度.

步骤 6　用训练好的神经网络计算所有粒子的目标函数.

步骤 7　对每一个粒子, 将当前的目标值与其 pbest 的目标值进行比较. 如果当前的目标值小于 pbest 的目标值, 则更新它的 pbest 为当前位置, 目标值也相应更新.

步骤 8　寻找当前种群目标值最小的最优粒子. 如果目标值小于 gbest, 则更新 gbest 和它的目标值为当前最优粒子的位置和目标值.

步骤 9　重复第 5 步至第 8 步到给定的次数.

步骤 10　返回 gbest 和它的目标值作为最优解和最优值.

下面通过一个数值例子来说明混合 PSO 算法的有效性.

例 5.8　考虑一个工厂, 需要对 5 个新设备进行选址. 假设有 10 位顾客, 他们的需求 d_j 和位置 (a_j, b_j) 在表 5.12 中给出, 其中需求 $d_j, j = 1, 2, \cdots, 10$ 是相互独

立的三角模糊变量. 5 个设备的生产能力 $s_i, i = 1, 2, \cdots, 5$ 分别是 $20, 25, 30, 35, 40$. 如果决策者选择可信性水平 $\alpha = 0.90$, 则有下面的两阶段 FLA 模型:

$$\begin{cases} \min & \mathcal{Q}_{0.90\mathrm{VaR}}(x, y) \\ \mathrm{s.t.} & 10 \leqslant x_i \leqslant 60, 10 \leqslant y_i \leqslant 60, \ i = 1, 2, \cdots, 5, \end{cases} \tag{5.43}$$

其中

$$\mathcal{Q}_{0.90\mathrm{VaR}}(x, y) = \inf\{\varphi \mid \mathrm{Cr}\{\gamma \mid Q(x, y, \boldsymbol{\xi}(\gamma)) \leqslant \varphi\} \geqslant 0.90\},$$

并且

$$\begin{cases} Q(x, y, \boldsymbol{\xi}) = \min & \displaystyle\sum_{i=1}^{5} \sum_{j=1}^{10} z_{ij}(\gamma) \sqrt{(x_i - a_j)^2 + (y_i - b_j)^2} \\ \mathrm{s.t.} & \displaystyle\sum_{i=1}^{5} z_{ij}(\gamma) = d_j(\gamma), j = 1, 2, \cdots, 10, \\ & \displaystyle\sum_{j=1}^{10} z_{ij}(\gamma) \leqslant s_i, i = 1, 2, \cdots, 5, \\ & z_{ij}(\gamma) \geqslant 0, i = 1, 2, \cdots, 5; j = 1, 2, \cdots, 10. \end{cases} \tag{5.44}$$

表 5.12　10 位顾客的需求和位置

j	(a_j, b_j)	d_j	j	(a_j, b_j)	d_j
1	(25,34)	(4,6,8)	6	(10,10)	(3,5,7)
2	(26,24)	(5,6,7)	7	(10,60)	(5,6,7)
3	(35,24)	(1,3,5)	8	(60,10)	(4,5,6)
4	(33,26)	(6,7,8)	9	(60,60)	(1,2,3)
5	(28,36)	(2,3,4)	10	(35,35)	(2,4,6)

　　为了用逼近方法求解 (5.43), 对于每一个 (x, y), 通过逼近方法产生 10^4 个样本点 $\hat{\zeta}^k$ 估计 α-VaR 目标函数. 对每一个样本点 $\hat{\zeta}^k$, 用单纯形算法解 (5.44), 求得第二阶段最优值 $Q(x, y, \hat{\zeta}^k)$, $k = 1, 2, \cdots, 10^4$. 进而在 (x, y) 处的目标函数 $\mathcal{Q}_{\alpha\mathrm{VaR}}(x, y)$ 可由 (5.38) 计算得到.

　　重复上述过程为目标函数 $\mathcal{Q}_{\alpha\mathrm{VaR}}(x, y)$ 产生一个输入-输出数据集, 通过产生的训练数据训练一个神经网络逼近 $\mathcal{Q}_{\alpha\mathrm{VaR}}(x, y)$(10 个输入神经元代表 (x, y) 的值; 12 个隐层神经元, 1 个输出神经元代表目标函数 $\mathcal{Q}_{\alpha\mathrm{VaR}}(x, y))$ 的输出值. 将训练好的神经网络嵌入到一个 PSO 算法中得到混合算法用于寻找最优解.

　　有关 PSO 算法中的参数设置如下: 惯性系数 w 由 0.9 到 0.4 线性减少, 学习因子 $c_1 = c_2 = 2$, 种群规模 100, 则混合 PSO 算法运行 1000 代得到下面的最优解

$$(x_1^*, y_1^*) = (27.165051, 32.567684), \quad (x_2^*, y_2^*) = (23.337281, 33.136185),$$

$$(x_3^*, y_3^*) = (24.496752, 30.966992), \quad (x_4^*, y_4^*) = (28.182125, 10.000000),$$

以及 $(x_5^*, y_5^*) = (32.837313, 25.823020)$, 对应的最小目标值为 3752.557934.

表 5.13　记号列表

记号	定义
x_i	第一阶段从第 i 个已生效合同获取的材料数量
δ_k	签订第 k 个待签合同则 $\delta_k = 1$, 不签订则 $\delta_k = 0$
x_k'	第一阶段从第 k 个待签合同获取的材料数量
y_i	第二阶段从第 i 个已生效合同获取的材料数量
y_k'	第二阶段从第 k 个待签合同获取的材料数量
y	第二阶段从市场直接购买的材料数量
$\xi_1(\gamma)$	在模糊事件 γ 下, 零售市场的材料价格
$\xi_2(\gamma)$	在模糊事件 γ 下, 材料的需求总量
$\xi_3(\gamma)$	在模糊事件 γ 下, 市场的材料供应量

5.4　两阶段原材料获取计划

原材料获取计划 (MPP) 问题是指在适当的时间从合适的供应商处获取适量的原料, 生产制造商可以通过一个合理的材料获取计划来降低材料获取费用. 然而在现实的材料获取过程中, 很多因素具有不确定性, 下面将两阶段模糊优化理论 (Liu, 2005) 用于研究材料获取计划, 建立两阶段模糊原材料获取计划模型 (Sun et al., 2011).

5.4.1　两阶段模糊 MPP 模型的建立

通常情况下, 材料获取公司可以通过与材料供应商签订供应合同或从市场上直接购买两种方式来获取原材料. 供应合同可以在事先定好价格的条件下不间断地提供原材料, 然而获取材料的公司必须接受通常高于市场价格的合同价格. 此外, 如果直接从市场上购买原材料, 价格可能会略低一些, 但获取材料的公司可能会因市场价格的突增或者材料供应量的突减而遭受更大的损失. 因此一种合理的材料获取方案就应该兼顾供应合同与零售市场两种材料获取方式. 在整个材料获取过程中, 材料获取公司可能面临多方面的不确定因素. 通常, 一些不确定参数包括材料的需求量、零售市场的材料价格和零售市场的材料供应量. 现在, 假定这些不确定参数用模糊变量来刻画. 为了建立两阶段模糊 MPP 模型, 我们采用表 5.13 所示的记号.

对于大多数材料获取公司, 它们会与某些供应商签订长期的供应合同. 因此我们可以假定在整个材料获取过程中有 n_1 个已签订合同. 由于材料需求总量的不确定性, 当购买方比供货方的市场支配力大时, 购买方希望订单具有弹性. 因此我们可以假设对于每一个合同 i, 原材料的单位价格 c_i 是确定的, 原材料的最小供应量是 l_i, 最大供应量是 r_i. 获取材料的公司有权从供应量范围 $[l_i, r_i]$ 中获取任意数量的材料. 我们用 "有效合同" 表示这一类供应合同, 可以用下面的不等式 (5.45) 来刻画:

$$l_i \leqslant x_i \leqslant r_i, \quad i = 1, 2, \cdots, n_1. \tag{5.45}$$

在一些情况下, 如果已签订的长期合同还不能够满足材料获取公司的需求, 他们将寻找新的合作伙伴. 因此, 假定另外还有 n_2 个 "待签合同"(可以选择进行材料供应的新合同) 可以选择, 材料获取公司有权决定和哪些供应商签订供应合同. 每一个待签合同 k 的原材料单位价格 c'_k 是确定的. 如果获取材料的公司选择签订第 k 个待签合同, 那么获取材料的公司就可以且只能从供应区间 $[l'_k, r'_k]$ 中获取任意数量的材料, 其中 l'_k 是从第 k 个待签合同可以获取的最小材料数量, r'_k 是最大材料数量. 如果材料获取公司不签订第 k 个待签合同, 则从第 k 个待签合同获取的材料数量为 0. 这些约束条件可以表示为如下形式:

$$\delta_k l'_k \leqslant x'_k \leqslant \delta_k r'_k, \quad k = 1, 2, \cdots, n_2. \tag{5.46}$$

综合约束 (5.45) 和约束 (5.46), 可以得到第一阶段的决策向量 (x_i, δ_k, x'_k) 应该满足如下的确定约束:

$$
\begin{aligned}
&l_i \leqslant x_i \leqslant r_i, && i = 1, 2, \cdots, n_1, \\
&\delta_k l'_k \leqslant x'_k \leqslant \delta_k r'_k, && k = 1, 2, \cdots, n_2, \\
&x_i \geqslant 0, \quad x'_k \geqslant 0, \quad \delta_k = 0 \ \text{或} \ 1.
\end{aligned}
\tag{5.47}
$$

我们称决策 (x_i, δ_k, x'_k) 为第一阶段的决策向量, 是因为在原材料获取过程中, 材料获取公司不能够等待模糊变量的实现值, 它们必须获取原材料来生产产品, 这时的材料获取来源只有已生效合同和待签合同, 因此材料获取公司现在就需要决定从每个已生效合同和待签合同获取材料的数量. 也就是说, 决策 (x_i, δ_k, x'_k) 必须在知道模糊向量 (ξ_1, ξ_2, ξ_3) 的实现值之前作出; 而其他决策 (y_i, y'_k, y), 称为第二阶段决策, 可以在知道模糊向量 (ξ_1, ξ_2, ξ_3) 的实现值之后做出. 这种表述下, 在模糊数据知道前、知道后的两个时期, 第一阶段和第二阶段是有区别的. 在第二阶段, 第一阶段获得的材料总数量可能不满足材料的需求 $\xi_2(\gamma)$. 为了满足需求 $\xi_2(\gamma)$, 材料获取公司再次做出获取计划. 对于每一个已生效合同和签订了的待签合同, 材料获取公司有权在规定的供应区间内获取任意数量的材料. 如果第一阶段从每一个已生效合同或签订了的待签合同获取的材料数量低于它们所限定的最大供应量, 则第二阶段材料获取公司就可以再一次从这些合同处购买原材料. 此时市场上的材料单

位价格 $\xi_1(\gamma)$ 与市场材料供应量 $\xi_3(\gamma)$ 已知, 材料获取公司可以从市场上获取材料. 因此, 第二阶段材料来源包括已生效合同、签订了的待签合同和零售市场.

约束 (5.48) 可以保证两个阶段从两类合同获取的材料总量满足合同本身的限制条件.

$$
\begin{aligned}
l_i \leqslant x_i + y_i \leqslant r_i, & \qquad i = 1, 2, \cdots, n_1, \\
\delta_k l_k' \leqslant x_k' + y_k' \leqslant \delta_k r_k', & \quad k = 1, 2, \cdots, n_2.
\end{aligned}
\tag{5.48}
$$

对于模糊向量 (ξ_1, ξ_2, ξ_3) 的每一个实现值 γ, 我们假定两个阶段获取的材料总量不低于材料需求量 $\xi_2(\gamma)$, 从零售市场获取的材料数量不高于市场材料的供应量 $\xi_3(\gamma)$. 约束 (5.49) 能刻画这些限制.

$$
\sum_{i=1}^{n_1}(x_i + y_i) + \sum_{k=1}^{n_2}(x_k' + y_k') + y \geqslant \xi_2(\gamma), \quad y \leqslant \xi_3(\gamma).
\tag{5.49}
$$

为了方便起见, 我们用向量 x 表示决策向量 (x_i, δ_k, x_k'), 用 y 表示决策向量 (y_i, y_k', y), 用 $\boldsymbol{\xi}$ 表示模糊向量 (ξ_1, ξ_2, ξ_3). 有时, 为了强调 y 对于 $\boldsymbol{\xi}$ 和 x 的依赖性, 我们将 y 表示为 $y(\gamma)$ 或 $y(\gamma, x)$. 但是 y 对于 γ 的依赖性与 $\boldsymbol{\xi}$ 对于 γ 的依赖性完全不同. y 对于 γ 的依赖性不是函数关系, 而是表明对于不同的实现值 γ, 决策 y 是不同的.

如果给定第一阶段的决策向量 x 和模糊向量 $\boldsymbol{\xi}$ 的一个实现值 $\boldsymbol{\xi}(\gamma)$, 则 MPP 模型的第二阶段规划问题就可以表示成下列形式

$$
\begin{cases}
\min & \displaystyle\sum_{i=1}^{n_1} c_i y_i + \sum_{k=1}^{n_2} c_k' y_k' + \xi_1(\gamma) y \\
\text{s.t.} & \displaystyle\sum_{i=1}^{n_1}(x_i + y_i) + \sum_{k=1}^{n_2}(x_k' + y_k') + y \geqslant \xi_2(\gamma), \\
& l_i \leqslant x_i + y_i \leqslant r_i, \qquad i = 1, 2, \cdots, n_1, \\
& \delta_k l_k' \leqslant x_k' + y_k' \leqslant \delta_k r_k', \ k = 1, 2, \cdots, n_2, \\
& y \leqslant \xi_3(\gamma), \\
& y_i \geqslant 0, \ y_k' \geqslant 0, \ y \geqslant 0.
\end{cases}
\tag{5.50}
$$

在第二阶段规划问题 (5.50) 中, 目标函数是在给定第一阶段决策向量 x 和模糊向量 $\boldsymbol{\xi}$ 实现值 $\boldsymbol{\xi}(\gamma)$ 的条件下, 最小化第二阶段中材料的获取费用. 我们用 $Q(x, \boldsymbol{\xi}(\gamma))$ 表示第二阶段规划问题 (5.50) 的最优目标值.

为了最小化两个阶段的期望材料获取费用, 我们应该确定如何制定材料获取决策, 以最小化下面的目标

$$
\sum_{i=1}^{n_1} c_i x_i + \sum_{k=1}^{n_2} c_k' x_k' + E_{\boldsymbol{\xi}}[Q(x, \boldsymbol{\xi}(\gamma))].
$$

上述目标中材料的获取费用主要包括三部分: 第一部分是第一阶段来自 n_1 个已生效合同的购买费用; 第二部分是第一阶段来自 n_2 个待签合同的购买费用; 第三部分是第二阶段的期望购买费用.

采用上述记号, MPP 模型第一阶段的规划模型为

$$
\begin{cases}
\min & \sum\limits_{i=1}^{n_1} c_i x_i + \sum\limits_{k=1}^{n_2} c'_k x'_k + E_{\boldsymbol{\xi}}[Q(x, \boldsymbol{\xi})] \\
\text{s.t.} & l_i \leqslant x_i \leqslant r_i, \qquad i = 1, 2, \cdots, n_1, \\
& \delta_k l'_k \leqslant x'_k \leqslant \delta_k r'_k, \quad k = 1, 2, \cdots, n_2, \\
& x_i \geqslant 0, \quad x'_k \geqslant 0, \quad \delta_k = 0 \ \text{或} \ 1.
\end{cases}
\tag{5.51}
$$

最后, 综合模型 (5.50) 和模型 (5.51), 我们可以建立如下的两阶段模糊 MPP 模型 (Sun et al., 2011):

$$
\begin{cases}
\min & \sum\limits_{i=1}^{n_1} c_i x_i + \sum\limits_{k=1}^{n_2} c'_k x'_k + E_{\boldsymbol{\xi}}[Q(x, \boldsymbol{\xi})] \\
\text{s.t.} & l_i \leqslant x_i \leqslant r_i, \qquad i = 1, 2, \cdots, n_1, \\
& \delta_k l'_k \leqslant x'_k \leqslant \delta_k r'_k, \quad k = 1, 2, \cdots, n_2, \\
& x_i \geqslant 0, \quad x'_k \geqslant 0, \quad \delta_k = 0 \ \text{或} \ 1,
\end{cases}
\tag{5.52}
$$

其中

$$
\begin{cases}
Q(x, \boldsymbol{\xi}(\gamma)) = \min & \sum\limits_{i=1}^{n_1} c_i y_i + \sum\limits_{k=1}^{n_2} c'_k y'_k + \xi_1(\gamma) y \\
\text{s.t.} & \sum\limits_{i=1}^{n_1} (x_i + y_i) + \sum\limits_{k=1}^{n_2} (x'_k + y'_k) + y \geqslant \xi_2(\gamma), \\
& l_i \leqslant x_i + y_i \leqslant r_i, \qquad i = 1, 2, \cdots, n_1, \\
& \delta_k l'_k \leqslant x'_k + y'_k \leqslant \delta_k r'_k, \quad k = 1, 2, \cdots, n_2, \\
& y \leqslant \xi_3(\gamma), \\
& y_i \geqslant 0, \ y'_k \geqslant 0, \ y \geqslant 0.
\end{cases}
$$

MPP 模型 (5.52) 的目标是最小化两个阶段的期望材料获取费用.

如果我们用 M 表示所有满足确定约束 (5.47) 的 x 所组成的集合, 则可能对于某些 $x \in M$, 第二阶段规划 (5.50) 没有可行解. 因此, 为了讨论模型 (5.52) 的可行解, 有必要对第一阶段决策向量 $x \in M$ 增加诱导约束. 用 D 表示对几乎每一个可能实现的模糊事件 γ, 使线性规划 (5.50) 有可行解的所有决策向量 x 所组成的集

合. 如果对于一个固定的 x 和一个模糊事件 γ, 线性规划 (5.50) 没有可行解, 我们定义 $Q(x, \boldsymbol{\xi}(\gamma))$ 是无穷大, 即 $Q(x, \boldsymbol{\xi}(\gamma)) = +\infty$, 则集合 D 可以表示为

$$D = \{x \mid \mathrm{Cr}\,\{\gamma \mid Q(x, \boldsymbol{\xi}(\gamma)) < +\infty\} = 1\},$$

称其为诱导约束. 所以模型 (5.52) 的可行域为 $M \cap D$. 对于我们提出的 MPP 模型, 易知, 如果条件

$$\sum_{i=1}^{n_1} r_i + \sum_{k=1}^{n_2} \delta_k r'_k \geqslant \left(\max_{\gamma \in \Gamma} \xi_2(\gamma) - \min_{\gamma \in \Gamma} \xi_3(\gamma)\right) \tag{5.53}$$

成立, 那么每一个第一阶段的决策向量 $x \in M$ 是可行的. 条件 (5.53) 表示从已生效合同和签订了的待签合同处所能够获取的最大材料总量不能低于材料最大需求量与市场材料最小供应量的差值.

使用逼近方法 (AA)(Liu, 2006) 计算模型 (5.52) 的目标函数值, 将原始的无限维优化问题 (5.52) 转化为一个近似的有限维优化问题, 并讨论近似 MPP 模型的第二阶段期望值函数对于原始模型的收敛性.

5.4.2　期望值目标函数的计算

为了求解原始两阶段模糊 MPP 模型 (5.52), 需要计算

$$f(x) : x \to E_{\boldsymbol{\xi}}[Q(x, \boldsymbol{\xi})]. \tag{5.54}$$

对于任意固定的第一阶段可行决策 $x \in M \cap D$ 和模糊向量 $\boldsymbol{\xi}$ 的每一个实现值 $\boldsymbol{\xi}(\gamma)$, 模型 (5.52) 中的第二阶段规划问题是线性的, 可由单纯形方法求解, 因此可以计算 $Q(x, \boldsymbol{\xi}(\gamma))$ 对应于决策 x 的值. 然而, 由于 $\boldsymbol{\xi}$ 是具有无限支撑的连续型模糊向量, 模型 (5.52) 是一个无限维优化问题, 所以我们不能精确地计算 $E_{\boldsymbol{\xi}}[Q(x, \boldsymbol{\xi})]$ 在 x 处的值. 为了有效地计算 $E_{\boldsymbol{\xi}}[Q(x, \boldsymbol{\xi})]$, 我们必须使用逼近策略, 把模型 (5.52) 转化为有限维优化问题. 对于任意固定的第一阶段可行决策 x, 我们可以采用下面的方法计算函数 $f(x)$ 在 x 处的值.

假设模型 (5.52) 中的 $\boldsymbol{\xi} = (\xi_1, \xi_2, \xi_3)$ 是一个连续型模糊向量, 具有无限支撑 $\Xi = \Pi_{i=1}^3 [a_i, b_i]$, 其中 $[a_i, b_i]$ 是 ξ_i, $i = 1, 2, 3$ 的支撑. 我们假设 ξ_1, ξ_2, ξ_3 是相互独立的模糊变量. 此时我们使用 AA 将 $\boldsymbol{\xi}$ 的可能性分布转化为一列离散型模糊向量 $\{\boldsymbol{\zeta}_m\}$ 的可能性分布.

对于每一个整数 m, 离散型模糊向量 $\boldsymbol{\zeta}_m = (\zeta_{m,1}, \zeta_{m,2}, \zeta_{m,3})$ 定义为

$$\boldsymbol{\zeta}_m = g_m(\boldsymbol{\xi}) = (g_{m,1}(\xi_1), g_{m,2}(\xi_2), g_{m,3}(\xi_3)),$$

其中, 模糊变量 $\zeta_{m,i} = g_{m,i}(\xi_i)$, $m = 1, 2, \cdots, i = 1, 2, 3$, 并且

$$g_{m,i}(u_i) = \sup\left\{\frac{k_i}{m}\,\middle|\,k_i \in Z \text{ 满足 } \frac{k_i}{m} \leqslant u_i\right\}, \quad u_i \in [a_i, b_i]. \tag{5.55}$$

Z 表示正整数集.

需要指出的是, ξ_i 的取值范围是 $[a_i, b_i]$, 而 $\zeta_{m,i}$ 仅在点 a_i 和 k_i/m 上取值, 其中 $k_i = [ma_i] + 1, [ma_i] + 2, \cdots, [ma_i] + K_i$. 这里 $[t]$ 是实数 t 的整数部分, 此外, $[ma_i] + K_i = mb_i - 1$ 还是 $[mb_i]$ 取决于 mb_i 是不是整数. 对于每一个整数 k_i, 当 ξ_i 在区间 $[k_i/m, (k_i + 1)/m)$ 内取值时, 模糊变量 $\zeta_{m,i}$ 取值 k_i/m. 因此模糊变量 $\zeta_{m,i}$ 的可能性分布 $\nu_{m,i}$ 可以表示为

$$\nu_{m,i}\left(\frac{k_i}{m}\right) = \text{Pos}\left\{\gamma \left| \frac{k_i}{m} \leqslant \xi_i(\gamma) < \frac{k_i + 1}{m}\right.\right\}, \tag{5.56}$$

其中 $k_i = [ma_i], [ma_i] + 1, \cdots, [ma_i] + K_i$. 根据 $\zeta_{m,i}$ 的构造方式, 对于所有的 $\gamma \in \Gamma$ 都有

$$\xi_i(\gamma) - \frac{1}{m} < \zeta_{m,i}(\gamma) \leqslant \xi_i(\gamma), \quad i = 1, 2, 3,$$

其等价于

$$|\xi_i(\gamma) - \zeta_{m,i}(\gamma)| < \frac{1}{m}.$$

由于 $\boldsymbol{\xi}$ 和 $\boldsymbol{\zeta}_m$ 都是 3-维的模糊向量, 那么对于任意的 $\gamma \in \Gamma$, 都有

$$\|\boldsymbol{\zeta}_m(\gamma) - \boldsymbol{\xi}(\gamma)\| = \sqrt{\sum_{i=1}^{3}(\zeta_{m,i}(\gamma) - \xi_i(\gamma))^2} \leqslant \frac{\sqrt{3}}{m}.$$

所以, 离散模糊向量序列 $\{\boldsymbol{\zeta}_m\}$ 在 Γ 内一致收敛于连续模糊向量 $\boldsymbol{\xi}$. 在本书中, 我们称离散模糊向量序列 $\{\boldsymbol{\zeta}_m\}$ 是连续模糊向量 $\boldsymbol{\xi}$ 的离散化.

下面给出一个例子说明前面讨论的逼近方法.

例 5.9 假设 ξ 是一个三角模糊变量 $(0, 1, 2)$. 确定离散模糊变量 $\{\zeta_m\}$ 的可能性分布, 其中 $\zeta_m = g_m(\xi)$, 且

$$g_m(u) = \sup\left\{\frac{h}{m}\left|h \in Z \text{ 满足 } \frac{h}{m} \leqslant u\right.\right\}, \quad u \in [0, 2].$$

根据式 (5.55) 和式 (5.56), 可以得到离散型模糊变量 $\zeta_m, m = 1, 2, \cdots$ 与它们的可能性分布.

取 $m = 1$, 则当模糊变量 ξ 在 $[0, 1)$ 上取值时, 模糊变量 ζ_1 取值为 0, 当模糊变量 ξ 在 $[1, 2)$ 上取值时, 模糊变量 ζ_1 取值为 1. 因此有

$$\nu_1(0) = \text{Pos}\{0 \leqslant \xi < 1\} = 1, \quad \nu_1(1) = \text{Pos}\{1 \leqslant \xi < 2\} = 1.$$

也就是说, 模糊变量 ζ_1 取值为 0 和 1 的可能性为 1.

取 $m = 2$, 当模糊变量 ξ 分别在区间 $[0, 0.5), [0.5, 1), [1, 1.5), [1.5, 2)$ 上取值时, 对应的模糊变量 ζ_2 分别在点 $0, 0.5, 1$ 和 1.5 上取值. 由此可以得到

$$\nu_2(0) = \mathrm{Pos}\{0 \leqslant \xi < 0.5\} = \frac{1}{2}, \quad \nu_2(0.5) = \mathrm{Pos}\{0.5 \leqslant \xi < 1\} = 1,$$

$$\nu_2(1) = \mathrm{Pos}\{1 \leqslant \xi < 1.5\} = 1, \quad \nu_2(1.5) = \mathrm{Pos}\{1.5 \leqslant \xi < 2\} = \frac{1}{2},$$

也就是说, 模糊变量 ζ_2 取值为 $0, 0.5, 1$ 和 1.5 的可能性分别为 $1/2, 1, 1$ 和 $1/2$.

一般地, 模糊变量 ζ_m 取值为 $h/m, h = 0, 1, \cdots, 2m - 1$, ζ_m 的可能性为

$$\nu_m \left(\frac{h}{m} \right) = \begin{cases} \dfrac{h + 1}{m}, & \text{如果 } 0 \leqslant h < m, \\ 2 - \dfrac{h}{m}, & \text{如果 } m \leqslant h \leqslant 2m - 1, \\ 0, & \text{其他.} \end{cases} \tag{5.57}$$

根据 ζ_m 的定义, 对所有的 $\gamma \in [0, 2]$, 可以得到

$$\xi(\gamma) - \frac{1}{m} < \zeta_m(\gamma) < \xi(\gamma), \quad m = 1, 2, \cdots,$$

这意味着

$$\|\zeta_m - \xi\| = \sqrt{(\zeta_m - \xi)^2} < \frac{1}{m}.$$

因此离散型模糊变量序列 $\{\zeta_m\}$ 一致收敛于连续型模糊变量 ξ.

在图 5.1 中, 我们比较原模糊变量 ξ 与其离散化 ζ_m 分别在 $m = 5$(图 5.1(a)) 和 $m = 10$(图 5.1(b)) 时的可能性分布情况, 这一比较结果可以帮助我们理解当 $m \to \infty$ 时, $\{\zeta_m\}$ 将收敛于 ξ. 图 5.1 中的线表示连续型模糊变量 ξ 的可能性分布, 点表示离散型模糊变量 ζ_m 的可能性分布.

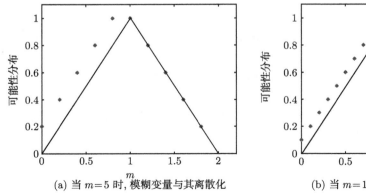

(a) 当 $m = 5$ 时, 模糊变量与其离散化　　　　(b) 当 $m = 10$ 时, 模糊变量与其离散化

图 5.1　模糊变量 ξ 与其离散化 ζ_m 的可能性分布比较

至此, 对于任意给定的第一阶段可行解 $x \in M \cap D$, 为了计算由式 (5.54) 定义的函数 $f(x)$, 我们把 $\boldsymbol{\xi}$ 用其离散化 $\boldsymbol{\zeta}_m$ 替换, 并用 $f_m(x) = E_{\boldsymbol{\zeta}_m}[Q(x, \boldsymbol{\zeta}_m)]$ 逼近 $f(x)$.

对于每一个给定的 m, 向量 $\boldsymbol{\zeta}_m$ 仅取 K 个值 $\hat{\boldsymbol{\zeta}}_m^q = \left(\hat{\zeta}_{m,1}^q, \hat{\zeta}_{m,2}^q, \hat{\zeta}_{m,3}^q\right)$, $q = 1, 2, \cdots, K$, 其中 $K = K_1 K_2 K_3$. 记 $\nu_q = \nu_{m,1}\left(\hat{\zeta}_{m,1}^q\right) \wedge \nu_{m,2}\left(\hat{\zeta}_{m,2}^q\right) \wedge \nu_{m,3}\left(\hat{\zeta}_{m,3}^q\right)$, $q = 1, 2, \cdots, K$, 其中 $\nu_{m,i}$ 是由式 (5.56) 定义的模糊变量 $\zeta_{m,i}$, $i = 1, 2, 3$ 的可能性分布. 对于每一个整数 q, 可以通过单纯形方法求解模型 (5.52) 中的第二阶段线性规划, 并且将最优值记为

$$g_q(x) = Q\left(x, \hat{\boldsymbol{\zeta}}_m^q(\gamma)\right) = \min \sum_{i=1}^{n_1} c_i y_i + \sum_{k=1}^{n_2} c_k' y_k' + \hat{\zeta}_{m,1}^q(\gamma) y.$$

重新排列 ν_q 和 $g_q(x)$ 的下标 q, 使得 $g_1(x) \leqslant g_2(x) \leqslant \cdots \leqslant g_K(x)$. 再根据下面的式 (5.58) 计算权重 w_q, $q = 1, 2, \cdots, K$,

$$w_q = \frac{1}{2}\left(\max_{p=1}^{q} \nu_p - \max_{p=0}^{q-1} \nu_p\right) + \frac{1}{2}\left(\max_{p=q}^{K} \nu_p - \max_{p=q+1}^{K+1} \nu_p\right), \tag{5.58}$$

其中 $\nu_0 = \nu_{K+1} = 0$. 然后, 在第一阶段的决策向量为 x 时, $f_m(x)$ 的值可依照下面的公式计算

$$f_m(x) = \sum_{q=1}^{K} w_q g_q(x). \tag{5.59}$$

因此, 对于任意给定的第一阶段可行解 $x \in M \cap D$, 我们将计算 $f(x)$ 的过程总结如下:

步骤 1 从 $\boldsymbol{\xi}$ 的支撑 Ξ 中均匀地产生 K 个点 $\hat{\boldsymbol{\zeta}}_m^q = \left(\hat{\zeta}_{m,1}^q, \hat{\zeta}_{m,2}^q, \hat{\zeta}_{m,3}^q\right)$, $q = 1, \cdots, K$.

步骤 2 对于任意给定的第一阶段可行决策 $x \in M \cap D$, 通过单纯形方法求解模型 (5.52) 中的第二阶段线性规划, 并且将最优值记为 $g_q(x)$, $q = 1, \cdots, K$.

步骤 3 根据式 (5.56) 计算 $\nu_{m,i}\left(\hat{\zeta}_{m,i}^q\right)$, $i = 1, 2, 3$, $q = 1, 2, \cdots, K$.

步骤 4 令 $\nu_q = \nu_{m,1}\left(\hat{\zeta}_{m,1}^q\right) \wedge \nu_{m,2}\left(\hat{\zeta}_{m,2}^q\right) \wedge \nu_{m,3}\left(\hat{\zeta}_{m,3}^q\right)$, $q = 1, 2, \cdots, K$.

步骤 5 重新排列 ν_q 和 $g_q(x)$ 的下标 q, 使得 $g_1(x) \leqslant g_2(x) \leqslant \cdots \leqslant g_K(x)$.

步骤 6 通过式 (5.58) 计算 w_q, $q = 1, 2, \cdots, K$.

步骤 7 根据式 (5.59) 计算并返回 $f_m(x)$.

根据上述计算方法, 当第一阶段的可行决策为 x 时, 我们可以计算近似的第二阶段期望值函数 $f_m(x)$. 下面将说明, 当 $m \to \infty$ 时, 近似的第二阶段期望值函数 $f_m(x)$ 收敛于原始的第二阶段期望值函数 $f(x)$. 从而, 假定 m 充分大时, 可以用式 (5.59) 估计原始的第二阶段期望值函数 $f(x)$.

5.4.3　近似两阶段 MPP 模型

假设模型 (5.52) 中的模糊向量 $\boldsymbol{\xi} = (\xi_1, \xi_2, \xi_3)$ 是连续的. 利用上面讨论的逼近方法, 可以得到其离散化 $\boldsymbol{\zeta}_m = (\zeta_{m,1}, \zeta_{m,2}, \zeta_{m,3})$. 因此, 原始两阶段 MPP 模型 (5.52) 可以转化为如下形式的近似两阶段 MPP:

$$
\begin{cases}
\min & \displaystyle\sum_{i=1}^{n_1} c_i x_i + \sum_{k=1}^{n_2} c'_k x'_k + E_{\boldsymbol{\zeta}_m}[Q(x, \boldsymbol{\zeta}_m)] \\
\text{s.t.} & l_i \leqslant x_i \leqslant r_i, \qquad i = 1, 2, \cdots, n_1, \\
& \delta_k l'_k \leqslant x'_k \leqslant \delta_k r'_k, \quad k = 1, 2, \cdots, n_2, \\
& x_i \geqslant 0, \quad x'_k \geqslant 0, \quad \delta_k = 0 \text{ 或 } 1,
\end{cases}
\tag{5.60}
$$

其中

$$
\begin{cases}
Q(x, \boldsymbol{\zeta}_m(\gamma)) = \min & \displaystyle\sum_{i=1}^{n_1} c_i y_i + \sum_{k=1}^{n_2} c'_k y'_k + \zeta_{m,1}(\gamma) y \\
\text{s.t.} & \displaystyle\sum_{i=1}^{n_1} (x_i + y_i) + \sum_{k=1}^{n_2} (x'_k + y'_k) + y \geqslant \zeta_{m,2}(\gamma), \\
& l_i \leqslant x_i + y_i \leqslant r_i, \qquad i = 1, 2, \cdots, n_1, \\
& \delta_k l'_k \leqslant x'_k + y'_k \leqslant \delta_k r'_k, \quad k = 1, 2, \cdots, n_2, \\
& y \leqslant \zeta_{m,3}(\gamma), \\
& y_i \geqslant 0, \ y'_k \geqslant 0, \ y \geqslant 0.
\end{cases}
$$

下面的定理 5.8 表明近似模型 (5.60) 的第二阶段期望值函数 $f_m(x)$ 收敛于原始模型 (5.52) 的第二阶段期望值函数 $f(x)$.

定理 5.8 (Sun et al., 2011)　考虑模糊两阶段 MPP 模型 (5.52). 假设模型 (5.52) 中的参数 $\boldsymbol{\xi} = (\xi_1, \xi_2, \xi_3)$ 是连续有界模糊向量, 其中 ξ_1, ξ_2, ξ_3 分别表示模糊市场材料单位价格、模糊材料需求量和模糊市场材料供应量. 如果模糊向量序列 $\{\boldsymbol{\zeta}_m\}$ 是原始模糊向量 $\boldsymbol{\xi}$ 的离散化, 那么对于任意给定的第一阶段可行决策 $x \in M \cap D$, 有

$$
\lim_{m \to \infty} E_{\boldsymbol{\zeta}_m}[Q(x, \boldsymbol{\zeta}_m)] = E_{\boldsymbol{\xi}}[Q(x, \boldsymbol{\xi})].
$$

证明　对于任意给定的第一阶段可行决策 $x \in M \cap D$ 和模糊向量 $\boldsymbol{\xi}$ 的每一个实现值 $\boldsymbol{\xi}(\gamma)$, $Q(x, \boldsymbol{\xi}(\gamma))$ 是 $\boldsymbol{\xi}$ 的支撑 Ξ 上的一个连续实值函数. 定理的假设满足 (Liu, 2006) 中定理 3 的条件, 从而定理证毕. □

下面的例 5.10 说明上述定理中的收敛性.

例 5.10　假定 ξ 是前面例 5.9 中的模糊变量, 且 $\{\zeta_m\}$ 是其离散化. 下面说明 $m \to \infty$ 时, ζ_m 的期望值收敛于 ξ 的期望值.

已知三角模糊变量 (a, b, c) 的期望值为 $(a+2b+c)/4$. 根据这一公式, ξ 的期望值为 1. 此外, 由式 (5.57) 和式 (5.58), 计算得到权重 $w_k = 1/2m$, $k = 0, 1, \cdots, 2m-1$, 所以 ζ_m 的期望值 E_m 为

$$E_m = \sum_{k=0}^{2m-1} \left(\frac{k}{m} \right) \left(\frac{1}{2m} \right) = 1 - \frac{1}{2m}.$$

注意到 $\lim_{m \to \infty} (E_m - E) = -\lim_{m \to \infty} 1/2m = 0$, 所以有 E_m 收敛于 E.

利用 AA, 可以将无限维的优化问题 (5.52) 转化为有限维的优化问题 (5.60). 所以对于任意给定的第一阶段可行决策 $x \in M \cap D$, 我们可以利用式 (5.59) 计算相应于 x 的近似补偿函数 $f_m(x)$ 的取值. 由此可知, AA 的任务是计算相应于 x 的近似补偿函数 $f_m(x)$ 的取值. 由于我们无法得到近似补偿函数 $f_m(x)$ 的解析表达式, 因此也无法得到模型 (5.60) 的期望目标的解析表达式

$$G(x) = \sum_{i=1}^{n_1} c_i x_i + \sum_{k=1}^{n_2} c'_k x'_k + f_m(x).$$

另外, 第一阶段的决策包含 0-1 变量, 以至于近似模型 (5.60) 是非线性非凸的 0-1 混合整数规划, 传统的优化算法无法求解 (Nocedal et al., 2006). 在 5.4.4 小节中, 我们设计一种基于逼近方法的 PSO 算法来求解近似模型 (5.60).

5.4.4 基于 AA 的求解方法

解的表示 假设由 pop-size 个粒子组成一个种群. 在近似的两阶段 MPP 模型 (5.60) 中, 第一阶段的决策变量包括 x_i, $i = 1, 2, \cdots, n_1$ 和 (δ_k, x'_k), $k = 1, 2, \cdots, n_2$. 搜索空间是 $(n_1 + 2n_2)$ 维的, 因而用向量

$$X = (x_1, \cdots, x_{n_1}, \delta_1, x'_1, \cdots, \delta_{n_2}, x'_{n_2})$$

作为粒子来表示第一阶段的决策向量.

初始化过程 第一步, 从区间 $[l_i, r_i]$, $i = 1, 2, \cdots, n_1$ 中随机产生决策变量 x_i 的值. 对决策向量 (δ_k, x'_k), $k = 1, 2, \cdots, n_2$ 来说, 从区间 $[-1, 1]$ 中随机产生 δ_k. 如果 $\delta_k > 0$, 则我们令 $\delta_k = 1$, 并且从区间 $[l'_k, r'_k]$ 中随机产生 x'_k; 如果 $\delta_k \leqslant 0$, 则规定 $\delta_k = 0$ 和 $x'_k = 0$.

第二步, 验证决策向量

$$X = (x_1, \cdots, x_{n_1}, \delta_1, x'_1, \cdots, \delta_{n_2}, x'_{n_2})$$

的可行性. 如果 X 满足约束 (5.53), 则它是可行的并将其作为初始种群中的一个粒子. 重复这一过程直到产生 pop-size 个可行的粒子 $X_1, X_2, \cdots, X_{\text{pop-size}}$.

第三步, 对于每一个粒子 X_i, $i = 1, 2, \cdots, \text{pop-size}$, 利用式 (5.59) 计算相应于 X_i 的近似补偿函数 $f_m(x)$ 的值, 因此近似的 MPP 模型 (5.60) 的目标值 $G(X_i)$ 可以通过下面的式 (5.61) 计算

$$G(X_i) = \sum_{i=1}^{n_1} c_i x_i + \sum_{k=1}^{n_2} c_k' x_k' + f_m(X_i). \tag{5.61}$$

第四步, 将粒子当前的位置和目标值设定为自身的最优位置与最优值, 记为 pbest, 并找出种群中的最优粒子, 将其当前的位置和目标值设定为种群的最优位置与最优值, 记为 gbest. pbest 表示到迭代次数 t 为止, 个体的最好位置, 而 gbest 表示到迭代次数 t 为止, 种群中最优粒子的最好位置.

第五步, 设定粒子速度向量的上界为 V, V 的值即为合同的最大供应量与最小供应量的差值. 从区间 $[-V, V]$ 随机产生 pop-size 个粒子的速度.

迭代过程   对于 pop-size 个粒子, 第 i 个粒子的新速度由下面的公式产生

$$V_i(t+1) = \omega V_i(t) + c_1 r_1 \left(P_i(t) - X_i(t) \right) + c_2 r_2 \left(P_g(t) - X_i(t) \right), \tag{5.62}$$

其中 $i = 1, 2, \cdots, \text{pop-size}$, ω 称为惯性系数, c_1 和 c_2 称为学习因子, 通常情况下 $c_1 = c_2 = 2$, r_1, r_2 是从区间 $[0,1]$ 随机产生的相互独立的随机数.

pop-size 个粒子的新位置由下式 (5.63) 确定

$$X_i(t+1) = X_i(t) + V_i(t+1), \quad i = 1, 2, \cdots, \text{pop-size}. \tag{5.63}$$

由于近似的两阶段 MPP 模型 (5.60) 包含 0-1 混合整数决策向量 (δ_k, x_k'), 对于 $k = 1, 2, \cdots, n_2$, (δ_k, x_k') 需满足约束 (5.46), 所以, 对于每一次迭代 t, 应该更新决策向量 (δ_k, x_k') 的取值. 对于每一个 $k = 1, 2, \cdots, n_2$, (δ_k, x_k') 的新值需由式 (5.64) 得到

$$(\delta_k,\ x_k') = \begin{cases} (1,\ r_k'), & \text{如果}\ \ x_k' \geqslant r_k', \\ (1,\ x_k'), & \text{如果}\ \ l_k' \leqslant x_k' < r_k', \\ (1,\ l_k'), & \text{如果}\ \ \frac{1}{2}l_k' \leqslant x_k' < l_k', \\ (0,\ 0), & \text{如果}\ \ x_k' \leqslant \frac{1}{2}l_k', \end{cases} \tag{5.64}$$

式 (5.64) 能保证决策向量 (δ_k, x_k') 满足约束 (5.46).

对于每一个粒子 $X_i(t+1)$, 用约束 (5.53) 检验其可行性. 如果 $X_i(t+1)$ 可行, 则将其作为一个新的粒子. 否则, 通过式 (5.62) ~ 式 (5.64) 重新产生. 我们用式 (5.61) 计算 $X_i(t+1)$ 的目标值, 并将其与自身保存的最优值进行比较. 如果当前的目标值优于自身保存的最优值, 则将自身保存的最优值替换为当前的目标值, 同时对应的位置也做相应地替换.

最后, 我们找到当前种群中最优的粒子. 如果其目标值优于种群保存的最优值, 则将种群保存的最优值替换为当前最优粒子的目标值, 并将对应的位置作相应地替换.

基于上述讨论, AA 与 PSO 在求解过程中的作用就明确了. 对于任意给定的第一阶段可行决策 $x \in M \cap D$, 我们通过式 (5.59) 计算近似函数 $f_m(x)$ 的值. 得到 $f_m(x)$ 的值后, 我们用 PSO 算法搜索近似 MPP 模型 (5.60) 的最优解.

综上所述, 基于 AA 的 PSO 算法过程包括如下几个步骤.

算法 5.3 基于 AA 的 PSO 算法

步骤 1 初始化 pop-size 个粒子的位置与速度, 根据式 (5.59) 计算各粒子的第二阶段期望值函数 $f(x)$ 的近似值 $f_m(x)$, 各粒子的目标值 $G(x)$ 用式 (5.65) 计算

$$G(x) = \sum_{i=1}^{n_1} c_i x_i + \sum_{k=1}^{n_2} c'_k x'_k + f_m(x). \tag{5.65}$$

步骤 2 将各个粒子的当前目标值与当前位置设为粒子自身的 pbest, 将种群中最优粒子的当前目标值与当前位置设为种群的 gbest.

步骤 3 根据式 (5.62) ∼ 式 (5.64) 更新种群中各粒子的速度与位置, 再根据式 (5.65) 计算出各个粒子的目标值.

步骤 4 比较每个粒子的当前目标值和自身保存的 pbest, 如果当前的目标值优于自身保存的 pbest, 则将自身保存的 pbest 替换为当前的目标值和位置.

步骤 5 找出当前种群的最优粒子. 若其目标值优于种群保存的 gbest, 则用当前种群最优粒子的目标值与位置替换种群保存的 gbest.

步骤 6 重复步骤 3 至步骤 5 到满足终止条件, 输出 gbest 及其目标值作为最优解和最优值.

5.4.5 两阶段燃料获取计划问题

为了表明基于 AA 的 PSO 算法的有效性, 我们考虑一个实际的燃料获取优化问题. 假设有一个利用燃料发电的工厂, 它有 6 个已生效合同和 6 个待签合同. 我们假设下一个年度市场燃料的单位价格大约是每吨 30 美元, 并表示为正态模糊变量, 其可能性分布如下:

$$\mu_{\xi_1}(t) = \exp\left(-(t - 30)^2\right), \quad t \in [28, 32].$$

发电厂对燃料的需求量大约是 1000 吨, 假设为梯形模糊变量, 其可能性分布如下:

$$\mu_{\xi_2}(t) = \begin{cases} \dfrac{t - 900}{100}, & \text{如果 } 900 \leqslant t < 1000, \\ 1, & \text{如果 } 1000 \leqslant t < 1100, \\ \dfrac{1200 - t}{100}, & \text{如果 } 1100 \leqslant t \leqslant 1200, \\ 0, & \text{其他}. \end{cases}$$

市场对燃料的供应量大约是 500 吨, 设为三角模糊变量, 其可能性分布为

$$\mu_{\xi_2}(t) = \begin{cases} \dfrac{t-300}{200}, & \text{如果 } 300 \leqslant t < 500, \\[2mm] \dfrac{600-t}{100}, & \text{如果 } 500 \leqslant t \leqslant 600, \\[2mm] 0, & \text{其他.} \end{cases}$$

此外, 我们还假设这些模糊变量是相互独立的. 其他所需参数值在表 5.14 中给出.

表 5.14　两阶段燃料获取计划模型 (5.66) 的参数

最小值	l_1	l_2	l_3	l_4	l_5	l_6	l'_1	l'_2	l'_3	l'_4	l'_5	l'_6
参数值	50	60	80	100	100	120	50	60	80	80	100	100
最小值	r_1	r_2	r_3	r_4	r_5	r_6	r'_1	r'_2	r'_3	r'_4	r'_5	r'_6
参数值	80	100	120	150	150	180	90	100	120	120	150	160
单价	c_1	c_2	c_3	c_4	c_5	c_6	c'_1	c'_2	c'_3	c'_4	c'_5	c'_6
参数值	32	31	31	30	30	29	32	32	30	30	28	28

最后, 将该问题建立成如下的两阶段模糊燃料获取计划模型:

$$\begin{cases} \min \quad \displaystyle\sum_{i=1}^{6} c_i x_i + \sum_{k=1}^{6} c'_k x'_k + E_{\boldsymbol{\xi}}[Q(x, \boldsymbol{\xi})] \\[2mm] \text{s.t.} \quad l_i \leqslant x_i \leqslant r_i, \qquad i = 1, 2, \cdots, 6, \\[2mm] \qquad \delta_k l'_k \leqslant x'_k \leqslant \delta_k r'_k, \quad k = 1, 2, \cdots, 6, \\[2mm] \qquad x_i \geqslant 0, \ x'_k \geqslant 0, \ \delta_k = 0 \ \text{或} \ 1, \end{cases} \tag{5.66}$$

其中

$$\begin{cases} Q(x, \boldsymbol{\xi}(\gamma)) = \min \quad \displaystyle\sum_{i=1}^{6} c_i y_i + \sum_{k=1}^{6} c'_k y'_k + \xi_1(\gamma) y \\[2mm] \qquad \text{s.t.} \quad \displaystyle\sum_{i=1}^{6}(x_i + y_i) + \sum_{k=1}^{6}(x'_k + y'_k) + y \geqslant \xi_2(\gamma), \\[2mm] \qquad\qquad l_i \leqslant x_i + y_i \leqslant r_i, \quad i = 1, 2, \cdots, 6, \\[2mm] \qquad\qquad \delta_k l'_k \leqslant x'_k + y'_k \leqslant \delta_k r'_k, \ k = 1, 2, \cdots, 6, \\[2mm] \qquad\qquad y \leqslant \xi_3(\gamma), \\[2mm] \qquad\qquad y_i \geqslant 0, \ y'_k \geqslant 0, \ y \geqslant 0. \end{cases} \tag{5.67}$$

为了用基于 AA 的 PSO 算法求解模型 (5.66), 对于任意给定的第一阶段可行获取决策 x, 首先利用 AA 产生 3000 个样本点 $\hat{\zeta}^q, q = 1, 2, \cdots, 3000$, 来估计期望值

$$f : x \to E_{\boldsymbol{\xi}}[Q(x, \boldsymbol{\xi})].$$

也就是说, 对于每一个样本点 $\hat{\zeta}^q$, 我们利用单纯形法求解线性规划 (5.67), 得到第二阶段的最优值 $Q(x, \hat{\zeta}^q)$, $q = 1, 2, \cdots, 3000$. 不失一般性, 假设

$$Q(x, \hat{\zeta}^1) \leqslant Q(x, \hat{\zeta}^2) \leqslant \cdots \leqslant Q(x, \hat{\zeta}^{3000}),$$

那么 $f(x)$ 可以用 $\sum_{q=1}^{3000} w_q Q(x, \hat{\zeta}^q)$ 估算, 其中权重 w_q, $q = 1, 2, \cdots, 3000$ 由式 (5.58) 确定. 因此, 决策 x 的目标值 $G(x)$ 为

$$\sum_{i=1}^{6} c_i x_i + \sum_{k=1}^{6} c'_k x'_k + \sum_{q=1}^{3000} w_q Q(x, \hat{\zeta}^q).$$

利用这一公式, 对于种群中每一个可行的粒子 X_i, $i = 1, 2, \cdots$, pop-size, 我们都可以计算目标值 $G(X_i)$. 重复这一过程直到 PSO 算法找到模型 (5.66) 的最优解.

为了观察参数对解质量的影响, 我们让参数取不同的值, 算法得到的解在表 5.15 中给出, 表中第一列给出了 pop-size 的取值; 第二列的 Gen 是得到最优解的最终迭代次数, 不同参数对应的最优解在第三列中, 其目标值在第四列中. 此外最后一列的 "误差" 定义为

$$\frac{\text{目标值} - \text{最优值}}{\text{最优值}} \times 100\%,$$

其中 "最优值" 为第四列中七个目标值中最小的一个. 由表 5.15, 我们看到对于选定的不同参数, 目标值的相对误差不超过 0.06%, 这说明算法对于参数是鲁棒的.

表 5.15　燃料获取计划问题 (5.66) 的结果比较

pop-size	Gen	最优解	最优值	误差
20	72	(50, 60, 80, 100, 100, 120) (0, 0, 0, 0, 1, 80, 0, 0, 1, 100, 1, 100)	30941.5598	0.00
25	59	(50, 60, 80, 100, 100, 120) (0, 0, 0, 0, 0, 0, 1, 80, 1, 100, 1, 100)	30941.5598	0.00
30	68	(50, 60, 80, 100, 100, 120) (0, 0, 0, 0, 0, 0, 0, 0, 1, 100, 1, 100)	30959.5898	0.06
35	57	(50, 60, 80, 100, 100, 120) (0, 0, 0, 0, 0, 0, 1, 80, 1, 100, 1, 100)	30941.5598	0.00
40	56	(50, 60, 80, 100, 100, 120) (0, 0, 0, 0, 0, 0, 1, 80, 1, 100, 1, 100)	30941.5598	0.00
45	105	(50, 60, 80, 100, 100, 120) (0, 0, 0, 0, 0, 0, 1, 80, 1, 100, 1, 100)	30941.5598	0.00
50	60	(50, 60, 80, 100, 100, 120) (0, 0, 0, 0, 0, 0, 0, 0, 1, 150, 1, 100)	30959.7298	0.06

下面通过数值试验说明逼近方法的收敛性. 对于任意给定的可行决策 x, 近似期望函数 $f_m(x)$ 是关于样本点个数 m 的一个数列, 记作 $\{a_m\}$, 通过数值试验说明

当 m 趋于无穷大时, 数列 $\{a_m\}$ 收敛于 a^0. 这一事实在图 5.2 中给出. 根据定理
5.8 可知, 极限 a^0 就是原期望值函数 $f(x)$ 对应于决策 x 的值. 所以, 当 m 趋于无
穷大时, $f_m(x)$ 收敛于模型 (5.66) 中的 $f(x)$. 在图 5.2 中, 我们选择获取决策变量
$x = x^1 = (50, 60, 80, 100, 100, 120, 0, 0, 0, 0, 0, 0, 0, 1, 100, 1, 100)$, 它是表 5.15 中的
一个最优解. 由于 x^1 的目标值是 30959.5898, 可以得到 $f_m(x)$ 取值为 9939.5898.
观察图 5.2 可发现, 极限 a^0 落在区间 [9935,9945] 中, 因此 $f_m(x)$ 与 a^0 的相对误差
很小. 综上所述, 基于 AA 的 PSO 算法对于求解两阶段模糊燃料获取计划问题是
有效的.

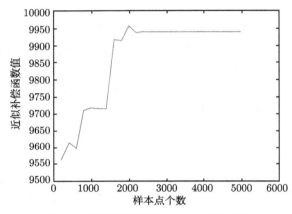

图 5.2　近似期望函数 $f_m(x)$ 的收敛性

第6章　2-型模糊理论

在模糊优化模型中, 通常假设模型中的参数具有已知的可能性分布. 然而在有些决策问题中, 无法确定精确的可能性分布. 2-型模糊理论正是基于这种考虑发展起来的研究模糊性的新方法, 其中模糊可能性理论是研究 2-型模糊性的公理化体系 (Liu Z Q, Liu Y K, 2010). 本章将介绍模糊可能性理论中的一些基本概念, 包括模糊可能性测度、模糊可能性空间、2-型模糊变量、2-型可能性分布、2-型边缘可能性分布、相互独立的 2-型模糊变量和乘积模糊可能性空间等. 模糊可能性空间由论域、备域和模糊可能性测度三部分组成; 模糊可能性测度是一个定义在备域上取值为正规模糊变量的集函数, 而 2-型模糊变量是一个由论域到实数集合的映射. 模糊可能性理论进一步丰富和发展了模糊集理论 (Klir, 1999; Nahmias, 1978; Pedrycz, 2007; Viertl, 2008; Wang, 1982; Zadeh, 1978).

6.1　模糊可能性空间

下面我们首先给出可测空间和可测映射的概念.

定义 6.1(Halmos, 1974)　设 Ω 是一个非空集合, Σ 是由 Ω 上的子集所构成的 σ-代数. 我们称 (Ω, Σ) 为一个可测空间.

定义 6.2(Halmos, 1974)　设 (Ω_1, Σ_1) 和 (Ω_2, Σ_2) 是两个可测空间, f 是从 Ω_1 到 Ω_2 的映射. 如果对任意的 $A \in \Sigma_2$, 有

$$\{\omega \in \Omega_1 \mid f(\omega) \in A\} \in \Sigma_1, \tag{6.1}$$

则称 f 是一个从 (Ω_1, Σ_1) 到 (Ω_2, Σ_2) 的可测映射.

在本章中, 我们经常使用一类特殊的模糊向量 —— 正规模糊向量, 其定义如下:

定义 6.3(Liu Z Q, Liu Y K, 2010)　设 $(\Gamma, \mathcal{A}, \mathrm{Pos})$ 是一个可能性空间. 定义一个 m-维的正规模糊向量 $X = (X_1, X_2, \cdots, X_m)$ 为一个由可能性空间到空间 $[0,1]^m$ 上的可测映射, 即对任意的 $\gamma \in \Gamma$, 有 $X(\gamma) = (X_1(\gamma), X_2(\gamma), \cdots, X_m(\gamma)) \in [0,1]^m$. 当 $m = 1$ 时, 称 X 为一个正规模糊变量, 记作 RFV.

我们用 $\mathcal{R}([0,1])$ 表示 $[0,1]$ 上的全体 RFV. 下面给出几个 RFV 的例子.

例 6.1　　如果一个 RFV 以可能性 1 取唯一值 0, 则记作

$$\tilde{0} \sim \begin{pmatrix} 0 \\ 1 \end{pmatrix},$$

如果一个 RFV 以可能性 1 取唯一值 1, 则记作

$$\tilde{1} \sim \begin{pmatrix} 1 \\ 1 \end{pmatrix}.$$

例 6.2　　下面定义的函数 X 是一个离散的 RFV

$$X \sim \begin{pmatrix} 0.3 & 0.5 & 0.7 & 0.9 & 1 \\ 0.2 & 0.4 & 1 & 0.6 & 0.8 \end{pmatrix},$$

它表示变量 X 分别以可能性 $0.2, 0.4, 1, 0.6$ 和 0.8 取值 $0.3, 0.5, 0.7, 0.9$ 和 1.

例 6.3　　假设 $r_1, r_2, r_3 \in [0,1]$, 而且 $r_1 < r_2 < r_3$, 则 $Y = (r_1, r_2, r_3)$ 是一个正规三角模糊变量, 其可能性分布如下

$$\mu_Y(t) = \begin{cases} \dfrac{t - r_1}{r_2 - r_1}, & r_1 \leqslant t \leqslant r_2, \\ \dfrac{r_3 - t}{r_3 - r_2}, & r_2 < t \leqslant r_3, \\ 0, & \text{其他}. \end{cases}$$

下面的例子说明如何应用独立性概念确定一个正规模糊变量的可能性分布.

例 6.4　　假设 X_1 和 X_2 是两个相互独立的正规模糊变量, 它们的可能性分布如下:

$$X_1 \sim \begin{pmatrix} 0.3 & 0.5 & 1 \\ 0.6 & 1 & 0.8 \end{pmatrix}, \quad X_2 \sim \begin{pmatrix} 0.2 & 0.4 & 0.8 \\ 0.7 & 1 & 0.5 \end{pmatrix}.$$

试确定 $\max\{X_1, X_2\}$ 的可能性分布.

首先, 由于 X_1 在集合 $\{0.3, 0.5, 1\}$ 中取值, 而 X_2 在集合 $\{0.2, 0.4, 0.8\}$ 中取值, 可知 $\max\{X_1, X_2\}$ 在集合 $\{0.3, 0.4, 0.5, 0.8, 1\}$ 中取值.

$\max\{X_1, X_2\}$ 取值为 0.3 的可能性按下面的方法计算

$$\begin{aligned} &\mathrm{Pos}\left(\{\max\{X_1, X_2\} = 0.3\}\right) \\ &= \mathrm{Pos}\left(\{X_1 = 0.3, X_2 \leqslant 0.3\} \cup \{X_1 \leqslant 0.3, X_2 = 0.3\}\right) \\ &= \mathrm{Pos}\{X_1 = 0.3, X_2 \leqslant 0.3\} \vee \mathrm{Pos}\{X_1 \leqslant 0.3, X_2 = 0.3\}. \end{aligned}$$

由于 X_1 和 X_2 是相互独立的, 因此

$$\begin{aligned} &\mathrm{Pos}\left(\{X_1 = 0.3, X_2 \leqslant 0.3\}\right) \\ &= \mathrm{Pos}\{X_1 = 0.3\} \wedge \mathrm{Pos}\{X_2 \leqslant 0.3\} = 0.6 \wedge 0.7 = 0.6, \end{aligned}$$

且

$$\text{Pos}\,(\{X_1 \leqslant 0.3, X_2 = 0.3\})$$
$$= \text{Pos}\{X_1 \leqslant 0.3\} \wedge \text{Pos}\{X_2 = 0.3\} = 0.6 \wedge 0 = 0.$$

所以

$$\text{Pos}\,(\{\max\{X_1, X_2\} = 0.3\}) = 0.6 \vee 0 = 0.6.$$

同理, 对于其他情形有下面的计算结果

$$\text{Pos}\,(\{\max\{X_1, X_2\} = 0.4\}) = 0.6,$$
$$\text{Pos}\,(\{\max\{X_1, X_2\} = 0.5\}) = 1,$$
$$\text{Pos}\,(\{\max\{X_1, X_2\} = 0.8\}) = 0.5,$$
$$\text{Pos}\,(\{\max\{X_1, X_2\} = 1\}) = 0.8.$$

最后, $\max\{X_1, X_2\}$ 的可能性分布可表示为

$$\max\{X_1, X_2\} \sim \begin{pmatrix} 0.3 & 0.4 & 0.5 & 0.8 & 1 \\ 0.6 & 0.6 & 1 & 0.5 & 0.8 \end{pmatrix}.$$

在可能性理论中, 可能性测度和模糊变量的可能性分布可以相互确定. 具体地说, 如果 Pos 是可能性测度, 那么 X 的可能性分布由下式

$$\mu_X(t) = \text{Pos}(\{\gamma \in \Gamma \mid X(\gamma) = t\}), \quad t \in \Re^m \tag{6.2}$$

确定; 反之, 如果 $\mu : \Re \mapsto [0, 1]$ 是一个由 $\Re$ 到 $[0, 1]$ 上的映射, 且满足 $\sup_{x \in \Re} \mu(x) = 1$, 则由式 (6.3)

$$\text{Pos}(A) = \sup_{t \in A} \mu(t), \quad A \in \mathcal{P}(\Re) \tag{6.3}$$

定义的集函数 Pos 就是一个可能性测度 (Zadeh, 1978).

假设 $\mu : \Re \mapsto \mathcal{R}([0, 1])$ 是一个由 $\Re$ 到 $[0, 1]$ 上正规模糊变量集合的映射. 此时, 由公式 (6.3) 定义的集函数 Pos 不是 $[0, 1]$ 上的清晰值, 而是一个正规模糊变量. 因此, 为了描述 2- 型模糊性, 就需要把集函数在 $[0, 1]$ 上取值推广到取值为正规模糊变量的情况, 为此给出如下概念.

定义 6.4 (Liu Z Q, Liu Y K, 2010) 设 $\mathcal{A}$ 是定义在 Γ 上的备域, $\tilde{\text{Pos}} : \mathcal{A} \mapsto \mathcal{R}([0, 1])$ 是定义在 $\mathcal{A}$ 上的一个集函数, 且 $\{\tilde{\text{Pos}}(A) \mid \text{原子}A \in \mathcal{A}\}$ 是一族相互独立的正规模糊变量. 如果 $\tilde{\text{Pos}}$ 满足下面两个条件:

(Pos1) $\tilde{\text{Pos}}(\varnothing) = \tilde{0}$;

(Pos2) 对于 $\mathcal{A}$ 的任意子类 $\{A_i \mid i \in I\}$(有限, 可数或不可数), 有

$$\tilde{\text{Pos}}\left(\bigcup_{i \in I} A_i\right) = \sup_{i \in I} \tilde{\text{Pos}}(A_i),$$

则称 $\tilde{\mathrm{Pos}}$ 为一个模糊可能性测度. 进一步, 若 $\mu_{\tilde{\mathrm{Pos}}(\Gamma)}(1) = 1$, 则称 $\tilde{\mathrm{Pos}}$ 是一个正则模糊可能性测度. 称三元组 $(\Gamma, \mathcal{A}, \tilde{\mathrm{Pos}})$ 为一个模糊可能性空间 (FPS).

下面通过几个注对模糊可能性测度进行解释.

注 6.1   正则的模糊可能性测度是纯量值可能性测度的一种推广, 即如果对于任意的 $A \in \mathcal{A}$, $\tilde{\mathrm{Pos}}(A)$ 是一个在 $[0,1]$ 的数, 则 $\tilde{\mathrm{Pos}}$ 就是一个可能性测度.

注 6.2   条件 $\mu_{\tilde{\mathrm{Pos}}(\Gamma)}(1) = 1$ 指出 $\tilde{\mathrm{Pos}}(\Gamma)$ 取 1 的可能性是 1. 此外, $\sup_{i \in I} \tilde{\mathrm{Pos}}(A_i)$ 是正规模糊变量集 $\{\tilde{\mathrm{Pos}}(A_i), i \in I\}$ 的上确界, 这是基于无限维的乘积可能性理论定义的 (Liu et al., 2006).

注 6.3   如果论域 Γ 是有限的, 则 Γ 上的备域 $\mathcal{A}$ 就是由 Γ 上一些有限子集组成的代数. 因此, 定义 6.4 中的条件 (Pos2) 可叙述为: 对于 $\mathcal{A}$ 的任意有限子类 $\{A_i, i = 1, \cdots, n\}$,

$$\tilde{\mathrm{Pos}}\left(\bigcup_{i=1}^{n} A_i\right) = \max_{1 \leqslant i \leqslant n} \tilde{\mathrm{Pos}}(A_i).$$

注 6.4   如果 $\mathcal{A}$ 是论域 Γ 的幂集, 则 $\mathcal{A}$ 的原子是所有的单点集 $\{\gamma\}, \gamma \in \Gamma$. 因此, 为了定义 $\mathcal{A}$ 上的模糊可能性测度, 只需要给出 $\tilde{\mathrm{Pos}}$ 在每个单点集的值.

下面给出三个例子说明如何定义模糊可能性测度.

例 6.5   令 $\Gamma = \{\gamma_1, \gamma_2, \gamma_3\}$, $\mathcal{A} = \mathcal{P}(\Gamma)$. 定义集函数 $\tilde{\mathrm{Pos}} : \mathcal{P}(\Gamma) \mapsto \mathcal{R}([0,1])$ 为如下形式:

$$\tilde{\mathrm{Pos}}(\{\gamma_1\}) = (0.3, 0.4, 0.5), \quad \tilde{\mathrm{Pos}}(\{\gamma_2\}) = \tilde{1}, \quad \tilde{\mathrm{Pos}}(\{\gamma_3\}) = (0.5, 0.6, 0.7),$$

且对于 Γ 的任意子集 A,

$$\tilde{\mathrm{Pos}}(A) = \max_{\gamma \in A} \tilde{\mathrm{Pos}}(\{\gamma\}),$$

其中假设 $(0.3, 0.4, 0.5)$ 和 $(0.5, 0.6, 0.7)$ 是相互独立的正规模糊变量, 则 $\tilde{\mathrm{Pos}}$ 是定义在 $\mathcal{P}(\Gamma)$ 上的一个模糊可能性测度, 从而 $(\Gamma, \mathcal{P}(\Gamma), \tilde{\mathrm{Pos}})$ 是一个模糊可能性空间.

下面介绍如何计算正规模糊变量 $\tilde{\mathrm{Pos}}(\{\gamma_1, \gamma_2\})$ 的可能性分布. 令 $X_{1,2}, X_1$ 和 X_2 分别表示正规模糊变量 $\tilde{\mathrm{Pos}}(\{\gamma_1, \gamma_2\})$, $\tilde{\mathrm{Pos}}(\{\gamma_1\})$ 和 $\tilde{\mathrm{Pos}}(\{\gamma_2\})$.

由模糊可能性测度的定义知

$$\tilde{\mathrm{Pos}}(\{\gamma_1, \gamma_2\}) = \tilde{\mathrm{Pos}}(\{\gamma_1\}) \vee \tilde{\mathrm{Pos}}(\{\gamma_2\}),$$

即 $X_{1,2} = X_1 \vee X_2$. 因此, $X_{1,2}$ 的可能性分布函数为

$$\begin{aligned}
\mu_{X_{1,2}}(x) &= \mathrm{Pos}(\{X_{1,2} = x\}) = \mathrm{Pos}(\{X_1 \vee X_2 = x\}) \\
&= \mathrm{Pos}\left(\bigcup_{x_1 \vee x_2 = x} \{X_1 = x_1, X_2 = x_2\}\right) \\
&= \sup_{x_1 \vee x_2 = x} \mathrm{Pos}(\{X_1 = x_1, X_2 = x_2\}).
\end{aligned}$$

根据 X_1 和 X_2 的独立性,

$$\mathrm{Pos}(\{X_1 = x_1, X_2 = x_2\}) = \mathrm{Pos}(\{X_1 = x_1\}) \wedge \mathrm{Pos}(\{X_2 = x_2\})$$
$$= \mu_{X_1}(x_1) \wedge \mu_{X_2}(x_2),$$

其中 $\mu_{X_1}(x_1)$ 和 $\mu_{X_2}(x_2)$ 分别是 X_1 和 X_2 的可能性分布, 并且

$$\mu_{X_1}(x_1) = \begin{cases} 10x_1 - 3, & 0.3 \leqslant x_1 \leqslant 0.4, \\ 5 - 10x_1, & 0.4 < x_1 \leqslant 0.5, \\ 0, & \text{其他}, \end{cases}$$

$$\mu_{X_2}(x_2) = \begin{cases} 1, & x_2 = 1, \\ 0, & \text{其他}. \end{cases}$$

综上计算结果, 可知 $X_{1,2}$ 的可能性分布为

$$\mu_{X_{1,2}}(x) = \sup_{x_1 \vee x_2 = x} (\mu_{X_1}(x_1) \wedge \mu_{X_2}(x_2))$$
$$= \begin{cases} 1, & x = 1, \\ 0, & \text{其他}. \end{cases}$$

注 6.5 一般情况下, 由于 $\tilde{\mathrm{Pos}}(\{\gamma\}), \gamma \in \Gamma$ 的可能性分布很复杂, 使得 $\tilde{\mathrm{Pos}}(A)$ 的可能性分布的解析表达式不易求得. 这时需要采用文献 (Liu, 2005) 中提出的逼近方法去估计具有无限支撑的可能性分布, 有关逼近方法的收敛性参见文献 (Liu, 2006).

例 6.6 令 $\Gamma = (0, 1)$, $\mathcal{A} = \mathcal{P}(\Gamma)$. 定义集函数 $\tilde{\mathrm{Pos}} : \mathcal{P}(\Gamma) \mapsto \mathcal{R}([0, 1])$ 如下:

$$\tilde{\mathrm{Pos}}(\{\gamma\}) = (\gamma^3, \gamma^2, \gamma), \quad \gamma \in \Gamma$$

且对于任意的 $A \in \mathcal{P}(\Gamma)$,

$$\tilde{\mathrm{Pos}}(A) = \sup_{\gamma \in A} \tilde{\mathrm{Pos}}(\{\gamma\}),$$

其中假设 $\{(\gamma^3, \gamma^2, \gamma), \gamma \in \Gamma\}$ 是一族相互独立的正规三角模糊变量, 并且对于固定的 $\gamma \in \Gamma$, $(\gamma^3, \gamma^2, \gamma)$ 的可能性分布为

$$\mu(x) = \begin{cases} \dfrac{x - \gamma^3}{\gamma^2 - \gamma^3}, & \gamma^3 \leqslant x \leqslant \gamma^2, \\ \dfrac{\gamma - x}{\gamma - \gamma^2}, & \gamma^2 \leqslant x \leqslant \gamma, \\ 0, & \text{其他}. \end{cases}$$

则 $\tilde{\mathrm{Pos}}$ 是一个模糊可能性测度, 三元组 $(\Gamma, \mathcal{P}(\Gamma), \tilde{\mathrm{Pos}})$ 是一个模糊可能性空间.

例 6.7　令 $\Gamma = [0, 8]$, $\mathcal{A} = \mathcal{P}(\Gamma)$. 对于任意的 $\gamma \in \Gamma$, 当 $0 \leqslant \gamma \leqslant 6$ 时, $\tilde{\mathrm{Pos}}(\{\gamma\})$ 为下面的三角模糊变量:

$$\left(\frac{\gamma}{6} - \min\left\{ \frac{6-\gamma}{6}, \frac{\gamma}{6} \right\}, \frac{\gamma}{6}, \frac{\gamma}{6} + \min\left\{ \frac{6-\gamma}{6}, \frac{\gamma}{6} \right\} \right).$$

当 $6 < \gamma \leqslant 8$ 时, $\tilde{\mathrm{Pos}}(\{\gamma\})$ 为下面的三角模糊变量:

$$\left(\frac{8-\gamma}{2} - \min\left\{ \frac{8-\gamma}{2}, \frac{\gamma-6}{2} \right\}, \frac{8-\gamma}{2}, \frac{8-\gamma}{2} + \min\left\{ \frac{8-\gamma}{2}, \frac{\gamma-6}{2} \right\} \right),$$

且对于任意的 $A \in \mathcal{P}(\Gamma)$,

$$\tilde{\mathrm{Pos}}(A) = \sup_{\gamma \in A} \tilde{\mathrm{Pos}}(\{\gamma\}),$$

这里假设 $\{\tilde{\mathrm{Pos}}(\{\gamma\}), \gamma \in [0, 8]\}$ 是一族相互独立的正规三角模糊变量, 则集函数 $\tilde{\mathrm{Pos}} : \mathcal{P}(\Gamma) \mapsto \mathcal{R}([0, 1])$ 是一个模糊可能性测度, 三元组 $(\Gamma, \mathcal{P}(\Gamma), \tilde{\mathrm{Pos}})$ 是一个模糊可能性空间. 图 6.1 给出了 $\gamma = 1.5, 3, 4.5$ 时 $\tilde{\mathrm{Pos}}(\{\gamma\})$ 的可能性分布函数.

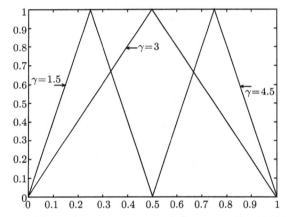

图 6.1　例 6.7 中 $\gamma = 1.5, 3, 4.5$ 时 $\tilde{\mathrm{Pos}}(\{\gamma\})$ 的可能性分布

6.2　2- 型模糊变量

在本节中, 将给出 2- 型模糊变量、第二可能性分布函数、2- 型可能性分布函数和支撑的概念. 由模糊可能性空间可得到 $\Re^m$ 上的 2- 型模糊集的定义, 我们称之为 2- 型模糊向量, 它是模糊可能性理论中重要的概念之一. 其定义如下:

定义 6.5 (Liu Z Q, Liu Y K, 2010)　假设 $(\Gamma, \mathcal{A}, \tilde{\mathrm{Pos}})$ 是一个模糊可能性空间. 如果对于任意的 $x \in \Re^m$, 集合 $\{\gamma \in \Gamma \mid \boldsymbol{\xi}(\gamma) \leqslant x\}$ 是 $\mathcal{A}$ 中的一个元素, 即

$$\{\gamma \in \Gamma \mid \boldsymbol{\xi}(\gamma) \leqslant x\} = \{\gamma \in \Gamma \mid \xi_1(\gamma) \leqslant x_1, \cdots, \xi_m(\gamma) \leqslant x_m\} \in \mathcal{A}, \tag{6.4}$$

则称映射 $\boldsymbol{\xi} = (\xi_1, \xi_2, \cdots, \xi_m) : \Gamma \mapsto \Re^m$ 是一个 m 维的 2-型模糊向量.

当 $m = 1$ 时, 则称映射 $\xi : \Gamma \mapsto \Re$ 为一个 2-型模糊变量.

注 6.6 如果用幂集 $\mathcal{P}(\Gamma)$ 代替备域 $\mathcal{A}$, 即 $\mathcal{A} = \mathcal{P}(\Gamma)$, 则定义中的条件 (6.4) 显然成立.

注 6.7 2-型模糊变量是一个与双模糊变量 (Zhou, Liu, 2004) 完全不同的概念. 前者是一个由模糊可能性空间到实数集的映射, 它取某个实数值的可能性是一个正规模糊变量; 而后者是一个由可能性空间到模糊变量集合的映射, 它取值为某个模糊变量的可能性是区间 $[0,1]$ 中的一个值. 下面给出一个例子来比较这两个概念.

例 6.8 下面的 2-型模糊变量

$$\xi_1(\gamma) = \begin{cases} 1, & \text{可能性为 } (0.3, 0.6, 0.8), \\ 3, & \text{可能性为 } (0.9, 0.95, 1), \\ 5, & \text{可能性为 } (0.6, 0.7, 0.8), \end{cases}$$

取值 $1, 3$ 和 5 的可能性分别为 $(0.3, 0.6, 0.8), (0.9, 0.95, 1)$ 和 $(0.6, 0.7, 0.8)$; 而下面双模糊变量

$$\xi_2(\gamma) = \begin{cases} (0, 1, 3), & \text{可能性为 } 0.6, \\ (2, 3, 5), & \text{可能性为 } 1, \\ (4, 5, 6), & \text{可能性为 } 0.7, \end{cases}$$

取值为模糊变量 $(0, 1, 3), (2, 3, 5)$ 和 $(4, 5, 6)$ 的可能性分别为 $0.6, 1$ 和 0.7.

在文献 (Mendel, John, 2002) 中, 2-型模糊集通常是由 2-型隶属函数来定义的; 而在模糊可能性理论中, 2-型可能性分布定义如下:

定义 6.6 (Liu Z Q, Liu Y K, 2010) 设 $\boldsymbol{\xi} = (\xi_1, \xi_2, \cdots, \xi_m)$ 是定义在模糊可能性空间 $(\Gamma, \mathcal{A}, \tilde{\mathrm{Pos}})$ 上的一个 2-型模糊向量. $\boldsymbol{\xi}$ 的第二可能性分布函数, 记为 $\tilde{\mu}_{\boldsymbol{\xi}}(x)$, 是一个由 $\Re^m$ 到集合 $\mathcal{R}[0,1]$ 上的映射, 且满足

$$\tilde{\mu}_{\boldsymbol{\xi}}(x) = \tilde{\mathrm{Pos}}\{\gamma \in \Gamma \mid \xi(\gamma) = x\}, \quad x \in \Re^m. \tag{6.5}$$

同时 $\boldsymbol{\xi}$ 的 2-型可能性分布函数, 记为 $\mu_{\boldsymbol{\xi}}(x, u)$, 是一个由 $\Re^m \times J_x$ 到 $[0,1]$ 上的映射, 且满足

$$\mu_{\boldsymbol{\xi}}(x, u) = \mathrm{Pos}\{\tilde{\mu}_{\boldsymbol{\xi}}(x) = u\}, (x, u) \in \Re^m \times J_x, \tag{6.6}$$

其中 Pos 是一个由 $\tilde{\mu}_{\boldsymbol{\xi}}(x)$ 的分布诱导出的可能性测度, $J_x \subset [0,1]$ 是 $\tilde{\mu}_{\boldsymbol{\xi}}(x)$ 的支撑, 即 $J_x = \{u \in [0,1] \mid \mu_{\boldsymbol{\xi}}(x, u) > 0\}$.

2-型模糊向量 $\boldsymbol{\xi} = (\xi_1, \xi_2, \cdots, \xi_m)$ 的第二可能性分布函数和 2-型可能性分布函数分别称为 $\xi_i, i = 1, 2, \cdots, m$ 的第二联合可能性分布函数和 2-型联合可能性分布函数.

注 6.8　　2- 型模糊变量和 2- 型可能性分布是基于函数论的方法来研究 2- 型模糊性, 这有助于我们采用现代数学工具去研究模糊可能性理论. 例如, 通过 2- 型模糊向量 ξ, 可以把对抽象空间 $(\Gamma, \mathcal{A}, \tilde{\mathrm{Pos}})$ 的研究转化为对具体空间 $(\Re^m, \mathcal{P}(\Re^m), \tilde{\Pi})$ 的研究, 其中 $\tilde{\Pi}$ 是由 ξ 通过下式

$$\tilde{\Pi}(A) = \tilde{\mathrm{Pos}}(\{\gamma \in \Gamma \mid \xi(\gamma) \in A\}), \quad A \in \mathcal{P}(\Re^m)$$

诱导出的 $\mathcal{P}(\Re^m)$ 上的模糊可能性测度. 显然, 与抽象乘积模糊可能性空间相比, 空间 $(\Re^m, \mathcal{P}(\Re^m), \tilde{\Pi})$ 更容易理解和应用, 且便于使用实分析的方法来研究 2- 型模糊性.

定义 6.7（Liu Z Q, Liu Y K, 2010）　2- 型模糊向量 ξ 的支撑定义为

$$\mathrm{supp}\,\boldsymbol{\xi} = \{(x, u) \in \Re^m \times [0, 1] \mid \mu_{\boldsymbol{\xi}}(x, u) > 0\}, \tag{6.7}$$

其中 $\mu_{\boldsymbol{\xi}}(x, u)$ 是 $\boldsymbol{\xi}$ 的 2- 型可能性分布函数.

注 6.9　　2- 型模糊向量 $\boldsymbol{\xi}$ 的支撑这一概念与 2- 型模糊集的迹 (footprint) 的概念相似, 后一概念可参见文献 (Mendel, John, 2002).

例 6.9　　假设 $(\Gamma, \mathcal{P}(\Gamma), \tilde{\mathrm{Pos}})$ 是例 6.7 中定义的模糊可能性空间. 如果定义函数 $\xi : \Gamma \mapsto \Re$ 为

$$\xi(\gamma) = \gamma^2,$$

则 ξ 是一个 2- 型模糊变量, 它的第二可能性分布函数按如下方法确定.

当 $x \in [0, 36]$ 时, 有

$$\begin{aligned}
\tilde{\mu}_{\xi}(x) &= \tilde{\mathrm{Pos}}\{\gamma \in \Gamma \mid \xi(\gamma) = x\} \\
&= \tilde{\mathrm{Pos}}\{\gamma \in \Gamma \mid \gamma^2 = x\} \\
&= \tilde{\mathrm{Pos}}\{\gamma \in \Gamma \mid \gamma = \sqrt{x}\} \\
&= \tilde{\mathrm{Pos}}(\{\sqrt{x}\}).
\end{aligned}$$

由例 6.7 中 $\tilde{\mathrm{Pos}}$ 的定义, 可知 $\tilde{\mu}_{\xi}(x)$ 是下面的正规三角模糊变量

$$\left(\frac{\sqrt{x}}{6} - \min\left\{ \frac{6 - \sqrt{x}}{6}, \frac{\sqrt{x}}{6} \right\}, \frac{\sqrt{x}}{6}, \frac{\sqrt{x}}{6} + \min\left\{ \frac{6 - \sqrt{x}}{6}, \frac{\sqrt{x}}{6} \right\} \right).$$

同样地, 当 $x \in [36, 64]$ 时, 可推出 $\tilde{\mu}_{\xi}(x)$ 是下面的正规三角模糊变量

$$\left(\frac{8 - \sqrt{x}}{2} - \min\left\{ \frac{8 - \sqrt{x}}{2}, \frac{\sqrt{x} - 6}{2} \right\}, \frac{8 - \sqrt{x}}{2}, \frac{8 - \sqrt{x}}{2} + \min\left\{ \frac{8 - \sqrt{x}}{2}, \frac{\sqrt{x} - 6}{2} \right\} \right).$$

当 $x \notin [0, 64]$ 时, $\tilde{\mu}_{\xi}(x)$ 是 $\tilde{0}$.

此外, ξ 的 2- 型可能性分布函数按下式计算

$$\mu_\xi(x, u) = \mathrm{Pos}\{\tilde{\mu}_\xi(x) = u\},$$

其中 Pos 是一个由 $\tilde{\mu}_\xi(x)$ 诱导出的可能性测度. 计算过程分为以下四种情况.

情况 1 $x \in [0, 36]$, 且

$$u \in \left[\frac{\sqrt{x}}{6} - \min\left\{\frac{6 - \sqrt{x}}{6}, \frac{\sqrt{x}}{6}\right\}, \frac{\sqrt{x}}{6}\right].$$

由 $\tilde{\mu}_\xi(x)$ 的分布, $\tilde{\mu}_\xi(x)$ 取 u 值的可能性是

$$\mu_\xi(x, u) = \frac{u - \dfrac{\sqrt{x}}{6} + \min\left\{\dfrac{6 - \sqrt{x}}{6}, \dfrac{\sqrt{x}}{6}\right\}}{\min\left\{\dfrac{6 - \sqrt{x}}{6}, \dfrac{\sqrt{x}}{6}\right\}}.$$

情况 2 $x \in [0, 36]$, 且

$$u \in \left(\frac{\sqrt{x}}{6}, \frac{\sqrt{x}}{6} + \min\left\{\frac{6 - \sqrt{x}}{6}, \frac{\sqrt{x}}{6}\right\}\right].$$

此时, $\tilde{\mu}_\xi(x)$ 取 u 值的可能性是

$$\mu_\xi(x, u) = \frac{\dfrac{\sqrt{x}}{6} + \min\left\{\dfrac{6 - \sqrt{x}}{6}, \dfrac{\sqrt{x}}{6}\right\} - u}{\min\left\{\dfrac{6 - \sqrt{x}}{6}, \dfrac{\sqrt{x}}{6}\right\}}.$$

情况 3 $x \in [36, 64]$, 且

$$u \in \left[\frac{8 - \sqrt{x}}{2} - \min\left\{\frac{8 - \sqrt{x}}{2}, \frac{\sqrt{x} - 6}{2}\right\}, \frac{8 - \sqrt{x}}{2}\right].$$

由 $\tilde{\mu}_\xi(x)$ 的分布, $\tilde{\mu}_\xi(x)$ 取 u 值的可能性是

$$\mu_\xi(x, u) = \frac{u - \dfrac{8 - \sqrt{x}}{2} + \min\left\{\dfrac{8 - \sqrt{x}}{2}, \dfrac{\sqrt{x} - 6}{2}\right\}}{\min\left\{\dfrac{8 - \sqrt{x}}{2}, \dfrac{\sqrt{x} - 6}{2}\right\}}.$$

情形 4 $x \in [36, 64]$, 且

$$u \in \left(\frac{8 - \sqrt{x}}{2}, \frac{8 - \sqrt{x}}{2} + \min\left\{\frac{8 - \sqrt{x}}{2}, \frac{\sqrt{x} - 6}{2}\right\}\right].$$

此时, $\tilde{\mu}_\xi(x)$ 取 u 值的可能性是

$$\mu_\xi(x, u) = \frac{\dfrac{8 - \sqrt{x}}{2} + \min\left\{\dfrac{8 - \sqrt{x}}{2}, \dfrac{\sqrt{x} - 6}{2}\right\} - u}{\min\left\{\dfrac{8 - \sqrt{x}}{2}, \dfrac{\sqrt{x} - 6}{2}\right\}}.$$

有关 2- 型模糊变量 ξ 的支撑, 如图 6.2 所示.

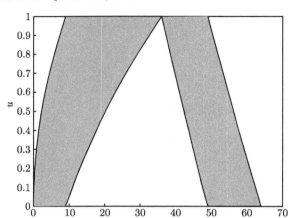

图 6.2　例 6.9 中 2 型模糊变量 ξ 的支撑

6.3　2- 型边缘可能性分布

当谈及 2- 型模糊向量, 通常是指: ①它是定义在某个模糊可能性空间上的向量; ②它的第二可能性分布和 2- 型可能性分布是已知的. 在本节中, 我们将通过可能性分布来刻画 2- 型模糊向量的性质.

假设 $\boldsymbol{\xi} = (\xi_1, \xi_2, \cdots, \xi_m)$ 是一个定义在模糊可能性空间 $(\Gamma, \mathcal{A}, \tilde{\mathrm{Pos}})$ 上的 2- 型模糊向量. 由定义 6.6, ξ 的第二可能性分布函数为

$$\tilde{\mu}_{\boldsymbol{\xi}}(x_1, x_2, \cdots, x_m) = \tilde{\mathrm{Pos}}\{\gamma \in \Gamma \mid \xi_1(\gamma) = x_1, \cdots, \xi_m(\gamma) = x_m\},$$

其中 $(x_1, x_2, \cdots, x_m) \in \Re^m$. 下面要研究的问题是 ξ_i, $i = 1, 2, \cdots, m$ 的第二可能性分布该如何确定. 一般地, $\boldsymbol{\xi}$ 的子向量的第二可能性分布该如何确定. 称 $\boldsymbol{\xi}$ 的子向量的第二可能性分布为第二边缘可能性分布. 下面, 根据联合分布 $\tilde{\mu}_{\boldsymbol{\xi}}(x_1, x_2, \cdots, x_m)$ 来表示 $\xi_i, i = 1, 2, \cdots, m$ 的第二边缘可能性分布.

当 $1 \leqslant r \leqslant m$ 且 $1 \leqslant i_1 < i_2 < \cdots < i_r \leqslant m$ 时, 有

$$\{\gamma \in \Gamma \mid \xi_{i_1}(\gamma) = x_{i_1}, \xi_{i_2}(\gamma) = x_{i_2}, \cdots, \xi_{i_r}(\gamma) = x_{i_r}\}$$
$$= \bigcup_{x_{j_1}, x_{j_2}, \cdots, x_{j_{m-r}}} \{\gamma \in \Gamma \mid \xi_1(\gamma) = x_1, \xi_2(\gamma) = x_2, \cdots, \xi_m(\gamma) = x_m\} \in \mathcal{A},$$

如此可得 $(\xi_{i_1}, \xi_{i_2}, \cdots, \xi_{i_r})$ 是模糊可能性空间 $(\Gamma, \mathcal{A}, \tilde{\mathrm{Pos}})$ 上的一个 2- 型模糊向量. 此外, 由于对于任意的 $(x_1, x_2, \cdots, x_m) \in \Re^m$, $\{\gamma \in \Gamma \mid \xi_1(\gamma) = x_1, \xi_2(\gamma) = x_2, \cdots, \xi_m(\gamma) = x_m\}$ 是 $\mathcal{A}$ 的一个事件. 因此, 可得如下定义.

定义 6.8 (Liu Z Q, Liu Y K, 2010) 假设 $\xi = (\xi_1, \xi_2, \cdots, \xi_m)$ 是一个定义在 $(\Gamma, \mathcal{A}, \tilde{\mathrm{Pos}})$ 上的 2-型模糊向量. 对于任意 $1 \leqslant r \leqslant m$ 和 $1 \leqslant i_1 < i_2 < \cdots < i_r \leqslant m$, ξ 关于 $(\xi_{i_1}, \xi_{i_2}, \cdots, \xi_{i_r})$ 的第二边缘可能性分布函数定义为：对于任意 $(x_{i_1}, \cdots, x_{i_r}) \in \Re^r$, 有

$$
\begin{aligned}
&\tilde{\mu}_{(\xi_{i_1}, \xi_{i_2}, \cdots, \xi_{i_r})}(x_{i_1}, x_{i_2}, \cdots, x_{i_r}) \\
&= \sup_{x_{j_1}, x_{j_2}, \cdots, x_{j_{m-r}}} \tilde{\mathrm{Pos}}\{\gamma \in \Gamma \mid \xi_1(\gamma) = x_1, \xi_2(\gamma) = x_2, \cdots, \xi_m(\gamma) = x_m\} \\
&= \sup_{x_{j_1}, x_{j_2}, \cdots, x_{j_{m-r}}} \tilde{\mu}_{\xi}(x_1, x_2, \cdots, x_m),
\end{aligned}
\tag{6.8}
$$

其中 $\{j_1, \cdots, j_{m-r}\} = \{1, \cdots, m\} \backslash \{i_1, \cdots, i_r\}$, $\sup_{x_{j_1}, \cdots, x_{j_{m-r}}}$ 是 $\tilde{\mu}_{\xi}(x_1, \cdots, x_m)$ 在 $\Re^{m-r}$ 上的上确界.

此外, ξ 关于 $(\xi_{i_1}, \cdots, \xi_{i_r})$ 的 2-型边缘可能性分布定义为:对于任意 $(x_{i_1}, \cdots, x_{i_r}, u) \in \Re^{m-r} \times J_{(x_{i_1}, \cdots, x_{i_r})}$, 有

$$
\begin{aligned}
&\mu_{(\xi_{i_1}, \xi_{i_2}, \cdots, \xi_{i_r})}(x_{i_1}, x_{i_2}, \cdots, x_{i_r}, u) \\
&= \mathrm{Pos}\left\{\tilde{\mu}_{(\xi_{i_1}, \xi_{i_2}, \cdots, \xi_{i_r})}(x_{i_1}, x_{i_2}, \cdots, x_{i_r}) = u\right\},
\end{aligned}
\tag{6.9}
$$

其中 Pos 是一个由 $\tilde{\mu}_{(\xi_{i_1}, \cdots, \xi_{i_r})}(x_{i_1}, \cdots, x_{i_r})$ 的分布诱导出的可能性测度, $J_{(x_{i_1}, \cdots, x_{i_r})} \subset [0, 1]$ 是 $\tilde{\mu}_{(\xi_{i_1}, \cdots, \xi_{i_r})}(x_{i_1}, \cdots, x_{i_r})$ 的支撑.

下面举例说明如何求第二边缘可能性分布.

例 6.10 设 $(\Gamma, \mathcal{P}(\Gamma), \tilde{\mathrm{Pos}})$ 是例 6.5 中定义的模糊可能性空间. 定义映射 $\xi = (\xi_1, \xi_2) : \Gamma \mapsto \Re^2$ 为

$$
\xi(\gamma) = \begin{cases}
(-6, 1), & \text{当 } \gamma = \gamma_1, \\
(-5, 2), & \text{当 } \gamma = \gamma_2, \\
(-4, 1), & \text{当 } \gamma = \gamma_3,
\end{cases}
$$

则 ξ 是一个 2-型模糊向量. 下面分别求出 ξ 关于 ξ_1 和 ξ_2 的第二边缘可能性分布.

首先, 对于 $(x_1, x_2) \in \Re^2$, 由定义 6.5, ξ 的第二可能性分布为

$$
\tilde{\mu}_{\xi}(x_1, x_2) = \tilde{\mathrm{Pos}}\{\gamma \in \Gamma \mid \xi_1(\gamma) = x_1, \xi_2(\gamma) = x_2\}.
$$

当 $(x_1, x_2) = (-6, 1)$ 时, 有

$$
\tilde{\mu}_{\xi}(-6, 1) = \tilde{\mathrm{Pos}}\{\gamma \mid \xi_1(\gamma) = -6, \xi_2(\gamma) = 1\}.
$$

根据 ξ_1 和 ξ_2 的定义, 得 $\xi_1(\gamma_1) = -6$, $\xi_2(\gamma_1) = 1$. 再根据 $\tilde{\mathrm{Pos}}$ 的定义, 有

$$
\tilde{\mu}_{\xi}(-6, 1) = \tilde{\mathrm{Pos}}(\{\gamma_1\}) = (0.3, 0.4, 0.5).
$$

同理可得

$$\tilde{\mu}_{\boldsymbol{\xi}}(x_1, x_2) = \begin{cases} (0.3, 0.4, 0.5), & (x_1, x_2) = (-6, 1), \\ \tilde{1}, & (x_1, x_2) = (-5, 2), \\ (0.5, 0.6, 0.7), & (x_1, x_2) = (-4, 1), \\ \tilde{0}, & \text{其他}. \end{cases}$$

由 (ξ_1, ξ_2) 的取值分别为 $(-6, 1), (-5, 2)$ 和 $(-4, 1)$, 可得 ξ_1 的取值分别为 $-6, -5$ 和 -4, 同时 ξ_2 在集合 $\{1, 2\}$ 中取值.

首先计算 $\boldsymbol{\xi}$ 关于 ξ_1 的第二边缘可能性分布函数 $\tilde{\mu}_{\xi_1}(t_1)$. 由定义 6.8, 有

$$\tilde{\mu}_{\xi_1}(t_1) = \sup_{t_2 \in \Re} \tilde{\mathrm{Pos}} \{\gamma \mid \xi_1(\gamma) = t_1, \xi_2(\gamma) = t_2\}.$$

若 $t_1 = -6$, 则当 $t_2 = 1$ 时有

$$\{\gamma \mid \xi_1(\gamma) = -6, \xi_2(\gamma) = t_2\} = \{\gamma_1\};$$

当 $t_2 \neq 1$ 时, 有

$$\{\gamma \mid \xi_1(\gamma) = -6, \xi_2(\gamma) = t_2\} = \varnothing.$$

因此, 可得

$$\begin{aligned} \tilde{\mu}_{\xi_1}(-6) &= \sup_{t_2 \in \Re} \tilde{\mathrm{Pos}} \{\gamma \mid \xi_1(\gamma) = -6, \xi_2(\gamma) = t_2\} \\ &= \tilde{\mathrm{Pos}}(\{\gamma_1\}) = (0.3, 0.4, 0.5). \end{aligned}$$

同理可得

$$\tilde{\mu}_{\xi_1}(-5) = \tilde{\mathrm{Pos}}(\{\gamma_2\}) = \tilde{1},$$

$$\tilde{\mu}_{\xi_1}(-4) = \tilde{\mathrm{Pos}}(\{\gamma_3\}) = (0.5, 0.6, 0.7).$$

综上所述,

$$\tilde{\mu}_{\xi_1}(x_1) = \begin{cases} (0.3, 0.4, 0.5), & x_1 = -6, \\ \tilde{1}, & x_1 = -5, \\ (0.5, 0.6, 0.7), & x_1 = -4, \\ \tilde{0}, & \text{其他}. \end{cases} \tag{6.10}$$

进一步可得 ξ 关于 ξ_2 的第二边缘可能性分布为

$$\tilde{\mu}_{\xi_2}(x_2) = \begin{cases} (0.5, 0.6, 0.7), & x_2 = 1, \\ \tilde{1}, & x_2 = 2, \\ \tilde{0}, & \text{其他}. \end{cases} \tag{6.11}$$

6.4 2- 型模糊变量独立性

在本节中, 我们将通过可能性分布研究 2- 型模糊向量的性质. 确切地说, 设 $\xi_i, i = 1, 2, \cdots, m$ 是定义在 $(\Gamma, \mathcal{A}, \tilde{\mathrm{Pos}})$ 上的 2- 型模糊变量, 并且假设 $\xi_i, i = 1, 2, \cdots, m$ 的第二可能性分布已知. 下面要讨论如何根据边缘分布来确定 2- 型模糊向量 $(\xi_1, \xi_2, \cdots, \xi_m)$ 的第二联合可能性分布函数.

一般地, 在明确一个 2- 型模糊向量第二边缘可能性分布函数之间的关系之前, 第二联合可能性分布是不能由第二边缘可能性分布确定的. 例 6.10 就是这样的一个例子. 但是当 2- 型模糊变量相互独立时, 它们的第二边缘可能性分布就可以确定第二联合可能性分布. 因此, 为了刻画 2- 型模糊变量的关系, 就需要引入 2- 型模糊变量独立性的概念.

定义 6.9 (Liu Z Q, Liu Y K, 2010) 假设 $\xi_i, i = 1, 2, \cdots, m$ 是定义在模糊可能性空间 $(\Gamma, \mathcal{A}, \tilde{\mathrm{Pos}})$ 上的 2- 型模糊变量. 若对于任意的 $B_i \subset \Re, i = 1, 2, \cdots, m$ 有

$$\tilde{\mathrm{Pos}}\left(\{\gamma \mid \xi_1(\gamma) \in B_1, \cdots, \xi_m(\gamma) \in B_m\}\right) = \min_{1 \leqslant i \leqslant m} \tilde{\mathrm{Pos}}\left(\{\gamma \mid \xi_i(\gamma) \in B_i\}\right), \quad (6.12)$$

其中 $\tilde{\mathrm{Pos}}(\{\gamma \in \Gamma \mid \xi_i(\gamma) \in B_i\}), i = 1, 2, \cdots, m$ 是相互独立的正规模糊变量, 则称 $\xi_i, i = 1, 2, \cdots, m$ 是相互独立的.

此外, 如果对于任意整数 $m \geqslant 2$ 和 $i_1 < i_2 < \cdots < i_m$, 2- 型模糊变量 $\xi_{i_k}, k = 1, 2, \cdots, m$ 是相互独立的, 则称 2- 型模糊变量族 $\{\xi_i \mid i \in I\}$ 为相互独立的.

注 6.10 由 2- 型模糊变量相互独立的定义可知

(1) 通过取小算子, 由 $\tilde{\mathrm{Pos}}(\{\gamma \in \Gamma \mid \xi_i(\gamma) \in B_i\}), i = 1, 2, \cdots, m$ 的取值决定 $\tilde{\mathrm{Pos}}(\{\gamma \in \Gamma \mid \xi_1(\gamma) \in B_1, \cdots, \xi_m(\gamma) \in B_m\})$ 的值.

(2) 当 $\tilde{\mathrm{Pos}}\{\gamma \in \Gamma \mid \xi_i(\gamma) \in B_i\}, i = 1, 2, \cdots, m$ 相互独立时, 其可能性分布决定 $\tilde{\mathrm{Pos}}(\{\gamma \in \Gamma \mid \xi_1(\gamma) \in B_1, \xi_2(\gamma) \in B_2, \cdots, \xi_m(\gamma) \in B_m\})$ 的可能性分布.

为了更好地理解 2- 型模糊变量相互独立的概念, 我们给出下面的例子.

例 6.11 设 ξ_1 和 ξ_2 是相互独立的 2- 型模糊变量, 它们的第二可能性分布函数分别由公式 (6.10) 和式 (6.11) 确定. 求 $\xi = (\xi_1, \xi_2)$ 的第二联合可能性分布函数.

因为 ξ_1 分别取值 $-6, -5$ 和 -4, ξ_2 分别取值 1 和 2, 所以可知 (ξ_1, ξ_2) 在集合

$$\{(-6, 1), (-5, 1), (-4, 1), (-6, 2), (-5, 2), (-4, 2)\}$$

中取值.

首先计算 (ξ_1, ξ_2) 取值 $(-6, 1)$ 的可能性. 由定义 6.9 知

$$\tilde{\mu}_{\xi_1, \xi_2}(-6, 1) = \tilde{\mathrm{Pos}}\{\gamma \mid \xi_1(\gamma) = -6, \xi_2(\gamma) = 1\}.$$

由于 ξ_1 和 ξ_2 是相互独立的 2- 型模糊变量, 可得

$$\tilde{\text{Pos}}\{\gamma \mid \xi_1(\gamma) = -6, \xi_2(\gamma) = 1\} = \tilde{\text{Pos}}\{\gamma \mid \xi_1(\gamma) = -6\} \wedge \tilde{\text{Pos}}\{\gamma \mid \xi_2(\gamma) = 1\},$$

即 $\tilde{\mu}_{\xi_1,\xi_2}(-6,1) = \tilde{\mu}_{\xi_1}(-6) \wedge \tilde{\mu}_{\xi_2}(1)$. 为了讨论方便, 分别用 X_1, $X_{1,1}$ 和 $X_{1,2}$ 表示 $\tilde{\mu}_{\xi_1,\xi_2}(-6,1)$, $\tilde{\mu}_{\xi_1}(-6)$ 和 $\tilde{\mu}_{\xi_2}(1)$, 则有 $X_1 = X_{1,1} \wedge X_{1,2}$, 其中 $X_{1,1}$ 和 $X_{1,2}$ 的可能性分布分别为

$$\mu_{X_{1,1}}(s) = \begin{cases} 10s - 3, & 0.3 \leqslant s \leqslant 0.4, \\ 5 - 10s, & 0.4 < s \leqslant 0.5, \\ 0, & \text{其他}, \end{cases}$$

$$\mu_{X_{1,2}}(t) = \begin{cases} 10t - 5, & 0.5 \leqslant t \leqslant 0.6, \\ 7 - 10t, & 0.6 < t \leqslant 0.7, \\ 0, & \text{其他}. \end{cases}$$

X_1 的可能性分布为

$$\begin{aligned} \mu_{X_1}(x_1) &= \text{Pos}\left(\{X_1 = x_1\}\right) = \text{Pos}\left(\{X_{1,1} \wedge X_{1,2} = x_1\}\right) \\ &= \text{Pos}\left(\bigcup_{s \wedge t = x_1} \{X_{1,1} = s, X_{1,2} = t\}\right) \\ &= \sup_{s \wedge t = x_1} \text{Pos}(\{X_{1,1} = s, X_{1,2} = t\}). \end{aligned}$$

由 $X_{1,1}$ 和 $X_{1,2}$ 相互独立可知

$$\begin{aligned} &\text{Pos}\left(\{X_{1,1} = s, X_{1,2} = t\}\right) \\ &= \text{Pos}\left(\{X_{1,1} = s\}\right) \wedge \text{Pos}\left(\{X_{1,2} = t\}\right) \\ &= \mu_{X_{1,1}}(s) \wedge \mu_{X_{1,2}}(t). \end{aligned}$$

因此, $\tilde{\mu}_{\xi_1,\xi_2}(-6,1)$ 的可能性分布为

$$\begin{aligned} \mu_{X_1}(x_1) &= \sup_{s \wedge t = x_1} \left(\mu_{X_{1,1}}(s) \wedge \mu_{X_{1,2}}(t)\right) \\ &= \begin{cases} 10x_1 - 3, & 0.3 \leqslant x_1 \leqslant 0.4, \\ 5 - 10x_1, & 0.4 < x_1 \leqslant 0.5, \\ 0, & \text{其他}. \end{cases} \end{aligned}$$

同理, 可得如下的计算结果. $\tilde{\mu}_{\xi_1,\xi_2}(-6,2)$ 的可能性分布为

$$\mu_{X_2}(x_2) = \begin{cases} 10x_2 - 3, & 0.3 \leqslant x_2 \leqslant 0.4, \\ 5 - 10x_2, & 0.4 < x_2 \leqslant 0.5, \\ 0, & \text{其他}. \end{cases}$$

$\tilde{\mu}_{\xi_1,\xi_2}(-5,1)$ 的可能性分布为

$$\mu_{Y_1}(y_1) = \begin{cases} 10y_1 - 5, & 0.5 \leqslant y_1 \leqslant 0.6, \\ 7 - 10y_1, & 0.6 < y_1 \leqslant 0.7, \\ 0, & \text{其他}. \end{cases}$$

$\tilde{\mu}_{\xi_1,\xi_2}(-5, 2)$ 的可能性分布为

$$\mu_{Y_2}(y_2) = \begin{cases} 1, & y_2 = 1, \\ 0, & \text{其他}, \end{cases}$$

即 $\tilde{\mu}_{\xi_1,\xi_2}(-5, 2)$ 是正规模糊变量 $\tilde{1}$.

$\tilde{\mu}_{\xi_1,\xi_2}(-4, 1)$ 的可能性分布为

$$\mu_{Z_1}(z_1) = \begin{cases} 10z_1 - 5, & 0.5 \leqslant z_1 \leqslant 0.6, \\ 7 - 10z_1, & 0.6 < z_1 \leqslant 0.7, \\ 0, & \text{其他}. \end{cases}$$

$\tilde{\mu}_{\xi_1,\xi_2}(-4, 2)$ 可能性分布为

$$\mu_{Z_2}(z_1) = \begin{cases} 10z_2 - 5, & 0.5 \leqslant z_2 \leqslant 0.6, \\ 7 - 10z_2, & 0.6 < z_2 \leqslant 0.7, \\ 0, & \text{其他}. \end{cases}$$

综上所述, ξ 的第二联合可能性分布为

$$\tilde{\mu}_\xi(x_1, x_2) = \begin{cases} X_1, & (x_1, x_2) = (-6, 1), \\ X_2, & (x_1, x_2) = (-6, 2), \\ Y_1, & (x_1, x_2) = (-5, 1), \\ \tilde{1}, & (x_1, x_2) = (-5, 2), \\ Z_1, & (x_1, x_2) = (-4, 1), \\ Z_2, & (x_1, x_2) = (-4, 2), \\ \tilde{0}, & \text{其他}, \end{cases}$$

其中 X_1, X_2, Y_1, Z_1 和 Z_2 的可能性分布已在前面给出.

6.5　乘积模糊可能性测度

在本节中, 我们将介绍模糊可能性理论中乘积模糊可能性空间的概念, 这一理论将用于讨论 2- 型模糊变量的运算.

假设 $\Gamma_k, k = 1, 2, \cdots, n$ 是 n 个 $(n \geqslant 2)$ 非空集合, 则称

$$\prod_{k=1}^n \Gamma_k = \{(\gamma_1, \cdots, \gamma_n) \mid \gamma_k \in \Gamma_k, k \leqslant n\} \tag{6.13}$$

为这 n 个集合的乘积. 有时也称集合 Γ_k 为空间, 那么 $\prod_{k=1}^{n} \Gamma_k$ 就称为乘积空间. 乘积空间中的每一个元素都是一个 n 维向量 $(\gamma_1, \gamma_2, \cdots, \gamma_n)$. 因此, 映射

$$f : \prod_{k=1}^{n} \Gamma_k \mapsto \Omega$$

是 Ω 上的一个 n 维映射,

$$f = f(\underbrace{\cdot, \cdots, \cdot}_{n\text{个}}) = \{f(\gamma_1, \cdots, \gamma_n) \mid \gamma_k \in \Gamma_k, k \leqslant n\}.$$

同时 $g : \Omega \mapsto \prod_{k=1}^{n} \Gamma_k$ 是由 n 个映射构成的向量 $g = (g_1, g_2, \cdots, g_n)$.

假设对于 $k = 1, 2, \cdots, n$, $\mathcal{A}_k$ 分别是 Γ_k 上的备域, 则如下类型的集合

$$\mathcal{D} = \left\{ \prod_{k=1}^{n} A_k \mid \mathcal{A}_k \ni A_k \text{ 原子}, k = 1, 2, \cdots, n \right\} \tag{6.14}$$

称为由备域 $\mathcal{A}_k, k = 1, 2, \cdots, n$ 确定的可测原子矩形. 由 $\mathcal{D}$ 生成的备域

$$\prod_{k=1}^{n} \mathcal{A}_k = \mathcal{A}(\mathcal{D}) \tag{6.15}$$

称为 $\mathcal{A}_k,\ k = 1, 2, \cdots, n$ 的乘积备域.

下面我们讨论 $(\Gamma_k, \mathcal{A}_k, \tilde{\mathrm{Pos}}_k), k = 1, 2, \cdots, n$ 的乘积模糊可能性空间. 为此, 定义一个取值为 RFV 的集函数 $\tilde{\Pi}$ 为

$$\tilde{\Pi}(A) = \min_{k=1}^{n} \tilde{\mathrm{Pos}}_k(A_k), \quad A = \prod_{k=1}^{n} A_k \in \mathcal{D}, \tag{6.16}$$

其中集合 $\{(\tilde{\mathrm{Pos}}_1(A_1), \cdots, \tilde{\mathrm{Pos}}_n(A_n)) \mid \text{原子 } A_k \in \mathcal{A}_k, k \leqslant n \}$ 中的正规模糊向量是相互独立的.

定理 6.1 (Liu Z Q, Liu Y K, 2010)　由公式 (6.16) 定义的取值为 RFV 的集函数 $\tilde{\Pi}$ 可以唯一地扩张到乘积备域 $\prod_{k=1}^{n} \mathcal{A}_k$ 上的模糊可能性测度 $\tilde{\mathrm{Pos}}$.

证明　对于任意的 $A \in \prod_{k=1}^{n} \mathcal{A}_k$, 定义

$$\begin{aligned}
\tilde{\mathrm{Pos}}(A) &= \sup_{\gamma \in A} \tilde{\Pi}([\gamma_1]_{\mathcal{A}_1} \times [\gamma_2]_{\mathcal{A}_2} \times \cdots \times [\gamma_n]_{\mathcal{A}_n}) \\
&= \sup_{\gamma \in A} \min_{k=1}^{n} \tilde{\mathrm{Pos}}_k([\gamma_k]_{\mathcal{A}_k}),
\end{aligned}$$

其中 $\gamma = (\gamma_1, \gamma_2, \cdots, \gamma_n)$, $\gamma_k \in \Gamma_k$, 且 $[\gamma_k]_{\mathcal{A}_k}, k = 1, 2, \cdots, n$ 是包含 γ_k 的备域 $\mathcal{A}_k$ 中的原子, 且满足 $[\gamma_1]_{\mathcal{A}_1} \times [\gamma_2]_{\mathcal{A}_2} \times \cdots \times [\gamma_n]_{\mathcal{A}_n}$ 是包含 γ 的乘积备域 $\prod_{k=1}^{n} \mathcal{A}_k$ 的原子.

如果 $A \in \mathcal{D}$, 则存在 $\gamma = (\gamma_1, \gamma_2, \cdots, \gamma_n)$, $\gamma_k \in \Gamma_k$ 并且 $A = [\gamma_1]_{\mathcal{A}_1} \times [\gamma_2]_{\mathcal{A}_2} \times \cdots \times [\gamma_n]_{\mathcal{A}_n}$. 因此 $\tilde{\mathrm{Pos}}(A) = \tilde{\Pi}(A)$, 即 $\tilde{\mathrm{Pos}}$ 是 $\tilde{\Pi}$ 的扩张. 假设 $\{A_i \mid i \in I\} \subset \prod_{k=1}^{n} \mathcal{A}_k$, 则有

$$
\begin{aligned}
\tilde{\mathrm{Pos}}\left(\bigcup_{i \in I} A_i\right) &= \sup_{\gamma \in \cup_{i \in I} A_i} \tilde{\Pi}([\gamma_1]_{\mathcal{A}_1} \times [\gamma_2]_{\mathcal{A}_2} \times \cdots \times [\gamma_n]_{\mathcal{A}_n}) \\
&= \sup_{i \in I} \sup_{\gamma \in A_i} \tilde{\Pi}([\gamma_1]_{\mathcal{A}_1} \times [\gamma_2]_{\mathcal{A}_2} \times \cdots \times [\gamma_n]_{\mathcal{A}_n}) \\
&= \sup_{i \in I} \sup_{\gamma \in A_i} \min_{k=1}^{n} \tilde{\mathrm{Pos}}_k([\gamma_k]_{\mathcal{A}_k}) \\
&= \sup_{i \in I} \tilde{\mathrm{Pos}}(A_i).
\end{aligned}
$$

这说明 $\tilde{\mathrm{Pos}}$ 是 $\prod_{k=1}^{n} \mathcal{A}_k$ 上的模糊可能性测度.

下面讨论扩张的唯一性. 假设 $A \in \prod_{k=1}^{n} \mathcal{A}_k$ 有下面两种表达式,

$$
A = \bigcup_{\theta \in \Theta} A_\theta = \bigcup_{s \in S} A'_s.
$$

对于 A_θ, 存在 $\gamma \in A_\theta$ 满足 $[\gamma]_{\prod_{k=1}^{n} \mathcal{A}_k} = A_\theta$. 由于 $\gamma \in \bigcup_{s \in S} A'_s$, 存在 s 使得 $\gamma \in A'_s$, 说明 $A_\theta = A'_s$. 因此, 对于任意的 $u \in [0,1]^n$, 有

$$
\tilde{\Pi}(A_\theta)(u) = \tilde{\Pi}(A'_s)(u) \leqslant \sup_{s \in S} \tilde{\Pi}(A'_s)(u).
$$

由 θ 的任意性, 知

$$
\sup_{\theta \in \Theta} \tilde{\Pi}(A_\theta)(u) \leqslant \sup_{s \in S} \tilde{\Pi}(A'_s)(u).
$$

这说明, 由 $u \in [0,1]^n$ 的任意性, 有

$$
\sup_{\theta \in \Theta} \tilde{\Pi}(A_\theta) \leqslant \sup_{s \in S} \tilde{\Pi}(A'_s).
$$

同理可证另一方向不等式.   □

称 $\tilde{\Pi}$ 的扩张 $\tilde{\mathrm{Pos}}$ 是 $\tilde{\mathrm{Pos}}_i, i = 1, 2, \cdots, n$ 的乘积模糊可能性测度,记为 $\prod_{k=1}^{n} \tilde{\mathrm{Pos}}_k$. 此外称三元组

$$
\left(\prod_{k=1}^{n} \Gamma_k, \prod_{k=1}^{n} \mathcal{A}_k, \prod_{k=1}^{n} \tilde{\mathrm{Pos}}_k\right) \tag{6.17}
$$

为 $(\Gamma_k, \mathcal{A}_k, \tilde{\mathrm{Pos}}_k)$, $k = 1, \cdots, n$ 的乘积模糊可能性空间.

特别地, n 个相同的模糊可能性空间 $(\Gamma, \mathcal{A}, \tilde{\mathrm{Pos}})$ 的乘积记为 $(\Gamma^n, \mathcal{A}^n, \tilde{\mathrm{Pos}}^n)$.

注 6.11   在模糊可能性理论中, 定理 6.1 在后面的章节中将用于研究乘积模糊可能性空间的建立和不同模糊可能性空间上的 2- 型模糊运算.

为了讨论 2- 型模糊向量和 2- 型模糊变量之间的关系, 先说明模糊可能性空间上投影映射的可测性. 对于每个 $k = 1, 2, \cdots, n$, 称映射 $p_k : \prod_{k=1}^{n} \Gamma_k \mapsto \Gamma_k$,

$$
p_k(\gamma_1, \gamma_2, \cdots, \gamma_n) = \gamma_k \tag{6.18}
$$

为由乘积空间 $\prod_{k=1}^{n} \Gamma_k$ 到空间 Γ_k 上的投影.

引理 6.1 (Liu Z Q, Liu Y K, 2010)　假设 $(\Gamma_k, \mathcal{A}_k, \tilde{\mathrm{Pos}}_k), k = 1, 2, \cdots, n$ 是模糊可能性空间, 则

(1) 对于任意的 $k = 1, 2, \cdots, n$, 投影 p_k 是由乘积模糊可能性空间

$$\left(\prod_{k=1}^{n} \Gamma_k, \prod_{k=1}^{n} \mathcal{A}_k, \prod_{k=1}^{n} \tilde{\mathrm{Pos}}_k \right)$$

到 $(\Gamma_k, \mathcal{A}_k, \tilde{\mathrm{Pos}}_k)$ 上的一个可测映射;

(2) $\prod_{k=1}^{n} \mathcal{A}_k$ 是使 $p_1, p_2, \cdots, p_n$ 都可测的最小的备域, 即

$$\prod_{k=1}^{n} \mathcal{A}_k = \mathcal{A} \left(\bigcup_{k=1}^{n} p_k^{-1} \mathcal{A}_k \right).$$

证明　对于任意的 $k = 1, 2, \cdots, n$ 和任意的 $A_k \in \mathcal{A}_k$, 如果 A_k 是 $\mathcal{A}_k$ 的一个原子, 则有

$$p_k^{-1} A_k = \bigcup_{\gamma_i \in \Gamma_i, i \neq k} \prod_{i=1}^{k-1} [\gamma_i]_{\mathcal{A}_i} \times A_k \times \prod_{i=k+1}^{n} [\gamma_i]_{\mathcal{A}_i},$$

该集合属于 $\mathcal{A}(\mathcal{D}) = \prod_{k=1}^{n} \mathcal{A}_k$. 如果 A_k 不是原子, 则有

$$A_k = \bigcup_{\gamma_k \in A_k} [\gamma_k]_{\mathcal{A}_k}$$

并且

$$p_k^{-1} A_k = \bigcup_{\gamma_k \in A_k} p_k^{-1} [\gamma_k]_{\mathcal{A}_k} \in \prod_{k=1}^{n} \mathcal{A}_k.$$

这说明 p_k 是一个可测的映射, 结论 (1) 证毕. 此外, 由下面关系式

$$\bigcup_{k=1}^{n} p_k^{-1} \mathcal{A}_k \subset \prod_{k=1}^{n} \mathcal{A}_k,$$

得到

$$\mathcal{A} \left(\bigcup_{k=1}^{n} p_k^{-1} \mathcal{A}_k \right) \subset \prod_{k=1}^{n} \mathcal{A}_k.$$

此外, 由于对任意的 $A_k \in \mathcal{A}_k, k = 1, \cdots, n$, 有

$$\prod_{k=1}^{n} A_k = \bigcap_{k=1}^{n} p_k^{-1} A_k \in \mathcal{A} \left(\bigcup_{k=1}^{n} p_k^{-1} \mathcal{A}_k \right),$$

因此

$$\prod_{k=1}^{n} \mathcal{A}_k = \mathcal{A}(\mathcal{D}) \subset \mathcal{A}\left(\bigcup_{k=1}^{n} p_k^{-1} \mathcal{A}_k\right).$$

结论 (2) 得证. □

应用引理 6.1, 对于 2- 型模糊向量和 2- 型模糊变量之间的关系, 得到如下结论, 其中 $\Xi_k \subset \Re, k = 1, 2, \cdots, n$; $\mathcal{P}(\Xi_k)$, $k = 1, 2, \cdots, n$ 分别是 Ξ_k 的幂集, 并且 $\tilde{\mathrm{P}}\mathrm{os}_k, k = 1, 2, \cdots, n$ 分别是 $\mathcal{P}(\Xi_k)$ 上的模糊可能性测度.

定理 6.2 (Liu Z Q, Liu Y K, 2010) 假设 $(\Gamma, \mathcal{A}, \tilde{\mathrm{P}}\mathrm{os})$ 和 $(\Xi_k, \mathcal{P}(\Xi_k), \tilde{\mathrm{P}}\mathrm{os}_k), k \leqslant n$ 是模糊可能性空间, 并且 $\xi = (\xi_1, \cdots, \xi_n)$ 是由 Γ 到 $\prod_{k=1}^{n} \Xi_k$ 上的一个函数, 则 ξ 是一个由模糊可能性空间 $(\Gamma, \mathcal{A}, \tilde{\mathrm{P}}\mathrm{os})$ 到乘积模糊可能性空间

$$\left(\prod_{k=1}^{n} \Xi_k, \prod_{k=1}^{n} \mathcal{P}(\Xi_k), \prod_{k=1}^{n} \tilde{\mathrm{P}}\mathrm{os}_k\right)$$

上的 2- 型模糊向量的充要条件是 $\xi_k, k = 1, 2, \cdots, n$ 分别是由模糊可能性空间 $(\Gamma, \mathcal{A}, \tilde{\mathrm{P}}\mathrm{os})$ 到 $(\Xi_k, \mathcal{P}(\Xi_k), \tilde{\mathrm{P}}\mathrm{os}_k)$ 上的 2- 型模糊变量.

证明 由

$$\begin{aligned}
\xi^{-1} \prod_{k=1}^{n} \mathcal{P}(\Xi_k) &= \xi^{-1} \mathcal{A}\left(\bigcup_{k=1}^{n} p_k^{-1} \mathcal{P}(\Xi_k)\right) \quad \text{(引理 6.1)} \\
&= \mathcal{A}\left(\xi^{-1}\left(\bigcup_{k=1}^{n} p_k^{-1} \mathcal{P}(\Xi_k)\right)\right) \\
&= \mathcal{A}\left(\bigcup_{k=1}^{n} \xi^{-1}\left(p_k^{-1} \mathcal{P}(\Xi_k)\right)\right) \\
&= \mathcal{A}\left(\bigcup_{k=1}^{n} (p_k \circ \xi)^{-1} \mathcal{P}(\Xi_k)\right) = \mathcal{A}\left(\bigcup_{k=1}^{n} \xi_k^{-1} \mathcal{P}(\Xi_k)\right),
\end{aligned}$$

可以证明结论成立. □

注 6.12 在实际应用问题中, 经常需要定义 2- 型模糊向量的第二可能性分布函数. 根据定理 6.2, 我们只需分别给出其分量 (2- 型模糊变量) 的第二可能性分布函数, 这种做法通常比直接定义 2- 型模糊向量的第二可能性分布函数容易. 此外, 定理 6.2 的另一个应用是建立模糊可能性空间.

6.6 构造模糊可能性空间

众所周知, 在概率论中根据已知的分布函数就可以构造一个概率空间, 并且这个函数就是该空间上某个随机变量的概率分布函数. 具体地说, 假设 f 是非负的实

值连续函数, 且满足

$$\int_{-\infty}^{\infty} f(t)\mathrm{d}t = 1. \tag{6.19}$$

则通过下面积分公式

$$\Pr(B) = \int_B f(t)\mathrm{d}t, \quad B \in \mathcal{B}, \tag{6.20}$$

f 唯一地确定一个概率测度 Pr, 其中 $\mathcal{B}$ 是 $\Re$ 上的 Borel σ- 代数, 且积分是 Borel 集 B 上的 Lebesgue 积分. 因此 $(\Re, \mathcal{B}, \Pr)$ 即为所要建立的概率空间.

此外, 在可能性理论中, 若 $\mu : \Re \mapsto [0,1]$ 是满足下式

$$\sup_{t \in \Re} \mu(t) = 1 \tag{6.21}$$

的一个映射, 则如下给出的集函数 Pos:

$$\mathrm{Pos}(A) = \sup_{t \in A} \mu(t), \quad B \in \mathcal{P}(\Re) \tag{6.22}$$

是一个可能性测度, 并且三元组 $(\Re, \mathcal{P}(\Re), \mathrm{Pos})$ 就是所要建立的可能性空间. 此外, μ 是这一空间上某个模糊变量的可能性分布函数.

下面, 我们在模糊可能性理论中讨论这一问题. 第一个结论是根据一个取值为正规模糊变量的映射构造模糊可能性空间和 2- 型模糊变量.

定理 6.3 (Liu Z Q, Liu Y K, 2010)　假设 $\tilde{\pi}$ 是一个定义在 $\Re$ 上的取值为正规模糊变量的映射. 如果对于任意 $x \in \Re$, $\tilde{\pi}(x)$ 有已知的可能性分布函数 $\mu_{\tilde{\pi}(x)}$, 且这个函数定义在 $J_x \subseteq [0,1]$ 上, 满足 $\sup_{t \in J_x} \mu_{\tilde{\pi}(x)}(t) = 1$, 则存在一个模糊可能性空间 $(\Gamma, \mathcal{A}, \tilde{\mathrm{Pos}})$ 和这个空间上的 2- 型模糊变量 ξ, 使得 ξ 的第二可能性分布函数是 $\tilde{\pi}$, 并且 ξ 的 2- 型可能性分布函数 $\mu_\xi(x,t)$ 是 $\mu_{\tilde{\pi}(x)}(t)$.

证明　假设

$$\Xi = \mathrm{cl}\{x \in \Re \mid \tilde{\pi}(x) \neq \tilde{0}\},$$

其中 cl$A$ 表示集合 A 的闭包, 则根据文献 (Liu et al., 2006), 可知 $\{\tilde{\pi}(x) \mid x \in \Xi\}$ 是可能性空间

$$\{(J_x, \mathcal{P}(J_x), \mathrm{Pos}_x), x \in \Xi\}$$

的乘积可能性空间

$$\left(\prod_{x \in \Xi} J_x, \prod_{x \in \Xi} \mathcal{P}(J_x), \prod_{x \in \Xi} \mathrm{Pos}_x\right)$$

上一族相互独立的正规的模糊变量, 其中 Pos_x 是一个由可能性分布函数 $\mu_{\tilde{\pi}(x)}$ 诱导出的可能性测度. 因此, 可按如下方法建立一个模糊可能性空间.

假设 $\Gamma = \Xi, \mathcal{A} = \mathcal{P}(\Gamma)$, 在 $\mathcal{A}$ 上取值为正规模糊变量的集函数 $\tilde{\mathrm{Pos}}$ 定义为

$$\tilde{\mathrm{Pos}}(A) = \sup_{x \in A} \tilde{\pi}(x), \quad A \in \mathcal{A}.$$

为方便起见, 定义 $\sup \varnothing = \tilde{0}$. 此外, 对于任意的 $\{A_i \mid i \in I\} \subset \mathcal{P}(\Gamma)$, 有

$$\begin{aligned}
\tilde{\mathrm{Pos}} \left(\bigcup_{i \in I} A_i \right) &= \sup_{x \in \cup_{i \in I} A_i} \tilde{\pi}(x) \\
&= \sup_{i \in I} \sup_{x \in A_i} \tilde{\pi}(x) = \sup_{i \in I} \tilde{\mathrm{Pos}}(A_i),
\end{aligned}$$

即 $\tilde{\mathrm{Pos}}$ 是 $\mathcal{A}$ 上的一个模糊可能性测度. 因此 $(\Gamma, \mathcal{A}, \tilde{\mathrm{Pos}})$ 是一个模糊可能性空间. 在 Γ 上定义函数 ξ 如下:

$$\xi(\gamma) = \gamma, \quad \gamma \in \Gamma.$$

由于 $\xi^{-1}\mathcal{P}(\mathfrak{R}) = \mathcal{A}$, 所以 ξ 是模糊可能性空间上的一个 2- 型模糊变量, 它的第二可能性分布函数为

$$\begin{aligned}
\tilde{\mu}_\xi(x) &= \tilde{\mathrm{Pos}}(\{\gamma \in \Gamma \mid \xi(\gamma) = x\}) \\
&= \tilde{\mathrm{Pos}}(\{x\}) = \begin{cases} \tilde{\pi}(x), & x \in \Xi, \\ \tilde{0}, & \text{其他}. \end{cases}
\end{aligned}$$

由于对于任意的 $x \in \Xi^c$, 都有 $\tilde{\pi}(x) = \tilde{0}$, 因此 $\tilde{\mu}_\xi(x)$ 即为 $\tilde{\pi}(x)$. 此外, 对于任意的 $(x, t) \in \Xi \times J_x$, ξ 的 2- 型可能性分布函数为

$$\mu_\xi(x, t) = \mathrm{Pos}\{\tilde{\mu}_\xi(x) = t\} = \mathrm{Pos}\{\tilde{\pi}(x) = t\} = \mu_{\tilde{\pi}(x)}(t). \qquad \square$$

注 6.13 实数域 $\mathfrak{R}$ 上的 2- 型模糊集 $\tilde{A}$ 可以看成一个取值为正规模糊变量的映射, 即 $\tilde{A} : \mathfrak{R} \mapsto \mathcal{R}([0,1])$. 因此, 根据定理 6.3, 存在一个模糊可能性空间和此空间上的一个 2- 型模糊变量 ξ_A, ξ_A 取值为 x 的可能性为 $\mu_{\tilde{A}}(x)$. 精确地说, ξ_A 的第二可能性分布函数 $\tilde{\mu}_{\xi_A}(x)$ 和 2- 型可能性分布函数 $\mu_{\xi_A}(x, u)$ 恰好分别是 $\tilde{A}$ 的第二隶属函数 $\mu_{\tilde{A}}(x)$ 和 2- 型隶属函数 $\mu_{\tilde{A}}(x, u)$. 所以, 从函数观点看, 文献中 $\mathfrak{R}$ 上的 2- 型模糊集, 如区间 2- 型模糊集和高斯 2- 型模糊集, 分别是区间 2- 型模糊变量和高斯 2- 型模糊变量.

根据有限多个取值为正规模糊变量的映射, 得到下面关于构造乘积模糊可能性空间和 2- 型模糊向量的结论.

定理 6.4 (Liu Z Q, Liu Y K, 2010) 假设 $\tilde{\pi}_k, k = 1, 2, \cdots, n$ 是 $\mathfrak{R}$ 上取值为正规模糊变量的映射. 如果对任意的 k 和 $x \in \mathfrak{R}$, $\tilde{\pi}_k(x)$ 有已知的可能性分布函数 $\mu_{\tilde{\pi}_k(x)}$, 且这个函数定义在 $J_x^k \subseteq [0,1]$ 上, 满足 $\sup_{t \in J_x^k} \mu_{\tilde{\pi}_k(x)}(t) = 1$, 则存在一个模糊可能性空间 $(\Gamma, \mathcal{A}, \tilde{\mathrm{Pos}})$ 和这个空间上的 2- 型模糊向量 $\xi = (\xi_1, \xi_2, \cdots, \xi_n)$, 使得 ξ 的第二可能性分布函数是 $\min_{k=1}^n \tilde{\pi}_k(x_k)$, 并且 ξ 的 2- 型可能性分布函数 $\mu_\xi(x_1, \cdots, x_n; t)$ 是 $\mu_{\min_{k=1}^n \tilde{\pi}_k(x_k)}(t)$.

证明　　由定理 6.3, 对于任意的 k, 存在一个模糊可能性空间 $(\Gamma_k, \mathcal{A}_k, \tilde{\mathrm{Pos}}_k)$ 和这一空间上的 2- 型模糊变量 ζ_k, 使得 ζ_k 的第二可能性分布函数为 $\tilde{\pi}_k$.

根据定理 6.1, 假设 $\prod_{k=1}^{n} \tilde{\mathrm{Pos}}_k$ 是 $\tilde{\mathrm{Pos}}_k, k = 1, 2, \cdots, n$ 的乘积模糊可能性测度. 此外, 如果定义 $\xi_k = \zeta_k \circ p_k$, 其中 $p_k, k = 1, 2, \cdots, n$ 分别是由 $\prod_{k=1}^{n} \Gamma_k$ 到 Γ_k 的投影, 则由引理 6.1 知, $\xi_k, k = 1, 2, \cdots, n$ 是乘积模糊可能性空间

$$\left(\prod_{k=1}^{n} \Gamma_k, \prod_{k=1}^{n} \mathcal{A}_k, \prod_{k=1}^{n} \tilde{\mathrm{Pos}}_k \right)$$

上的 2- 型模糊变量. 由定理 6.2, 可知 $\xi = (\xi_1, \xi_2, \cdots, \xi_n)$ 是乘积模糊可能性空间

$$\left(\prod_{k=1}^{n} \Gamma_k, \prod_{k=1}^{n} \mathcal{A}_k, \prod_{k=1}^{n} \tilde{\mathrm{Pos}}_k \right)$$

上的一个 2- 型模糊向量.

此外, 对于任意的 $(x_1, x_2, \cdots, x_n) \in \Re^n$, $(\xi_1, \xi_2, \cdots, \xi_n)$ 的第二可能性分布为

$$
\begin{aligned}
\tilde{\mu}_\xi & (x_1, x_2, \cdots, x_n) \\
&= \prod_{k=1}^{n} \tilde{\mathrm{Pos}}_k \left(\left\{ \gamma \in \prod_{k=1}^{n} \Gamma_k \mid \xi_1(\gamma) = x_1, \xi_2(\gamma) = x_2, \cdots, \xi_n(\gamma) = x_n \right\} \right) \\
&= \prod_{k=1}^{n} \tilde{\mathrm{Pos}}_k \left(\bigcap_{k=1}^{n} \left\{ \gamma \in \prod_{k=1}^{n} \Gamma_k \mid \xi_k(\gamma) = x_k \right\} \right) \\
&= \prod_{k=1}^{n} \tilde{\mathrm{Pos}}_k \left(\prod_{k=1}^{n} \left\{ \gamma_k \in \Gamma_k \mid \zeta_k(\gamma_k) = x_k \right\} \right) \\
&= \min_{k=1}^{n} \tilde{\mathrm{Pos}}_k \left(\left\{ \gamma_k \in \Gamma_k \mid \zeta_k(\gamma_k) = x_k \right\} \right) \\
&= \min_{k=1}^{n} \tilde{\pi}_k(x_k),
\end{aligned}
$$

且 $(\xi_1, \xi_2, \cdots, \xi_n)$ 的 2- 型可能性分布函数为

$$
\begin{aligned}
\mu_\xi(x_1, x_2, \cdots, x_n; t) &= \mathrm{Pos}\{ \tilde{\mu}_\xi(x_1, x_2, \cdots, x_n) = t \} \\
&= \mathrm{Pos} \left\{ \min_{k=1}^{n} \tilde{\pi}_k(x_k) = t \right\} = \mu_{\min_{k=1}^{n} \tilde{\pi}_k(x_k)}(t),
\end{aligned}
$$

其中 $(x_1, x_2, \cdots, x_n, t) \in \Xi \times J_{x_1, x_2, \cdots, x_n}$, 而 Ξ 定义为

$$\Xi = \left\{ (x_1, x_2, \cdots, x_n) \in \Re^n \mid \tilde{\mu}_\xi(x_1, x_2, \cdots, x_n) \neq \tilde{0} \right\},$$

$J_{x_1, x_2, \cdots, x_n}$ 是 $\tilde{\mu}_\xi(x_1, x_2, \cdots, x_n)$ 的支撑.　　　　　　　　　　　　□

注 6.14 定理 6.3 和定理 6.4 是构造模糊可能性空间的两个主要结论. 它们的重要性体现在: ①对模糊可能性空间和 2- 型模糊向量 (变量) 这两个概念的存在性进行了解释; ②将对 2- 型模糊集的研究转化为对 2- 型模糊变量的研究, 从而为 2- 型模糊理论的应用提供了便利; ③所构造的模糊可能性理论有助于我们进一步研究更高维数的模糊集, 如 n- 型模糊集 $(n \geqslant 3)$.

6.7   2- 型模糊变量运算

本节将讨论 2- 型模糊变量的运算问题. 当 ξ_1 和 ξ_2 是 2- 型模糊变量, $\xi_1 + \xi_2, \xi_1 - \xi_2, \xi_1\xi_2$ 和 ξ_1/ξ_2 是否为 2- 型模糊变量? 一般地, 当 f 是 $\Re^2$ 上的实值函数时, $f(\xi_1, \xi_2)$ 是否为 2- 型模糊变量? 基于模糊可能性理论, 对于上述问题我们将给出肯定的回答. 根据 2- 型模糊变量是定义在同一空间还是不同空间上, 运算分为两种情况讨论.

6.7.1   同一模糊可能性空间上的运算法则

假设 ξ_i, $i = 1, 2, \cdots, n$ 分别是由 $(\Gamma, \mathcal{A}, \tilde{\mathrm{Pos}})$ 到 $(\Xi_i, \mathcal{P}(\Xi_i), \tilde{\mathrm{Pos}}_i)$ 上的 2- 型模糊变量, 且对于 $i = 1, 2, \cdots, n$, $\Xi_i \subset \Re$, 则由定理 6.2, $\boldsymbol{\xi} = (\xi_1, \xi_2, \cdots, \xi_n)$ 是由 $(\Gamma, \mathcal{A}, \tilde{\mathrm{Pos}})$ 到乘积空间 $(\prod_{i=1}^{n} \Xi_i, \prod_{i=1}^{n} \mathcal{P}(\Xi_i), \prod_{i=1}^{n} \tilde{\mathrm{Pos}}_i)$ 上的 2- 型模糊向量. 如果 f 是一个由 $\Re^n$ 到 $\Re$ 的实值函数, 则有

定理 6.5 (Liu Z Q, Liu Y K, 2010)   假设 $\xi_i, i = 1, \cdots, n$ 是定义在 $(\Gamma, \mathcal{A}, \tilde{\mathrm{Pos}})$ 上的 2- 型模糊变量, f 是一个由 $\Re^n$ 到 $\Re$ 上的实值函数, 则函数 $\eta = f(\xi_1, \xi_2, \cdots, \xi_n)$ 仍然是一个定义在模糊可能性空间上的 2- 型模糊变量, 其中 η 的定义如下:

$$\eta(\gamma) = f(\xi_1(\gamma), \xi_2(\gamma), \cdots, \xi_n(\gamma)), \quad \gamma \in \Gamma, \tag{6.23}$$

且 η 的第二可能性分布函数表示为

$$\tilde{\mu}_\eta(y) = \sup_{f(x_1, x_2, \cdots, x_n) = y} \tilde{\mu}_{\boldsymbol{\xi}}(x_1, x_2, \cdots, x_n), \quad y \in \Re, \tag{6.24}$$

其中 $(x_1, x_2, \cdots, x_n) \in \Re^n$, 而 $\tilde{\mu}_{\boldsymbol{\xi}}(x_1, x_2, \cdots, x_n)$ 是 $\boldsymbol{\xi} = (\xi_1, \xi_2, \cdots, \xi_n)$ 的第二可能性分布函数.

证明   对于任意的 $y \in \Re$, $f^{-1}(y)$ 是 $\prod_{i=1}^{n} \Xi_i$ 的子集. 由定理 6.2, $\boldsymbol{\xi} = (\xi_1, \xi_2, \cdots, \xi_n)$ 是一个由 $(\Gamma, \mathcal{A}, \tilde{\mathrm{Pos}})$ 到乘积空间

$$\left(\prod_{i=1}^{n} \Xi_i, \prod_{i=1}^{n} \mathcal{P}(\Xi_i), \prod_{i=1}^{n} \tilde{\mathrm{Pos}}_i \right)$$

上的 2- 型模糊向量. 因此,

$$\{\gamma \mid \eta(\gamma) = y\} = \{\gamma \mid \xi(\gamma) \in f^{-1}(y)\} \in \mathcal{A},$$

即 η 是 $(\Gamma, \mathcal{A}, \tilde{\mathrm{Pos}})$ 上的一个 2- 型模糊向量.

另外, η 的第二可能性分布为

$$
\begin{aligned}
\tilde{\mu}_\eta(y) &= \tilde{\mathrm{Pos}}\left(\{\gamma \mid \eta(\gamma) = y\}\right) \\
&= \tilde{\mathrm{Pos}}\left(\{\gamma \mid \xi(\gamma) \in f^{-1}(y)\}\right) \\
&= \tilde{\mathrm{Pos}}\left(\bigcup_{f(x_1,\cdots,x_n)=y} \{\gamma \mid \xi(\gamma) = (x_1, x_2, \cdots, x_n)\}\right) \\
&= \sup_{f(x_1,\cdots,x_n)=y} \tilde{\mathrm{Pos}}\left(\{\gamma \mid \xi(\gamma) = (x_1, x_2, \ldots, x_n)\}\right) \\
&= \sup_{f(x_1,\cdots,x_n)=y} \tilde{\mu}_\xi(x_1, x_2, \ldots, x_n).
\end{aligned}
$$

  推论 6.1 (Liu Z Q, Liu Y K, 2010) 假设 $\xi_i, i = 1, \cdots, n$ 是定义在模糊可能性空间 $(\Gamma, \mathcal{A}, \tilde{\mathrm{Pos}})$ 上的 2- 型模糊变量, 则 $\max_{i=1}^n \xi_i$ 和 $\min_{i=1}^n \xi_i$ 都是模糊可能性空间上的 2- 型模糊变量.

  证明 令

$$f_1(x_1, x_2, \cdots, x_n) = \max_{i=1}^n x_i, \quad f_2(x_1, x_2, \cdots, x_n) = \min_{i=1}^n x_i.$$

则 f_1 和 f_2 都是由 $\Re^n$ 到 $\Re$ 上的实值函数. 由于 $\xi_i, i = 1, \cdots, n$ 是定义在 $(\Gamma, \mathcal{A}, \tilde{\mathrm{Pos}})$ 上的 2- 型模糊变量, 则由定理 6.5 知

$$\max_{i=1}^n \xi_i = f_1(\xi_1, \xi_2, \cdots, \xi_n), \quad \min_{i=1}^n \xi_i = f_2(\xi_1, \xi_2, \cdots, \xi_n)$$

都为 $(\Gamma, \mathcal{A}, \tilde{\mathrm{Pos}})$ 上的 2- 型模糊变量.

  下面举例说明同一模糊可能性空间上的 2- 型模糊变量的运算方法.

  例 6.12 假设 $\Gamma = \{\gamma_1, \gamma_2, \gamma_3\}$, $\mathcal{A} = \mathcal{P}(\Gamma)$. 集函数 $\tilde{\mathrm{Pos}} : \mathcal{A} \mapsto \mathcal{R}([0,1])$ 定义为

$$\tilde{\mathrm{Pos}}(\{\gamma_1\}) = (0.1, 0.2, 0.3), \quad \tilde{\mathrm{Pos}}(\{\gamma_2\}) = (0.4, 0.5, 0.6), \quad \tilde{\mathrm{Pos}}(\{\gamma_3\}) = (0.7, 0.8, 0.9),$$

且对于任意的 $A \in \mathcal{P}(\Gamma)$, $\tilde{\mathrm{Pos}}(A) = \max_{\gamma \in A} \tilde{\mathrm{Pos}}(\{\gamma\})$, 则 $(\Gamma, \mathcal{A}, \tilde{\mathrm{Pos}})$ 是一个模糊可能性空间.

  定义映射 $\xi_i : \Gamma \mapsto \Re, i = 1, 2$ 如下:

$$\xi_1(\gamma_1) = 0, \quad \xi_1(\gamma_2) = \xi_1(\gamma_3) = 1, \quad \xi_2(\gamma_1) = 1, \quad \xi_2(\gamma_2) = 4, \quad \xi_2(\gamma_3) = 9,$$

则 $\xi_i, i = 1, 2$ 均为 $(\Gamma, \mathcal{A}, \tilde{\mathrm{Pos}})$ 上的 2- 型模糊变量.

假设 $f(x_1, x_2) = \sqrt{x_1 x_2}$, 则由定理 6.5 知, 由下式

$$\xi(\gamma) = \sqrt{\xi_1(\gamma)\xi_2(\gamma)}$$

定义的函数 $\xi = f(\xi_1, \xi_2)$ 是 $(\Gamma, \mathcal{A}, \tilde{\mathrm{Pos}})$ 上的一个 2- 型模糊变量. 下面确定 ξ 的第二可能性分布函数 $\tilde{\mu}_\xi(y)$.

由于 ξ_1 取值分别为 0 和 1, ξ_2 取值分别为 1, 4 和 9, 因此 ξ 取值分别为 $0, 1, 2,$ 和 3. 下面分别计算 $\tilde{\mu}_\xi(y)$ 在 $y = 0, 1, 2, 3$ 处的值.

对于 $y = 0$, 由第二可能性分布的定义,

$$\tilde{\mu}_\xi(0) = \tilde{\mathrm{Pos}}(\{\gamma \mid \xi(\gamma) = 0\}) = \tilde{\mathrm{Pos}}(\{\gamma \mid \sqrt{\xi_1(\gamma)\xi_2(\gamma)} = 0\})$$
$$= \tilde{\mathrm{Pos}}(\{\gamma_1\}) = (0.1, 0.2, 0.3).$$

同理, 对于 $y = 1, 2, 3$, 有如下的计算结果:

$$\tilde{\mu}_\xi(1) = \tilde{0}, \quad \tilde{\mu}_\xi(2) = (0.4, 0.5, 0.6), \quad \tilde{\mu}_\xi(3) = (0.7, 0.8, 0.9).$$

综上可得如下的第二可能性分布:

$$\tilde{\mu}_\xi(y) = \begin{cases} (0.1, 0.2, 0.3), & y = 0, \\ \tilde{0}, & y = 1, \\ (0.4, 0.5, 0.6), & y = 2, \\ (0.7, 0.8, 0.9), & y = 3. \end{cases}$$

6.7.2   不同模糊可能性空间上的运算法则

假设 $\xi_i, i = 1, 2, \cdots, n$ 分别是由模糊可能性空间 $(\Gamma_i, \mathcal{A}_i, \tilde{\mathrm{Pos}}_i)$ 到模糊可能性空间 $(\Xi_i, \mathcal{P}(\Xi_i), \tilde{\Pi}_i)$ 上的 2- 型模糊变量, 其中 $\Xi_i \subset \Re, i = 1, 2, \cdots, n$. 如果 f 是一个由 $\Re^n$ 到 $\Re$ 上的函数, 则有

定理 6.6 (Liu Z Q, Liu Y K, 2010)   若 $\xi_i, i = 1, 2, \cdots, n$ 是定义在模糊可能性空间 $(\Gamma_i, \mathcal{A}_i, \tilde{\mathrm{Pos}}_i)$ 上的 2- 型模糊变量, 且 f 是一个由 $\Re^n$ 到 $\Re$ 的函数, 则由

$$\eta(\gamma_1, \gamma_2, \cdots, \gamma_n) = f(\xi_1(\gamma_1), \xi_2(\gamma_2), \cdots, \xi_n(\gamma_n)) \tag{6.25}$$

定义的函数 $\eta = f(\xi_1, \xi_2, \cdots, \xi_n)$ 是乘积可能性空间

$$\left(\prod_{i=1}^n \Gamma_i, \prod_{i=1}^n \mathcal{A}_i, \prod_{i=1}^n \tilde{\mathrm{Pos}}_i\right)$$

上的一个 2- 型模糊变量, 并且其第二可能性分布函数可表示为

$$\tilde{\mu}_\eta(y) = \sup_{f(x_1, x_2, \cdots, x_n) = y} \min_{i=1}^n \tilde{\mu}_{\xi_i}(x_i), \tag{6.26}$$

其中 $x_i \in \Re, y \in \Re, \tilde{\mu}_{\xi_i}(x_i), i = 1, 2, \cdots, n$ 分别为 ξ_i 的第二可能性分布函数.

证明　假设 $p_i(\gamma_1, \gamma_2, \cdots, \gamma_n) = \gamma_i, i = 1, 2, \cdots, n$ 分别是由 $\prod_{i=1}^{n} \Gamma_i$ 到 Γ_i 的投影, 则根据引理 6.1, $\zeta_i = \xi_i \circ p_i, i = 1, 2, \cdots, n$ 分别是从乘积空间

$$\left(\prod_{i=1}^{n} \Gamma_i, \prod_{i=1}^{n} \mathcal{A}_i, \prod_{i=1}^{n} \tilde{\mathrm{Pos}}_i \right)$$

到 $(\Xi_i, \mathcal{P}(\Xi_i), \tilde{\Pi}_i)$ 上的 2- 型模糊变量. 由定理 6.2, 可知 $(\zeta_1, \zeta_2, \cdots, \zeta_n)$ 是一个由

$$\left(\prod_{i=1}^{n} \Gamma_i, \prod_{i=1}^{n} \mathcal{A}_i, \prod_{i=1}^{n} \tilde{\mathrm{Pos}}_i \right)$$

到

$$\left(\prod_{i=1}^{n} \Xi_i, \prod_{i=1}^{n} \mathcal{P}(\Xi_i), \prod_{i=1}^{n} \tilde{\Pi}_i \right)$$

上的 2- 型模糊变量. 根据定理 6.5 可知

$$\begin{aligned}
\eta(\gamma_1, \gamma_2, \cdots, \gamma_n) &= f(\xi_1(\gamma_1), \xi_2(\gamma_2), \cdots, \xi_n(\gamma_n)) \\
&= f(\zeta_1(\gamma_1, \gamma_2, \cdots, \gamma_n), \cdots, \zeta_n(\gamma_1, \gamma_2, \cdots, \gamma_n))
\end{aligned}$$

是空间

$$\left(\prod_{i=1}^{n} \Gamma_i, \prod_{i=1}^{n} \mathcal{A}_i, \prod_{i=1}^{n} \tilde{\mathrm{Pos}}_i \right)$$

上的一个 2- 型模糊变量. 此外, 根据定理 6.1, η 的第二可能性分布函数由下式给出

$$\begin{aligned}
\tilde{\mu}_\eta(y) &= \prod_{i=1}^{n} \tilde{\mathrm{Pos}}_i \left(\{ \eta(\gamma_1, \gamma_2, \cdots, \gamma_n) = y \} \right) \\
&= \prod_{i=1}^{n} \tilde{\mathrm{Pos}}_i \left(\{ \zeta(\gamma_1, \gamma_2, \cdots, \gamma_n) \in f^{-1}(y) \} \right) \\
&= \prod_{i=1}^{n} \tilde{\mathrm{Pos}}_i \left(\bigcup_{f(x_1, \cdots, x_n) = y} \{ \zeta(\gamma_1, \cdots, \gamma_n) = (x_1, \cdots, x_n) \} \right) \\
&= \sup_{f(x_1, \cdots, x_n) = y} \prod_{i=1}^{n} \tilde{\mathrm{Pos}}_i \left(\bigcap_{i=1}^{n} \{ \zeta_i(\gamma_1, \gamma_2, \cdots, \gamma_n) = x_i \} \right) \\
&= \sup_{f(x_1, \cdots, x_n) = y} \prod_{i=1}^{n} \tilde{\mathrm{Pos}}_i \left(\prod_{i=1}^{n} \{ \xi_i(\gamma_i) = x_i \} \right) \\
&= \sup_{f(x_1, \cdots, x_n) = y} \min_{i=1}^{n} \tilde{\mathrm{Pos}}_i \left(\{ \gamma_i \in \Gamma_i \mid \xi_i(\gamma_i) = x_i \} \right) \\
&= \sup_{f(x_1, \cdots, x_n) = y} \min_{i=1}^{n} \tilde{\mu}_{\xi_i}(x_i).
\end{aligned}$$

$\square$

推论 6.2 (Liu Z Q, Liu Y K, 2010)　若 $\xi_i, i = 1, 2, \cdots, n$ 为定义在 $(\Gamma_i, \mathcal{A}_i, \tilde{\mathrm{Pos}}_i)$ 上的 2-型模糊变量, 则 $\max_{i=1}^{n} \xi_i$ 和 $\min_{i=1}^{n} \xi_i$ 都是乘积模糊可能性空间 $(\prod_{i=1}^{n} \Gamma_i, \prod_{i=1}^{n} \mathcal{A}_i, \prod_{i=1}^{n} \tilde{\mathrm{Pos}}_i)$ 上的 2-型模糊变量.

证明　令

$$g_1(x_1, x_2, \cdots, x_n) = \max_{i=1}^{n} x_i, \quad g_2(x_1, x_2, \cdots, x_n) = \min_{i=1}^{n} x_i,$$

则 g_1 和 g_2 都是 $\Re^n$ 到 $\Re$ 上的实值函数. 由于 $\xi_i, i = 1, 2, \cdots, n$ 分别是定义在 $(\Gamma_i, \mathcal{A}_i, \tilde{\mathrm{Pos}}_i)$ 上的 2-型模糊变量, 由定理 6.6, 可推出

$$\max_{i=1}^{n} \xi_i = g_1(\xi_1, \xi_2, \cdots, \xi_n), \quad \min_{i=1}^{n} \xi_i = g_2(\xi_1, \xi_2, \cdots, \xi_n)$$

均为定义在乘积模糊可能性空间 $(\prod_{i=1}^{n} \Gamma_i, \prod_{i=1}^{n} \mathcal{A}_i, \prod_{i=1}^{n} \tilde{\mathrm{Pos}}_i)$ 上的 2-型模糊变量. $\square$

下面的例子说明了不同模糊可能性空间上的 2-型模糊变量的运算方法.

例 6.13　令 $\Gamma_1 = \{\gamma_{11}, \gamma_{12}, \gamma_{13}\}$, $\mathcal{A}_1 = \mathcal{P}(\Gamma_1)$, 定义集函数 $\tilde{\mathrm{Pos}}_1 : \mathcal{A}_1 \mapsto \mathcal{R}([0,1])$ 如下:

$$\tilde{\mathrm{Pos}}_1(\{\gamma_{11}\}) = (0.1, 0.3, 0.5),$$
$$\tilde{\mathrm{Pos}}_1(\{\gamma_{12}\}) = (0.3, 0.5, 0.7),$$
$$\tilde{\mathrm{Pos}}_1(\{\gamma_{13}\}) = (0.5, 0.7, 0.9),$$

且对于任意的 $A \in \mathcal{P}(\Gamma_1)$, $\tilde{\mathrm{Pos}}_1(A) = \max_{\gamma_1 \in A} \tilde{\mathrm{Pos}}_1(\{\gamma_1\})$, 则 $(\Gamma_1, \mathcal{A}, \tilde{\mathrm{Pos}}_1)$ 是一个模糊可能性空间.

此外, 令 $\Gamma_2 = \{\gamma_{21}, \gamma_{22}, \gamma_{23}\}$, $\mathcal{A}_2 = \mathcal{P}(\Gamma_2)$, 定义集函数 $\tilde{\mathrm{Pos}}_2 : \mathcal{A}_2 \mapsto \mathcal{R}([0,1])$ 如下:

$$\tilde{\mathrm{Pos}}_2(\{\gamma_{21}\}) = (0.2, 0.4, 0.6),$$
$$\tilde{\mathrm{Pos}}_2(\{\gamma_{22}\}) = (0.4, 0.6, 0.8),$$
$$\tilde{\mathrm{Pos}}_2(\{\gamma_{23}\}) = (0.6, 0.8, 1),$$

且对于任意的 $A \in \mathcal{P}(\Gamma_2)$, $\tilde{\mathrm{Pos}}_2(A) = \max_{\gamma_2 \in A} \tilde{\mathrm{Pos}}_2(\{\gamma_2\})$, 则 $(\Gamma_2, \mathcal{A}_2, \tilde{\mathrm{Pos}}_2)$ 也是一个模糊可能性空间.

在 Γ_1 上定义函数 ξ_1 为 $\xi_1(\gamma_{11}) = 0$, $\xi_1(\gamma_{12}) = 2$, $\xi_1(\gamma_{13}) = 4$, 在 Γ_2 上定义函数 ξ_2 为 $\xi_2(\gamma_{21}) = 1$, $\xi_2(\gamma_{22}) = 3$, $\xi_2(\gamma_{23}) = 5$, 则 $\xi_i, i = 1, 2$ 分别为 $(\Gamma_i, \mathcal{A}_i, \tilde{\mathrm{Pos}}_i)$ 上的 2-型模糊变量.

设 $g(x_1, x_2) = x_1^2 + x_2^2$, 则根据定理 6.6, ξ_1 和 ξ_2 的函数 $\xi = g(\xi_1, \xi_2)$ 定义如下:

$$\xi(\gamma_1, \gamma_2) = \xi_1^2(\gamma_1) + \xi_2^2(\gamma_2),$$

它是 $(\prod_{i=1}^{2} \Gamma_i, \prod_{i=1}^{2} \mathcal{A}_i, \prod_{i=1}^{2} \tilde{\text{Pos}}_i)$ 上的一个 2- 型模糊变量. 下面求 ξ 的第二可能性分布函数 $\tilde{\mu}_\xi$.

注意到 ξ_1 在集合 $\{0, 2, 4\}$ 中取值, 而 ξ_2 在集合 $\{1, 3, 5\}$ 中取值. 由此可知 $\xi = \xi_1^2 + \xi_2^2$ 在集合 $\{1, 5, 9, 13, 17, 25, 29, 41\}$ 中取值.

下面将 $\tilde{\mu}_\xi(1), \tilde{\mu}_\xi(5), \tilde{\mu}_\xi(9), \tilde{\mu}_\xi(13), \tilde{\mu}_\xi(17), \tilde{\mu}_\xi(25), \tilde{\mu}_\xi(29)$ 和 $\tilde{\mu}_\xi(41)$ 分别记为 Y_1, $Y_2, Y_3, Y_4, Y_5, Y_6, Y_7$ 和 Y_8.

首先计算 Y_6 的可能性分布函数 $\mu_{Y_6}(y_6)$. 因为 $0^2 + 5^2 = 3^3 + 4^2 = 25$, 所以

$$
\begin{aligned}
Y_6 = \tilde{\mu}_\xi(25) &= \prod_{i=1}^{2} \tilde{\text{Pos}}_i(\{(\gamma_1, \gamma_2) \in \Gamma_1 \times \Gamma_2 \mid \xi_1^2(\gamma_1) + \xi_2^2(\gamma_2) = 25\}) \\
&= \prod_{i=1}^{2} \tilde{\text{Pos}}_i(\{(\gamma_{11}, \gamma_{23}), (\gamma_{13}, \gamma_{22})\}).
\end{aligned}
$$

由 $\prod_{i=1}^{2} \tilde{\text{Pos}}_i$ 的定义, 可知

$$
\begin{aligned}
&\prod_{i=1}^{2} \tilde{\text{Pos}}_i(\{(\gamma_{11}, \gamma_{23}), (\gamma_{13}, \gamma_{22})\}) \\
&= \prod_{i=1}^{2} \tilde{\text{Pos}}_i(\{(\gamma_{11}, \gamma_{23})\}) \vee \prod_{i=1}^{2} \tilde{\text{Pos}}_i(\{(\gamma_{13}, \gamma_{22})\}) \\
&= \left(\tilde{\text{Pos}}_1(\{\gamma_{11}\}) \wedge \tilde{\text{Pos}}_2(\{\gamma_{23}\}) \right) \vee \left(\tilde{\text{Pos}}_1(\{\gamma_{13}\}) \wedge \tilde{\text{Pos}}_2(\{\gamma_{22}\}) \right).
\end{aligned}
$$

因为 $\tilde{\text{Pos}}_1(\{\gamma_{11}\})$ 是模糊变量 $(0.1, 0.3, 0.5)$, $\tilde{\text{Pos}}_2(\{\gamma_{23}\})$ 是模糊变量 $(0.6, 0.8, 1)$, 可推出模糊变量 $\tilde{\text{Pos}}_1(\{\gamma_{11}\}) \wedge \tilde{\text{Pos}}_2(\{\gamma_{23}\})$ 的可能性分布函数 $\mu_1(x_1)$ 为

$$
\mu_1(x_1) = \begin{cases} \dfrac{10x_1 - 1}{2}, & 0.1 \leqslant x_1 \leqslant 0.3, \\ \dfrac{5 - 10x_1}{2}, & 0.3 < x_1 \leqslant 0.5, \\ 0, & \text{其他}. \end{cases}
$$

此外, 由 $\tilde{\text{Pos}}_1(\{\gamma_{13}\})$ 和 $\tilde{\text{Pos}}_2(\{\gamma_{22}\})$ 的可能性分布函数, 可以推出模糊变量 $\tilde{\text{Pos}}_1(\{\gamma_{13}\}) \wedge \tilde{\text{Pos}}_2(\{\gamma_{22}\})$ 的可能性分布函数 $\mu_2(x_2)$ 为

$$
\mu_2(x_2) = \begin{cases} \dfrac{10x_2 - 4}{2}, & 0.4 \leqslant x_2 \leqslant 0.6, \\ \dfrac{8 - 10x_2}{2}, & 0.6 < x_2 \leqslant 0.8, \\ 0, & \text{其他}. \end{cases}
$$

由 $\tilde{\text{Pos}}_1(\{\gamma_{11}\}) \wedge \tilde{\text{Pos}}_2(\{\gamma_{23}\})$ 和 $\tilde{\text{Pos}}_1(\{\gamma_{13}\}) \wedge \tilde{\text{Pos}}_2(\{\gamma_{22}\})$ 的相互独立性, 可得

Y_6 的可能性分布函数 $\mu_{Y_6}(y_6)$ 为

$$\mu_{Y_6}(y_6) = \begin{cases} \dfrac{10y_6 - 4}{2}, & 0.4 \leqslant y_6 \leqslant 0.6, \\ \dfrac{8 - 10y_6}{2}, & 0.6 < y_6 \leqslant 0.8, \\ 0, & \text{其他.} \end{cases}$$

由上述方法, 可得如下计算结果. Y_1 的可能性分布函数 $\mu_{Y_1}(y_1)$ 为

$$\mu_{Y_1}(y_1) = \begin{cases} \dfrac{10y_1 - 1}{2}, & 0.1 \leqslant y_1 \leqslant 0.3, \\ \dfrac{5 - 10y_1}{2}, & 0.3 < y_1 \leqslant 0.5, \\ 0, & \text{其他.} \end{cases}$$

Y_2 的可能性分布函数 $\mu_{Y_2}(y_2)$ 为

$$\mu_{Y_2}(y_2) = \begin{cases} 5y_2 - 1, & 0.2 \leqslant y_2 \leqslant 0.4, \\ 3 - 5y_2, & 0.4 < y_2 \leqslant 0.6, \\ 0, & \text{其他.} \end{cases}$$

Y_3 的可能性分布函数 $\mu_{Y_3}(y_3)$ 为

$$\mu_{Y_3}(y_3) = \begin{cases} \dfrac{10y_3 - 1}{2}, & 0.1 \leqslant y_3 \leqslant 0.3, \\ \dfrac{5 - 10y_3}{2}, & 0.3 < y_3 \leqslant 0.5, \\ 0, & \text{其他.} \end{cases}$$

Y_4 的可能性分布函数 $\mu_{Y_4}(y_4)$ 为

$$\mu_{Y_4}(y_4) = \begin{cases} \dfrac{10y_4 - 3}{2}, & 0.3 \leqslant y_4 \leqslant 0.5, \\ \dfrac{7 - 10y_4}{2}, & 0.5 < y_4 \leqslant 0.7, \\ 0, & \text{其他.} \end{cases}$$

Y_5 的可能性分布函数 $\mu_{Y_5}(y_5)$ 为

$$\mu_{Y_5}(y_5) = \begin{cases} 5y_5 - 1, & 0.2 \leqslant y_5 \leqslant 0.4, \\ 3 - 5y_5, & 0.4 < y_5 \leqslant 0.6, \\ 0, & \text{其他.} \end{cases}$$

Y_7 的可能性分布函数 $\mu_{Y_7}(y_7)$ 为

$$
\mu_{Y_7}(y_7) = \begin{cases}
\dfrac{10y_7 - 3}{2}, & 0.3 \leqslant y_7 \leqslant 0.5, \\[2mm]
\dfrac{7 - 10y_7}{2}, & 0.5 < y_7 \leqslant 0.7, \\[2mm]
0, & \text{其他}.
\end{cases}
$$

Y_8 的可能性分布函数 $\mu_{Y_8}(y_8)$ 为

$$
\mu_{Y_8}(y_8) = \begin{cases}
\dfrac{10y_8 - 5}{2}, & 0.5 \leqslant y_8 \leqslant 0.7, \\[2mm]
\dfrac{9 - 10y_8}{2}, & 0.7 < y_8 \leqslant 0.9, \\[2mm]
0, & \text{其他}.
\end{cases}
$$

综上计算结果, 可知 ξ 的第二可能性分布函数 $\tilde{\mu}_\xi(y)$ 为

$$
\tilde{\mu}_\xi(y) = \begin{cases}
Y_1, & y = 1, \\
Y_2, & y = 5, \\
Y_3, & y = 9, \\
Y_4, & y = 13, \\
Y_5, & y = 17, \\
Y_6, & y = 25, \\
Y_7, & y = 29, \\
Y_8, & y = 41, \\
\tilde{0}, & \text{其他},
\end{cases}
$$

其中 $Y_i, i = 1, 2, \cdots, 8$ 的可能性分布函数分别由前面表达式给出.

第7章 不确定性简约方法

2-型模糊变量取某一个值的可能性是一个正规模糊变量, 它的不确定性主要体现在第二可能性分布上. 在用 2-型模糊理论解决实际问题时, 需要对第二可能性分布进行简约, 得到简约模糊变量. 所谓简约就是一种舍弃, 更是一种保留. 在本章中, 我们将介绍三种简约第二可能性分布的方法: 关键值简约、均值简约和等价值简约. 三种简约方法所得到的简约模糊变量都具有参数可能性分布, 因而保留了 2-型模糊变量的重要信息, 也使得简约模糊变量在实际决策问题的应用中更加具有弹性.

7.1 关键值简约

7.1.1 正规模糊变量的关键值

在本小节中, 我们将借助模糊积分 (Sugeno, 1974) 对正规模糊变量 ξ 定义三类关键值 (CV).

定义 7.1(Qin et al., 2011a)   设 ξ 是一个正规模糊变量, 那么 ξ 的乐观关键值 $\mathrm{CV}^*[\xi]$ 定义为如下的模糊积分:

$$\mathrm{CV}^*[\xi] = \sup_{\alpha \in (0,1]} [\alpha \wedge \mathrm{Pos}\{\xi \geqslant \alpha\}], \tag{7.1}$$

ξ 的悲观关键值 $\mathrm{CV}_*[\xi]$ 定义为如下的模糊积分:

$$\mathrm{CV}_*[\xi] = \sup_{\alpha \in (0,1]} [\alpha \wedge \mathrm{Nec}\{\xi \geqslant \alpha\}], \tag{7.2}$$

ξ 的关键值 $\mathrm{CV}[\xi]$ 定义为如下的模糊积分:

$$\mathrm{CV}[\xi] = \sup_{\alpha \in (0,1]} [\alpha \wedge \mathrm{Cr}\{\xi \geqslant \alpha\}]. \tag{7.3}$$

下面首先介绍四种常用正规模糊变量, 然后分别给出它们的三类关键值.

如果 $\xi = (r_1, r_2, r_3, r_4)$, 且 $0 \leqslant r_1 < r_2 < r_3 < r_4 \leqslant 1$, 则称 ξ 为一个正规梯形模糊变量.

如果 $\xi = (r_1, r_2, r_3)$, 且 $0 \leqslant r_1 < r_2 < r_3 \leqslant 1$, 则称 ξ 为一个正规三角模糊变量.

如果 ξ 具有如下的可能性分布:

$$\mu_\xi(x) = \exp\left(-\frac{(x-\mu)^2}{2\sigma^2}\right), \quad x \in [0,1],$$

其中 $0 \leqslant \mu \leqslant 1$ 且 $\sigma > 0$, 则称 ξ 为一个正规正态模糊变量.

如果 ξ 具有如下可能性分布:

$$\mu_\xi(t) = \left(\frac{t}{\lambda r}\right)^r \exp\left(r - \frac{t}{\lambda}\right), \quad t \in (0,1],$$

其中参数 $\lambda > 0$, $0 < r \leqslant 1$ 满足 $0 < \lambda r \leqslant 1$, 则称 ξ 为一个正规 Γ 模糊变量.

下面的定理给出了正规梯形模糊变量关键值的计算公式.

定理 7.1 (Qin et al., 2011a)　设 $\xi = (r_1, r_2, r_3, r_4)$ 是一个正规梯形模糊变量, 则有

(1) ξ 的乐观关键值 $CV^*[\xi] = r_4/(1 + r_4 - r_3)$;

(2) ξ 的悲观关键值 $CV_*[\xi] = r_2/(1 + r_2 - r_1)$;

(3) ξ 的关键值

$$CV[\xi] = \begin{cases} \dfrac{2r_2 - r_1}{1 + 2(r_2 - r_1)}, & r_2 > \dfrac{1}{2}, \\[2mm] \dfrac{1}{2}, & r_2 \leqslant \dfrac{1}{2} < r_3, \\[2mm] \dfrac{r_4}{1 + 2(r_4 - r_3)}, & r_3 \leqslant \dfrac{1}{2}. \end{cases}$$

证明　(1) 由 ξ 的分布函数, 对于任意的 $\alpha \in (0,1]$, 有

$$Pos\{\xi \geqslant \alpha\} = \begin{cases} 1, & \alpha \leqslant r_3, \\[2mm] \dfrac{r_4 - \alpha}{r_4 - r_3}, & r_3 < \alpha \leqslant r_4, \\[2mm] 0, & \alpha > r_4. \end{cases}$$

因此, 根据乐观关键值的定义, 有

$$\begin{aligned}
CV^*[\xi] &= \sup_{\alpha \in (0,1]} [\alpha \wedge Pos\{\xi \geqslant \alpha\}] \\
&= \sup_{\alpha \in (0,r_3]} [\alpha \wedge 1] \vee \sup_{\alpha \in (r_3, r_4]} \left[\alpha \wedge \frac{r_4 - \alpha}{r_4 - r_3}\right] \\
&= r_3 \vee \frac{r_4}{1 + r_4 - r_3} \\
&= \frac{r_4}{1 + r_4 - r_3}.
\end{aligned}$$

(2) 由 ξ 的分布函数, 对于任意的 $\alpha \in (0,1]$, 有

$$\mathrm{Nec}\{\xi \geqslant \alpha\} = \begin{cases} 1, & \alpha \leqslant r_1, \\ \dfrac{r_2 - \alpha}{r_2 - r_1}, & r_1 < \alpha \leqslant r_2, \\ 0, & r > r_2. \end{cases}$$

因此, 根据悲观关键值的定义, 有

$$\begin{aligned} \mathrm{CV}_*[\xi] &= \sup_{\alpha \in (0,1]} [\alpha \wedge \mathrm{Nec}\{\xi \geqslant \alpha\}] \\ &= \sup_{\alpha \in (0,r_1]} [\alpha \wedge 1] \vee \sup_{\alpha \in (r_1,r_2]} \left[\alpha \wedge \frac{r_2 - \alpha}{r_2 - r_1}\right] \\ &= r_1 \vee \frac{r_2}{1 + r_2 - r_1} \\ &= \frac{r_2}{1 + r_2 - r_1}. \end{aligned}$$

(3) 根据 ξ 的分布, 对于任意的 $\alpha \in (0,1]$, 有

$$\mathrm{Cr}\{\xi \geqslant \alpha\} = \begin{cases} 1, & \alpha \leqslant r_1, \\ \dfrac{2r_2 - r_1 - \alpha}{2(r_2 - r_1)}, & r_1 < \alpha \leqslant r_2, \\ \dfrac{1}{2}, & r_2 < \alpha \leqslant r_3, \\ \dfrac{r_4 - \alpha}{2(r_4 - r_3)}, & r_3 < \alpha \leqslant r_4, \\ 0, & \alpha > r_4. \end{cases}$$

因此, 关键值 $\mathrm{CV}[\xi]$ 有以下计算结果:

$$\mathrm{CV}[\xi] = \sup_{\alpha \in (0,1]} [\alpha \wedge \mathrm{Cr}\{\xi \geqslant \alpha\}]$$

$$= \sup_{\alpha \in (0,r_1]} [\alpha \wedge 1] \vee \sup_{\alpha \in (r_1,r_2]} \left[\alpha \wedge \frac{2r_2 - r_1 - \alpha}{2(r_2 - r_1)}\right] \vee \sup_{\alpha \in (r_2,r_3]} \left[\alpha \wedge \frac{1}{2}\right] \vee \sup_{\alpha \in (r_3,r_4]} \left[\alpha \wedge \frac{r_4 - \alpha}{2(r_4 - r_3)}\right]$$

$$= r_1 \vee \sup_{\alpha \in (r_1,r_2]} \left[\alpha \wedge \frac{2r_2 - r_1 - \alpha}{2(r_2 - r_1)}\right] \vee \left[r_3 \wedge \frac{1}{2}\right] \vee \sup_{\alpha \in (r_3,r_4]} \left[\alpha \wedge \frac{r_4 - \alpha}{2(r_4 - r_3)}\right]$$

$$= \begin{cases} \dfrac{2r_2 - r_1}{1 + 2(r_2 - r_1)}, & r_2 > \dfrac{1}{2}, \\ \dfrac{1}{2}, & r_2 \leqslant \dfrac{1}{2} < r_3, \\ \dfrac{r_4}{1 + 2(r_4 - r_3)}, & r_3 \leqslant \dfrac{1}{2}. \end{cases} \qquad \square$$

例 7.1   设正规梯形模糊变量 $\xi = (0.1, 0.3, 0.4, 0.6)$, 则由定理 7.1 可得

$$\text{CV}^*[\xi] = \frac{1}{2}, \quad \text{CV}_*[\xi] = \frac{1}{4}, \quad \text{CV}[\xi] = \frac{3}{7}.$$

关于定理 7.1 有下面的推论.

推论 7.1 (Qin et al., 2011a)   设 $\xi = (r_1, r_2, r_3)$ 是一个正规三角模糊变量, 则有

(1) ξ 的乐观关键值 $\text{CV}^*[\xi] = r_3/(1 + r_3 - r_2)$;
(2) ξ 的悲观关键值 $\text{CV}_*[\xi] = r_2/(1 + r_2 - r_1)$;
(3) ξ 的关键值

$$\text{CV}[\xi] = \begin{cases} \dfrac{2r_2 - r_1}{1 + 2(r_2 - r_1)}, & r_2 > \dfrac{1}{2}, \\ \dfrac{r_3}{1 + 2(r_3 - r_2)}, & r_2 \leqslant \dfrac{1}{2}. \end{cases}$$

例 7.2   设正规三角模糊变量 $\xi = (0.2, 0.4, 0.6)$, 根据推论 7.1 可得

$$\text{CV}^*[\xi] = \frac{1}{2}, \quad \text{CV}_*[\xi] = \frac{1}{3}, \quad \text{CV}[\xi] = \frac{3}{7}.$$

下面的定理 7.2 给出了正规正态模糊变量的三类关键值满足的方程.

定理 7.2 (Qin et al., 2011a)   设 ξ 是正规正态模糊变量, 其可能性分布函数为

$$\mu_\xi(x) = \exp\left(-\frac{(x-\mu)^2}{2\sigma^2}\right), \quad x \in [0, 1].$$

(1) 当 $\mu = 1$ 时, $\text{CV}^*[\xi] = 1$; 当 $0 \leqslant \mu < 1$ 时, $\text{CV}^*[\xi]$ 是下面方程的解:

$$(\alpha - \mu)^2 + 2\sigma^2 \ln \alpha = 0.$$

(2) 当 $\mu = 0$ 时, $\text{CV}_*[\xi] = 0$; 当 $0 < \mu \leqslant 1$ 时, $\text{CV}_*[\xi]$ 是下面方程的解:

$$(\alpha - \mu)^2 + 2\sigma^2 \ln(1 - \alpha) = 0.$$

(3) 当 $0 \leqslant \mu < 1/2$ 时, $\text{CV}[\xi]$ 是下面方程的解:

$$(\alpha - \mu)^2 + 2\sigma^2 \ln 2\alpha = 0;$$

当 $\mu = 1/2$ 时, $\text{CV}[\xi] = 1/2$; 当 $1/2 < \mu < 1$ 时, $\text{CV}[\xi]$ 是下面方程的解:

$$(\alpha - \mu)^2 - 2\sigma^2 \ln 2(1 - \alpha) = 0.$$

证明 我们只需证明 (1), 其余结论同理可证. 由 ξ 的分布函数, 对于任意的 $\alpha \in [0,1]$, 有

$$\mathrm{Pos}\{\xi \geqslant \alpha\} = \begin{cases} 1, & 0 \leqslant \alpha \leqslant \mu, \\ \exp\left(-\dfrac{(\alpha-\mu)^2}{2\sigma^2}\right), & \mu < \alpha \leqslant 1. \end{cases}$$

根据乐观关键值的定义, 有

$$\begin{aligned} \mathrm{CV}^*[\xi] &= \sup_{\alpha \in [0,1]} \left[\alpha \wedge \mathrm{Pos}\{\xi \geqslant \alpha\}\right] \\ &= \sup_{\alpha \in [0,\mu]} [\alpha \wedge 1] \vee \sup_{\alpha \in (\mu,1]} \left[\alpha \wedge \exp\left(-\frac{(\alpha-\mu)^2}{2\sigma^2}\right)\right] \\ &= \mu \vee \sup_{\alpha \in (\mu,1]} \left[\alpha \wedge \exp\left(-\frac{(\alpha-\mu)^2}{2\sigma^2}\right)\right] \\ &= \sup_{\alpha \in (\mu,1]} \left[\alpha \wedge \exp\left(-\frac{(\alpha-\mu)^2}{2\sigma^2}\right)\right]. \end{aligned}$$

因此, 当 $\mu = 1$ 时, $\mathrm{CV}^*[\xi] = 1$; 当 $0 \leqslant \mu < 1$ 时, 则 $\mathrm{CV}^*[\xi]$ 是方程

$$\exp\left(-\frac{(\alpha-\mu)^2}{2\sigma^2}\right) - \alpha = 0,$$

即如下方程

$$(\alpha - \mu)^2 + 2\sigma^2 \ln \alpha = 0$$

的解. □

注 7.1 正规正态模糊变量的三类关键值可以由二分法 (Bazaraa, Shetty, 1979) 估计. 根据 ξ 的可能性分布

$$\mu_\xi(x) = \exp\left(-\frac{(x-0.6)^2}{0.02}\right),$$

由定理 7.2, $\mathrm{CV}^*[\xi]$ 是方程

$$(\alpha - \mu)^2 + 2\sigma^2 \ln \alpha = 0$$

的解. 由二分法可得 $\mathrm{CV}^*[\xi] = 0.686699$. 同样有 $\mathrm{CV}_*[\xi] = 0.484825$ 和 $\mathrm{CV}[\xi] = 0.552772$.

对于服从 Γ 分布的正规模糊变量, 有下面的结论:

定理 7.3(Qin et al., 2011a) 设 ξ 是服从 Γ 分布的正规模糊变量, 其可能性分布为

$$\mu_\xi(t) = \left(\frac{t}{\lambda r}\right)^r \exp\left(r - \frac{t}{\lambda}\right), \quad t \in (0,1],$$

其中 $0 < r \leqslant 1$, $0 < \lambda \leqslant 1/r$, 则有

(1) $\mathrm{CV}^*[\xi]$ 是方程

$$\left(\frac{\alpha}{\lambda r}\right)^r \exp\left(r - \frac{\alpha}{\lambda}\right) - \alpha = 0$$

的解.

(2) $\mathrm{CV}_*[\xi]$ 是方程

$$1 - \left(\frac{\alpha}{\lambda r}\right)^r \exp\left(r - \frac{\alpha}{\lambda}\right) - \alpha = 0$$

的解.

(3) 若 $0 < \lambda r < 1/2$, 则 $\mathrm{CV}[\xi]$ 是方程

$$\frac{1}{2}\left(\frac{\alpha}{\lambda r}\right)^r \exp\left(r - \frac{\alpha}{\lambda}\right) - \alpha = 0$$

的解; 若 $\lambda r = 1/2$, 则 $\mathrm{CV}[\xi] = 1/2$; 若 $1/2 < \lambda r \leqslant 1$, 则 $\mathrm{CV}[\xi]$ 是方程

$$1 - \frac{1}{2}\left(\frac{\alpha}{\lambda r}\right)^r \exp\left(r - \frac{\alpha}{\lambda}\right) - \alpha = 0$$

的解.

证明　只证明 (3), 其余结论同理可证. 由 ξ 的分布函数, 对于任意的 $\alpha \in (0,1]$, 有

$$\mathrm{Cr}\{\xi \geqslant \alpha\} = \begin{cases} 1 - \dfrac{1}{2}\left(\dfrac{\alpha}{\lambda r}\right)^r \exp\left(r - \dfrac{\alpha}{\lambda}\right), & 0 \leqslant \alpha \leqslant \lambda r, \\[3mm] \dfrac{1}{2}\left(\dfrac{\alpha}{\lambda r}\right)^r \exp\left(r - \dfrac{\alpha}{\lambda}\right), & \lambda r < \alpha \leqslant 1. \end{cases}$$

从而 ξ 的关键值为

$$\begin{aligned} \mathrm{CV}[\xi] &= \sup_{\alpha \in (0,1]} \left[\alpha \wedge \mathrm{Cr}\{\xi \geqslant \alpha\}\right] \\ &= \sup_{\alpha \in (0,\lambda r]} \left[\alpha \wedge \left(1 - \frac{1}{2}\left(\frac{\alpha}{\lambda r}\right)^r \exp\left(r - \frac{\alpha}{\lambda}\right)\right)\right] \vee \sup_{\alpha \in (\lambda r,1]} \left[\alpha \wedge \frac{1}{2}\left(\frac{\alpha}{\lambda r}\right)^r \exp\left(r - \frac{\alpha}{\lambda}\right)\right] \\ &= \begin{cases} \displaystyle\sup_{\alpha \in (\lambda r,1]} \left[\alpha \wedge \frac{1}{2}\left(\frac{\alpha}{\lambda r}\right)^r \exp\left(r - \frac{\alpha}{\lambda}\right)\right], & 0 < \lambda r \leqslant \frac{1}{2} \\[3mm] \displaystyle\sup_{\alpha \in [0,\lambda r]} \left[\alpha \wedge \left(1 - \frac{1}{2}\left(\frac{\alpha}{\lambda r}\right)^r \exp\left(r - \frac{\alpha}{\lambda}\right)\right)\right], & \frac{1}{2} < \lambda r \leqslant 1. \end{cases} \end{aligned}$$

因此, 若 $0 < \lambda r < 1/2$, 则 $\mathrm{CV}[\xi]$ 是方程

$$\frac{1}{2}\left(\frac{\alpha}{\lambda r}\right)^r \exp\left(r - \frac{\alpha}{\lambda}\right) - \alpha = 0$$

的解; 若 $\lambda r = 1/2$, 则 $\mathrm{CV}[\xi] = 1/2$; 若 $1/2 < \lambda r \leqslant 1$, 则 $\mathrm{CV}[\xi]$ 是方程

$$1 - \frac{1}{2}\left(\frac{\alpha}{\lambda r}\right)^r \exp\left(r - \frac{\alpha}{\lambda}\right) - \alpha = 0$$

的解.　　　　　　　　　　　　　　　　　　　　　　　　　　　　　　　□

注 7.2 服从 Γ 分布的正规模糊变量 ξ 的三类关键值可以用二分法估计. 考虑如下的可能性分布:

$$\mu_\xi(t) = \left(\frac{t}{0.8}\right)^{0.2} \exp\left(0.2 - \frac{t}{4}\right), \quad t \in (0, 1],$$

则根据定理 7.3, $\mathrm{CV}[\xi]$ 是方程

$$1 - \frac{1}{2}\left(\frac{t}{0.8}\right)^{0.2} \exp\left(0.2 - \frac{t}{4}\right) = 0$$

的解. 用二分法解上述方程, 可得 $\mathrm{CV}[\xi] = 0.508770$. 同理有 $\mathrm{CV}^*[\xi] = 0.994903$ 和 $\mathrm{CV}_*[\xi] = 0.154361$.

7.1.2 2- 型模糊变量关键值简约方法

由于 2- 型模糊数具有模糊隶属函数, 在实际应用中, 通常需要对第二隶属函数进行简约, 文献 (Karnik, Mendel, 2001a; Liu, 2008) 提出了简约 2- 型模糊数的重心方法. 在本小节中, 对于 2- 型模糊变量我们提出新的简约方法.

假设 $(\Gamma, \mathcal{A}, \tilde{\mathrm{Pos}})$ 是一个模糊可能性空间, $\tilde{\xi}$ 是一个 2- 型模糊变量, 其第二可能性分布为 $\tilde{\mu}_{\tilde{\xi}}(x)$. 为了简约第二可能性分布, 一种方法就是给出正规模糊变量 $\tilde{\mu}_{\tilde{\xi}}(x)$ 的代表值. 在本小节中, 我们分别采用 $\tilde{\mathrm{Pos}}\{\gamma \in \Gamma | \tilde{\xi}(\gamma) = x\}$ 的三种关键值作为代表值. 我们称这种方法为 2- 型模糊变量 $\tilde{\xi}$ 的关键值简约方法. 下面通过一个例子对所提出的简约方法进行说明.

例 7.3 设 2- 型模糊变量 $\tilde{\xi}$ 为

$$\tilde{\xi}(\gamma) = \begin{cases} 3, & \text{可能性为 } (0.1, 0.4, 0.7), \\ 4, & \text{可能性为 } (0.9, 1, 1), \\ 5, & \text{可能性为 } (0.1, 0.3, 0.4, 0.6). \end{cases}$$

也就是说, $\tilde{\xi}$ 取值为 3, 4 和 5 的可能性分别为 $(0.1, 0.4, 0.7), (0.9, 1, 1)$ 和 $(0.1, 0.3, 0.4, 0.6)$. 因为 $\tilde{\mu}_{\tilde{\xi}}(3) = (0.1, 0.4, 0.7), \tilde{\mu}_{\tilde{\xi}}(4) = (0.9, 1, 1)$ 和 $\tilde{\mu}_{\tilde{\xi}}(5) = (0.1, 0.3, 0.4, 0.6)$, 根据定理 7.1 及其推论 7.1, 所以有

$$\mathrm{CV}^*[\tilde{\mu}_{\tilde{\xi}}(3)] = \frac{7}{13}, \quad \mathrm{CV}^*[\tilde{\mu}_{\tilde{\xi}}(4)] = 1, \quad \mathrm{CV}^*[\tilde{\mu}_{\tilde{\xi}}(5)] = \frac{1}{2},$$

$$\mathrm{CV}_*[\tilde{\mu}_{\tilde{\xi}}(3)] = \frac{4}{13}, \quad \mathrm{CV}_*[\tilde{\mu}_{\tilde{\xi}}(4)] = \frac{10}{11}, \quad \mathrm{CV}_*[\tilde{\mu}_{\tilde{\xi}}(5)] = \frac{1}{4},$$

$$\mathrm{CV}[\tilde{\mu}_{\tilde{\xi}}(3)] = \frac{7}{16}, \quad \mathrm{CV}[\tilde{\mu}_{\tilde{\xi}}(4)] = \frac{11}{12}, \quad \mathrm{CV}[\tilde{\mu}_{\tilde{\xi}}(5)] = \frac{3}{7}.$$

因此, 由乐观关键值简约方法, 2- 型模糊变量 $\tilde{\xi}$ 可以简约为如下的模糊变量

$$\begin{pmatrix} 3 & 4 & 5 \\ 7/13 & 1 & 1/2 \end{pmatrix}.$$

由悲观关键值简约方法, 2- 型模糊变量 $\tilde{\xi}$ 可以简约为如下的模糊变量

$$\begin{pmatrix} 3 & 4 & 5 \\ 4/13 & 10/11 & 1/4 \end{pmatrix}.$$

由关键值简约方法, 2- 型模糊变量 $\tilde{\xi}$ 可以简约为如下的模糊变量

$$\begin{pmatrix} 3 & 4 & 5 \\ 7/16 & 11/12 & 3/7 \end{pmatrix}.$$

下面讨论三种常用 2- 型模糊变量的关键值简约. 首先给出三类常用的 2- 型模糊变量.

如果一个 2- 型模糊变量 $\tilde{\xi}$, 当 $x \in [r_1, r_2]$ 时, 其第二可能性分布 $\tilde{\mu}_{\tilde{\xi}}(x)$ 为

$$\left(\frac{x - r_1}{r_2 - r_1} - \theta_l \min \left\{ \frac{x - r_1}{r_2 - r_1}, \frac{r_2 - x}{r_2 - r_1} \right\}, \frac{x - r_1}{r_2 - r_1}, \right.$$
$$\left. \frac{x - r_1}{r_2 - r_1} + \theta_r \min \left\{ \frac{x - r_1}{r_2 - r_1}, \frac{r_2 - x}{r_2 - r_1} \right\} \right),$$

当 $x \in (r_2, r_3]$ 时, 其第二可能性分布 $\tilde{\mu}_{\tilde{\xi}}(x)$ 为

$$\left(\frac{r_3 - x}{r_3 - r_2} - \theta_l \min \left\{ \frac{r_3 - x}{r_3 - r_2}, \frac{x - r_2}{r_3 - r_2} \right\}, \frac{r_3 - x}{r_3 - r_2}, \right.$$
$$\left. \frac{r_3 - x}{r_3 - r_2} + \theta_r \min \left\{ \frac{r_3 - x}{r_3 - r_2}, \frac{x - r_2}{r_3 - r_2} \right\} \right),$$

则称 $\tilde{\xi}$ 是一个 2- 型三角模糊变量, 并用 $(\tilde{r}_1, \tilde{r}_2, \tilde{r}_3; \theta_l, \theta_r)$ 表示, 其中参数 $\theta_l, \theta_r \in [0, 1]$ 用来刻画 $\tilde{\xi}$ 取值为 x 时的不确定性程度.

如果一个 2- 型模糊变量 $\tilde{\xi}$, 对于任意的 $x \in \Re$, 其第二可能性分布 $\tilde{\mu}_{\tilde{\xi}}(x)$ 为

$$\left(\exp \left(-\frac{(x - \mu)^2}{2\sigma^2} \right) - \theta_l \min \left\{ 1 - \exp \left(-\frac{(x - \mu)^2}{2\sigma^2} \right), \exp \left(-\frac{(x - \mu)^2}{2\sigma^2} \right) \right\}, \right.$$
$$\exp \left(-\frac{(x - \mu)^2}{2\sigma^2} \right), \exp \left(-\frac{(x - \mu)^2}{2\sigma^2} \right)$$
$$\left. +\theta_r \min \left\{ 1 - \exp \left(-\frac{(x - \mu)^2}{2\sigma^2} \right), \exp \left(-\frac{(x - \mu)^2}{2\sigma^2} \right) \right\} \right),$$

则称 $\tilde{\xi}$ 是正态的, 并用 $\tilde{n}(\mu, \sigma^2; \theta_l, \theta_r)$ 表示, 其中参数 $\mu \in \Re$, $\sigma > 0, \theta_l, \theta_r \in [0, 1]$ 用来刻画 $\tilde{\xi}$ 取值为 x 时的不确定性程度.

如果一个 2- 型模糊变量 $\tilde{\xi}$, 对于任意的 $x \in \Re$, 其第二可能性分布 $\tilde{\mu}_{\tilde{\xi}}(x)$ 为

$$\left(\left(\frac{x}{\lambda r}\right)^r \exp\left(r - \frac{x}{\lambda}\right) - \theta_l \min\left\{1 - \left(\frac{x}{\lambda r}\right)^r \exp\left(r - \frac{x}{\lambda}\right), \left(\frac{x}{\lambda r}\right)^r \exp\left(r - \frac{x}{\lambda}\right)\right\},\right.$$
$$\left(\frac{x}{\lambda r}\right)^r \exp\left(r - \frac{x}{\lambda}\right), \left(\frac{x}{\lambda r}\right)^r \exp\left(r - \frac{x}{\lambda}\right)$$
$$\left. + \theta_r \min\left\{1 - \left(\frac{x}{\lambda r}\right)^r \exp\left(r - \frac{x}{\lambda}\right), \left(\frac{x}{\lambda r}\right)^r \exp\left(r - \frac{x}{\lambda}\right)\right\}\right),$$

则称 $\tilde{\xi}$ 是服从 Γ 分布的, 并用 $\tilde{\gamma}(\lambda, r; \theta_l, \theta_r)$ 表示, 其中 $\lambda > 0$, r 是一个固定的常数, 参数 $\theta_l, \theta_r \in [0, 1]$ 用来刻画 $\tilde{\xi}$ 取值为 x 时的不确定性程度.

定理 7.4(Qin et al., 2011a)　对于 2- 型三角模糊变量 $\tilde{\xi} = (\tilde{r}_1, \tilde{r}_2, \tilde{r}_3; \theta_l, \theta_r)$, 有下面的简约结论:

(1) 由乐观关键值简约方法, $\tilde{\xi}$ 的简约模糊变量 ξ_1 的分布函数为

$$\mu_{\xi_1}(x) = \begin{cases} \dfrac{(1+\theta_r)(x-r_1)}{r_2 - r_1 + \theta_r(x - r_1)}, & x \in \left[r_1, \dfrac{r_1 + r_2}{2}\right], \\[3mm] \dfrac{(1-\theta_r)x + \theta_r r_2 - r_1}{r_2 - r_1 + \theta_r(r_2 - x)}, & x \in \left(\dfrac{r_1 + r_2}{2}, r_2\right], \\[3mm] \dfrac{(-1+\theta_r)x - \theta_r r_2 + r_3}{r_3 - r_2 + \theta_r(x - r_2)}, & x \in \left(r_2, \dfrac{r_2 + r_3}{2}\right], \\[3mm] \dfrac{(1+\theta_r)(r_3 - x)}{r_3 - r_2 + \theta_r(r_3 - x)}, & x \in \left(\dfrac{r_2 + r_3}{2}, r_3\right]. \end{cases}$$

(2) 由悲观关键值简约方法, $\tilde{\xi}$ 的简约模糊变量 ξ_2 的分布函数为

$$\mu_{\xi_2}(x) = \begin{cases} \dfrac{x - r_1}{r_2 - r_1 + \theta_l(x - r_1)}, & x \in \left[r_1, \dfrac{r_1 + r_2}{2}\right], \\[3mm] \dfrac{x - r_1}{r_2 - r_1 + \theta_l(r_2 - x)}, & x \in \left(\dfrac{r_1 + r_2}{2}, r_2\right], \\[3mm] \dfrac{r_3 - x}{r_3 - r_2 + \theta_l(x - r_2)}, & x \in \left(r_2, \dfrac{r_2 + r_3}{2}\right], \\[3mm] \dfrac{r_3 - x}{r_3 - r_2 + \theta_l(r_3 - x)}, & x \in \left(\dfrac{r_2 + r_3}{2}, r_3\right]. \end{cases}$$

(3) 由关键值简约方法, $\tilde{\xi}$ 的简约模糊变量 ξ_3 的分布函数为

$$\mu_{\xi_3}(x) = \begin{cases} \dfrac{(1+\theta_r)(x-r_1)}{r_2 - r_1 + 2\theta_r(x - r_1)}, & x \in \left[r_1, \dfrac{r_1 + r_2}{2}\right], \\[3mm] \dfrac{(1-\theta_l)x + \theta_l r_2 - r_1}{r_2 - r_1 + 2\theta_l(r_2 - x)}, & x \in \left(\dfrac{r_1 + r_2}{2}, r_2\right], \\[3mm] \dfrac{(-1+\theta_l)x - \theta_l r_2 + r_3}{r_3 - r_2 + 2\theta_l(x - r_2)}, & x \in \left(r_2, \dfrac{r_2 + r_3}{2}\right], \\[3mm] \dfrac{(1+\theta_r)(r_3 - x)}{r_3 - r_2 + 2\theta_r(r_3 - x)}, & x \in \left(\dfrac{r_2 + r_3}{2}, r_3\right]. \end{cases}$$

证明　只证明 (1), 其余结论同理可证. 注意到, 当 $x \in [r_1, r_2]$ 时, $\tilde{\xi}$ 的第二可能性分布 $\tilde{\mu}_{\tilde{\xi}}(x)$ 是正规三角模糊变量

$$\left(\frac{x - r_1}{r_2 - r_1} - \theta_l \min\left\{ \frac{x - r_1}{r_2 - r_1}, \frac{r_2 - x}{r_2 - r_1} \right\}, \frac{x - r_1}{r_2 - r_1}, \frac{x - r_1}{r_2 - r_1} + \theta_r \min\left\{ \frac{x - r_1}{r_2 - r_1}, \frac{r_2 - x}{r_2 - r_1} \right\} \right),$$

当 $x \in (r_2, r_3]$ 时, $\tilde{\xi}$ 的第二可能性分布 $\tilde{\mu}_{\tilde{\xi}}(x)$ 是正规三角模糊变量

$$\left(\frac{r_3 - x}{r_3 - r_2} - \theta_l \min\left\{ \frac{r_3 - x}{r_3 - r_2}, \frac{x - r_2}{r_3 - r_2} \right\}, \frac{r_3 - x}{r_3 - r_2}, \frac{r_3 - x}{r_3 - r_2} + \theta_r \min\left\{ \frac{r_3 - x}{r_3 - r_2}, \frac{x - r_2}{r_3 - r_2} \right\} \right).$$

假设 ξ_1 是 $\tilde{\xi}$ 依照乐观关键值简约方法得到的模糊变量, 则根据推论 7.1, 有

$$\mu_{\xi_1}(x) = \mathrm{Pos}\{\xi_1 = x\}$$

$$= \begin{cases} \dfrac{\dfrac{x - r_1}{r_2 - r_1} + \theta_r \min\left\{ \dfrac{x - r_1}{r_2 - r_1}, \dfrac{r_2 - x}{r_2 - r_1} \right\}}{1 + \theta_r \min\left\{ \dfrac{x - r_1}{r_2 - r_1}, \dfrac{r_2 - x}{r_2 - r_1} \right\}}, & x \in [r_1, r_2], \\[4mm] \dfrac{\dfrac{r_3 - x}{r_3 - r_2} + \theta_r \min\left\{ \dfrac{r_3 - x}{r_3 - r_2}, \dfrac{x - r_2}{r_3 - r_2} \right\}}{1 + \theta_r \min\left\{ \dfrac{r_3 - x}{r_3 - r_2}, \dfrac{x - r_2}{r_3 - r_2} \right\}}, & x \in (r_2, r_3], \end{cases}$$

$$= \begin{cases} \dfrac{(1 + \theta_r)(x - r_1)}{r_2 - r_1 + \theta_r(x - r_1)}, & x \in \left[r_1, \dfrac{r_1 + r_2}{2} \right], \\[3mm] \dfrac{(1 - \theta_r)x + \theta_r r_2 - r_1}{r_2 - r_1 + \theta_r(r_2 - x)}, & x \in \left(\dfrac{r_1 + r_2}{2}, r_2 \right], \\[3mm] \dfrac{(-1 + \theta_r)x - \theta_r r_2 + r_3}{r_3 - r_2 + \theta_r(x - r_2)}, & x \in \left(r_2, \dfrac{r_2 + r_3}{2} \right], \\[3mm] \dfrac{(1 + \theta_r)(r_3 - x)}{r_3 - r_2 + \theta_r(r_3 - x)}, & x \in \left(\dfrac{r_2 + r_3}{2}, r_3 \right]. \end{cases}$$

结论 (1) 得证. 　　　　　　　　　　　　　　　　　　　　　　　　　　　　　□

简约模糊变量 ξ_1, ξ_2 和 ξ_3 的参数可能性分布分别由图 7.1, 图 7.2 和图 7.3 表示.

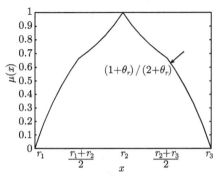

图 7.1　分布函数 $\mu_{\xi_1}(x)$ 的图像

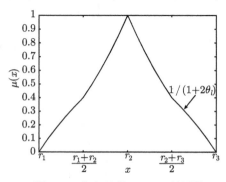

图 7.2　分布函数 $\mu_{\xi_2}(x)$ 的图像

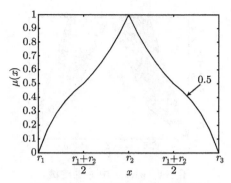

图 7.3 分布函数 $\mu_{\xi_3}(x)$ 的图像

例 7.4 设 $\tilde{\xi} = (\tilde{2}, \tilde{3}, \tilde{4}; 0.5, 1)$, 它的支撑如图 7.4 所示, ξ_1, ξ_2 和 ξ_3 分别是 $\tilde{\xi}$ 按照三种简约方法所得的模糊变量, 则根据定理 7.4, 有

$$
\mu_{\xi_1}(x) = \begin{cases}
2 - \dfrac{2}{x-1}, & x \in \left[2, \dfrac{5}{2}\right], \\[2mm]
\dfrac{1}{4-x}, & x \in \left(\dfrac{5}{2}, 3\right], \\[2mm]
\dfrac{1}{x-2}, & x \in \left(3, \dfrac{7}{2}\right], \\[2mm]
2 - \dfrac{2}{5-x}, & x \in \left(\dfrac{7}{2}, 4\right],
\end{cases}
$$

$$
\mu_{\xi_2}(x) = \begin{cases}
2 - \dfrac{4}{x}, & x \in \left[2, \dfrac{5}{2}\right], \\[2mm]
\dfrac{6}{5-x} - 2, & x \in \left(\dfrac{5}{2}, 3\right], \\[2mm]
\dfrac{6}{x-1} - 2, & x \in \left(3, \dfrac{7}{2}\right], \\[2mm]
2 - \dfrac{4}{6-x}, & x \in \left(\dfrac{7}{2}, 4\right],
\end{cases}
$$

以及

$$
\mu_{\xi_3}(x) = \begin{cases}
\dfrac{2(x-2)}{2x-3}, & x \in \left[2, \dfrac{5}{2}\right], \\[2mm]
\dfrac{x-1}{8-2x}, & x \in \left(\dfrac{5}{2}, 3\right], \\[2mm]
\dfrac{5-x}{2(x-2)}, & x \in \left(3, \dfrac{7}{2}\right], \\[2mm]
\dfrac{2(4-x)}{9-2x}, & x \in \left(\dfrac{7}{2}, 4\right].
\end{cases}
$$

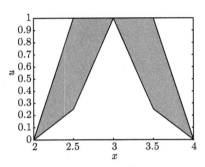

图 7.4　例 7.4 中 $\tilde{\xi}$ 的支撑

定理 7.5(Qin et al., 2011a)　对于 2- 型正态模糊变量 $\tilde{\eta} = \tilde{n}(\mu, \sigma^2; \theta_l, \theta_r)$, 有下面的简约结论:

(1) 由乐观关键值简约方法, $\tilde{\eta}$ 的简约模糊变量 η_1 的分布函数为

$$
\mu_{\eta_1}(x) = \begin{cases}
\dfrac{(1+\theta_r)\exp\left(-\dfrac{(x-\mu)^2}{2\sigma^2}\right)}{1+\theta_r\exp\left(-\dfrac{(x-\mu)^2}{2\sigma^2}\right)}, & x \leqslant \mu - \sigma\sqrt{2\ln 2}\ \text{或者}\ x \geqslant \mu + \sigma\sqrt{2\ln 2}, \\[6mm]
\dfrac{\theta_r + (1-\theta_r)\exp\left(\dfrac{(x-\mu)^2}{2\sigma^2}\right)}{1+\theta_r - \theta_r\exp\left(-\dfrac{(x-\mu)^2}{2\sigma^2}\right)}, & \mu - \sigma\sqrt{2\ln 2} < x < \mu + \sigma\sqrt{2\ln 2}.
\end{cases}
$$

(2) 由悲观关键值简约方法, $\tilde{\eta}$ 的简约模糊变量 η_2 的分布函数为

$$
\mu_{\eta_2}(x) = \begin{cases}
\dfrac{\exp\left(-\dfrac{(x-\mu)^2}{2\sigma^2}\right)}{1+\theta_l\exp\left(-\dfrac{(x-\mu)^2}{2\sigma^2}\right)}, & x \leqslant \mu - \sigma\sqrt{2\ln 2}\ \text{或者}\ x \geqslant \mu + \sigma\sqrt{2\ln 2}, \\[6mm]
\dfrac{\exp\left(-\dfrac{(x-\mu)^2}{2\sigma^2}\right)}{1+\theta_l - \theta_l\exp\left(\dfrac{(x-\mu)^2}{2\sigma^2}\right)}, & \mu - \sigma\sqrt{2\ln 2} < x < \mu + \sigma\sqrt{2\ln 2}.
\end{cases}
$$

(3) 由关键值简约方法, $\tilde{\eta}$ 的简约模糊变量 η_3 的分布函数为

$$
\mu_{\eta_3}(x) = \begin{cases}
\dfrac{(1+\theta_r)\exp\left(-\dfrac{(x-\mu)^2}{2\sigma^2}\right)}{1+2\theta_r\exp\left(-\dfrac{(x-\mu)^2}{2\sigma^2}\right)}, & x \leqslant \mu - \sigma\sqrt{2\ln 2}\ \text{或者}\ x \geqslant \mu + \sigma\sqrt{2\ln 2}, \\[6mm]
\dfrac{\theta_l + (1-\theta_l)\exp\left(-\dfrac{(x-\mu)^2}{2\sigma^2}\right)}{1+2\theta_l - 2\theta_l\exp\left(-\dfrac{(x-\mu)^2}{2\sigma^2}\right)}, & \mu - \sigma\sqrt{2\ln 2} < x < \mu + \sigma\sqrt{2\ln 2}.
\end{cases}
$$

证明　只证明 (3), 其余结论同理可证. 显然, 对于任意的 $x \in \Re$, $\tilde{\eta}$ 的第二可能性分布函数 $\tilde{\mu}_{\tilde{\eta}}(x)$ 是下面正规三角模糊变量

$$
\begin{aligned}
&\left(\exp\left(-\frac{(x-\mu)^2}{2\sigma^2}\right) - \theta_l \min\left\{1 - \exp\left(-\frac{(x-\mu)^2}{2\sigma^2}\right), \exp\left(-\frac{(x-\mu)^2}{2\sigma^2}\right)\right\},\right.\\
&\exp\left(-\frac{(x-\mu)^2}{2\sigma^2}\right), \exp\left(-\frac{(x-\mu)^2}{2\sigma^2}\right)\\
&\left.+\theta_r \min\left\{1 - \exp\left(-\frac{(x-\mu)^2}{2\sigma^2}\right), \exp\left(-\frac{(x-\mu)^2}{2\sigma^2}\right)\right\}\right).
\end{aligned}
$$

通过关键值简约方法得到 $\tilde{\eta}$ 的简约变量 η_3, 则由推论 7.1 有

$$
\mu_{\eta_3}(x) = \mathrm{Pos}\{\eta_3 = x\}
$$

$$
= \begin{cases}
\dfrac{\exp\left(-\frac{(x-\mu)^2}{2\sigma^2}\right) + \theta_r \min\left\{1 - \exp\left(-\frac{(x-\mu)^2}{2\sigma^2}\right), \exp\left(-\frac{(x-\mu)^2}{2\sigma^2}\right)\right\}}{1 + 2\theta_r \min\left\{1 - \exp\left(-\frac{(x-\mu)^2}{2\sigma^2}\right), \exp\left(-\frac{(x-\mu)^2}{2\sigma^2}\right)\right\}}, \\
\qquad\qquad\qquad\qquad\qquad\qquad\qquad\qquad\qquad \exp\left(-\frac{(x-\mu)^2}{2\sigma^2}\right) \leqslant \frac{1}{2}, \\[4mm]
\dfrac{\exp\left(-\frac{(x-\mu)^2}{2\sigma^2}\right) + \theta_l \min\left\{1 - \exp\left(-\frac{(x-\mu)^2}{2\sigma^2}\right), \exp\left(-\frac{(x-\mu)^2}{2\sigma^2}\right)\right\}}{1 + 2\theta_l \min\left\{1 - \exp\left(-\frac{(x-\mu)^2}{2\sigma^2}\right), \exp\left(-\frac{(x-\mu)^2}{2\sigma^2}\right)\right\}}, \\
\qquad\qquad\qquad\qquad\qquad\qquad\qquad\qquad\qquad \exp\left(-\frac{(x-\mu)^2}{2\sigma^2}\right) > \frac{1}{2},
\end{cases}
$$

$$
= \begin{cases}
\dfrac{(1+\theta_r) \exp\left(-\frac{(x-\mu)^2}{2\sigma^2}\right)}{1 + 2\theta_r \exp\left(-\frac{(x-\mu)^2}{2\sigma^2}\right)}, & x \leqslant \mu - \sigma\sqrt{2\ln 2} \ \text{ 或者 } \ x \geqslant \mu + \sigma\sqrt{2\ln 2}, \\[4mm]
\dfrac{\theta_l + (1-\theta_l) \exp\left(-\frac{(x-\mu)^2}{2\sigma^2}\right)}{1 + 2\theta_l - 2\theta_l \exp\left(-\frac{(x-\mu)^2}{2\sigma^2}\right)}, & \mu - \sigma\sqrt{2\ln 2} < x < \mu + \sigma\sqrt{2\ln 2}.
\end{cases} \qquad \square
$$

　　简约模糊变量 η_1, η_2 和 η_3 的参数可能性分布分别由图 7.5, 图 7.6 和图 7.7 表示.

　　例 7.5　设 2- 型正态模糊变量 $\tilde{\eta} = \tilde{n}(3, 1; 0.5, 1)$, 其支撑如图 7.8 所示, η_1, η_2 和 η_3 分别是 $\tilde{\eta}$ 通过三种简约方法所得的模糊变量, 则根据定理 7.5, 有

$$\mu_{\eta_1}(x) = \begin{cases} \dfrac{2\exp\left(-\dfrac{(x-3)^2}{2}\right)}{1+\exp\left(-\dfrac{(x-3)^2}{2}\right)}, & x \leqslant 3-\sqrt{2\ln 2} \quad 或者 \quad x \geqslant 3+\sqrt{2\ln 2}, \\[4mm] \dfrac{1}{2-\exp\left(-\dfrac{(x-3)^2}{2}\right)}, & 3-\sqrt{2\ln 2} < x < 3+\sqrt{2\ln 2}, \end{cases}$$

$$\mu_{\eta_2}(x) = \begin{cases} \dfrac{2\exp\left(-\dfrac{(x-3)^2}{2}\right)}{2+\exp\left(-\dfrac{(x-3)^2}{2}\right)}, & x \leqslant 3-\sqrt{2\ln 2} \quad 或者 \quad x \geqslant 3+\sqrt{2\ln 2}, \\[4mm] \dfrac{2\exp\left(-\dfrac{(x-3)^2}{2}\right)}{3-\exp\left(-\dfrac{(x-3)^2}{2}\right)}, & 3-\sqrt{2\ln 2} < x < 3+\sqrt{2\ln 2}, \end{cases}$$

以及

$$\mu_{\eta_3}(x) = \begin{cases} \dfrac{2\exp\left(-\dfrac{(x-3)^2}{2}\right)}{1+2\exp\left(-\dfrac{(x-3)^2}{2}\right)}, & x \leqslant 3-\sqrt{2\ln 2} \quad 或者 \quad x \geqslant 3+\sqrt{2\ln 2}, \\[4mm] \dfrac{1+\exp\left(-\dfrac{(x-3)^2}{2}\right)}{4-2\exp\left(-\dfrac{(x-3)^2}{2}\right)}, & 3-\sqrt{2\ln 2} < x < 3+\sqrt{2\ln 2}. \end{cases}$$

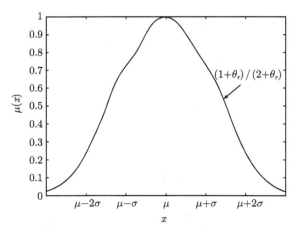

图 7.5　分布函数 $\mu_{\eta_1}(x)$ 的图像

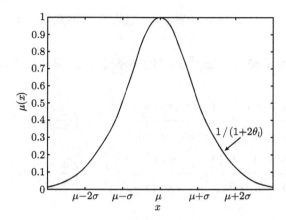

图 7.6　分布函数 $\mu_{\eta_2}(x)$ 的图像

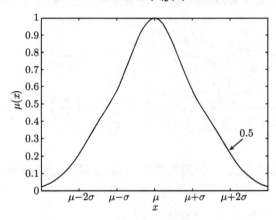

图 7.7　分布函数 $\mu_{\eta_3}(x)$ 的图像

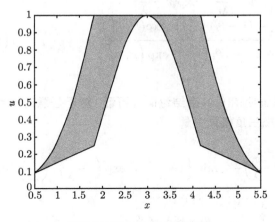

图 7.8　例 7.5 中 $\tilde{\eta}$ 的支撑

定理 7.6(Qin et al., 2011a)　对于 2- 型的 Γ 模糊变量 $\tilde{\zeta} = \tilde{\gamma}(\lambda, r; \theta_l, \theta_r)$, 有下面的简约结论:

(1) 由乐观关键值简约方法, $\tilde{\zeta}$ 的简约模糊变量 ζ_1 的分布函数为

$$
\mu_{\zeta_1}(x) = \begin{cases}
\dfrac{(1 + \theta_r)\left(\dfrac{x}{\lambda r}\right)^r \exp\left(r - \dfrac{x}{\lambda}\right)}{1 + \theta_r \left(\dfrac{x}{\lambda r}\right)^r \exp\left(r - \dfrac{x}{\lambda}\right)}, & \left(\dfrac{x}{\lambda r}\right)^r \exp\left(r - \dfrac{x}{\lambda}\right) \leqslant \dfrac{1}{2}, \\[4mm]
\dfrac{\theta_r + (1 - \theta_r)\left(\dfrac{x}{\lambda r}\right)^r \exp\left(r - \dfrac{x}{\lambda}\right)}{1 + \theta_r - \theta_r \left(\dfrac{x}{\lambda r}\right)^r \exp\left(r - \dfrac{x}{\lambda}\right)}, & \left(\dfrac{x}{\lambda r}\right)^r \exp\left(r - \dfrac{x}{\lambda}\right) > \dfrac{1}{2}.
\end{cases}
$$

(2) 由悲观关键值简约方法, $\tilde{\zeta}$ 的简约模糊变量 ζ_2 的分布函数为

$$
\mu_{\zeta_2}(x) = \begin{cases}
\dfrac{\left(\dfrac{x}{\lambda r}\right)^r \exp\left(r - \dfrac{x}{\lambda}\right)}{1 + \theta_l \left(\dfrac{x}{\lambda r}\right)^r \exp\left(r - \dfrac{x}{\lambda}\right)}, & \left(\dfrac{x}{\lambda r}\right)^r \exp\left(r - \dfrac{x}{\lambda}\right) \leqslant \dfrac{1}{2}, \\[4mm]
\dfrac{\left(\dfrac{x}{\lambda r}\right)^r \exp\left(r - \dfrac{x}{\lambda}\right)}{1 + \theta_l - \theta_l \left(\dfrac{x}{\lambda r}\right)^r \exp\left(r - \dfrac{x}{\lambda}\right)}, & \left(\dfrac{x}{\lambda r}\right)^r \exp\left(r - \dfrac{x}{\lambda}\right) > \dfrac{1}{2}.
\end{cases}
$$

(3) 由关键值简约方法, $\tilde{\zeta}$ 的简约模糊变量 ζ_3 的分布函数为

$$
\mu_{\zeta_3}(x) = \begin{cases}
\dfrac{(1 + \theta_r)\left(\dfrac{x}{\lambda r}\right)^r \exp(r - \dfrac{x}{\lambda})}{1 + 2\theta_r \left(\dfrac{x}{\lambda r}\right)^r \exp(r - \dfrac{x}{\lambda})}, & \left(\dfrac{x}{\lambda r}\right)^r \exp(r - \dfrac{x}{\lambda}) \leqslant \dfrac{1}{2}, \\[4mm]
\dfrac{\theta_l + (1 - \theta_l)\left(\dfrac{x}{\lambda r}\right)^r \exp(1 - \dfrac{x}{\lambda})}{1 + 2\theta_l - 2\theta_l \left(\dfrac{x}{\lambda r}\right)^r \exp(r - \dfrac{x}{\lambda})}, & \left(\dfrac{x}{\lambda r}\right)^r \exp\left(r - \dfrac{x}{\lambda}\right) > \dfrac{1}{2}.
\end{cases}
$$

证明　我们只证明 (3), 其余结论同理可证. 对于任意的 $x \in \Re$, $\tilde{\eta}$ 的第二可能性分布 $\tilde{\mu}_{\tilde{\zeta}}(x)$ 是正规三角模糊变量

$$
\left(\left(\dfrac{x}{\lambda r}\right)^r \exp\left(r - \dfrac{x}{\lambda}\right) - \theta_l \min\left\{1 - \left(\dfrac{x}{\lambda r}\right)^r \exp\left(r - \dfrac{x}{\lambda}\right), \left(\dfrac{x}{\lambda r}\right)^r \exp\left(r - \dfrac{x}{\lambda}\right)\right\},\right.
$$
$$
\left(\dfrac{x}{\lambda r}\right)^r \exp\left(r - \dfrac{x}{\lambda}\right), \left(\dfrac{x}{\lambda r}\right)^r \exp\left(r - \dfrac{x}{\lambda}\right)
$$
$$
\left.+ \theta_r \min\left\{1 - \left(\dfrac{x}{\lambda r}\right)^r \exp\left(r - \dfrac{x}{\lambda}\right), \left(\dfrac{x}{\lambda r}\right)^r \exp\left(r - \dfrac{x}{\lambda}\right)\right\}\right),
$$

则根据推论 7.1, η 的分布为

$$\mu_{\zeta_3}(x) = \mathrm{Pos}\{\zeta_3 = x\}$$

$$= \begin{cases} \dfrac{\left(\frac{x}{\lambda r}\right)^r \exp\left(r - \frac{x}{\lambda}\right) + \theta_r \min\left\{1 - \left(\frac{x}{\lambda r}\right)^r \exp\left(r - \frac{x}{\lambda}\right), \left(\frac{x}{\lambda r}\right)^r \exp\left(r - \frac{x}{\lambda}\right)\right\}}{1 + 2\theta_r \min\left\{1 - \left(\frac{x}{\lambda r}\right)^r \exp\left(r - \frac{x}{\lambda}\right), \left(\frac{x}{\lambda r}\right)^r \exp\left(r - \frac{x}{\lambda}\right)\right\}}, \\ \qquad\qquad\qquad\qquad\qquad\qquad\qquad\qquad \left(\frac{x}{\lambda r}\right)^r \exp\left(r - \frac{x}{\lambda}\right) \leqslant \frac{1}{2}, \\[4pt] \dfrac{\left(\frac{x}{\lambda r}\right)^r \exp\left(r - \frac{x}{\lambda}\right) + \theta_l \min\left\{1 - \left(\frac{x}{\lambda r}\right)^r \exp\left(r - \frac{x}{\lambda}\right), \left(\frac{x}{\lambda r}\right)^r \exp\left(r - \frac{x}{\lambda}\right)\right\}}{1 + 2\theta_l \min\left\{1 - \left(\frac{x}{\lambda r}\right)^r \exp\left(r - \frac{x}{\lambda}\right), \left(\frac{x}{\lambda r}\right)^r \exp\left(r - \frac{x}{\lambda}\right)\right\}}, \\ \qquad\qquad\qquad\qquad\qquad\qquad\qquad\qquad \left(\frac{x}{\lambda r}\right)^r \exp\left(r - \frac{x}{\lambda}\right) > \frac{1}{2}, \end{cases}$$

$$= \begin{cases} \dfrac{(1 + \theta_r)\left(\frac{x}{\lambda r}\right)^r \exp\left(r - \frac{x}{\lambda}\right)}{1 + 2\theta_r \left(\frac{x}{\lambda r}\right)^r \exp\left(r - \frac{x}{\lambda}\right)}, & \left(\frac{x}{\lambda r}\right)^r \exp\left(r - \frac{x}{\lambda}\right) \leqslant \frac{1}{2}, \\[10pt] \dfrac{\theta_l + (1 - \theta_l)\left(\frac{x}{\lambda r}\right)^r \exp\left(r - \frac{x}{\lambda}\right)}{1 + 2\theta_l - 2\theta_l \left(\frac{x}{\lambda r}\right)^r \exp\left(r - \frac{x}{\lambda}\right)}, & \left(\frac{x}{\lambda r}\right)^r \exp\left(r - \frac{x}{\lambda}\right) > \frac{1}{2}, \end{cases}$$

结论 (3) 得证. □

简约模糊变量 ζ_1, ζ_2 和 ζ_3 的参数可能性分布分别由图 7.9, 图 7.10 和图 7.11 表示.

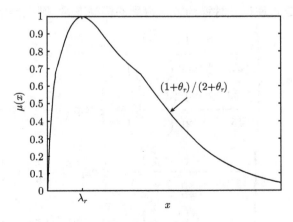

图 7.9　分布函数 $\mu_{\zeta_1}(x)$ 的图像

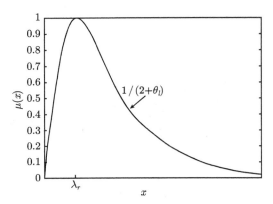

图 7.10   分布函数 $\mu_{\zeta_2}(x)$ 的图像

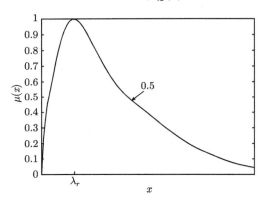

图 7.11   分布函数 $\mu_{\zeta_3}(x)$ 的图像

例 7.6   设 2- 型 Γ 模糊变量 $\tilde{\zeta} = \tilde{\gamma}(5,1;0.5,0.8)$, 其支撑如图 7.12 所示. 假设 ζ_1, ζ_2 和 ζ_3 分别是 $\tilde{\zeta}$ 通过三种简约方法得到的模糊变量, 则根据定理 7.6, 有

$$
\mu_{\zeta_1}(x) = \begin{cases} \dfrac{9x\exp\left(1-\dfrac{x}{5}\right)}{25+4x\exp\left(1-\dfrac{x}{5}\right)}, & \dfrac{x}{5}\exp\left(1-\dfrac{x}{5}\right) \leqslant \dfrac{1}{2}, \\[6mm] \dfrac{20+x\exp\left(1-\dfrac{x}{5}\right)}{45-4x\exp\left(1-\dfrac{x}{5}\right)}, & \dfrac{x}{5}\exp\left(1-\dfrac{x}{5}\right) > \dfrac{1}{2}, \end{cases}
$$

$$
\mu_{\zeta_2}(x) = \begin{cases} \dfrac{2x\exp\left(1-\dfrac{x}{5}\right)}{10+x\exp\left(1-\dfrac{x}{5}\right)}, & \dfrac{x}{5}\exp\left(1-\dfrac{x}{5}\right) \leqslant \dfrac{1}{2}, \\[6mm] \dfrac{2x\exp\left(1-\dfrac{x}{5}\right)}{15-x\exp\left(1-\dfrac{x}{5}\right)}, & \dfrac{x}{5}\exp\left(1-\dfrac{x}{5}\right) > \dfrac{1}{2}, \end{cases}
$$

以及

$$
\mu_{\zeta_3}(x) = \begin{cases} \dfrac{9x \exp\left(1 - \dfrac{x}{5}\right)}{25 + 8x \exp\left(1 - \dfrac{x}{5}\right)}, & \dfrac{x}{5} \exp\left(1 - \dfrac{x}{5}\right) \leqslant \dfrac{1}{2}, \\[4mm] \dfrac{5 + x \exp\left(1 - \dfrac{x}{5}\right)}{20 - 2x \exp\left(1 - \dfrac{x}{5}\right)}, & \dfrac{x}{5} \exp\left(1 - \dfrac{x}{5}\right) > \dfrac{1}{2}. \end{cases}
$$

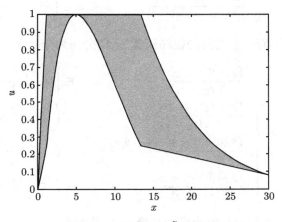

图 7.12 例 7.6 中 $\tilde{\zeta}$ 的支撑

7.2 均 值 简 约

设 $(\Gamma, \mathcal{A}, \tilde{\mathrm{Pos}})$ 是一个模糊可能性空间, $\tilde{\xi}$ 是该空间上的一个 2- 型模糊变量, 其第二可能性分布 $\tilde{\mu}_{\tilde{\xi}}(x)$ 为正规模糊变量. 为了简约第二可能性分布, 在本节中, 我们将 $\tilde{\mathrm{Pos}}\{\gamma \in \Gamma | \tilde{\xi}(\gamma) = x\}$ 的期望值作为其代表值, 并称这一方法为 2- 型模糊变量 $\tilde{\xi}$ 的均值简约方法.

根据模糊变量期望值的定义 (Liu B, Liu Y K, 2002), 如果 $\xi = (r_1, r_2, r_3)$ 是正规三角模糊变量, 则有

$$
E^*[\xi] = \frac{r_2 + r_3}{2}, \quad E_*[\xi] = \frac{r_1 + r_2}{2}, \quad E[\xi] = \frac{r_1 + 2r_2 + r_3}{4}. \tag{7.4}
$$

下面, 我们将介绍三种常用 2- 型模糊变量的均值简约.

定理 7.7(Qin et al., 2011b) 对于 2- 型三角模糊变量 $\tilde{\xi} = (\tilde{r}_1, \tilde{r}_2, \tilde{r}_3; \theta_l, \theta_r)$, 有下面的结论:

(1) 由 E^* 简约方法, $\tilde{\xi}$ 的简约模糊变量 ξ_1 的分布为

$$\mu_{\xi_1}(x) = \begin{cases} \dfrac{(2+\theta_r)(x-r_1)}{2(r_2-r_1)}, & x \in \left[r_1, \dfrac{r_1+r_2}{2}\right], \\[3mm] \dfrac{(2-\theta_r)x+\theta_r r_2-2r_1}{2(r_2-r_1)}, & x \in \left(\dfrac{r_1+r_2}{2}, r_2\right], \\[3mm] \dfrac{(-2+\theta_r)x-\theta_r r_2+2r_3}{2(r_3-r_2)}, & x \in \left(r_2, \dfrac{r_2+r_3}{2}\right], \\[3mm] \dfrac{(2+\theta_r)(r_3-x)}{2(r_3-r_2)}, & x \in \left(\dfrac{r_2+r_3}{2}, r_3\right]. \end{cases}$$

(2) 由 E_* 简约方法, $\tilde{\xi}$ 的简约模糊变量 ξ_2 的分布为

$$\mu_{\xi_2}(x) = \begin{cases} \dfrac{(2-\theta_l)(x-r_1)}{2(r_2-r_1)}, & x \in \left[r_1, \dfrac{r_1+r_2}{2}\right], \\[3mm] \dfrac{(2+\theta_l)x-2r_1-\theta_l r_2}{2(r_2-r_1)}, & x \in \left(\dfrac{r_1+r_2}{2}, r_2\right], \\[3mm] \dfrac{(-\theta_l-2)x+2r_3+\theta_l r_2}{2(r_3-r_2)}, & x \in \left(r_2, \dfrac{r_2+r_3}{2}\right], \\[3mm] \dfrac{(2-\theta_l)(r_3-x)}{2(r_3-r_2)}, & x \in \left(\dfrac{r_2+r_3}{2}, r_3\right]. \end{cases}$$

(3) 由 E 简约方法, $\tilde{\xi}$ 的简约模糊变量 ξ_3 的分布为

$$\mu_{\xi_3}(x) = \begin{cases} \dfrac{(4+\theta_r-\theta_l)(x-r_1)}{4(r_2-r_1)}, & x \in \left[r_1, \dfrac{r_1+r_2}{2}\right], \\[3mm] \dfrac{(4-\theta_r+\theta_l)x+(\theta_r-\theta_l)r_2-4r_1}{4(r_2-r_1)}, & x \in \left(\dfrac{r_1+r_2}{2}, r_2\right], \\[3mm] \dfrac{(-4+\theta_r-\theta_l)x+4r_3-(\theta_r-\theta_l)r_2}{4(r_3-r_2)}, & x \in \left(r_2, \dfrac{r_2+r_3}{2}\right], \\[3mm] \dfrac{(4+\theta_r-\theta_l)(r_3-x)}{4(r_3-r_2)}, & x \in \left(\dfrac{r_2+r_3}{2}, r_3\right]. \end{cases}$$

证明 只证明 (1), 其余结论同理可证. 当 $x \in [r_1, r_2]$ 时, $\tilde{\xi}$ 的第二可能性分布 $\tilde{\mu}_{\tilde{\xi}}(x)$ 是正规三角模糊变量

$$\left(\frac{x-r_1}{r_2-r_1}-\theta_l \min\left\{\frac{x-r_1}{r_2-r_1}, \frac{r_2-x}{r_2-r_1}\right\}, \frac{x-r_1}{r_2-r_1}, \frac{x-r_1}{r_2-r_1}+\theta_r \min\left\{\frac{x-r_1}{r_2-r_1}, \frac{r_2-x}{r_2-r_1}\right\}\right),$$

当 $x \in (r_2, r_3]$ 时, $\tilde{\xi}$ 的第二可能性分布 $\tilde{\mu}_{\tilde{\xi}}(x)$ 是正规三角模糊变量

$$\left(\frac{r_3-x}{r_3-r_2}-\theta_l \min\left\{\frac{r_3-x}{r_3-r_2}, \frac{x-r_2}{r_3-r_2}\right\}, \frac{r_3-x}{r_3-r_2}, \frac{r_3-x}{r_3-r_2}+\theta_r \min\left\{\frac{r_3-x}{r_3-r_2}, \frac{x-r_2}{r_3-r_2}\right\}\right).$$

由于 ξ_1 是 $\tilde{\xi}$ 由 E^* 简约方法得到的模糊变量, 根据式 (7.4), 有

$$\mu_{\xi_1}(x) = \mathrm{Pos}\{\xi_1 = x\}$$

$$= \begin{cases} \dfrac{2\dfrac{x-r_1}{r_2-r_1} + \theta_r \min\left\{\dfrac{x-r_1}{r_2-r_1}, \dfrac{r_2-x}{r_2-r_1}\right\}}{2}, & x \in [r_1, r_2], \\[6mm] \dfrac{2\dfrac{r_3-x}{r_3-r_2} + \theta_r \min\left\{\dfrac{r_3-x}{r_3-r_2}, \dfrac{x-r_2}{r_3-r_2}\right\}}{2}, & x \in (r_2, r_3] \end{cases}$$

$$= \begin{cases} \dfrac{(2+\theta_r)(x-r_1)}{2(r_2-r_1)}, & x \in \left[r_1, \dfrac{r_1+r_2}{2}\right], \\[4mm] \dfrac{(2-\theta_r)x + \theta_r r_2 - 2r_1}{2(r_2-r_1)}, & x \in \left(\dfrac{r_1+r_2}{2}, r_2\right], \\[4mm] \dfrac{(-2+\theta_r)x - \theta_r r_2 + 2r_3}{2(r_3-r_2)}, & x \in \left(r_2, \dfrac{r_2+r_3}{2}\right], \\[4mm] \dfrac{(2+\theta_r)(r_3-x)}{2(r_3-r_2)}, & x \in \left(\dfrac{r_2+r_3}{2}, r_3\right]. \end{cases}$$

结论 (1) 得证. □

简约模糊变量 ξ_1, ξ_2 和 ξ_3 的参数可能性分布分别由图 7.13, 图 7.14 和图 7.15 表示.

例 7.7 设 $\tilde{\xi} = (\tilde{1}, \tilde{3}, \tilde{5}; 0.4, 0.6)$, 其支撑如图 7.16 所示. 假设 ξ_1, ξ_2 和 ξ_3 分别是 $\tilde{\xi}$ 的 E^*, E_* 和 E 简约模糊变量, 则由定理 7.7, 有

$$\mu_{\xi_1}(x) = \begin{cases} 0.65(x-1), & x \in [1, 2], \\ 0.35x - 0.05, & x \in (2, 3], \\ -0.35x + 2.05, & x \in (3, 4], \\ 0.65(5-x), & x \in (4, 5], \end{cases}$$

$$\mu_{\xi_2}(x) = \begin{cases} 0.4(x-1), & x \in [1, 2], \\ 0.6x - 0.8, & x \in (2, 3], \\ -0.6x + 2.8, & x \in (3, 4], \\ 0.4(5-x), & x \in (4, 5], \end{cases}$$

以及

$$\mu_{\xi_3}(x) = \begin{cases} 0.525(x-1), & x \in [1, 2], \\ 0.475x - 0.425, & x \in (2, 3], \\ -0.475x + 2.425, & x \in (3, 4], \\ 0.525(5-x), & x \in (4, 5]. \end{cases}$$

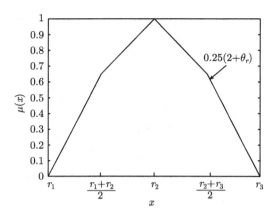

图 7.13   分布函数 $\mu_{\xi_1}(x)$ 的图像

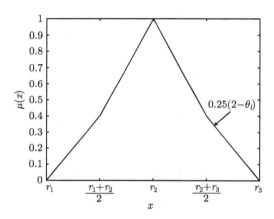

图 7.14   分布函数 $\mu_{\xi_2}(x)$ 的图像

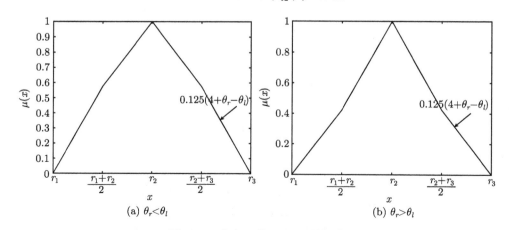

(a) $\theta_r < \theta_l$ (b) $\theta_r > \theta_l$

图 7.15   分布函数 $\mu_{\xi_3}(x)$ 的图像

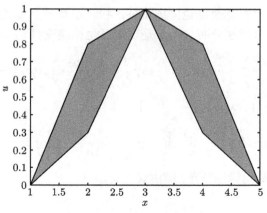

图 7.16 例 7.7 中 $\tilde{\xi}$ 的支撑

定理 7.8(Qin et al., 2011b) 设 $\tilde{\eta}$ 是一个 2- 型正态模糊变量 $\tilde{n}(\mu, \sigma^2; \theta_l, \theta_r)$，则有如下结论:

(1) 由 E^* 简约方法, $\tilde{\eta}$ 的简约模糊变量 η_1 的分布为

$$
\mu_{\eta_1}(x) = \begin{cases} \dfrac{(2+\theta_r)\exp\left(-\dfrac{(x-\mu)^2}{2\sigma^2}\right)}{2}, & x \leqslant \mu-\sigma\sqrt{2\ln 2} \ \text{或者} \ x \geqslant \mu+\sigma\sqrt{2\ln 2}, \\[6mm] \dfrac{(2-\theta_r)\exp\left(-\dfrac{(x-\mu)^2}{2\sigma^2}\right)+\theta_r}{2}, & \mu-\sigma\sqrt{2\ln 2} < x < \mu+\sigma\sqrt{2\ln 2}. \end{cases}
$$

(2) 由 E_* 简约方法, $\tilde{\eta}$ 的简约模糊变量 η_2 的分布为

$$
\mu_{\eta_2}(x) = \begin{cases} \dfrac{(2-\theta_l)\exp\left(-\dfrac{(x-\mu)^2}{2\sigma^2}\right)}{2}, & x \leqslant \mu-\sigma\sqrt{2\ln 2} \ \text{或者} \ x \geqslant \mu+\sigma\sqrt{2\ln 2}, \\[6mm] \dfrac{(2+\theta_l)\exp\left(-\dfrac{(x-\mu)^2}{2\sigma^2}\right)-\theta_l}{2}, & \mu-\sigma\sqrt{2\ln 2} < x < \mu+\sigma\sqrt{2\ln 2}. \end{cases}
$$

(3) 由 E 简约方法, $\tilde{\eta}$ 的简约模糊变量 η_3 的分布为

$$
\mu_{\eta_3}(x) = \begin{cases} \dfrac{(4+\theta_r-\theta_l)\exp\left(-\dfrac{(x-\mu)^2}{2\sigma^2}\right)}{4}, & x \leqslant \mu-\sigma\sqrt{2\ln 2} \ \text{或者} \ x \geqslant \mu+\sigma\sqrt{2\ln 2}, \\[6mm] \dfrac{(4-\theta_r+\theta_l)\exp\left(-\dfrac{(x-\mu)^2}{2\sigma^2}\right)+\theta_r-\theta_l}{4}, & \mu-\sigma\sqrt{2\ln 2} < x < \mu+\sigma\sqrt{2\ln 2}. \end{cases}
$$

证明　只证明 (3), 其余结论同理可证. 由于 $\tilde{\eta}$ 是一个 2- 型正态模糊变量, 对于任意的 $x \in \Re$, 其可能性分布 $\tilde{\mu}_{\tilde{\eta}}(x)$ 是正规三角模糊变量

$$\left(\exp\left(-\frac{(x-\mu)^2}{2\sigma^2}\right) - \theta_l \min\left\{1 - \exp\left(-\frac{(x-\mu)^2}{2\sigma^2}\right), \exp\left(-\frac{(x-\mu)^2}{2\sigma^2}\right)\right\}, \right.$$
$$\exp\left(-\frac{(x-\mu)^2}{2\sigma^2}\right), \exp\left(-\frac{(x-\mu)^2}{2\sigma^2}\right)$$
$$\left. +\theta_r \min\left\{1 - \exp\left(-\frac{(x-\mu)^2}{2\sigma^2}\right), \exp\left(-\frac{(x-\mu)^2}{2\sigma^2}\right)\right\}\right).$$

若记 η_3 为 $\tilde{\eta}$ 的 E 简约模糊变量, 则由式 (7.4), 有

$$\mu_{\eta_3}(x) = \mathrm{Pos}\{\eta_3 = x\}$$

$$= \frac{4\exp\left(-\frac{(x-\mu)^2}{2\sigma^2}\right) + (\theta_r - \theta_l)\min\left\{1 - \exp\left(-\frac{(x-\mu)^2}{2\sigma^2}\right), \exp\left(-\frac{(x-\mu)^2}{2\sigma^2}\right)\right\}}{4}$$

$$= \begin{cases} \dfrac{(4+\theta_r-\theta_l)\exp\left(-\frac{(x-\mu)^2}{2\sigma^2}\right)}{4}, & x \leqslant \mu - \sigma\sqrt{2\ln 2} \text{ 或者 } x \geqslant \mu + \sigma\sqrt{2\ln 2}, \\[3mm] \dfrac{(4-\theta_r+\theta_l)\exp\left(-\frac{(x-\mu)^2}{2\sigma^2}\right) + \theta_r - \theta_l}{4}, & \mu - \sigma\sqrt{2\ln 2} < x < \mu + \sigma\sqrt{2\ln 2}, \end{cases}$$

结论 (3) 得证.　　　　　　　　　　　　　　　　　　　　　　　　　　　　　□

简约模糊变量 η_1, η_2 和 η_3 的参数可能性分布分别由图 7.17, 图 7.18 和图 7.19 表示.

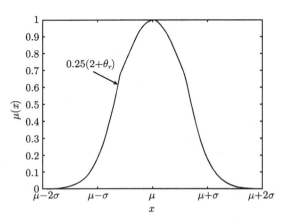

图 7.17　分布函数 $\mu_{\eta_1}(x)$ 的图像

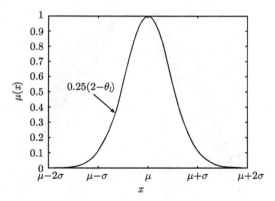

图 7.18 分布函数 $\mu_{\eta_2}(x)$ 的图像

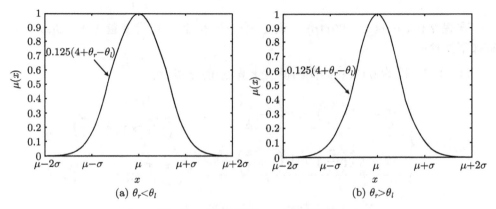

(a) $\theta_r < \theta_l$ (b) $\theta_r > \theta_l$

图 7.19 分布函数 $\mu_{\eta_3}(x)$ 的图像

例 7.8 设 $\tilde{\eta}$ 是一个 2- 型正态模糊变量 $\tilde{n}(2, 0.5; 0.3, 0.7)$, 其支撑如图 7.20 所示. 假设 η_1, η_2 和 η_3 分别是 $\tilde{\eta}$ 的 E^*, E_* 和 E 简约模糊变量, 则根据定理 7.8 有

$$\mu_{\eta_1}(x) = \begin{cases} 1.35 \exp(-2(x-2)^2), & x \leqslant 2 - 0.5\sqrt{2\ln 2} \text{ 或者} x \geqslant 2 + 0.5\sqrt{2\ln 2}, \\ 0.65 \exp(-2(x-2)^2) + 0.35, & 2 - 0.5\sqrt{2\ln 2} < x < 2 + 0.5\sqrt{2\ln 2}, \end{cases}$$

$$\mu_{\eta_2}(x) = \begin{cases} 0.85 \exp(-2(x-2)^2), & x \leqslant 2 - 0.5\sqrt{2\ln 2} \text{ 或者} x \geqslant 2 + 0.5\sqrt{2\ln 2}, \\ 1.15 \exp(-2(x-2)^2) - 0.15, & 2 - 0.5\sqrt{2\ln 2} < x < 2 + 0.5\sqrt{2\ln 2}, \end{cases}$$

以及

$$\mu_{\eta_3}(x) = \begin{cases} 1.1 \exp(-2(x-2)^2), & x \leqslant 2 - 0.5\sqrt{2\ln 2} \text{ 或者} x \geqslant 2 + 0.5\sqrt{2\ln 2}, \\ 0.9 \exp(-2(x-2)^2) + 0.1, & 2 - 0.5\sqrt{2\ln 2} < x < 2 + 0.5\sqrt{2\ln 2}. \end{cases}$$

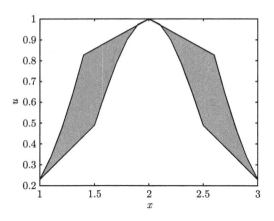

图 7.20   例 7.8 中 $\tilde{\eta}$ 的支撑

定理 7.9(Qin et al., 2011b)   设 $\tilde{\zeta}$ 是一个 2- 型 Γ 模糊变量 $\tilde{\gamma}(\lambda, r; \theta_l, \theta_r)$, 则有如下结论:

(1) 由 E^* 简约方法, $\tilde{\zeta}$ 的简约模糊变量 ζ_1 的分布为

$$
\mu_{\zeta_1}(x) = \begin{cases} \dfrac{(2 + \theta_r)\left(\dfrac{x}{\lambda r}\right)^r \exp\left(r - \dfrac{x}{\lambda}\right)}{2}, & \left(\dfrac{x}{\lambda r}\right)^r \exp\left(r - \dfrac{x}{\lambda}\right) \leqslant \dfrac{1}{2}, \\[4mm] \dfrac{(2 - \theta_r)\left(\dfrac{x}{\lambda r}\right)^r \exp\left(r - \dfrac{x}{\lambda}\right) + \theta_r}{2}, & \left(\dfrac{x}{\lambda r}\right)^r \exp\left(r - \dfrac{x}{\lambda}\right) > \dfrac{1}{2}. \end{cases}
$$

(2) 由 E_* 简约方法, $\tilde{\zeta}$ 的简约模糊变量 ζ_2 的分布为

$$
\mu_{\zeta_2}(x) = \begin{cases} \dfrac{(2 - \theta_l)\left(\dfrac{x}{\lambda r}\right)^r \exp\left(r - \dfrac{x}{\lambda}\right)}{2}, & \left(\dfrac{x}{\lambda r}\right)^r \exp\left(r - \dfrac{x}{\lambda}\right) \leqslant \dfrac{1}{2}, \\[4mm] \dfrac{(2 + \theta_l)\left(\dfrac{x}{\lambda r}\right)^r \exp\left(r - \dfrac{x}{\lambda}\right) - \theta_l}{2}, & \left(\dfrac{x}{\lambda r}\right)^r \exp\left(r - \dfrac{x}{\lambda}\right) > \dfrac{1}{2}. \end{cases}
$$

(3) 由 E 简约方法, $\tilde{\zeta}$ 的简约模糊变量 ζ_3 的分布为

$$
\mu_{\zeta_3}(x) = \begin{cases} \dfrac{(4 + \theta_r - \theta_l)\left(\dfrac{x}{\lambda r}\right)^r \exp\left(r - \dfrac{x}{\lambda}\right)}{4}, & \left(\dfrac{x}{\lambda r}\right)^r \exp\left(r - \dfrac{x}{\lambda}\right) \leqslant \dfrac{1}{2}, \\[4mm] \dfrac{(4 - \theta_r + \theta_l)\left(\dfrac{x}{\lambda r}\right)^r \exp\left(1 - \dfrac{x}{\lambda}\right) + \theta_r - \theta_l}{4}, & \left(\dfrac{x}{\lambda r}\right)^r \exp\left(r - \dfrac{x}{\lambda}\right) > \dfrac{1}{2}. \end{cases}
$$

证明 只证明 (3), 其余的同理可证. 注意到对于任意的 $x \in \Re$, ζ 的第二可能性分布 $\tilde{\mu}_{\tilde{\zeta}}(x)$ 是正规三角模糊变量

$$
\begin{aligned}
&\left(\left(\frac{x}{\lambda r}\right)^r \exp\left(r - \frac{x}{\lambda}\right) - \theta_l \min\left\{1 - \left(\frac{x}{\lambda r}\right)^r \exp\left(r - \frac{x}{\lambda}\right),\right.\right. \\
&\left.\left(\frac{x}{\lambda r}\right)^r \exp\left(r - \frac{x}{\lambda}\right)\right\}, \left(\frac{x}{\lambda r}\right)^r \exp\left(r - \frac{x}{\lambda}\right), \left(\frac{x}{\lambda r}\right)^r \exp\left(r - \frac{x}{\lambda}\right) \\
&\left. + \theta_r \min\left\{1 - \left(\frac{x}{\lambda r}\right)^r \exp\left(r - \frac{x}{\lambda}\right), \left(\frac{x}{\lambda r}\right)^r \exp\left(r - \frac{x}{\lambda}\right)\right\}\right).
\end{aligned}
$$

若 ζ_3 是 ζ 由 E 简约方法得到的简约模糊变量, 则由式 (7.4) 得

$$
\begin{aligned}
\mu_{\zeta_3}(x) &= \mathrm{Pos}\{\zeta_3 = x\} \\
&= \frac{4\left(\frac{x}{\lambda r}\right)^r \exp\left(r - \frac{x}{\lambda}\right) + (\theta_r - \theta_l)\min\left\{1 - \left(\frac{x}{\lambda r}\right)^r \exp\left(r - \frac{x}{\lambda}\right), \left(\frac{x}{\lambda r}\right)^r \exp\left(r - \frac{x}{\lambda}\right)\right\}}{4} \\
&= \begin{cases}
\dfrac{(4 + \theta_r - \theta_l)\left(\frac{x}{\lambda r}\right)^r \exp\left(r - \frac{x}{\lambda}\right)}{4}, & \left(\frac{x}{\lambda r}\right)^r \exp\left(r - \frac{x}{\lambda}\right) \leqslant \frac{1}{2}, \\[4mm]
\dfrac{(4 - \theta_r + \theta_l)\left(\frac{x}{\lambda r}\right)^r \exp\left(1 - \frac{x}{\lambda}\right) + \theta_r - \theta_l}{4}, & \left(\frac{x}{\lambda r}\right)^r \exp\left(r - \frac{x}{\lambda}\right) > \frac{1}{2}.
\end{cases}
\end{aligned}
$$

结论 (3) 得证. □

ζ_1, ζ_2, 和 ζ_3 的可能性分布分别由图 7.21, 图 7.22 和图 7.23 表示.

例 7.9 设 $\tilde{\zeta}$ 是一个 2- 型 Γ 模糊变量 $\tilde{\gamma}(3, 0.5; 0.2, 0.8)$, 其支撑如图 7.24 所示. 假设 ζ_1, ζ_2 和 ζ_3 分别是 $\tilde{\zeta}$ 的 E^*, E_* 和 E 简约模糊变量, 则由定理 7.9 有

$$
\mu_{\zeta_1}(x) = \begin{cases}
1.4\sqrt{\dfrac{2x}{3}}\exp\left(0.5 - \dfrac{x}{3}\right), & \sqrt{\dfrac{2x}{3}}\exp\left(0.5 - \dfrac{x}{3}\right) \leqslant \dfrac{1}{2}, \\[4mm]
0.6\sqrt{\dfrac{2x}{3}}\exp\left(0.5 - \dfrac{x}{3}\right) + 0.4, & \sqrt{\dfrac{2x}{3}}\exp\left(0.5 - \dfrac{x}{3}\right) > \dfrac{1}{2},
\end{cases}
$$

$$
\mu_{\zeta_2}(x) = \begin{cases}
0.9\sqrt{\dfrac{2x}{3}}\exp\left(0.5 - \dfrac{x}{3}\right), & \sqrt{\dfrac{2x}{3}}\exp\left(0.5 - \dfrac{x}{3}\right) \leqslant \dfrac{1}{2}, \\[4mm]
1.1\sqrt{\dfrac{2x}{3}}\exp\left(0.5 - \dfrac{x}{3}\right) - 0.1, & \sqrt{\dfrac{2x}{3}}\exp\left(0.5 - \dfrac{x}{3}\right) > \dfrac{1}{2},
\end{cases}
$$

以及

$$
\mu_{\zeta_3}(x) = \begin{cases}
1.15\sqrt{\dfrac{2x}{3}}\exp\left(0.5 - \dfrac{x}{3}\right), & \sqrt{\dfrac{2x}{3}}\exp\left(0.5 - \dfrac{x}{3}\right) \leqslant \dfrac{1}{2}, \\[4mm]
0.85\sqrt{\dfrac{2x}{3}}\exp\left(0.5 - \dfrac{x}{3}\right) + 0.15, & \sqrt{\dfrac{2x}{3}}\exp\left(0.5 - \dfrac{x}{3}\right) > \dfrac{1}{2}.
\end{cases}
$$

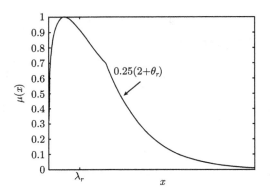

图 7.21　分布函数 $\mu_{\zeta_1}(x)$ 的图像

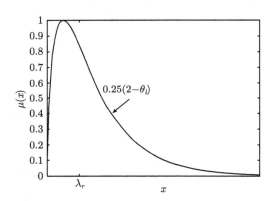

图 7.22　分布函数 $\mu_{\zeta_2}(x)$ 的图像

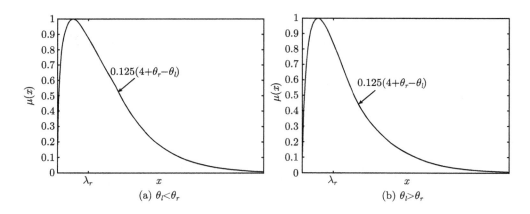

图 7.23　分布函数 $\mu_{\zeta_3}(x)$ 的图像

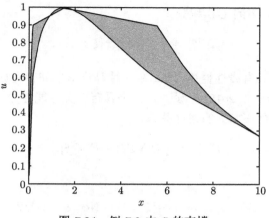

图 7.24 例 7.9 中 $\bar{\eta}$ 的支撑

7.3 等价值简约

7.3.1 等价值的定义及性质

在本节中我们将通过 L–S 积分 (Carter, van Brunt, 2000), 定义正规模糊变量的三种等价值.

设 ξ 是一个正规模糊变量, 其广义可能性分布为 $\mu_\xi(t)$(不一定正则), 则事件 $\{\xi \leqslant t\}$ 的可能性、必要性和可信性分布定义如下:

$$\text{Pos}\{\xi \leqslant t\} = \sup_{0 \leqslant u \leqslant t} \mu_\xi(u), \tag{7.5}$$

$$\text{Nec}\{\xi \leqslant t\} = \sup_{0 \leqslant u \leqslant 1} \mu_\xi(u) - \sup_{t < u \leqslant 1} \mu_\xi(u), \tag{7.6}$$

并且

$$\text{Cr}\{\xi \leqslant t\} = \frac{1}{2}\left(\sup_{0 \leqslant u \leqslant 1} \mu_\xi(u) + \sup_{0 \leqslant u \leqslant t} \mu_\xi(u) - \sup_{t < u \leqslant 1} \mu_\xi(u)\right). \tag{7.7}$$

由定义可知, 事件 $\{\xi \leqslant t\}$ 的可能性 $\text{Pos}\{\xi \leqslant t\}$、必要性 $\text{Nec}\{\xi \leqslant t\}$ 和可信性分布 $\text{Cr}\{\xi \leqslant t\}$ 都是 t 的单调增函数, 因而可以生成三种 L-S 测度. 基于这三种 L-S 测度, 我们定义正规模糊变量的三种等价值.

定义 7.2(Wu et al., 2012)　设 ξ 是一个正规模糊变量, 其广义可能性分布为 μ_ξ, 则 ξ 的悲观等价值定义为如下的 L-S 积分:

$$\text{EV}_*[\xi] = \int_{[0,1]} t\,\text{d}\left(\text{Pos}\{\xi \leqslant t\}\right), \tag{7.8}$$

ξ 的乐观等价值定义为如下的 L-S 积分:

$$\text{EV}^*[\xi] = \int_{[0,1]} t\,\text{d}\left(\text{Nec}\{\xi \leqslant t\}\right), \tag{7.9}$$

ξ 的等价值定义为如下的 L-S 积分

$$EV[\xi] = \int_{[0,1]} t\,\mathrm{d}\left(\mathrm{Cr}\{\xi \leqslant t\}\right). \tag{7.10}$$

由于 L-S 积分具有线性性质, 因此在三种等价值之间存在如下的线性关系.

命题 7.1(Wu et al., 2012)　设 ξ 是一个具有广义可能性分布的正规模糊变量, 则三种等价值之间存在如下的线性关系:

$$EV[\xi] = \frac{1}{2}(EV_*[\xi] + EV^*[\xi]). \tag{7.11}$$

证明　由于

$$\mathrm{Cr}\{\xi \leqslant t\} = (\mathrm{Pos}\{\xi \leqslant t\} + \mathrm{Nec}\{\xi \leqslant t\})/2,$$

其中 $\mathrm{Pos}\{\xi \leqslant t\}$ 和 $\mathrm{Nec}\{\xi \leqslant t\}$ 都是 $t \in [0,1]$ 的单调增函数. 因此根据文献 (Carter, van Brunt., 2000), 有

$$EV[\xi] = \int_{[0,1]} t\,\mathrm{d}\left(\mathrm{Cr}\{\xi \leqslant t\}\right) = \frac{1}{2}(EV_*[\xi] + EV^*[\xi]). \qquad \square$$

例 7.10　设 ξ 是一个具有如下分布的离散正规模糊变量

$$\xi \sim \left(\begin{array}{cccc} 0.1 & 0.3 & 0.5 & 0.6 \\ 0.3 & 0.2 & 0.8 & 0.5 \end{array}\right).$$

经计算, 可知

$$\mathrm{Pos}\{\xi \leqslant t\} = \left\{\begin{array}{ll} 0, & 0 \leqslant t < 0.1, \\ 0.3, & 0.1 \leqslant t < 0.5, \\ 0.8, & 0.5 \leqslant t \leqslant 1, \end{array}\right.$$

且

$$\mathrm{Nec}\{\xi \leqslant t\} = \left\{\begin{array}{ll} 0, & 0 \leqslant t < 0.5, \\ 0.3, & 0.5 \leqslant t < 0.6, \\ 0.8, & 0.6 \leqslant t \leqslant 1. \end{array}\right.$$

因此, 根据定义 7.2, 有

$$\begin{aligned} EV_*[\xi] = & \int_{[0,0]} t\,\mathrm{d}(\mathrm{Pos}\{\xi \leqslant t\}) + \int_{(0,0.1)} t\,\mathrm{d}(\mathrm{Pos}\{\xi \leqslant t\}) + \int_{[0.1,0.1]} t\,\mathrm{d}(\mathrm{Pos}\{\xi \leqslant t\}) \\ & + \int_{(0.1,0.5)} t\,\mathrm{d}(\mathrm{Pos}\{\xi \leqslant t\}) + \int_{[0.5,0.5]} t\,\mathrm{d}(\mathrm{Pos}\{\xi \leqslant t\}) + \int_{(0.5,1)} t\,\mathrm{d}(\mathrm{Pos}\{\xi \leqslant t\}) \\ & + \int_{[1,1]} t\,\mathrm{d}(\mathrm{Pos}\{\xi \leqslant t\}) = 0.28, \end{aligned}$$

$$EV^*[\xi] = \int_{[0,0]} t d(\mathrm{Nec}\{\xi \leqslant t\}) + \int_{(0,0.5)} t d(\mathrm{Nec}\{\xi \leqslant t\}) + \int_{[0.5,0.5]} t d(\mathrm{Nec}\{\xi \leqslant t\})$$

$$+ \int_{(0.5,0.6)} t d(\mathrm{Nec}\{\xi \leqslant t\}) + \int_{[0.6,0.6]} t d(\mathrm{Nec}\{\xi \leqslant t\}) + \int_{(0.6,1)} t d(\mathrm{Nec}\{\xi \leqslant t\})$$

$$+ \int_{[1,1]} t d(\mathrm{Nec}\{\xi \leqslant t\}) = 0.45.$$

又根据命题 7.1 得

$$EV[\xi] = \frac{1}{2}(EV_*[\xi] + EV^*[\xi]) = 0.365.$$

对于常用的具有广义可能性分布的连续正规模糊变量, 我们通过下面的定理给出等价值的解析表达式.

定理 7.10(Wu et al., 2012) 设 ξ 是一个具有如下可能性分布的正规模糊变量

$$\mu(t) = \begin{cases} \dfrac{h(t - r_1)}{r_2 - r_1}, & r_1 \leqslant t < r_2, \\[2mm] \dfrac{h(r_3 - t)}{r_3 - r_2}, & r_2 \leqslant t \leqslant r_3, \\[2mm] 0, & \text{其他,} \end{cases}$$

其中 $0 < h \leqslant 1$ 且 $0 \leqslant r_1 < r_2 < r_3 \leqslant 1$(图 7.25), 则有

(1) ξ 的悲观等价值为 $EV_*[\xi] = h(r_1 + r_2)/2$;

(2) ξ 的乐观等价值为 $EV^*[\xi] = h(r_2 + r_3)/2$;

(3) ξ 的等价值为 $EV[\xi] = h(r_1 + 2r_2 + r_3)/4$.

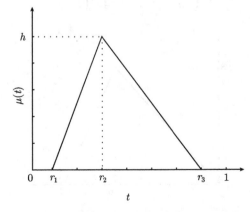

图 7.25 定理 7.10 中 ξ 的可能性分布

证明　我们只需证明结论 (1), 其余结论同理可证. 由 ξ 的可能性分布, 得

$$\mathrm{Pos}\{\xi \leqslant t\} = \begin{cases} 0, & 0 \leqslant t < r_1, \\ \dfrac{h(t - r_1)}{r_2 - r_1}, & r_1 \leqslant t < r_2, \\ h, & r_2 \leqslant t \leqslant 1. \end{cases}$$

根据悲观等价值的定义, 有

$$\begin{aligned}
\mathrm{EV}_*[\xi] &= \int_{[0,1]} t\mathrm{d}(\mathrm{Pos}\{\xi \leqslant t\}) \\
&= \int_{[0,0]} t\mathrm{d}(\mathrm{Pos}\{\xi \leqslant t\}) \int_{(0,r_1)} t\mathrm{d}(\mathrm{Pos}\{\xi \leqslant t\}) + \int_{[r_1,r_1]} t\mathrm{d}(\mathrm{Pos}\{\xi \leqslant t\}) \\
&\quad + \int_{(r_1,r_2)} t\mathrm{d}(\mathrm{Pos}\{\xi \leqslant t\}) + \int_{[r_2,r_2]} t\mathrm{d}(\mathrm{Pos}\{\xi \leqslant t\}) + \int_{(r_2,1)} t\mathrm{d}(\mathrm{Pos}\{\xi \leqslant t\}) \\
&\quad + \int_{[1,1]} t\mathrm{d}(\mathrm{Pos}\{\xi \leqslant t\}) \\
&= \int_{(r_1,r_2)} t\mathrm{d}\left(\frac{h(t - r_1)}{r_2 - r_1}\right) = \frac{h}{r_2 - r_1} \int_{(r_1,r_2)} t\mathrm{d}t \\
&= \frac{1}{2}h(r_1 + r_2).
\end{aligned}$$

结论 (1) 证毕.　　　　　　　　　　　　　　　　　　　　　　　　　　　□

例 7.11　设 ξ 是一个具有如下可能性分布的正规模糊变量 (图 7.26)

$$\mu(t) = \begin{cases} \dfrac{4t}{3}, & 0 \leqslant t < 0.6, \\ \dfrac{-8t + 7.2}{3}, & 0.6 \leqslant t \leqslant 0.9, \\ 0, & \text{其他}. \end{cases}$$

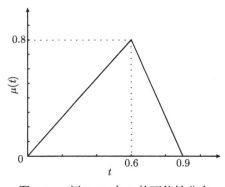

图 7.26　例 7.11 中 ξ 的可能性分布

则根据定理 7.10, 有 $\mathrm{EV}_*[\xi] = 0.24, \mathrm{EV}^*[\xi] = 0.6$ 和 $\mathrm{EV}[\xi] = 0.42$.

定理 7.11(Wu et al., 2012) 设 ξ 是一个具有如下可能性分布的正规模糊变量

$$\mu(t) = \begin{cases} \dfrac{h(t - r_1)}{r_2 - r_1}, & r_1 \leqslant t < r_2, \\ h, & r_2 \leqslant t < r_3, \\ \dfrac{h(r_4 - t)}{r_4 - r_3}, & r_3 \leqslant t \leqslant r_4, \\ 0, & \text{其他}, \end{cases}$$

其中 $0 < h \leqslant 1$ 和 $0 \leqslant r_1 < r_2 < r_3 < r_4 \leqslant 1$(图 7.27). 则有

(1) ξ 的悲观等价值为 $\mathrm{EV}_*[\xi] = h(r_1 + r_2)/2$;

(2) ξ 的乐观等价值为 $\mathrm{EV}^*[\xi] = h(r_3 + r_4)/2$;

(3) ξ 的等价值为 $\mathrm{EV}[\xi] = h(r_1 + r_2 + r_3 + r_4)/4$.

证明 我们只需证明结论 (1), 其余结论同理可证. 由 ξ 的可能性分布, 得

$$\mathrm{Pos}\{\xi \leqslant t\} = \begin{cases} 0, & 0 \leqslant t < r_1, \\ \dfrac{h(t - r_1)}{r_2 - r_1}, & r_1 \leqslant t < r_2, \\ h, & r_2 \leqslant t \leqslant 1. \end{cases}$$

根据悲观等价值的定义, 有

$$\begin{aligned} \mathrm{EV}_*[\xi] &= \int_{[0,1]} t \mathrm{d}(\mathrm{Pos}\{\xi \leqslant t\}) \\ &= \int_{[0,0]} t \mathrm{d}(\mathrm{Pos}\{\xi \leqslant t\}) + \int_{(0,r_1)} t \mathrm{d}(\mathrm{Pos}\{\xi \leqslant t\}) + \int_{[r_1,r_1]} t \mathrm{d}(\mathrm{Pos}\{\xi \leqslant t\}) \\ &\quad + \int_{(r_1,r_2)} t \mathrm{d}(\mathrm{Pos}\{\xi \leqslant t\}) + \int_{[r_2,r_2]} t \mathrm{d}(\mathrm{Pos}\{\xi \leqslant t\}) + \int_{(r_2,1)} t \mathrm{d}(\mathrm{Pos}\{\xi \leqslant t\}) \\ &\quad + \int_{[1,1]} t \mathrm{d}(\mathrm{Pos}\{\xi \leqslant t\}) \\ &= \int_{(r_1,r_2)} t \mathrm{d}\left(\frac{h(t - r_1)}{r_2 - r_1}\right) = \frac{h}{r_2 - r_1} \int_{(r_1,r_2)} t \mathrm{d}t \\ &= \frac{h}{r_2 - r_1} \int_{[r_1,r_2]} t \mathrm{d}t = \frac{h}{r_2 - r_1} \int_{r_1}^{r_2} t \mathrm{d}t \\ &= \frac{1}{2} h(r_1 + r_2). \end{aligned}$$

结论 (1) 证毕. □

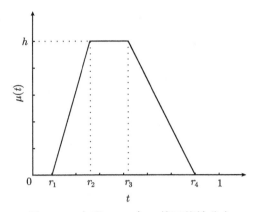

图 7.27   定理 7.11 中 ξ 的可能性分布

例 7.12   设 ξ 是一个具有如下可能性分布的正规模糊变量 (图 7.28)

$$\mu(t) = \begin{cases} 9t - 0.9, & 0.1 \leqslant t < 0.2, \\ 0.9, & 0.2 \leqslant t < 0.4, \\ \dfrac{5.4 - 9t}{2}, & 0.4 \leqslant t \leqslant 0.6, \\ 0, & \text{其他}, \end{cases}$$

则根据定理 7.11, 有 $\mathrm{EV}_*[\xi] = 0.135, \mathrm{EV}^*[\xi] = 0.45$ 和 $\mathrm{EV}[\xi] = 0.2925$.

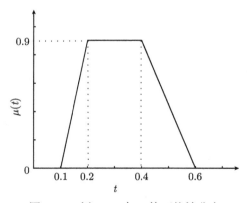

图 7.28   例 7.12 中 ξ 的可能性分布

定理 7.12(Wu et al., 2012)   设 ξ 是一个具有如下可能性分布的正规模糊变量

$$\mu(t) = h \exp\left(-\frac{(t - \mu)^2}{2\sigma^2}\right), \quad t \in [0, 1],$$

其中 $0 < h \leqslant 1$ 和 $\sigma > 0$(图 7.29). 若记 Φ 为标准正态分布函数, 则有

(1) ξ 的悲观等价值为 $\mathrm{EV}_*[\xi] = h\mu + (1/2)h\sigma\sqrt{2\pi} - h\sigma\sqrt{2\pi}\Phi\left(\dfrac{\mu}{\sigma}\right)$;

(2) ξ 的乐观等价值为 $\mathrm{EV}^*[\xi] = h\mu - (1/2)h\sigma\sqrt{2\pi} + h\sigma\sqrt{2\pi}\Phi\left(\dfrac{1-\mu}{\sigma}\right)$;

(3) ξ 的等价值为 $\mathrm{EV}[\xi] = h\mu + (1/2)h\sigma\sqrt{2\pi}\left[\Phi\left(\dfrac{1-\mu}{\sigma}\right) - \Phi\left(\dfrac{\mu}{\sigma}\right)\right]$.

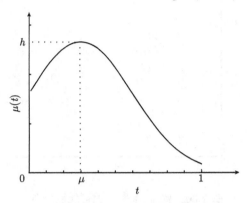

图 7.29 定理 7.12 中 ξ 的可能性分布

证明   我们只需证明结论 (1), 其余结论同理可证. 由 ξ 的可能性分布, 得

$$
\mathrm{Pos}\{\xi \leqslant t\} = \begin{cases} h\exp\left(-\dfrac{(t-\mu)^2}{2\sigma^2}\right), & 0 \leqslant t < \mu, \\ h, & \mu \leqslant t \leqslant 1. \end{cases}
$$

根据悲观等价值的定义, 有

$$
\begin{aligned}
\mathrm{EV}_*[\xi] &= \int_{[0,1]} t\mathrm{d}(\mathrm{Pos}\{\xi \leqslant t\}) \\
&= \int_{[0,0]} t\mathrm{d}(\mathrm{Pos}\{\xi \leqslant t\}) + \int_{(0,\mu)} t\mathrm{d}(\mathrm{Pos}\{\xi \leqslant t\}) + \int_{[\mu,\mu]} t\mathrm{d}(\mathrm{Pos}\{\xi \leqslant t\}) \\
&\quad + \int_{(\mu,1)} t\mathrm{d}(\mathrm{Pos}\{\xi \leqslant t\}) + \int_{[1,1]} t\mathrm{d}(\mathrm{Pos}\{\xi \leqslant t\}) \\
&= \int_{(0,\mu)} t\mathrm{d}\left(h\exp\left(-\dfrac{(t-\mu)^2}{2\sigma^2}\right)\right) = \int_{(0,\mu)} t\left(h\exp\left(-\dfrac{(t-\mu)^2}{2\sigma^2}\right)\right)' \mathrm{d}t \\
&= \int_{[0,\mu]} t\left(h\exp\left(-\dfrac{(t-\mu)^2}{2\sigma^2}\right)\right)' \mathrm{d}t = \int_0^\mu t\mathrm{d}\left(h\exp\left(-\dfrac{(t-\mu)^2}{2\sigma^2}\right)\right) \\
&= h\mu + \dfrac{1}{2}h\sigma\sqrt{2\pi} - h\sigma\sqrt{2\pi}\Phi\left(\dfrac{\mu}{\sigma}\right).
\end{aligned}
$$

结论 (1) 证毕. □

例 7.13　设 ξ 是一个具有如下可能性分布的正规模糊变量 (图 7.30)

$$\mu(t) = \frac{1}{2}\exp\left(-\frac{(t-0.6)^2}{2}\right), \quad t \in [0,1],$$

则根据定理 7.12, 有 $\mathrm{EV}_*[\xi] = 0.0171301, \mathrm{EV}^*[\xi] = 0.4947628$ 和 $\mathrm{EV}[\xi] = 0.2559465.$

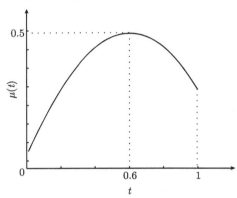

图 7.30　例 7.13 中 ξ 的可能性分布

7.3.2　2- 型模糊变量的等价值简约方法

设 $\tilde{\xi}$ 是一个定义在模糊可能性空间 $(\Gamma, \mathcal{A}, \tilde{\mathrm{Pos}})$ 上的 2- 型模糊变量, 为了简约第二可能性分布的不确定性, 可以考虑用正规模糊变量的悲观等价值 (EV_*)、乐观等价值 (EV^*) 和等价值 (EV) 来作为它的代表值, 从而将第二可能性分布进行简化. 这些等价值对于所有具有广义可能性分布的正规模糊变量都成立, 并且是一种经典的线性积分. 我们将这种方法称为 2- 型模糊变量 $\tilde{\xi}$ 的等价值简约方法. 下面的例子给出了离散 2- 型模糊变量的简约模糊变量的分布.

例 7.14　设 $\tilde{\xi}$ 是具有如下参数可能性分布的离散型 2- 型模糊变量

$$\tilde{\xi} = \begin{cases} 1, & \text{以可能性 } (0.6 - 0.4\theta_l, 0.6, 0.6 + 0.4\theta_r), \\ 3, & \text{以可能性 } (0.5 - 0.5\theta_l, 0.5, 0.8, 0.8 + 0.2\theta_r), \\ 5, & \text{以可能性 } (0.7 - 0.3\theta_l, 0.7, 0.7 + 0.3\theta_r), \end{cases}$$

其中 $\theta_l, \theta_r \in [0,1]$. 由可能性分布可知 $\tilde{\mu}_{\tilde{\xi}}(1) = (0.6 - 0.4\theta_l, 0.6, 0.6 + 0.4\theta_r), \tilde{\mu}_{\tilde{\xi}}(3) = (0.5 - 0.5\theta_l, 0.5, 0.8, 0.8 + 0.2\theta_r)$ 且 $\tilde{\mu}_{\tilde{\xi}}(5) = (0.7 - 0.3\theta_l, 0.7, 0.7 + 0.3\theta_r)$, 因此, 根据定理 7.10 和定理 7.11 有

$$\mathrm{EV}_*[\tilde{\mu}_{\tilde{\xi}}(1)] = 0.6 - 0.2\theta_l, \quad \mathrm{EV}^*[\tilde{\mu}_{\tilde{\xi}}(1)] = 0.6 + 0.2\theta_r,$$
$$\mathrm{EV}[\tilde{\mu}_{\tilde{\xi}}(1)] = 0.6 - 0.1\theta_l + 0.1\theta_r,$$
$$\mathrm{EV}_*[\tilde{\mu}_{\tilde{\xi}}(3)] = 0.5 - 0.25\theta_l, \quad \mathrm{EV}^*[\tilde{\mu}_{\tilde{\xi}}(3)] = 0.8 + 0.1\theta_r,$$
$$\mathrm{EV}[\tilde{\mu}_{\tilde{\xi}}(3)] = 0.65 - 0.125\theta_l + 0.05\theta_r,$$

$$\text{EV}_*[\tilde{\mu}_{\tilde{\xi}}(5)] = 0.7 - 0.15\theta_l, \quad \text{EV}^*[\tilde{\mu}_{\tilde{\xi}}(5)] = 0.7 + 0.15\theta_r,$$
$$\text{EV}[\tilde{\mu}_{\tilde{\xi}}(5)] = 0.7 - 0.075\theta_l + 0.075\theta_r,$$

因此, 2- 型模糊变量 $\tilde{\xi}$ 经 EV_* 方法作用后得到的简约变量为

$$\xi_*(\theta_l) \sim \begin{pmatrix} 1 & 3 & 5 \\ 0.6 - 0.2\theta_l & 0.5 - 0.25\theta_l & 0.7 - 0.15\theta_l \end{pmatrix}.$$

2- 型模糊变量 $\tilde{\xi}$ 经 EV^* 方法作用后得到的简约变量为

$$\xi^*(\theta_r) \sim \begin{pmatrix} 1 & 3 & 5 \\ 0.6 + 0.2\theta_r & 0.8 + 0.1\theta_r & 0.7 + 0.15\theta_r \end{pmatrix}.$$

2- 型模糊变量 $\tilde{\xi}$ 经 EV 方法作用后得到的简约变量为

$$\xi(\theta_l, \theta_r) \sim \begin{pmatrix} 1 & 3 & 5 \\ 0.6 - 0.1\theta_l + 0.1\theta_r & 0.65 - 0.125\theta_l + 0.05\theta_r & 0.7 - 0.075\theta_l + 0.075\theta_r \end{pmatrix}.$$

例 7.14 说明 2- 型模糊变量 $\tilde{\xi}$ 的简约变量 ξ_*, ξ^* 和 ξ 是由参数可能性分布刻画的, 即它们的可能性分布依赖于参数 θ_l, θ_r.

下面, 我们讨论一些常用 2- 型模糊变量的等价值简约形式.

定理 7.13(Wu, Liu, 2012) 设 $\tilde{\xi} = (\tilde{r}_1, \tilde{r}_2, \tilde{r}_3, \tilde{r}_4; \theta_l, \theta_r)$ 是 2- 型梯形模糊变量, ξ_*, ξ^* 和 ξ 分别是 $\tilde{\xi}$ 由 EV_*, EV^* 和 EV 三种方法得到的简约模糊变量, 则有

(1) ξ_* 的参数可能性分布为

$$\mu_{\xi_*}(t; \theta_l) = \begin{cases} \dfrac{(2 - \theta_l)(t - r_1)}{2(r_2 - r_1)}, & r_1 \leqslant t < \dfrac{r_1 + r_2}{2}, \\[2mm] \dfrac{(2 + \theta_l)t - \theta_l r_2 - 2r_1}{2(r_2 - r_1)}, & \dfrac{r_1 + r_2}{2} \leqslant t < r_2, \\[2mm] 1, & r_2 \leqslant t < r_3, \\[2mm] \dfrac{(-2 - \theta_l)t + \theta_l r_3 + 2r_4}{2(r_4 - r_3)}, & r_3 \leqslant t < \dfrac{r_3 + r_4}{2}, \\[2mm] \dfrac{(2 - \theta_l)(r_4 - t)}{2(r_4 - r_3)}, & \dfrac{r_3 + r_4}{2} \leqslant t \leqslant r_4, \end{cases}$$

并记 $\xi_* = (r_1, r_2, r_3, r_4; h_*(\theta_l))$, 其中

$$h_*(\theta_l) = \mu_{\xi_*}\left(\frac{r_1 + r_2}{2}; \theta_l\right) = \mu_{\xi_*}\left(\frac{r_3 + r_4}{2}; \theta_l\right) = \frac{2 - \theta_l}{4}.$$

(2) ξ^* 的参数可能性分布为

$$\mu_{\xi^*}(t;\theta_r) = \begin{cases} \dfrac{(2+\theta_r)(t-r_1)}{2(r_2-r_1)}, & r_1 \leqslant t < \dfrac{r_1+r_2}{2}, \\[2mm] \dfrac{(2-\theta_r)t+\theta_r r_2 - 2r_1}{2(r_2-r_1)}, & \dfrac{r_1+r_2}{2} \leqslant t < r_2, \\[2mm] 1, & r_2 \leqslant t < r_3, \\[2mm] \dfrac{(\theta_r - 2)t - \theta_r r_3 + 2r_4}{2(r_4-r_3)}, & r_3 \leqslant t < \dfrac{r_3+r_4}{2}, \\[2mm] \dfrac{(2+\theta_r)(r_4-t)}{2(r_4-r_3)}, & \dfrac{r_3+r_4}{2} \leqslant t \leqslant r_4, \end{cases}$$

并记 $\xi^* = (r_1, r_2, r_3, r_4; h^*(\theta_r))$, 其中

$$h^*(\theta_r) = \mu_{\xi^*}\left(\frac{r_1+r_2}{2}; \theta_r\right) = \mu_{\xi^*}\left(\frac{r_3+r_4}{2}; \theta_r\right) = \frac{2+\theta_r}{4}.$$

(3) ξ 的参数可能性分布为

$$\mu_{\xi}(t;\theta_l,\theta_r) = \begin{cases} \dfrac{(4+\theta_r-\theta_l)(t-r_1)}{4(r_2-r_1)}, & r_1 \leqslant t < \dfrac{r_1+r_2}{2}, \\[2mm] \dfrac{(4-\theta_r+\theta_l)t+(\theta_r-\theta_l)r_2 - 4r_1}{4(r_2-r_1)}, & \dfrac{r_1+r_2}{2} \leqslant t < r_2, \\[2mm] 1, & r_2 \leqslant t < r_3, \\[2mm] \dfrac{(-4+\theta_r-\theta_l)t-(\theta_r-\theta_l)r_3 + 4r_4}{4(r_4-r_3)}, & r_3 \leqslant t < \dfrac{r_3+r_4}{2}, \\[2mm] \dfrac{(4+\theta_r-\theta_l)(r_4-t)}{4(r_4-r_3)}, & \dfrac{r_3+r_4}{2} \leqslant t \leqslant r_4, \end{cases}$$

并记 $\xi = (r_1, r_2, r_3, r_4; h(\theta_l, \theta_r))$, 其中

$$h(\theta_l, \theta_r) = \mu_{\xi}\left(\frac{r_1+r_2}{2}; \theta_l, \theta_r\right) = \mu_{\xi}\left(\frac{r_3+r_4}{2}; \theta_l, \theta_r\right) = \frac{4+\theta_r-\theta_l}{8}.$$

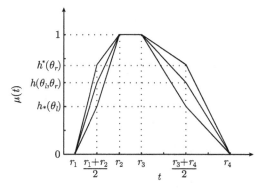

图 7.31　ξ_*, ξ^* 和 ξ 的参数可能性分布的关系

证明 只需证明结论 (I), 其余结论同理可证. 由于 ξ_* 是 $\tilde{\xi}$ 由 EV_* 方法得到的简约模糊变量, 其可能性分布 $\mu_{\xi_*}(t; \theta_l)$ 为

$$\mu_{\xi_*}(t; \theta_l) = \mathrm{Pos}\{\xi_* = t\}$$

$$= \begin{cases} \dfrac{1}{2}\left(2\dfrac{t-r_1}{r_2-r_1} - \theta_l \min\left\{\dfrac{t-r_1}{r_2-r_1}, \dfrac{r_2-t}{r_2-r_1}\right\}\right), & r_1 \leqslant t < r_2, \\[3mm] 1, & r_2 \leqslant t < r_3, \\[3mm] \dfrac{1}{2}\left(2\dfrac{r_4-t}{r_4-r_3} - \theta_l \min\left\{\dfrac{r_4-t}{r_4-r_3}, \dfrac{t-r_3}{r_4-r_3}\right\}\right), & r_3 \leqslant t \leqslant r_4, \end{cases}$$

$$= \begin{cases} \dfrac{(2-\theta_l)(t-r_1)}{2(r_2-r_1)}, & r_1 \leqslant t < \dfrac{r_1+r_2}{2}, \\[3mm] \dfrac{(2+\theta_l)t - \theta_l r_2 - 2r_1}{2(r_2-r_1)}, & \dfrac{r_1+r_2}{2} \leqslant t < r_2, \\[3mm] 1, & r_2 \leqslant t < r_3, \\[3mm] \dfrac{(-2-\theta_l)t + \theta_l r_3 + 2r_4}{2(r_4-r_3)}, & r_3 \leqslant t < \dfrac{r_3+r_4}{2}, \\[3mm] \dfrac{(2-\theta_l)(r_4-t)}{2(r_4-r_3)}, & \dfrac{r_3+r_4}{2} \leqslant t \leqslant r_4, \end{cases}$$

结论 (1) 证毕. □

命题 7.2(Wu, Liu, 2012) 设 $\tilde{\xi}$ 是一个 2- 型梯形模糊变量, 则参数可能性分布 $\mu_{\xi_*}(t; \theta_l)$, $\mu_{\xi^*}(t; \theta_r)$ 和 $\mu_\xi(t; \theta_l, \theta_r)$ 满足下面的关系 (图 7.31)

$$\mu_{\xi^*}(t; \theta_r) \geqslant \mu_\xi(t; \theta_l, \theta_r) \geqslant \mu_{\xi_*}(t; \theta_l). \tag{7.12}$$

下面给出 2- 型三角模糊变量等价值简约变量的参数可能性分布:

推论 7.2(Wu, Liu, 2012) 设 $\tilde{\xi} = (\tilde{r}_1, \tilde{r}_2, \tilde{r}_3; \theta_l, \theta_r)$ 是一个 2- 型三角模糊变量, ξ_*, ξ^* 和 ξ 分别是 $\tilde{\xi}$ 由 EV_*, EV^* 和 EV 三种方法得到的简约模糊变量, 则有

(1) ξ_* 的参数可能性分布为

$$\mu_{\xi_*}(t; \theta_l) = \begin{cases} \dfrac{(2-\theta_l)(t-r_1)}{2(r_2-r_1)}, & r_1 \leqslant t < \dfrac{r_1+r_2}{2}, \\[3mm] \dfrac{(2+\theta_l)t - \theta_l r_2 - 2r_1}{2(r_2-r_1)}, & \dfrac{r_1+r_2}{2} \leqslant t < r_2, \\[3mm] \dfrac{(-2-\theta_l)t + \theta_l r_2 + 2r_3}{2(r_3-r_2)}, & r_2 \leqslant t < \dfrac{r_2+r_3}{2}, \\[3mm] \dfrac{(2-\theta_l)(r_3-t)}{2(r_3-r_2)}, & \dfrac{r_2+r_3}{2} \leqslant t \leqslant r_3, \end{cases}$$

并记 $\xi_* = (r_1, r_2, r_3; h_*(\theta_l))$, 其中

$$h_*(\theta_l) = \mu_{\xi_*}\left(\frac{r_1+r_2}{2}; \theta_l\right) = \mu_{\xi_*}\left(\frac{r_2+r_3}{2}; \theta_l\right) = \frac{2-\theta_l}{4}.$$

(2) ξ^* 的参数可能性分布为

$$\mu_{\xi^*}(t;\theta_r) = \begin{cases} \dfrac{(2+\theta_r)(t-r_1)}{2(r_2-r_1)}, & r_1 \leqslant t < \dfrac{r_1+r_2}{2}, \\[3mm] \dfrac{(2-\theta_r)t+\theta_r r_2 - 2r_1}{2(r_2-r_1)}, & \dfrac{r_1+r_2}{2} \leqslant t < r_2, \\[3mm] \dfrac{(\theta_r-2)t-\theta_r r_2 + 2r_3}{2(r_3-r_2)}, & r_2 \leqslant t < \dfrac{r_2+r_3}{2}, \\[3mm] \dfrac{(2+\theta_r)(r_3-t)}{2(r_3-r_2)}, & \dfrac{r_2+r_3}{2} \leqslant t \leqslant r_3, \end{cases}$$

并记 $\xi^* = (r_1, r_2, r_3; h^*(\theta_r))$, 其中

$$h^*(\theta_r) = \mu_{\xi^*}\left(\frac{r_1+r_2}{2};\theta_r\right) = \mu_{\xi^*}\left(\frac{r_2+r_3}{2};\theta_r\right) = \frac{2+\theta_r}{4}.$$

(3) ξ 的参数可能性分布为

$$\mu_{\xi}(t;\theta_l,\theta_r) = \begin{cases} \dfrac{(4+\theta_r-\theta_l)(t-r_1)}{4(r_2-r_1)}, & r_1 \leqslant t < \dfrac{r_1+r_2}{2}, \\[3mm] \dfrac{(4-\theta_r+\theta_l)t+(\theta_r-\theta_l)r_2-4r_1}{4(r_2-r_1)}, & \dfrac{r_1+r_2}{2} \leqslant t < r_2, \\[3mm] \dfrac{(-4+\theta_r-\theta_l)t-(\theta_r-\theta_l)r_2+4r_3}{4(r_3-r_2)}, & r_2 \leqslant t < \dfrac{r_2+r_3}{2}, \\[3mm] \dfrac{(4+\theta_r-\theta_l)(r_3-t)}{4(r_3-r_2)}, & \dfrac{r_2+r_3}{2} \leqslant t \leqslant r_3, \end{cases}$$

并记 $\xi = (r_1, r_2, r_3; h(\theta_l,\theta_r))$, 其中

$$h(\theta_l,\theta_r) = \mu_{\xi}\left(\frac{r_1+r_2}{2};\theta_l,\theta_r\right) = \mu_{\xi}\left(\frac{r_2+r_3}{2};\theta_l,\theta_r\right) = \frac{4+\theta_r-\theta_l}{8}.$$

定理 7.14(Wu et al., 2012)　设 $\tilde{\xi} = (\mu, \sigma^2; \theta_l, \theta_r)$ 为 2- 型正态模糊变量, ξ_*, ξ^* 和 ξ 分别是 $\tilde{\xi}$ 由 EV$_*$, EV* 和 EV 三种方法得到的简约模糊变量, 则有

(1) ξ_* 的参数可能性分布为

$$\mu_{\xi_*}(t;\theta_l) = \begin{cases} \dfrac{1}{2}(2-\theta_l)\exp\left(-\dfrac{(t-\mu)^2}{2\sigma^2}\right), & t \leqslant \mu - \sigma\sqrt{2\ln 2} \text{ 或 } t \geqslant \mu + \sigma\sqrt{2\ln 2}, \\[3mm] \dfrac{1}{2}\left[(2+\theta_l)\exp\left(-\dfrac{(t-\mu)^2}{2\sigma^2}\right)-\theta_l\right], & \mu - \sigma\sqrt{2\ln 2} < t < \mu + \sigma\sqrt{2\ln 2}. \end{cases}$$

(2) ξ^* 的参数可能性分布为

$$\mu_{\xi^*}(t;\theta_r) = \begin{cases} \dfrac{1}{2}(2+\theta_r)\exp\left(-\dfrac{(t-\mu)^2}{2\sigma^2}\right), & t \leqslant \mu - \sigma\sqrt{2\ln 2} \text{ 或 } t \geqslant \mu + \sigma\sqrt{2\ln 2}, \\[3mm] \dfrac{1}{2}\left[(2-\theta_r)\exp\left(-\dfrac{(t-\mu)^2}{2\sigma^2}\right)+\theta_r\right], & \mu - \sigma\sqrt{2\ln 2} < t < \mu + \sigma\sqrt{2\ln 2}. \end{cases}$$

(3) ξ 的参数可能性分布为

$$\mu_\xi(t;\theta_l,\theta_r) = \begin{cases} \dfrac{1}{4}(4+\theta_r-\theta_l)\exp\left(-\dfrac{(t-\mu)^2}{2\sigma^2}\right), & t\leqslant\mu-\sigma\sqrt{2\ln 2}\text{或}t\geqslant\mu+\sigma\sqrt{2\ln 2}, \\[3mm] \dfrac{1}{4}\left[(4-\theta_r+\theta_l)\exp\left(-\dfrac{(t-\mu)^2}{2\sigma^2}\right)+\theta_r-\theta_l\right], & \mu-\sigma\sqrt{2\ln 2}<t<\mu+\sigma\sqrt{2\ln 2}. \end{cases}$$

证明　我们只证明结论 (3), 其余结论同理可证. $\tilde\xi$ 的第二可能性分布 $\tilde\mu_{\tilde\xi}(t)$ 为如下的正规三角模糊变量

$$\left(\exp\left(\frac{(t-\mu)^2}{-2\sigma^2}\right)-\theta_l\min\left\{1-\exp\left(\frac{(t-\mu)^2}{-2\sigma^2}\right),\exp\left(\frac{(t-\mu)^2}{-2\sigma^2}\right)\right\},\exp\left(\frac{(t-\mu)^2}{-2\sigma^2}\right),\right.$$
$$\left.\exp\left(\frac{(t-\mu)^2}{-2\sigma^2}\right)+\theta_r\min\left\{1-\exp\left(\frac{(t-\mu)^2}{-2\sigma^2}\right),\exp\left(\frac{(t-\mu)^2}{-2\sigma^2}\right)\right\}\right),$$

其中 $t\in\Re$. 由于 ξ 是 $\tilde\xi$ 经 EV 方法得到的简约模糊变量, 其参数可能性分布 $\mu_\xi(t;\theta_l,\theta_r)$ 为

$$\text{Pos}\{\xi=t\}$$
$$=\frac{1}{4}\left(4\exp\left(-\frac{(t-\mu)^2}{2\sigma^2}\right)+(\theta_r-\theta_l)\min\left\{1-\exp\left(-\frac{(t-\mu)^2}{2\sigma^2}\right),\exp\left(-\frac{(t-\mu)^2}{2\sigma^2}\right)\right\}\right)$$
$$=\begin{cases} \dfrac{1}{4}(4+\theta_r-\theta_l)\exp\left(-\dfrac{(t-\mu)^2}{2\sigma^2}\right), & t\leqslant\mu-\sigma\sqrt{2\ln 2}\text{或}t\geqslant\mu+\sigma\sqrt{2\ln 2}, \\[3mm] \dfrac{1}{4}\left[(4-\theta_r+\theta_l)\exp\left(-\dfrac{(t-\mu)^2}{2\sigma^2}\right)+\theta_r-\theta_l\right], & \mu-\sigma\sqrt{2\ln 2}<t<\mu+\sigma\sqrt{2\ln 2}. \end{cases}$$

结论 (3) 证毕.　　　　　　　　　　　　　　　　　　　　　　　　　　　　$\square$

命题 7.3(Wu et al., 2012)　设 $\tilde\xi$ 是 2- 型正态模糊变量, $\mu_{\xi_*}(t;\theta_l)$, $\mu_{\xi^*}(t;\theta_r)$ 和 $\mu_\xi(t;\theta_l,\theta_r)$ 分别是简约变量 ξ_*, ξ^* 和 ξ 的参数可能性分布, 则有

$$\mu_{\xi^*}(t;\theta_r)\geqslant\mu_\xi(t;\theta_l,\theta_r)\geqslant\mu_{\xi_*}(t;\theta_l). \tag{7.13}$$

证明　当 $t\leqslant\mu-\sigma\sqrt{2\ln 2}$ 或 $t\geqslant\mu+\sigma\sqrt{2\ln 2}$ 时, 有

$$\mu_{\xi^*}(t;\theta_r)-\mu_\xi(t;\theta_l,\theta_r)$$
$$=\left[\frac{1}{2}(2+\theta_r)\exp\left(-\frac{(t-\mu)^2}{2\sigma^2}\right)\right]-\left[\frac{1}{4}(4+\theta_r-\theta_l)\exp\left(-\frac{(t-\mu)^2}{2\sigma^2}\right)\right]$$
$$=\frac{1}{4}(\theta_l+\theta_r)\exp\left(-\frac{(t-\mu)^2}{2\sigma^2}\right)\geqslant 0.$$

当 $\mu - \sigma\sqrt{2\ln 2} < t < \mu + \sigma\sqrt{2\ln 2}$ 时, 有

$$\mu_{\xi^*}(t;\theta_r) - \mu_\xi(t;\theta_l,\theta_r)$$

$$= \left[\frac{1}{2}(2-\theta_r)\exp\left(-\frac{(t-\mu)^2}{2\sigma^2}\right) + \frac{1}{2}\theta_r\right] - \left[\frac{1}{4}(4-\theta_r+\theta_l)\exp\left(-\frac{(t-\mu)^2}{2\sigma^2}\right) + \frac{1}{4}(\theta_r-\theta_l)\right]$$

$$= \frac{1}{4}(\theta_l+\theta_r)\left[1 - \exp\left(-\frac{(t-\mu)^2}{2\sigma^2}\right)\right] \geqslant 0.$$

因此, 可得 $\mu_{\xi^*}(t;\theta_r) \geqslant \mu_\xi(t;\theta_l,\theta_r)$. $\mu_\xi(t;\theta_l,\theta_r) \geqslant \mu_{\xi_*}(t;\theta_l)$ 同理可证. □

定理 7.15(Wu et al., 2012)　设 $\tilde\xi = (\lambda, r; \theta_l, \theta_r)$ 是 2- 型 Γ 模糊变量, ξ_*, ξ^* 和 ξ 分别是 $\tilde\xi$ 由 EV_*, EV^* 和 EV 三种方法得到的简约模糊变量, 则有

(1) ξ_* 的参数可能性分布为

$$\mu_{\xi_*}(t;\theta_l) = \begin{cases} \dfrac{1}{2}(2-\theta_l)\left(\dfrac{t}{\lambda r}\right)^r\exp\left(r-\dfrac{t}{\lambda}\right), & \left(\dfrac{t}{\lambda r}\right)^r\exp\left(r-\dfrac{t}{\lambda}\right) \leqslant \dfrac{1}{2}, \\[3mm] \dfrac{1}{2}\left[(2+\theta_l)\left(\dfrac{t}{\lambda r}\right)^r\exp\left(r-\dfrac{t}{\lambda}\right) - \theta_l\right], & \left(\dfrac{t}{\lambda r}\right)^r\exp\left(r-\dfrac{t}{\lambda}\right) > \dfrac{1}{2}. \end{cases}$$

(2) ξ^* 的参数可能性分布为

$$\mu_{\xi^*}(t;\theta_r) = \begin{cases} \dfrac{1}{2}(2+\theta_r)\left(\dfrac{t}{\lambda r}\right)^r\exp\left(r-\dfrac{t}{\lambda}\right), & \left(\dfrac{t}{\lambda r}\right)^r\exp\left(r-\dfrac{t}{\lambda}\right) \leqslant \dfrac{1}{2}, \\[3mm] \dfrac{1}{2}\left[(2-\theta_r)\left(\dfrac{t}{\lambda r}\right)^r\exp\left(r-\dfrac{t}{\lambda}\right) + \theta_r\right], & \left(\dfrac{t}{\lambda r}\right)^r\exp\left(r-\dfrac{t}{\lambda}\right) > \dfrac{1}{2}. \end{cases}$$

(3) ξ 的参数可能性分布为

$$\mu_\xi(t;\theta_l,\theta_r) = \begin{cases} \dfrac{1}{4}(4+\theta_r-\theta_l)\left(\dfrac{t}{\lambda r}\right)^r\exp\left(r-\dfrac{t}{\lambda}\right), & \left(\dfrac{t}{\lambda r}\right)^r\exp\left(r-\dfrac{t}{\lambda}\right) \leqslant \dfrac{1}{2}, \\[3mm] \dfrac{1}{4}\left[(4-\theta_r+\theta_l)\left(\dfrac{t}{\lambda r}\right)^r\exp\left(r-\dfrac{t}{\lambda}\right) + \theta_r-\theta_l\right], & \left(\dfrac{t}{\lambda r}\right)^r\exp\left(r-\dfrac{t}{\lambda}\right) > \dfrac{1}{2}. \end{cases}$$

证明　只需证明结论 (3), 其余结论同理可证. $\tilde\xi$ 的第二可能性分布 $\tilde\mu_{\tilde\xi}(t)$ 为如下的正规三角模糊变量:

$$\left(\left(\frac{t}{\lambda r}\right)^r\exp\left(r-\frac{t}{\lambda}\right) - \theta_l\min\left\{1-\left(\frac{t}{\lambda r}\right)^r\exp\left(r-\frac{t}{\lambda}\right), \left(\frac{t}{\lambda r}\right)^r\exp\left(r-\frac{t}{\lambda}\right)\right\},\right.$$

$$\left(\frac{t}{\lambda r}\right)^r\exp\left(r-\frac{t}{\lambda}\right),$$

$$\left.\left(\frac{t}{\lambda r}\right)^r\exp\left(r-\frac{t}{\lambda}\right) + \theta_r\min\left\{1-\left(\frac{t}{\lambda r}\right)^r\exp\left(r-\frac{t}{\lambda}\right), \left(\frac{t}{\lambda r}\right)^r\exp\left(r-\frac{t}{\lambda}\right)\right\}\right),$$

其中 $t \in \Re^+$. 由于 ξ 是 $\tilde{\xi}$ 由 EV 方法得到的简约模糊变量, 其可能性分布 $\mu_\xi(t; \theta_l, \theta_r)$ 为

$$
\begin{aligned}
&\mathrm{Pos}\{\xi = t\} \\
&= \frac{1}{4}\left[4\left(\frac{t}{\lambda r}\right)^r \exp\left(r - \frac{t}{\lambda}\right) + (\theta_r - \theta_l)\min\left\{1 - \left(\frac{t}{\lambda r}\right)^r \exp\left(r - \frac{t}{\lambda}\right), \left(\frac{t}{\lambda r}\right)^r \exp\left(r - \frac{t}{\lambda}\right)\right\}\right] \\
&= \begin{cases}
\frac{1}{4}(4 + \theta_r - \theta_l)\left(\frac{t}{\lambda r}\right)^r \exp\left(r - \frac{t}{\lambda}\right), & \left(\frac{t}{\lambda r}\right)^r \exp\left(r - \frac{t}{\lambda}\right) \leqslant \frac{1}{2}, \\
\frac{1}{4}\left[(4 - \theta_r + \theta_l)\left(\frac{t}{\lambda r}\right)^r \exp\left(r - \frac{t}{\lambda}\right) + \theta_r - \theta_l\right], & \left(\frac{t}{\lambda r}\right)^r \exp\left(r - \frac{t}{\lambda}\right) > \frac{1}{2}.
\end{cases}
\end{aligned}
$$

结论 (3) 证毕. □

根据上述定理 7.15 可知, 简约模糊变量是由参数可能性分布刻画的, 它的可能性分布不再是一条固定的曲线, 而是一族可变的参数线, 当参数改变时就可以得到不同的分布函数. 因此, 简约模糊变量在实际应用中比模糊变量更具有灵活性.

第 8 章　参数模糊优化方法

本章主要探讨参数模糊优化方法在数据包络分析及有价证券选择问题中的应用, 是第 5 章相关内容的进一步延伸. 在建模过程中, 我们采用第 7 章提出的不确定性简约方法. 由于简约模糊变量一般不再具有正则性, 所以在本章中我们还介绍广义可信性测度、简约模糊变量的矩等有关内容, 在此基础上建立有关的参数优化模型并讨论相应的求解方法.

8.1　分式参数规划数据包络分析可信性模型

8.1.1　广义可信性测度及其性质

例 7.2 和例 7.3 表明, 由关键值简约方法得到的模糊变量不再具有正则性. 这种情况下, 文献 (Liu B, Liu Y K, 2002) 提出的满足正则性的可信性测度不再适用度量模糊事件. 在本小节中, 对于一般非正则的模糊变量, 我们将定义广义可信性测度 $\tilde{\mathrm{Cr}}$.

设 ξ 是一个非正则模糊变量, 其广义分布函数是 μ. 事件 $\{\xi \geqslant r\}$ 的广义可信性测度定义为

$$\tilde{\mathrm{Cr}}\{\xi \geqslant r\} = \frac{1}{2}\left(\sup_{x \in \Re} \mu(x) + \sup_{x \geqslant r} \mu(x) - \sup_{x < r} \mu(x)\right), \quad r \in \Re.$$

当 ξ 是正则模糊变量时, 容易验证

$$\tilde{\mathrm{Cr}}\{\xi \geqslant r\} + \tilde{\mathrm{Cr}}\{\xi < r\} = \sup_{x \in \Re} \mu_\xi(x) = 1,$$

从而 $\tilde{\mathrm{Cr}}$ 与正则的可信性测度一致.

正则模糊变量的独立性在文献 (Liu, Gao, 2007) 中得到了详细讨论. 在本小节中, 对非正则的模糊变量我们将独立性作如下推广.

设 $\xi_1, \xi_2, \cdots, \xi_n$ 是非正则的模糊变量, 若对于 $\Re$ 的任意子集 $B_i, i = 1, 2, \cdots, n$, 都有

$$\tilde{\mathrm{Cr}}\{\xi_i \in B_i, i = 1, 2, \cdots, n\} = \min_{1 \leqslant i \leqslant n} \tilde{\mathrm{Cr}}\{\xi_i \in B_i\},$$

则称 $\xi_1, \xi_2, \cdots, \xi_n$ 为相互独立的模糊变量.

由广义可信性测度还可以定义非正则模糊变量的广义关键值. 设 ξ 是一个非正则模糊变量, 称

$$\xi_{\sup}(\alpha) = \sup\left\{r \mid \tilde{\mathrm{Cr}}\{\xi \geqslant r\} \geqslant \alpha\right\}, \quad \alpha \in (0,1]$$

为 ξ 的 α- 乐观值; 称

$$\xi_{\inf}(\alpha) = \inf\left\{r \mid \tilde{\mathrm{Cr}}\{\xi \leqslant r\} \geqslant \alpha\right\}, \quad \alpha \in (0,1]$$

为 ξ 的 α- 悲观值.

下面讨论简约模糊变量广义可信性测度的基本性质.

定理 8.1(Qin et al., 2011a) 设 ξ_i 是 2- 型三角模糊变量 $\tilde{\xi}_i = (\tilde{r}_1^i, \tilde{r}_2^i, \tilde{r}_3^i; \theta_{l,i}, \theta_{r,i})$, $i = 1, 2, \cdots, n$ 的关键值简约模糊变量. 如果 $\xi_1, \xi_2, \cdots, \xi_n$ 是相互独立的, 且 $k_i \geqslant 0$, $i = 1, 2, \cdots, n$, 则有如下结论:

(1) 对于任意给定的广义可信性水平 $\alpha \in (0, 0.5]$, 若 $\alpha \in (0, 0.25]$, 则 $\tilde{\mathrm{Cr}}\{\sum_{i=1}^n k_i \xi_i \leqslant t\} \geqslant \alpha$ 等价于

$$\sum_{i=1}^n \frac{(1 - 2\alpha + (1 - 4\alpha)\theta_{r,i})k_i r_1^i + 2\alpha k_i r_2^i}{1 + (1 - 4\alpha)\theta_{r,i}} \leqslant t;$$

若 $\alpha \in (0.25, 0.5]$, 则 $\tilde{\mathrm{Cr}}\{\sum_{i=1}^n k_i \xi_i \leqslant t\} \geqslant \alpha$ 等价于

$$\sum_{i=1}^n \frac{(1 - 2\alpha)k_i r_1^i + (2\alpha + (4\alpha - 1)\theta_{l,i})k_i r_2^i}{1 + (4\alpha - 1)\theta_{l,i}} \leqslant t.$$

(2) 对于任意给定的广义可信性水平 $\alpha \in (0.5, 1]$, 若 $\alpha \in (0.5, 0.75]$, 则 $\tilde{\mathrm{Cr}}\{\sum_{i=1}^n k_i \xi_i \leqslant t\} \geqslant \alpha$ 等价于

$$\sum_{i=1}^n \frac{(2\alpha - 1)k_i r_3^i + (2(1 - \alpha) + (3 - 4\alpha)\theta_{l,i})k_i r_2^i}{1 + (3 - 4\alpha)\theta_{l,i}} \leqslant t;$$

若 $\alpha \in (0.75, 1]$, 则 $\tilde{\mathrm{Cr}}\{\sum_{i=1}^n k_i \xi_i \leqslant t\} \geqslant \alpha$ 等价于

$$\sum_{i=1}^n \frac{(2\alpha - 1 + (4\alpha - 3)\theta_{r,i})k_i r_3^i + 2(1 - \alpha)k_i r_2^i}{1 + (4\alpha - 3)\theta_{r,i}} \leqslant t.$$

证明 只证明 (2), 结论 (1) 同理可证. 由于 ξ_i 是 2- 型三角模糊变量 $\tilde{\xi}_i$ 的关键值简约模糊变量, 它的参数可能性分布具有如下形式:

$$\mu_{\xi_i}(x) = \begin{cases} \dfrac{(1 + \theta_{r,i})(x - r_1^i)}{r_2^i - r_1^i + 2\theta_{r,i}(x - r_1^i)}, & x \in \left[r_1^i, \dfrac{r_1^i + r_2^i}{2}\right], \\[3mm] \dfrac{(1 - \theta_{r,i})x + \theta_{l,i}r_2^i - r_1^i}{r_2^i - r_1^i + 2\theta_{l,i}(r_2^i - x)}, & x \in \left(\dfrac{r_1^i + r_2^i}{2}, r_2^i\right], \\[3mm] \dfrac{(-1 + \theta_{l,i})x - \theta_{l,i}r_2^i + r_3^i}{r_3^i - r_2^i + 2\theta_{l,i}(x - r_2^i)}, & x \in \left(r_2^i, \dfrac{r_2^i + r_3^i}{2}\right], \\[3mm] \dfrac{(1 + \theta_{r,i})(r_3^i - x)}{r_3^i - r_2^i + 2\theta_{r,i}(r_3^i - x)}, & x \in \left(\dfrac{r_2^i + r_3^i}{2}, r_3^i\right]. \end{cases}$$

记 $\xi = \sum_{i=1}^{n} k_i \xi_i$. 若 $\alpha > 0.5$, 则有

$$\tilde{\mathrm{Cr}}\{\xi \leqslant t\} = \tfrac{1}{2}\left(1 + \sup_{x \leqslant t} \mu_\xi(x) - \sup_{x > t} \mu_\xi(x)\right) = \frac{1}{2}\left(1 + 1 - \sup_{x > t} \mu_\xi(x)\right).$$

因此, $\tilde{\mathrm{Cr}}\{\xi \leqslant t\} \geqslant \alpha$ 等价于

$$\sup_{x > t} \mu_\xi(x) \leqslant 2 - 2\alpha.$$

若对于任意的 $\alpha \in (0, 1]$, 记 $\xi_{\inf}^p(\alpha) = \inf\{r \mid \sup_{x > r} \mu_\xi(x) \leqslant \alpha\}$, 则有

$$\xi_{\inf}^p(2 - 2\alpha) \leqslant t.$$

由于 $\xi_1, \xi_2, \cdots, \xi_n$ 是相互独立的模糊变量, 则有

$$\xi_{\inf}^p(2 - 2\alpha) = \left(\sum_{i=1}^{n} k_i \xi_i\right)_{\inf}^p (2 - 2\alpha) = \sum_{i=1}^{n} k_i \xi_{i,\inf}^p(2 - 2\alpha) \leqslant t.$$

注意到 $\mu_{\xi_i}((r_2^i + r_3^i)/2) = 0.5$, 若 $2 - 2\alpha \geqslant 0.5$, 即 $\alpha \in (0.5, 0.75]$, 则对于每一个 i, $\xi_{i,\inf}^p(2 - 2\alpha)$ 是方程

$$\frac{(-1 + \theta_{l,i})x - \theta_{l,i}r_2^i + r_3^i}{r_3^i - r_2^i + 2\theta_{l,i}(x - r_2^i)} - (2 - 2\alpha) = 0$$

的解. 求解上面的方程, 可得

$$\xi_{i,\inf}^p(2 - 2\alpha) = \frac{(2\alpha - 1)r_3^i + (2(1 - \alpha) + (3 - 4\alpha)\theta_{l,i})r_2^i}{1 + (3 - 4\alpha)\theta_{l,i}}.$$

因此, 当 $\alpha \in (0.5, 0.75]$ 时, $\tilde{\mathrm{Cr}}\{\sum_{i=1}^{n} k_i \xi_i \leqslant t\} \geqslant \alpha$ 等价于

$$\sum_{i=1}^{n} \frac{(2\alpha - 1)k_i r_3^i + (2(1 - \alpha) + (3 - 4\alpha)\theta_{l,i})k_i r_2^i}{1 + (3 - 4\alpha)\theta_{l,i}} \leqslant t.$$

此外, 若 $2 - 2\alpha < 0.5$, 即 $\alpha \in (0.75, 1]$, 则对于每一个 i, $\xi_{i,\inf}^p(2 - 2\alpha)$ 是方程

$$\frac{(1 + \theta_{r,i})(r_3^i - x)}{r_3^i - r_2^i + 2\theta_{r,i}(r_3^i - x)} - (2 - 2\alpha) = 0$$

的解. 求解上面的方程, 得

$$\xi_{i,\inf}^p(2 - 2\alpha) = \frac{(2\alpha - 1 + (4\alpha - 3)\theta_{r,i})r_3^i + 2(1 - \alpha)r_2^i}{1 + (4\alpha - 3)\theta_{r,i}}.$$

因此, 当 $\alpha \in (0.75, 1]$ 时, $\tilde{\mathrm{Cr}}\{\sum_{i=1}^{n} k_i \xi_i \leqslant t\} \geqslant \alpha$ 等价于

$$\sum_{i=1}^{n} \frac{(2\alpha - 1 + (4\alpha - 3)\theta_{r,i})k_i r_3^i + 2(1 - \alpha)k_i r_2^i}{1 + (4\alpha - 3)\theta_{r,i}} \leqslant t.$$

结论 (1) 得证.　　　　　　　　　　　　　　　　　　　　　　　　　　　　　　□

定理 8.2 (Qin et al., 2011a) 设 ξ_i 是 2- 型正态模糊变量 $\tilde{\xi}_i = \tilde{n}(\mu_i, \sigma_i^2; \theta_{l,i}, \theta_{r,i})$ 的关键值简约模糊变量. 假定 $\xi_1, \xi_2, \cdots, \xi_n$ 是相互独立的, 且 $k_i \geqslant 0$, $i = 1, 2, \cdots, n$, 则有如下结论:

(1) 对于任意给定的广义可信性水平 $\alpha \in (0, 0.5]$, 若 $\alpha \in (0, 0.25]$, 则 $\tilde{\mathrm{Cr}}\{\sum_{i=1}^{n} k_i \xi_i \leqslant t\} \geqslant \alpha$ 等价于

$$\sum_{i=1}^{n} k_i \left(\mu_i - \sigma_i \sqrt{2\ln(1 + (1 - 4\alpha)\theta_{r,i}) - 2\ln 2\alpha} \right) \leqslant t;$$

若 $\alpha \in (0.25, 0.5]$, 则 $\tilde{\mathrm{Cr}}\{\sum_{i=1}^{n} k_i \xi_i \leqslant t\} \geqslant \alpha$ 等价于

$$\sum_{i=1}^{n} k_i \left(\mu_i - \sigma_i \sqrt{2\ln(1 + (4\alpha - 1)\theta_{l,i}) - 2\ln(2\alpha + (4\alpha - 1)\theta_{l,i})} \right) \leqslant t.$$

(2) 对于任意给定的广义可信性水平 $\alpha \in (0.5, 1]$, 若 $\alpha \in (0.5, 0.75]$, 则 $\tilde{\mathrm{Cr}}\{\sum_{i=1}^{n} k_i \xi_i \leqslant t\} \geqslant \alpha$ 等价于

$$\sum_{i=1}^{n} k_i \left(\mu_i + \sigma_i \sqrt{2\ln(1 + (3 - 4\alpha)\theta_{l,i}) - 2\ln(2(1 - \alpha) + (3 - 4\alpha)\theta_{l,i}} \right) \leqslant t;$$

若 $\alpha \in (0.75, 1]$, 则 $\tilde{\mathrm{Cr}}\{\sum_{i=1}^{n} k_i \xi_i \leqslant t\} \geqslant \alpha$ 等价于

$$\sum_{i=1}^{n} k_i \left(\mu_i + \sigma_i \sqrt{2\ln(1 + (4\alpha - 3)\theta_{r,i}) - 2\ln 2(1 - \alpha)} \right) \leqslant t.$$

证明 只证明结论 (1), 结论 (2) 同理可证. 由于 ξ_i 是 2- 型正态模糊变量 $\tilde{\xi}_i$ 的关键值简约模糊变量, 它的参数可能性分布具有如下形式

$$\mu_{\xi_i}(x) = \begin{cases} \dfrac{(1 + \theta_{r,i}) \exp\left(-\dfrac{(x - \mu_i)^2}{2\sigma_i^2} \right)}{1 + 2\theta_{r,i} \exp\left(-\dfrac{(x - \mu_i)^2}{2\sigma_i^2} \right)}, & x \leqslant \mu_i - \sigma_i \sqrt{2\ln 2} \text{ 或者 } x \geqslant \mu_i + \sigma_i \sqrt{2\ln 2}, \\[4mm] \dfrac{\theta_{l,i} + (1 - \theta_{l,i}) \exp\left(-\dfrac{(x - \mu_i)^2}{2\sigma_i^2} \right)}{1 + 2\theta_{l,i} - 2\theta_{l,i} \exp\left(-\dfrac{(x - \mu_i)^2}{2\sigma_i^2} \right)}, & \mu_i - \sigma_i \sqrt{2\ln 2} < x < \mu_i + \sigma_i \sqrt{2\ln 2}. \end{cases}$$

记 $\xi = \sum_{i=1}^{n} k_i \xi_i$. 若 $\alpha \leqslant 0.5$, 则有

$$\tilde{\mathrm{Cr}}\{\xi \leqslant t\} = \frac{1}{2} \left(1 + \sup_{x \leqslant t} \mu_\xi(x) - \sup_{x > t} \mu_\xi(x) \right) = \frac{1}{2} \left(1 + \sup_{x \leqslant t} \mu_\xi(x) - 1 \right) = \frac{1}{2} \sup_{x \leqslant t} \mu_\xi(x).$$

因此 $\tilde{\mathrm{Cr}}\{\xi \leqslant t\} \geqslant \alpha$ 等价于

$$\sup_{x \leqslant t} \mu_\xi(x) \geqslant 2\alpha.$$

若对于任意的 $\alpha \in (0, 1]$, 记 $\xi_{\inf}(\alpha) = \inf\{r \mid \sup_{x \leqslant r} \mu_\xi(x) \geqslant \alpha\}$, 则有

$$\xi_{\inf}(2\alpha) \leqslant t.$$

由于 $\xi_1, \xi_2, \cdots, \xi_n$ 是相互独立的模糊变量, 所以

$$\xi_{\inf}(2\alpha) = \left(\sum_{i=1}^n k_i \xi_i\right)_{\inf}(2\alpha) = \sum_{i=1}^n k_i \xi_{i,\inf}(2\alpha) \leqslant t.$$

注意到 $\mu_{\xi_i}(\mu_i - \sigma_i\sqrt{2\ln 2}) = 0.5$. 若 $2\alpha \leqslant 0.5$, 即 $\alpha \in (0, 0.25]$, 则对于每一个 i, $\xi_{i,\inf}(2\alpha)$ 是方程

$$\frac{(1 + \theta_{r,i})\exp\left(-\dfrac{(x-\mu_i)^2}{2\sigma_i^2}\right)}{1 + 2\theta_{r,i}\exp\left(-\dfrac{(x-\mu_i)^2}{2\sigma_i^2}\right)} - 2\alpha = 0$$

的解. 求解上面的方程, 可得

$$\xi_{i,\inf}(2\alpha) = \mu_i - \sigma_i\sqrt{2\ln(1 + (1-4\alpha)\theta_{r,i}) - 2\ln 2\alpha}.$$

因此, 当 $\alpha \in (0, 0.25]$ 时, $\tilde{\mathrm{Cr}}\{\sum_{i=1}^n k_i \xi_i \leqslant t\} \geqslant \alpha$ 等价于

$$\sum_{i=1}^n k_i\left(\mu_i - \sigma_i\sqrt{2\ln(1 + (1-4\alpha)\theta_{r,i}) - 2\ln 2\alpha}\right) \leqslant t.$$

另外, 若 $2\alpha > 0.5$, 即 $\alpha \in (0.25, 0.5]$, 则对于每一个 i, $\xi_{i,\inf}(2\alpha)$ 是方程

$$\frac{\theta_{l,i} + (1 - \theta_{l,i})\exp\left(-\dfrac{(x-\mu_i)^2}{2\sigma_i^2}\right)}{1 + 2\theta_{l,i} - 2\theta_{l,i}\exp\left(-\dfrac{(x-\mu_i)^2}{2\sigma_i^2}\right)} - 2\alpha = 0$$

的解. 求解上面的方程, 得

$$\xi_{i,\inf}(2\alpha) = \mu_i - \sigma_i\sqrt{2\ln(1 + (4\alpha-1)\theta_{l,i}) - 2\ln(2\alpha + (4\alpha-1)\theta_{l,i})}.$$

因此, 当 $\alpha \in (0.25, 0.5]$ 时, $\tilde{\mathrm{Cr}}\{\sum_{i=1}^n k_i \xi_i \leqslant t\} \geqslant \alpha$ 等价于

$$\sum_{i=1}^n k_i\left(\mu_i - \sigma_i\sqrt{2\ln(1 + (4\alpha-1)\theta_{l,i}) - 2\ln(2\alpha + (4\alpha-1)\theta_{l,i})}\right) \leqslant t.$$

结论 (1) 得证. $\qquad\qquad\square$

8.1.2 广义可信性 DEA 模型

DEA 是一种用于评价具有多个输入和多个输出的一系列同类 "部门" 或 "单位" (决策单元 DMU) 间相对有效性的方法. 传统的 CCR 模型 (Charnes et al., 1978) 为

$$
\begin{cases}
\max\limits_{u,v} & \dfrac{v^{\mathrm{T}} y_0}{u^{\mathrm{T}} x_0} \\
\text{s.t.} & \dfrac{v^{\mathrm{T}} y_i}{u^{\mathrm{T}} x_i} \leqslant 1, i = 1, 2, \cdots, n, \\
& u \geqslant 0, u \neq 0, \\
& v \geqslant 0, v \neq 0.
\end{cases}
\tag{8.1}
$$

当输入数据和输出数据都是精确值时, CCR 模型 (8.1) 可以评价决策单元的相对有效性. 然而在许多情况下, 输入输出数据往往具有不确定性, 有时只能得到数据的有限信息. 在本小节中, 假设决策者可以获得输入数据和输出数据的参数可能性分布, CCR 模型 (8.1) 可表述为

$$
\begin{cases}
\max\limits_{u,v} & \dfrac{v^{\mathrm{T}} \tilde{\eta}_0}{u^{\mathrm{T}} \tilde{\xi}_0} \\
\text{s.t.} & \dfrac{v^{\mathrm{T}} \tilde{\eta}_i}{u^{\mathrm{T}} \tilde{\xi}_i} \leqslant 1, i = 1, 2, \cdots, n, \\
& u \geqslant 0, u \neq 0, \\
& v \geqslant 0, v \neq 0,
\end{cases}
\tag{8.2}
$$

其中 $\tilde{\xi}_i$, $i = 1, 2, \cdots, n$ 表示 DMU_i 的 2- 型模糊输入向量, $\tilde{\xi}_0$ 表示 DMU_0 的 2- 型模糊输入向量, $\tilde{\eta}_i$, $i = 1, 2, \cdots, n$ 表示 DMU_i 的 2- 型模糊输出向量, $\tilde{\eta}_0$ 表示 DMU_0 的 2- 型模糊输出向量.

当模型 (8.2) 中的输入数据和输出数据都是 2- 型模糊向量时, 目标函数和约束的意义不明确. 为了建立数学意义明确的优化模型, 在本小节中, 我们首先通过关键值方法对输入数据和输出数据进行简约, 然后建立如下广义可信性 DEA 模型

$$
\begin{cases}
\max\limits_{u,v} & \bar{f} \\
\text{s.t.} & \tilde{\mathrm{Cr}}\left\{ \dfrac{v^{\mathrm{T}} \eta_0}{u^{\mathrm{T}} \xi_0} \geqslant \bar{f} \right\} \geqslant \alpha_0, \\
& \tilde{\mathrm{Cr}}\{-u^{\mathrm{T}} \xi_i + v^{\mathrm{T}} \eta_i \leqslant 0\} \geqslant \alpha_i, i = 1, 2, \cdots, n, \\
& u \geqslant 0, u \neq 0, \\
& v \geqslant 0, v \neq 0.
\end{cases}
\tag{8.3}
$$

模型 (8.3) 中的符号如表 8.1 所示.

表 8.1　模型 (8.3) 中的符号

符号	定义
ξ_i	$\tilde{\xi}_i$ 的关键值简约模糊变量, $i = 1, 2, \cdots, n$
ξ_0	$\tilde{\xi}_0$ 的关键值简约模糊变量
η_i	$\tilde{\eta}_i$ 的关键值简约模糊变量, $i = 1, 2, \cdots, n$
η_0	$\tilde{\eta}_0$ 的简关键值约模糊变量
$u \in \Re^m$	2- 型模糊输入向量的权重
$v \in \Re^s$	2- 型模糊输出向量的权重
$\alpha_i \in (0, 1]$	预先确定的广义可信性水平, $i = 0, 1, \cdots, n$

在传统的 CCR 模型 (8.1) 中, 用比值 $v^{\mathrm{T}} y_0 / u^{\mathrm{T}} x_0$ 来表示 DMU$_0$ 的有效性. DMU$_0$ 是有效的当且仅当最优值等于 1 且至少存在一个最优解 (u^*, v^*), $u^* > 0$, $v^* > 0$. 然而, 由于不确定性的存在, 有效性需要重新定义. 在模型 (8.3) 中, 我们用最优值 $\bar{f}$ 作为 DMU$_0$ 的 α_0- 有效值, 表明 DMU$_0$ 的有效性, 并且该值越大就越有效.

下面, 我们讨论在某些特殊情况下模型 (8.3) 的等价形式.

假设模型 (8.3) 中的 $\tilde{\boldsymbol{\xi}}_i$ 和 $\tilde{\eta}_i$, $i = 1, 2, \cdots, n$ 是相互独立的 2- 型三角模糊向量, 对于 $i = 1, 2, \cdots, n$, 它们的分量分别为

$$\tilde{\xi}_{j,i} = (\tilde{\xi}_{j,i}^{r_1}, \tilde{\xi}_{j,i}^{r_2}, \tilde{\xi}_{j,i}^{r_3}; \theta_{l,j,i}, \theta_{r,j,i}), \quad j = 1, 2, \cdots, m,$$

且

$$\tilde{\eta}_{k,i} = (\tilde{\eta}_{k,i}^{r_1}, \tilde{\eta}_{k,i}^{r_2}, \tilde{\eta}_{k,i}^{r_3}; \bar{\theta}_{l,k,i}, \bar{\theta}_{r,k,i}), \quad k = 1, \cdots, s,$$

则有

$$(-\tilde{\xi}_{j,i}) = (-\tilde{\xi}_{j,i}^{r_3}, -\tilde{\xi}_{j,i}^{r_2}, -\tilde{\xi}_{j,i}^{r_1}; \theta_{l,j,i}, \theta_{r,j,i}), \quad j = 1, 2, \cdots, m,$$

而且

$$(-\tilde{\eta}_{k,i}) = (-\tilde{\eta}_{k,i}^{r_3}, -\tilde{\eta}_{k,i}^{r_2}, -\tilde{\eta}_{k,i}^{r_1}; \bar{\theta}_{l,k,i}, \bar{\theta}_{r,k,i}), \quad k = 1, 2, \cdots, s.$$

设 $\boldsymbol{\xi}$ 和 $\boldsymbol{\eta}$ 分别是 $\tilde{\boldsymbol{\xi}}$ 和 $\tilde{\boldsymbol{\eta}}$ 的关键值简约模糊向量. 显然, $\xi_{j,i}$ 和 $(-\eta_{k,i})$, $(-\xi_{j,i})$ 和 $\eta_{k,i}$ 是相互独立的, 分布函数如图 7.3 所示.

根据定理 8.1, 当 $\alpha_i > 0.5, i = 0, 1, 2, \cdots, n$ 时, 可以把模型 (8.3) 转化为确定的等价参数规划模型.

令 $I = \{i \mid 0.5 < \alpha_i \leqslant 0.75, i = 1, 2, \cdots, n\}$, $J = \{i \mid 0.75 < \alpha_i \leqslant 1, i = 1, 2, \cdots, n\}$, 则由上面的讨论, 当 $0.5 < \alpha_0 \leqslant 0.75$ 时, 模型 (8.3) 可转化为下面的参

数规划

$$
\begin{cases}
\max\limits_{u,\,v} & \dfrac{\sum_{k=1}^{s}((2\alpha_0-1)v_k\eta_{k,0}^{r_1}+(2(1-\alpha_0)+(3-4\alpha_0)\bar\theta_{l,k,0})v_k\eta_{k,0}^{r_2})/(1+(3-4\alpha_0)\bar\theta_{l,k,0})}{\sum_{j=1}^{m}((2\alpha_0-1)u_j\xi_{j,0}^{r_3}+(2(1-\alpha_0)+(3-4\alpha_0)\theta_{l,j,0})u_j\xi_{j,0}^{r_2})/(1+(3-4\alpha_0)\theta_{l,j,0})} \\[2mm]
\text{s.t.} & -\sum\limits_{j=1}^{m}\dfrac{(2\alpha_i-1)u_j\xi_{j,i}^{r_1}+(2(1-\alpha_i)+(3-4\alpha_i)\theta_{l,j,i})u_j\xi_{j,i}^{r_2}}{1+(3-4\alpha_i)\theta_{l,j,i}} \\[2mm]
& +\sum\limits_{k=1}^{s}\dfrac{(2\alpha_i-1)v_k\eta_{k,i}^{r_3}+(2(1-\alpha_i)+(3-4\alpha_i)\bar\theta_{l,k,i})v_k\eta_{k,i}^{r_2}}{1+(3-4\alpha_i)\bar\theta_{l,j,i}}\leqslant 0,\quad i\in I, \\[2mm]
& -\sum\limits_{j=1}^{m}\dfrac{(2\alpha_i-1+(4\alpha_i-3)\theta_{r,j,i})u_j\xi_{j,i}^{r_1}+2(1-\alpha_i)u_j\xi_{j,i}^{r_2}}{1+(4\alpha_i-3)\theta_{r,j,i}} \\[2mm]
& +\sum\limits_{k=1}^{s}\dfrac{(2\alpha_i-1+(4\alpha_i-3)\bar\theta_{r,k,i})v_k\eta_{k,i}^{r_3}+2(1-\alpha_i)v_k\eta_{k,i}^{r_2}}{1+(4\alpha_i-3)\bar\theta_{r,k,i}}\leqslant 0,\quad i\in J, \\[2mm]
& u_j\geqslant 0,\,u_j\neq 0,\,j=1,2,\cdots,m, \\[1mm]
& v_k\geqslant 0,\,v_k\neq 0,\,k=1,2,\cdots,s,
\end{cases}
\tag{8.4}
$$

模型 (8.4) 又等价于下面参数规划

$$
\begin{cases}
\max\limits_{u,\,v} & \sum\limits_{k=1}^{s}\dfrac{(2\alpha_0-1)v_k\eta_{k,0}^{r_1}+(2(1-\alpha_0)+(3-4\alpha_0)\bar\theta_{l,k,0})v_k\eta_{k,0}^{r_2}}{1+(3-4\alpha_0)\bar\theta_{l,k,0}} \\[2mm]
\text{s.t.} & \sum\limits_{j=1}^{m}\dfrac{(2\alpha_0-1)u_j\xi_{j,0}^{r_3}+(2(1-\alpha_0)+(3-4\alpha_0)\theta_{l,j,0})u_j\xi_{j,0}^{r_2}}{1+(3-4\alpha_0)\theta_{l,j,0}}=1, \\[2mm]
& -\sum\limits_{j=1}^{m}\dfrac{(2\alpha_i-1)u_j\xi_{j,i}^{r_1}+(2(1-\alpha_i)+(3-4\alpha_i)\theta_{l,j,i})u_j\xi_{j,i}^{r_2}}{1+(3-4\alpha_i)\theta_{l,j,i}} \\[2mm]
& +\sum\limits_{k=1}^{s}\dfrac{(2\alpha_i-1)v_k\eta_{k,i}^{r_3}+(2(1-\alpha_i)+(3-4\alpha_i)\bar\theta_{l,k,i})v_k\eta_{k,i}^{r_2}}{1+(3-4\alpha_i)\bar\theta_{l,j,i}}\leqslant 0,\quad i\in I, \\[2mm]
& -\sum\limits_{j=1}^{m}\dfrac{(2\alpha_i-1+(4\alpha_i-3)\theta_{r,j,i})u_j\xi_{j,i}^{r_1}+2(1-\alpha_i)u_j\xi_{j,i}^{r_2}}{1+(4\alpha_i-3)\theta_{r,j,i}} \\[2mm]
& +\sum\limits_{k=1}^{s}\dfrac{(2\alpha_i-1+(4\alpha_i-3)\bar\theta_{r,k,i})v_k\eta_{k,i}^{r_3}+2(1-\alpha_i)v_k\eta_{k,i}^{r_2}}{1+(4\alpha_i-3)\bar\theta_{r,k,i}}\leqslant 0,\quad i\in J, \\[2mm]
& u_j\geqslant 0,\,u_j\neq 0,\,j=1,2,\cdots,m, \\[1mm]
& v_k\geqslant 0,\,v_k\neq 0,\,k=1,2,\cdots,s.
\end{cases}
\tag{8.5}
$$

此外, 当 $0.75 < \alpha_0 \leqslant 1$ 时, 模型 (8.3) 可以转化为下面的参数规划

$$
\begin{cases}
\max\limits_{u,v} & \dfrac{\sum_{k=1}^{s}\left((2\alpha_0-1+(4\alpha_0-3)\bar{\theta}_{r,k,0})v_k\eta_{k,0}^{r_1}+2(1-\alpha_0)v_k\eta_{k,0}^{r_2}\right)/(1+(4\alpha_0-3)\bar{\theta}_{r,k,0})}{\sum_{j=1}^{m}\left((2\alpha_0-1+(4\alpha_0-3)\theta_{r,j,0})u_j\xi_{j,0}^{r_3}+2(1-\alpha_0)u_j\xi_{j,0}^{r_2}\right)/(1+(4\alpha_0-3)\theta_{r,j,0})} \\[3mm]
\text{s.t.} & -\sum_{j=1}^{m}\dfrac{(2\alpha_i-1)u_j\xi_{j,i}^{r_1}+(2(1-\alpha_i)+(3-4\alpha_i)\theta_{l,j,i})u_j\xi_{j,i}^{r_2}}{1+(3-4\alpha_i)\theta_{l,j,i}} \\[3mm]
& +\sum_{k=1}^{s}\dfrac{(2\alpha_i-1)v_k\eta_{k,i}^{r_3}+(2(1-\alpha_i)+(3-4\alpha_i)\bar{\theta}_{l,k,i})v_k\eta_{k,i}^{r_2}}{1+(3-4\alpha_i)\bar{\theta}_{l,j,i}} \leqslant 0, \quad i \in I, \\[3mm]
& -\sum_{j=1}^{m}\dfrac{(2\alpha_i-1+(4\alpha_i-3)\theta_{r,j,i})u_j\xi_{j,i}^{r_1}+2(1-\alpha_i)u_j\xi_{j,i}^{r_2}}{1+(4\alpha_i-3)\theta_{r,j,i}} \\[3mm]
& +\sum_{k=1}^{s}\dfrac{(2\alpha_i-1+(4\alpha_i-3)\bar{\theta}_{r,k,i})v_k\eta_{k,i}^{r_3}+2(1-\alpha_i)v_k\eta_{k,i}^{r_2}}{1+(4\alpha_i-3)\bar{\theta}_{r,k,i}} \leqslant 0, \quad i \in J, \\[3mm]
& u_j \geqslant 0, u_j \neq 0, j=1,2,\cdots,m, \\[2mm]
& v_k \geqslant 0, v_k \neq 0, k=1,2,\cdots,s,
\end{cases}
\tag{8.6}
$$

模型 (8.6) 又等价于下面的参数规划

$$
\begin{cases}
\max\limits_{u,v} & \sum_{k=1}^{s}\dfrac{(2\alpha_0-1+(4\alpha_0-3)\bar{\theta}_{r,k,0})v_k\eta_{k,0}^{r_1}+2(1-\alpha_0)v_k\eta_{k,0}^{r_2}}{1+(4\alpha_0-3)\bar{\theta}_{r,k,0}} \\[3mm]
\text{s.t.} & \sum_{j=1}^{m}\dfrac{(2\alpha_0-1+(4\alpha_0-3)\theta_{r,j,0})u_j\xi_{j,0}^{r_3}+2(1-\alpha_0)u_j\xi_{j,0}^{r_2}}{1+(4\alpha_0-3)\theta_{r,j,0}} = 1, \\[3mm]
& -\sum_{j=1}^{m}\dfrac{(2\alpha_i-1)u_j\xi_{j,i}^{r_1}+(2(1-\alpha_i)+(3-4\alpha_i)\theta_{l,j,i})u_j\xi_{j,i}^{r_2}}{1+(3-4\alpha_i)\theta_{l,j,i}} \\[3mm]
& +\sum_{k=1}^{s}\dfrac{(2\alpha_i-1)v_k\eta_{k,i}^{r_3}+(2(1-\alpha_i)+(3-4\alpha_i)\bar{\theta}_{l,k,i})v_k\eta_{k,i}^{r_2}}{1+(3-4\alpha_i)\bar{\theta}_{l,j,i}} \leqslant 0, \quad i \in I, \\[3mm]
& -\sum_{j=1}^{m}\dfrac{(2\alpha_i-1+(4\alpha_i-3)\theta_{r,j,i})u_j\xi_{j,i}^{r_1}+2(1-\alpha_i)u_j\xi_{j,i}^{r_2}}{1+(4\alpha_i-3)\theta_{r,j,i}} \\[3mm]
& +\sum_{k=1}^{s}\dfrac{(2\alpha_i-1+(4\alpha_i-3)\bar{\theta}_{r,k,i})v_k\eta_{k,i}^{r_3}+2(1-\alpha_i)v_k\eta_{k,i}^{r_2}}{1+(4\alpha_i-3)\bar{\theta}_{r,k,i}} \leqslant 0, \quad i \in J, \\[3mm]
& u_j \geqslant 0, u_j \neq 0, j=1,2,\cdots,m, \\[2mm]
& v_k \geqslant 0, v_k \neq 0, k=1,2,\cdots,s.
\end{cases}
\tag{8.7}
$$

模型 (8.5) 和模型 (8.7) 都是参数规划问题. 对于给定的 $\theta_{l,j,i}$, $\bar{\theta}_{l,k,i}$, $\theta_{r,j,i}$ 和 $\bar{\theta}_{r,k,i}$, 它们是线性规划, 因而可以采用传统的优化算法进行求解.

8.1.3 数值例子

在本小节中, 我们考虑由 5 个决策单元构成的系统, 其中每个决策单元有 4 个输入和 4 个输出, 表 8.2 和表 8.3 分别给出了 2- 型模糊输入和输出数据. 另外, 假定在此系统中, 可信性水平满足 $\alpha_0 = \alpha_1 = \alpha_3 = \alpha_5 = \alpha$ 且 $\alpha_2 = \alpha_4 = \beta$.

根据模型 (8.5) 和模型 (8.7), 当 $\alpha \in (0.75, 1]$ 且 $\beta \in (0.5, 0.75]$ 时, 可将该系统建立为如下的参数规划模型

$$
\begin{cases}
\max_{u,v} & f_0(u_1, u_2, u_3, u_4, v_1, v_2, v_3, v_4) \\
\text{s.t.} & g_i(u_1, u_2, u_3, u_4, v_1, v_2, v_3, v_4) \leqslant 0, \\
& u_j \geqslant 0, u_j \neq 0, j = 1, 2, 3, 4, \\
& v_k \geqslant 0, v_k \neq 0, k = 1, 2, 3, 4.
\end{cases} \tag{8.8}
$$

当把 DMU_i 看成目标决策单元 UMU_0 时, 上述模型 (8.8) 中的目标函数的解析表达式具有下面的形式:

$$
\begin{aligned}
f_1 = {} & \frac{5.1(2\alpha - 1 + (4\alpha - 3)\bar{\theta}_{r,1,1}) + 2 \times 5.5(1 - \alpha)}{1 + (4\alpha - 3)\bar{\theta}_{r,1,1}} v_1 \\
& + \frac{5.2(2\alpha - 1 + (4\alpha - 3)\bar{\theta}_{r,2,1}) + 2 \times 5.3(1 - \alpha)}{1 + (4\alpha - 3)\bar{\theta}_{r,2,1}} v_2 \\
& + \frac{6.1(2\alpha - 1 + (4\alpha - 3)\bar{\theta}_{r,3,1}) + 2 \times 6.2(1 - \alpha)}{1 + (4\alpha - 3)\bar{\theta}_{r,3,1}} v_3 \\
& + \frac{4.8(2\alpha - 1 + (4\alpha - 3)\bar{\theta}_{r,4,1}) + 2 \times 5.2(1 - \alpha)}{1 + (4\alpha - 3)\bar{\theta}_{r,4,1}} v_4,
\end{aligned}
$$

表 8.2 5 个决策单元的 2- 型三角模糊输入

DMU_i	输入 1	输入 2
$i = 1$	$(\widetilde{2.8}, \widetilde{3.0}, \widetilde{3.1}; \theta_{l,1,1}, \theta_{r,1,1})$	$(\widetilde{3.7}, \widetilde{3.8}, \widetilde{4.0}; \theta_{l,2,1}, \theta_{r,2,1})$
$i = 2$	$(\widetilde{1.2}, \widetilde{1.4}, \widetilde{1.7}; \theta_{l,1,2}, \theta_{r,1,2})$	$(\widetilde{1.9}, \widetilde{2.0}, \widetilde{2.3}; \theta_{l,2,2}, \theta_{r,2,2})$
$i = 3$	$(\widetilde{2.1}, \widetilde{2.4}, \widetilde{2.5}; \theta_{l,1,3}, \theta_{r,1,3})$	$(\widetilde{3.1}, \widetilde{3.2}, \widetilde{3.4}; \theta_{l,2,3}, \theta_{r,2,3})$
$i = 4$	$(\widetilde{1.6}, \widetilde{1.8}, \widetilde{2.0}; \theta_{l,1,4}, \theta_{r,1,4})$	$(\widetilde{2.2}, \widetilde{2.4}, \widetilde{2.5}; \theta_{l,2,4}, \theta_{r,2,4})$
$i = 5$	$(\widetilde{3.1}, \widetilde{3.5}, \widetilde{3.7}; \theta_{l,1,5}, \theta_{r,1,5})$	$(\widetilde{2.0}, \widetilde{2.5}, \widetilde{2.8}; \theta_{l,2,5}, \theta_{r,2,5})$
DMU_i	输入 3	输入 4
$i = 1$	$(\widetilde{3.8}, \widetilde{4.1}, \widetilde{4.2}; \theta_{l,3,1}, \theta_{r,3,1})$	$(\widetilde{3.4}, \widetilde{3.7}, \widetilde{4.2}; \theta_{l,4,1}, \theta_{r,4,1})$
$i = 2$	$(\widetilde{2.0}, \widetilde{2.3}, \widetilde{2.4}; \theta_{l,3,2}, \theta_{r,3,2})$	$(\widetilde{1.7}, \widetilde{2.0}, \widetilde{2.1}; \theta_{l,4,2}, \theta_{r,4,2})$
$i = 3$	$(\widetilde{2.4}, \widetilde{2.6}, \widetilde{2.9}; \theta_{l,3,3}, \theta_{r,3,3})$	$(\widetilde{2.4}, \widetilde{2.8}, \widetilde{3.0}; \theta_{l,4,3}, \theta_{r,4,3})$
$i = 4$	$(\widetilde{2.5}, \widetilde{2.8}, \widetilde{3.0}; \theta_{l,3,4}, \theta_{r,3,4})$	$(\widetilde{3.3}, \widetilde{3.4}, \widetilde{3.7}; \theta_{l,4,4}, \theta_{r,4,4})$
$i = 5$	$(\widetilde{3.9}, \widetilde{4.0}, \widetilde{4.2}; \theta_{l,3,5}, \theta_{r,3,5})$	$(\widetilde{3.6}, \widetilde{4.1}, \widetilde{4.3}; \theta_{l,4,5}, \theta_{r,4,5})$

表 8.3　5 个决策单元的 2- 型三角模糊输出

DMU$_i$	输入 1	输入 2
$i=1$	$(\widetilde{5.1}, \widetilde{5.5}, \widetilde{5.7}; \bar{\theta}_{l,1,1}, \bar{\theta}_{r,1,1})$	$(\widetilde{5.2}, \widetilde{5.3}, \widetilde{5.6}; \bar{\theta}_{l,2,1}, \bar{\theta}_{r,2,1})$
$i=2$	$(\widetilde{4.0}, \widetilde{4.1}, \widetilde{4.3}; \bar{\theta}_{l,1,2}, \bar{\theta}_{r,1,2})$	$(\widetilde{3.9}, \widetilde{4.4}, \widetilde{4.7}; \bar{\theta}_{l,2,2}, \bar{\theta}_{r,2,2})$
$i=3$	$(\widetilde{4.4}, \widetilde{4.5}, \widetilde{4.7}; \bar{\theta}_{l,1,3}, \bar{\theta}_{r,1,3})$	$(\widetilde{4.0}, \widetilde{4.1}, \widetilde{4.4}; \bar{\theta}_{l,2,3}, \bar{\theta}_{r,2,3})$
$i=4$	$(\widetilde{4.2}, \widetilde{4.3}, \widetilde{4.4}; \bar{\theta}_{l,1,4}, \bar{\theta}_{r,1,4})$	$(\widetilde{3.9}, \widetilde{4.0}, \widetilde{4.2}; \bar{\theta}_{l,2,4}, \bar{\theta}_{r,2,4})$
$i=5$	$(\widetilde{5.5}, \widetilde{5.7}, \widetilde{6.0}; \bar{\theta}_{l,1,5}, \bar{\theta}_{r,1,5})$	$(\widetilde{5.3}, \widetilde{5.5}, \widetilde{5.8}; \bar{\theta}_{l,2,5}, \bar{\theta}_{r,2,5})$
DMU$_i$	输出 3	输出 4
$i=1$	$(\widetilde{6.1}, \widetilde{6.2}, \widetilde{6.4}; \bar{\theta}_{l,3,1}, \bar{\theta}_{r,3,1})$	$(\widetilde{4.8}, \widetilde{5.2}, \widetilde{5.5}; \bar{\theta}_{l,4,1}, \bar{\theta}_{r,4,1})$
$i=2$	$(\widetilde{5.0}, \widetilde{5.1}, \widetilde{5.2}; \bar{\theta}_{l,3,2}, \bar{\theta}_{r,3,2})$	$(\widetilde{3.0}, \widetilde{3.3}, \widetilde{3.4}; \bar{\theta}_{l,4,2}, \bar{\theta}_{r,4,2})$
$i=3$	$(\widetilde{5.2}, \widetilde{5.5}, \widetilde{5.6}; \bar{\theta}_{l,3,3}, \bar{\theta}_{r,3,3})$	$(\widetilde{3.2}, \widetilde{3.3}, \widetilde{3.5}; \bar{\theta}_{l,4,3}, \bar{\theta}_{r,4,3})$
$i=4$	$(\widetilde{5.1}, \widetilde{5.3}, \widetilde{5.5}; \bar{\theta}_{l,3,4}, \bar{\theta}_{r,3,4})$	$(\widetilde{3.6}, \widetilde{3.7}, \widetilde{3.9}; \bar{\theta}_{l,4,4}, \bar{\theta}_{r,4,4})$
$i=5$	$(\widetilde{6.6}, \widetilde{6.7}, \widetilde{7.0}; \bar{\theta}_{l,3,5}, \bar{\theta}_{r,3,5})$	$(\widetilde{5.0}, \widetilde{5.3}, \widetilde{5.7}; \bar{\theta}_{l,4,5}, \bar{\theta}_{r,4,5})$

满足约束

$$
\frac{3.1(2\alpha - 1 + (4\alpha - 3)\theta_{r,1,1}) + 2 \times 3.0(1 - \alpha)}{1 + (4\alpha - 3)\theta_{r,1,1}} u_1
$$

$$
+ \frac{4.0(2\alpha - 1 + (4\alpha - 3)\theta_{r,2,1}) + 2 \times 3.8(1 - \alpha)}{1 + (4\alpha - 3)\theta_{r,2,1}} u_2
$$

$$
+ \frac{4.2(2\alpha - 1 + (4\alpha - 3)\theta_{r,3,1}) + 2 \times 4.1(1 - \alpha)}{1 + (4\alpha - 3)\theta_{r,3,1}} u_3
$$

$$
+ \frac{4.2(2\alpha - 1 + (4\alpha - 3)\theta_{r,4,1}) + 2 \times 3.7(1 - \alpha)}{1 + (4\alpha - 3)\theta_{r,4,1}} u_4 = 1.
$$

$$
f_2 = \frac{4.0(2\alpha - 1 + (4\alpha - 3)\bar{\theta}_{r,1,2}) + 2 \times 4.1(1 - \alpha)}{1 + (4\alpha - 3)\bar{\theta}_{r,1,2}} v_1
$$

$$
+ \frac{3.9(2\alpha - 1 + (4\alpha - 3)\bar{\theta}_{r,2,2}) + 2 \times 4.4(1 - \alpha)}{1 + (4\alpha - 3)\bar{\theta}_{r,2,2}} v_2
$$

$$
+ \frac{5.0(2\alpha - 1 + (4\alpha - 3)\bar{\theta}_{r,3,2}) + 2 \times 5.1(1 - \alpha)}{1 + (4\alpha - 3)\bar{\theta}_{r,3,2}} v_3
$$

$$
+ \frac{3.0(2\alpha - 1 + (4\alpha - 3)\bar{\theta}_{r,4,2}) + 2 \times 3.3(1 - \alpha)}{1 + (4\alpha - 3)\bar{\theta}_{r,4,2}} v_4,
$$

满足约束

$$
\frac{1.7(2\alpha - 1 + (4\alpha - 3)\theta_{r,1,2}) + 2 \times 1.4(1 - \alpha)}{1 + (4\alpha - 3)\theta_{r,1,2}} u_1
$$

$$
+ \frac{2.3(2\alpha - 1 + (4\alpha - 3)\theta_{r,2,2}) + 2 \times 2.0(1 - \alpha)}{1 + (4\alpha - 3)\theta_{r,2,2}} u_2
$$

$$
+ \frac{2.4(2\alpha - 1 + (4\alpha - 3)\theta_{r,3,2}) + 2 \times 2.3(1 - \alpha)}{1 + (4\alpha - 3)\theta_{r,3,2}} u_3
$$

$$
+ \frac{2.1(2\alpha - 1 + (4\alpha - 3)\theta_{r,4,2}) + 2 \times 2.0(1 - \alpha)}{1 + (4\alpha - 3)\theta_{r,4,2}} u_4 = 1.
$$

$$f_3 = \frac{4.4(2\alpha - 1 + (4\alpha - 3)\bar{\theta}_{r,1,3}) + 2 \times 4.5(1 - \alpha)}{1 + (4\alpha - 3)\bar{\theta}_{r,1,3}} v_1$$

$$+ \frac{4.0(2\alpha - 1 + (4\alpha - 3)\bar{\theta}_{r,2,3}) + 2 \times 4.1(1 - \alpha)}{1 + (4\alpha - 3)\bar{\theta}_{r,2,3}} v_2$$

$$+ \frac{5.2(2\alpha - 1 + (4\alpha - 3)\bar{\theta}_{r,3,3}) + 2 \times 5.5(1 - \alpha)}{1 + (4\alpha - 3)\bar{\theta}_{r,3,3}} v_3$$

$$+ \frac{3.2(2\alpha - 1 + (4\alpha - 3)\bar{\theta}_{r,4,3}) + 2 \times 3.3(1 - \alpha)}{1 + (4\alpha - 3)\bar{\theta}_{r,4,3}} v_4,$$

满足约束

$$\frac{2.5(2\alpha - 1 + (4\alpha - 3)\theta_{r,1,3}) + 2 \times 2.4(1 - \alpha)}{1 + (4\alpha - 3)\theta_{r,1,3}} u_1$$

$$+ \frac{3.4(2\alpha - 1 + (4\alpha - 3)\theta_{r,2,3}) + 2 \times 3.2(1 - \alpha)}{1 + (4\alpha - 3)\theta_{r,2,3}} u_2$$

$$+ \frac{2.9(2\alpha - 1 + (4\alpha - 3)\theta_{r,3,3}) + 2 \times 2.6(1 - \alpha)}{1 + (4\alpha - 3)\theta_{r,3,3}} u_3$$

$$+ \frac{3.0(2\alpha - 1 + (4\alpha - 3)\theta_{r,4,3}) + 2 \times 2.8(1 - \alpha)}{1 + (4\alpha - 3)\theta_{r,4,3}} u_4 = 1.$$

$$f_4 = \frac{4.2(2\alpha - 1 + (4\alpha - 3)\bar{\theta}_{r,1,4}) + 2 \times 4.3(1 - \alpha)}{1 + (4\alpha - 3)\bar{\theta}_{r,1,4}} v_1$$

$$+ \frac{3.9(2\alpha - 1 + (4\alpha - 3)\bar{\theta}_{r,2,4}) + 2 \times 4.0(1 - \alpha)}{1 + (4\alpha - 3)\bar{\theta}_{r,2,4}} v_2$$

$$+ \frac{5.1(2\alpha - 1 + (4\alpha - 3)\bar{\theta}_{r,3,4}) + 2 \times 5.3(1 - \alpha)}{1 + (4\alpha - 3)\bar{\theta}_{r,3,4}} v_3$$

$$+ \frac{3.6(2\alpha - 1 + (4\alpha - 3)\bar{\theta}_{r,4,4}) + 2 \times 3.7(1 - \alpha)}{1 + (4\alpha - 3)\bar{\theta}_{r,4,4}} v_4,$$

满足约束

$$\frac{2.0(2\alpha - 1 + (4\alpha - 3)\theta_{r,1,4}) + 2 \times 1.8(1 - \alpha)}{1 + (4\alpha - 3)\theta_{r,1,4}} u_1$$

$$+ \frac{2.5(2\alpha - 1 + (4\alpha - 3)\theta_{r,2,4}) + 2 \times 2.4(1 - \alpha)}{1 + (4\alpha - 3)\theta_{r,2,4}} u_2$$

$$+ \frac{3.0(2\alpha - 1 + (4\alpha - 3)\theta_{r,3,4}) + 2 \times 2.8(1 - \alpha)}{1 + (4\alpha - 3)\theta_{r,3,4}} u_3$$

$$+ \frac{3.7(2\alpha - 1 + (4\alpha - 3)\theta_{r,4,4}) + 2 \times 3.4(1 - \alpha)}{1 + (4\alpha - 3)\theta_{r,4,4}} u_4 = 1.$$

$$f_5 = \frac{5.5(2\alpha - 1 + (4\alpha - 3)\bar{\theta}_{r,1,5}) + 2 \times 5.7(1 - \alpha)}{1 + (4\alpha - 3)\bar{\theta}_{r,1,5}} v_1$$

$$+ \frac{5.3(2\alpha - 1 + (4\alpha - 3)\bar{\theta}_{r,2,5}) + 2 \times 5.5(1 - \alpha)}{1 + (4\alpha - 3)\bar{\theta}_{r,2,5}} v_2$$

$$+ \frac{6.6(2\alpha - 1 + (4\alpha - 3)\bar{\theta}_{r,3,5}) + 2 \times 6.7(1 - \alpha)}{1 + (4\alpha - 3)\bar{\theta}_{r,3,5}} v_3$$

$$+ \frac{5.0(2\alpha - 1 + (4\alpha - 3)\bar{\theta}_{r,4,5}) + 2 \times 5.3(1 - \alpha)}{1 + (4\alpha - 3)\bar{\theta}_{r,4,5}} v_4,$$

满足约束

$$\frac{3.7(2\alpha - 1 + (4\alpha - 3)\theta_{r,1,5}) + 2 \times 3.5(1 - \alpha)}{1 + (4\alpha - 3)\theta_{r,1,5}} u_1$$

$$+ \frac{2.8(2\alpha - 1 + (4\alpha - 3)\theta_{r,2,5}) + 2 \times 2.5(1 - \alpha)}{1 + (4\alpha - 3)\theta_{r,2,5}} u_2$$

$$+ \frac{4.2(2\alpha - 1 + (4\alpha - 3)\theta_{r,3,5}) + 2 \times 4.0(1 - \alpha)}{1 + (4\alpha - 3)\theta_{r,3,5}} u_3$$

$$+ \frac{4.3(2\alpha - 1 + (4\alpha - 3)\theta_{r,4,5}) + 2 \times 4.1(1 - \alpha)}{1 + (4\alpha - 3)\theta_{r,4,5}} u_4 = 1.$$

此外, 模型 (8.8) 中其他约束中的函数由下面的五个解析表达式给出:

$$g_1 = -\frac{2.8(2\alpha - 1 + (4\alpha - 3)\theta_{r,1,1}) + 2 \times 3.0(1 - \alpha)}{1 + (4\alpha - 3)\theta_{r,1,1}} u_1$$

$$- \frac{3.7(2\alpha - 1 + (4\alpha - 3)\theta_{r,2,1}) + 2 \times 3.8(1 - \alpha)}{1 + (4\alpha - 3)\theta_{r,2,1}} u_2$$

$$- \frac{3.8(2\alpha - 1 + (4\alpha - 3)\theta_{r,3,1}) + 2 \times 4.1(1 - \alpha)}{1 + (4\alpha - 3)\theta_{r,3,1}} u_3$$

$$- \frac{3.4(2\alpha - 1 + (4\alpha - 3)\theta_{r,4,1}) + 2 \times 3.7(1 - \alpha)}{1 + (4\alpha - 3)\theta_{r,4,1}} u_4$$

$$+ \frac{5.7(2\alpha - 1 + (4\alpha - 3)\bar{\theta}_{r,1,1}) + 2 \times 5.5(1 - \alpha)}{1 + (4\alpha - 3)\bar{\theta}_{r,1,1}} v_1$$

$$+ \frac{5.6(2\alpha - 1 + (4\alpha - 3)\bar{\theta}_{r,2,1}) + 2 \times 5.3(1 - \alpha)}{1 + (4\alpha - 3)\bar{\theta}_{r,2,1}} v_2$$

$$+ \frac{6.4(2\alpha - 1 + (4\alpha - 3)\bar{\theta}_{r,3,1}) + 2 \times 6.2(1 - \alpha)}{1 + (4\alpha - 3)\bar{\theta}_{r,3,1}} v_3$$

$$+ \frac{5.5(2\alpha - 1 + (4\alpha - 3)\bar{\theta}_{r,4,1}) + 2 \times 5.2(1 - \alpha)}{1 + (4\alpha - 3)\bar{\theta}_{r,4,1}} v_4,$$

$$g_2 = -\frac{1.2(2\beta - 1) + 1.4(2(1 - \beta) + (3 - 4\beta)\theta_{l,1,2})}{1 + (3 - 4\beta)\theta_{l,1,2}} u_1$$

$$- \frac{1.9(2\beta - 1) + 2.0(2(1 - \beta) + (3 - 4\beta)\theta_{l,2,2})}{1 + (3 - 4\beta)\theta_{l,2,2}} u_2$$

$$- \frac{2.0(2\beta - 1) + 2.3(2(1 - \beta) + (3 - 4\beta)\theta_{l,3,2})}{1 + (3 - 4\beta)\theta_{l,3,2}} u_3$$

$$- \frac{1.7(2\beta - 1) + 2.0(2(1 - \beta) + (3 - 4\beta)\theta_{l,4,2})}{1 + (3 - 4\beta)\theta_{l,4,2}} u_4$$

$$+\frac{4.3(2\beta-1)+4.1(2(1-\beta)+(3-4\beta)\bar{\theta}_{l,1,2})}{1+(3-4\beta)\bar{\theta}_{l,1,2}}v_1$$

$$+\frac{4.7(2\beta-1)+4.4(2(1-\beta)+(3-4\beta)\bar{\theta}_{l,2,2})}{1+(3-4\beta)\bar{\theta}_{l,2,2}}v_2$$

$$+\frac{5.2(2\beta-1)+5.1(2(1-\beta)+(3-4\beta)\bar{\theta}_{l,3,2})}{1+(3-4\beta)\bar{\theta}_{l,3,2}}v_3$$

$$+\frac{3.4(2\beta-1)+3.3(2(1-\beta)+(3-4\beta)\bar{\theta}_{l,4,2})}{1+(3-4\beta)\bar{\theta}_{l,4,2}}v_4,$$

$$g_3=-\frac{2.1(2\alpha-1+(4\alpha-3)\theta_{r,1,3})+2\times2.4(1-\alpha)}{1+(4\alpha-3)\theta_{r,1,3}}u_1$$

$$-\frac{3.1(2\alpha-1+(4\alpha-3)\theta_{r,2,3})+2\times3.2(1-\alpha)}{1+(4\alpha-3)\theta_{r,2,3}}u_2$$

$$-\frac{2.4(2\alpha-1+(4\alpha-3)\theta_{r,3,3})+2\times2.6(1-\alpha)}{1+(4\alpha-3)\theta_{r,3,3}}u_3$$

$$-\frac{2.4(2\alpha-1+(4\alpha-3)\theta_{r,4,3})+2\times2.8(1-\alpha)}{1+(4\alpha-3)\theta_{r,4,3}}u_4$$

$$+\frac{4.7(2\alpha-1+(4\alpha-3)\bar{\theta}_{r,1,3})+2\times4.5(1-\alpha)}{1+(4\alpha-3)\bar{\theta}_{r,1,3}}v_1$$

$$+\frac{4.4(2\alpha-1+(4\alpha-3)\bar{\theta}_{r,2,3})+2\times4.1(1-\alpha)}{1+(4\alpha-3)\bar{\theta}_{r,2,3}}v_2$$

$$+\frac{5.6(2\alpha-1+(4\alpha-3)\bar{\theta}_{r,3,3})+2\times5.5(1-\alpha)}{1+(4\alpha-3)\bar{\theta}_{r,3,3}}v_3$$

$$+\frac{3.5(2\alpha-1+(4\alpha-3)\bar{\theta}_{r,4,3})+2\times3.3(1-\alpha)}{1+(4\alpha-3)\bar{\theta}_{r,4,3}}v_4,$$

$$g_4=-\frac{1.6(2\beta-1)+1.8(2(1-\beta)+(3-4\beta)\theta_{l,1,4})}{1+(3-4\beta)\theta_{l,1,4}}u_1$$

$$-\frac{2.2(2\beta-1)+2.4(2(1-\beta)+(3-4\beta)\theta_{l,2,4})}{1+(3-4\beta)\theta_{l,2,4}}u_2$$

$$-\frac{2.5(2\beta-1)+2.8(2(1-\beta)+(3-4\beta)\theta_{l,3,4})}{1+(3-4\beta)\theta_{l,3,4}}u_3$$

$$-\frac{3.3(2\beta-1)+3.4(2(1-\beta)+(3-4\beta)\theta_{l,4,4})}{1+(3-4\beta)\theta_{l,4,4}}u_4$$

$$+\frac{4.4(2\beta-1)+4.3(2(1-\beta)+(3-4\beta)\bar{\theta}_{l,1,4})}{1+(3-4\beta)\bar{\theta}_{l,1,4}}v_1$$

$$+\frac{4.2(2\beta-1)+4.0(2(1-\beta)+(3-4\beta)\bar{\theta}_{l,2,4})}{1+(3-4\beta)\bar{\theta}_{l,2,4}}v_2$$

$$+\frac{5.5(2\beta-1)+5.3(2(1-\beta)+(3-4\beta)\bar{\theta}_{l,3,4})}{1+(3-4\beta)\bar{\theta}_{l,3,4}}v_3$$

$$+\frac{3.9(2\beta-1)+3.7(2(1-\beta)+(3-4\beta)\bar{\theta}_{l,4,4})}{1+(3-4\beta)\bar{\theta}_{l,4,4}}v_4,$$

$$
\begin{aligned}
g_5 = &-\frac{3.1(2\alpha-1+(4\alpha-3)\theta_{r,1,5})+2\times3.5(1-\alpha)}{1+(4\alpha-3)\theta_{r,1,5}}u_1\\
&-\frac{2.0(2\alpha-1+(4\alpha-3)\theta_{r,2,5})+2\times2.5(1-\alpha)}{1+(4\alpha-3)\theta_{r,2,5}}u_2\\
&-\frac{3.9(2\alpha-1+(4\alpha-3)\theta_{r,3,5})+2\times4.0(1-\alpha)}{1+(4\alpha-3)\theta_{r,3,5}}u_3\\
&-\frac{3.6(2\alpha-1+(4\alpha-3)\theta_{r,4,5})+2\times4.1(1-\alpha)}{1+(4\alpha-3)\theta_{r,4,5}}u_4\\
&+\frac{6.0(2\alpha-1+(4\alpha-3)\bar{\theta}_{r,1,5})+2\times5.7(1-\alpha)}{1+(4\alpha-3)\bar{\theta}_{r,1,5}}v_1\\
&+\frac{5.8(2\alpha-1+(4\alpha-3)\bar{\theta}_{r,2,5})+2\times5.5(1-\alpha)}{1+(4\alpha-3)\bar{\theta}_{r,2,5}}v_2\\
&+\frac{7.0(2\alpha-1+(4\alpha-3)\bar{\theta}_{r,3,5})+2\times6.7(1-\alpha)}{1+(4\alpha-3)\bar{\theta}_{r,3,5}}v_3\\
&+\frac{5.7(2\alpha-1+(4\alpha-3)\bar{\theta}_{r,4,5})+2\times5.3(1-\alpha)}{1+(4\alpha-3)\bar{\theta}_{r,4,5}}v_4.
\end{aligned}
$$

对每一个 $i=1,2,3,4,5$, $j,k=1,2,3,4$, 取 $\theta_{l,j,i}=\bar{\theta}_{l,k,i}=\theta_l$ 且 $\theta_{r,j,i}=\bar{\theta}_{r,k,i}=\theta_r$. 如果设 $(\theta_l,\theta_r)=(0.5,0.5)$, 则在可信性水平 $\alpha=0.9$ 和 $\beta=0.7$ 下, 用 LINGO 软件求解, 对每一个决策单元的评价结果如表 8.4 所示. 从求解结果可以得到对每一个决策单元的评价信息. DMU$_2$ 有最大的 α- 有效值 0.8971282, 其次是 DMU$_5$ 和 DMU$_3$, 这说明 DMU$_2$ 是最有效的.

表 8.4　在 $\alpha=0.9, \beta=0.7$, $(\theta_l,\theta_r)=(0.5,0.5)$ 时对每一个决策单元的评价结果

DMUs	最优解 (u,v)	α- 有效值
DMU$_1$	(0.0000,0.0000,0.2390,0.0000,0.0000,0.0000,0.0000,0.1569)	0.7629027
DMU$_2$	(0.0000,0.0000,0.4194,0.0000,0.0000,0.0000,0.1789,0.0000)	0.8971282
DMU$_3$	(0.0000,0.0077,0.3413,0.0000,0.1828,0.0000,0.0000,0.0000)	0.8072445
DMU$_4$	(0.0000,0.0505,0.2946,0.0000,0.0000,0.0000,0.0000,0.2231)	0.8067061
DMU$_5$	(0.0000,0.0369,0.2155,0.0000,0.0000,0.0000,0.0000,0.1632)	0.8236366

在参数 (θ_l,θ_r) 取不同值时, 对于每一个决策单元的评价结果如表 8.5 所示. 从评价结果可以看出, 当 θ_l 和 θ_r 的取值在 0 与 1 之间变化时, 有效值也明显地随之变化, 对于所有决策单元而言, 使它们达到最有效和最无效的参数 (θ_l,θ_r) 取值并不相同. 因此根据关键值简约方法, 决策者可以根据所获得的信息建立具有鲁棒性的参数优化模型.

表 8.5 在 $\alpha = 0.9, \beta = 0.7$, 对于不同的 θ_l 和 θ_r 取值, 对每一个决策单元的评价结果

(θ_l, θ_r)	(0,0)	(0.1,0.2)	(0.3,0.4)	(0.5,0.5)
DMU$_1$	0.7619975	0.7612687	0.7617579	0.7629027
DMU$_2$	0.8945820	0.8944965	0.8956158	0.8971282
DMU$_3$	0.8116787	0.8105330	0.8080288	0.8072445
DMU$_4$	0.8069665	0.8058871	0.8059134	0.8067061
DMU$_5$	0.8291510	0.8261338	0.8241361	0.8236366
(θ_l, θ_r)	(0.7,0.6)	(0.9,0.8)	(1,1)	
DMU$_1$	0.7639771	0.7645230	0.7644179	
DMU$_2$	0.8985415	0.8995471	0.8997756	
DMU$_3$	0.8065436	0.8049202	0.8033815	
DMU$_4$	0.8074629	0.8076827	0.8073965	
DMU$_5$	0.8232055	0.8219704	0.8207225	

8.2 非线性参数规划数据包络分析均值模型

8.2.1 广义可信性测度及其性质

因为由均值简约方法得到的模糊变量不一定具有正则性, 所以需要采用广义可信性度量模糊事件.

基于广义可信性测度的概念, 一般非正则模糊变量 ξ 的广义期望值定义为

$$\tilde{E}[\xi] = \int_0^\infty \tilde{C}r\{\xi \geqslant r\}dr - \int_{-\infty}^0 \tilde{C}r\{\xi \leqslant r\}dr,$$

其中上式中右端的两个积分至少有一个为有限的.

下面讨论均值简约模糊变量广义可信性的基本性质.

定理 8.3(Qin et al., 2011b) 设 ξ_i 是 2-型三角模糊变量 $\tilde{\xi}_i = (\tilde{r}_1^i, \tilde{r}_2^i, \tilde{r}_3^i; \theta_{l,i}, \theta_{r,i})$, $i = 1, 2, \cdots, n$ 的均值简约模糊变量. 假设 $\xi_1, \xi_2, \cdots, \xi_n$ 是相互独立的, 且有 $\theta_{r,1} - \theta_{l,1} \leqslant \theta_{r,2} - \theta_{l,2} \leqslant \cdots \leqslant \theta_{r,n} - \theta_{l,n}$, 以及 $k_i \geqslant 0$, $i = 1, 2, \cdots, n$, 则有如下结论:

(1) 若 $\alpha \in (0, (4 + \theta_{r,1} - \theta_{l,1})/16]$, 则 $\tilde{C}r\{\sum_{i=1}^n k_i \xi_i \leqslant t\} \geqslant \alpha$ 等价于

$$\sum_{i=1}^n k_i \frac{(4(1-2\alpha) + \theta_{r,i} - \theta_{l,i})r_1^i + 8\alpha r_2^i}{4 + \theta_{r,i} - \theta_{l,i}} \leqslant t.$$

(2) 若 $\alpha \in ((4 + \theta_{r,n} - \theta_{l,n})/16, 0.5]$, 则 $\tilde{C}r\{\sum_{i=1}^n k_i \xi_i \leqslant t\} \geqslant \alpha$ 等价于

$$\sum_{i=1}^n k_i \frac{4(1-2\alpha)r_1^i + (8\alpha - \theta_{r,i} + \theta_{l,i})r_2^i}{4 - \theta_{r,i} + \theta_{l,i}} \leqslant t.$$

(3) 若存在一个 i_0, $1 \leqslant i_0 < n$, 满足 $\alpha \in ((4 + \theta_{r,i_0} - \theta_{l,i_0})/16, (4 + \theta_{r,i_0+1} - \theta_{l,i_0+1})/16]$, 则 $\tilde{\mathrm{Cr}}\{\sum_{i=1}^{n} k_i \xi_i \leqslant t\} \geqslant \alpha$ 等价于

$$\sum_{i=1}^{i_0} k_i \frac{(4(1-2\alpha)+\theta_{r,i}-\theta_{l,i})r_1^i + 8\alpha r_2^i}{4 + \theta_{r,i} - \theta_{l,i}} + \sum_{i=i_0+1}^{n} k_i \frac{4(1-2\alpha)r_1^i + (8\alpha - \theta_{r,i} + \theta_{l,i})r_2^i}{4 - \theta_{r,i} + \theta_{l,i}} \leqslant t.$$

(4) 若 $\alpha \in (0.5, (12 - \theta_{r,n} + \theta_{l,n})/16]$, 则 $\tilde{\mathrm{Cr}}\{\sum_{i=1}^{n} k_i \xi_i \leqslant t\} \geqslant \alpha$ 等价于

$$\sum_{i=1}^{n} k_i \frac{4(2\alpha - 1)r_3^i + (8(1-\alpha) - \theta_{r,i} + \theta_{l,i})r_2^i}{4 - \theta_{r,i} + \theta_{l,i}} \leqslant t.$$

(5) 若 $\alpha \in ((12 - \theta_{r,1} + \theta_{l,1})/16, 1]$, 则 $\tilde{\mathrm{Cr}}\{\sum_{i=1}^{n} k_i \xi_i \leqslant t\} \geqslant \alpha$ 等价于

$$\sum_{i=1}^{n} k_i \frac{(4(2\alpha - 1) + \theta_{r,i} - \theta_{l,i})r_3^i + 8(1-\alpha)r_2^i}{4 + \theta_{r,i} - \theta_{l,i}} \leqslant t.$$

(6) 若存在一个 i_0, $1 \leqslant i_0 < n$, 满足 $\alpha \in ((12 - \theta_{r,i_0+1} + \theta_{l,i_0+1})/16, (12 - \theta_{r,i_0} + \theta_{l,i_0})/16]$, 则 $\tilde{\mathrm{Cr}}\{\sum_{i=1}^{n} k_i \xi_i \leqslant t\} \geqslant \alpha$ 等价于

$$\sum_{i=1}^{i_0} k_i \frac{4(2\alpha-1)r_3^i + (8(1-\alpha) - \theta_{r,i} + \theta_{l,i})r_2^i}{4 - \theta_{r,i} + \theta_{l,i}}$$
$$+ \sum_{i=i_0+1}^{n} k_i \frac{(4(2\alpha - 1) + \theta_{r,i} - \theta_{l,i})r_3^i + 8(1-\alpha)r_2^i}{4 + \theta_{r,i} - \theta_{l,i}} \leqslant t.$$

证明　只需证明结论 (4)～(6), 结论 (1)～(3) 同理可证.

由于 ξ_i 是 2- 型三角模糊变量 $\tilde{\xi}_i$, $i = 1, 2, \cdots, n$ 的均值简约模糊变量, 对于 $i = 1, \cdots, n$, 其参数可能性分布为

$$\mu_{\xi_i}(x) = \begin{cases} \dfrac{(4 + \theta_{r,i} - \theta_{l,i})(x - r_1^i)}{4(r_2^i - r_1^i)}, & x \in \left[r_1^i, \dfrac{r_1^i + r_2^i}{2}\right], \\[2mm] \dfrac{(4 - \theta_{r,i} + \theta_{l,i})x + (\theta_{r,i} - \theta_{l,i})r_2^i - 4r_1^i}{4(r_2^i - r_1^i)}, & x \in \left(\dfrac{r_1^i + r_2^i}{2}, r_2^i\right], \\[2mm] \dfrac{(-4 + \theta_{r,i} - \theta_{l,i})x + 4r_3^i - (\theta_{r,i} - \theta_{l,i})r_2^i}{4(r_3^i - r_2^i)}, & x \in \left(r_2^i, \dfrac{r_2^i + r_3^i}{2}\right], \\[2mm] \dfrac{(4 + \theta_{r,i} - \theta_{l,i})(r_3^i - x)}{4(r_3^i - r_2^i)}, & x \in \left(\dfrac{r_2^i + r_3^i}{2}, r_3^i\right]. \end{cases}$$

记 $\xi = \sum_{i=1}^{n} k_i \xi_i$. 若 $\alpha > 0.5$, 则有

$$\tilde{\mathrm{Cr}}\{\xi \leqslant t\} = \frac{1}{2}\left(1 + \sup_{x \leqslant t} \mu_\xi(x) - \sup_{x > t} \mu_\xi(x)\right) = \frac{1}{2}\left(1 + 1 - \sup_{x > t} \mu_\xi(x)\right).$$

因此 $\tilde{\mathrm{Cr}}\{\xi \leqslant t\} \geqslant \alpha$ 等价于

$$\sup_{x>t} \mu_\xi(x) \leqslant 2 - 2\alpha.$$

对于任意的 $\alpha \in (0,1]$, 若记 $\xi_{\inf}^p(\alpha) = \inf\{r \mid \sup_{x>r} \mu_\xi(x) \leqslant \alpha\}$, 则有

$$\xi_{\inf}^p(2 - 2\alpha) \leqslant t.$$

因为 $\xi_1, \xi_2, \cdots, \xi_n$ 是相互独立的模糊变量, 则有

$$\xi_{\inf}^p(2 - 2\alpha) = \left(\sum_{i=1}^n k_i \xi_i\right)_{\inf}^p (2 - 2\alpha) = \sum_{i=1}^n k_i \xi_{i,\inf}^p(2 - 2\alpha) \leqslant t.$$

显然, $\mu_{\xi_i}((r_2^i + r_3^i)/2) = (4 + \theta_{r,i} - \theta_{l,i})/8$. 若 $2 - 2\alpha \geqslant (4 + \theta_{r,i} - \theta_{l,i})/8$, 即 $\alpha \in (0.5, (12 - \theta_{r,i} + \theta_{l,i})/16]$, 则对于任意的 i, $\xi_{i,\inf}^p(2 - 2\alpha)$ 是方程

$$\frac{(-4 + \theta_{r,i} - \theta_{l,i})x + 4r_3^i - (\theta_{r,i} - \theta_{l,i})r_2^i}{4(r_3^i - r_2^i)} - (2 - 2\alpha) = 0$$

的解. 求解这一方程, 可得

$$\xi_{i,\inf}^p(2 - 2\alpha) = \frac{4(2\alpha - 1)r_3^i + (8(1 - \alpha) - \theta_{r,i} + \theta_{l,i})r_2^i}{4 - \theta_{r,i} + \theta_{l,i}}.$$

另外, 若 $2 - 2\alpha < (4 + \theta_{r,i} - \theta_{l,i})/8$, 即 $\alpha \in ((12 - \theta_{r,i} + \theta_{l,i})/16, 1]$, 则对于任意的 i, $\xi_{i,\inf}^p(2 - 2\alpha)$ 是方程

$$\frac{(4 + \theta_{r,i} - \theta_{l,i})(r_3^i - x)}{4(r_3^i - r_2^i)} - (2 - 2\alpha) = 0$$

的解. 求解这一方程得到

$$\xi_{i,\inf}^p(2 - 2\alpha) = \frac{(4(2\alpha - 1) + \theta_{r,i} - \theta_{l,i})r_3^i + 8(1 - \alpha)r_2^i}{4 + \theta_{r,i} - \theta_{l,i}}.$$

注意到 $\theta_{r,1} - \theta_{l,1} \leqslant \theta_{r,2} - \theta_{l,2} \leqslant \cdots \leqslant \theta_{r,n} - \theta_{l,n}$ 成立, 则有如下结论.

若 $(4 + \theta_{r,n} - \theta_{l,n})/8 \leqslant 2 - 2\alpha \leqslant 1$, 则有 $2 - 2\alpha \geqslant (4 + \theta_{r,i} - \theta_{l,i})/8$, $i = 1, 2, \cdots, n$. 因此, 若 $\alpha \in (0.5, (12 - \theta_{r,n} + \theta_{l,n})/16]$, 则 $\tilde{\mathrm{Cr}}\{\sum_{i=1}^n k_i \xi_i \leqslant t\} \geqslant \alpha$ 等价于

$$\sum_{i=1}^n k_i \frac{4(2\alpha - 1)r_3^i + (8(1 - \alpha) - \theta_{r,i} + \theta_{l,i})r_2^i}{4 - \theta_{r,i} + \theta_{l,i}} \leqslant t.$$

若 $2 - 2\alpha < (4 + \theta_{r,1} - \theta_{l,1})/8$, 则有 $2 - 2\alpha \leqslant (4 + \theta_{r,i} - \theta_{l,i})/8$, $i = 1, 2, \cdots, n$. 所以, 若 $\alpha \in ((12 - \theta_{r,1} + \theta_{l,1})/16, 1]$, 则 $\tilde{\mathrm{Cr}}\{\sum_{i=1}^n k_i \xi_i \leqslant t\} \geqslant \alpha$ 等价于

$$\sum_{i=1}^n k_i \frac{(4(2\alpha - 1) + \theta_{r,i} - \theta_{l,i})r_3^i + 8(1 - \alpha)r_2^i}{4 + \theta_{r,i} - \theta_{l,i}} \leqslant t.$$

若存在一个 i_0, $1 \leqslant i_0 < n$, 满足 $(4 + \theta_{r,i_0} - \theta_{l,i_0})/8 \leqslant 2 - 2\alpha < (4 + \theta_{r,i_0+1} - \theta_{l,i_0+1})/8$, 即 $\alpha \in ((12 - \theta_{r,i_0+1} + \theta_{l,i_0+1})/16, (12 - \theta_{r,i_0} + \theta_{l,i_0})/16]$, 则 $\tilde{\mathrm{Cr}}\{\sum_{i=1}^n k_i \xi_i \leqslant t\} \geqslant \alpha$ 等价于

$$\sum_{i=1}^{i_0} k_i \frac{4(2\alpha - 1)r_3^i + (8(1 - \alpha) - \theta_{r,i} + \theta_{l,i})r_2^i}{4 - \theta_{r,i} + \theta_{l,i}}$$
$$+ \sum_{i=i_0+1}^{n} k_i \frac{(4(2\alpha - 1) + \theta_{r,i} - \theta_{l,i})r_3^i + 8(1 - \alpha)r_2^i}{4 + \theta_{r,i} - \theta_{l,i}} \leqslant t.$$

结论 (4)~(6) 证毕.   □

定理 8.4(Qin et al., 2011b)   设 ξ_i 是 2- 型正态模糊变量 $\tilde{\xi}_i = \tilde{n}(\mu_i, \sigma_i^2; \theta_{l,i}, \theta_{r,i})$ 的均值简约模糊变量. 假设 $\xi_1, \xi_2, \cdots, \xi_n$ 是相互独立的, 且有 $\theta_{r,1} - \theta_{l,1} \leqslant \theta_{r,2} - \theta_{l,2} \leqslant \cdots \leqslant \theta_{r,n} - \theta_{l,n}$, 以及 $k_i \geqslant 0$, $i = 1, 2, \cdots, n$, 则有如下结论:

(1) 若 $\alpha \in (0, (4 + \theta_{r,1} - \theta_{l,1})/16]$, 则 $\tilde{\mathrm{Cr}}\{\sum_{i=1}^n k_i \xi_i \leqslant t\} \geqslant \alpha$ 等价于

$$\sum_{i=1}^{n} k_i \left(\mu_i - \sigma_i \sqrt{2\ln(4 + \theta_{r,i} - \theta_{l,i}) - 2\ln 8\alpha} \right) \leqslant t.$$

(2) 若 $\alpha \in ((4 + \theta_{r,n} - \theta_{l,n})/16, 0.5]$, 则 $\tilde{\mathrm{Cr}}\{\sum_{i=1}^n k_i \xi_i \leqslant t\} \geqslant \alpha$ 等价于

$$\sum_{i=1}^{n} k_i \left(\mu_i - \sigma_i \sqrt{2\ln(4 - \theta_{r,i} + \theta_{l,i}) - 2\ln(8\alpha - \theta_{r,i} + \theta_{l,i})} \right) \leqslant t.$$

(3) 若存在一个 i_0, $1 \leqslant i_0 < n$, 满足 $\alpha \in ((4 + \theta_{r,i_0} - \theta_{l,i_0})/16, (4 + \theta_{r,i_0+1} - \theta_{l,i_0+1})/16]$, 则 $\tilde{\mathrm{Cr}}\{\sum_{i=1}^n k_i \xi_i \leqslant t\} \geqslant \alpha$ 等价于

$$\sum_{i=1}^{n} k_i \mu_i - \sum_{i=1}^{i_0} k_i \sigma_i \sqrt{2\ln(4 + \theta_{r,i} - \theta_{l,i}) - 2\ln 8\alpha}$$
$$- \sum_{i=i_0+1}^{n} k_i \sigma_i \sqrt{2\ln(4 - \theta_{r,i} + \theta_{l,i}) - 2\ln(8\alpha - \theta_{r,i} + \theta_{l,i})} \leqslant t.$$

(4) 若 $\alpha \in (0.5, (12 - \theta_{r,n} + \theta_{l,n})/16]$, 则 $\tilde{\mathrm{Cr}}\{\sum_{i=1}^n k_i \xi_i \leqslant t\} \geqslant \alpha$ 等价于

$$\sum_{i=1}^{n} k_i \left(\mu_i + \sigma_i \sqrt{2\ln(4 - \theta_{r,i} + \theta_{l,i}) - 2\ln(8(1 - \alpha) - \theta_{r,i} + \theta_{l,i})} \right) \leqslant t.$$

(5) 若 $\alpha \in ((12 - \theta_{r,n} + \theta_{l,n})/16, 1]$, 则 $\tilde{\mathrm{Cr}}\{\sum_{i=1}^n k_i \xi_i \leqslant t\} \geqslant \alpha$ 等价于

$$\sum_{i=1}^{n} k_i \left(\mu_i + \sigma_i \sqrt{2\ln(4 + \theta_{r,i} - \theta_{l,i}) - 2\ln 8(1 - \alpha)} \right) \leqslant t.$$

(6) 若存在一个 i_0, $1 \leqslant i_0 < n$, 满足 $\alpha \in ((12 - \theta_{r,i_0+1} + \theta_{l,i_0+1})/16, (12 - \theta_{r,i_0} + \theta_{l,i_0})/16]$, 则 $\tilde{\mathrm{Cr}}\{\sum_{i=1}^{n} k_i \xi_i \leqslant t\} \geqslant \alpha$ 等价于

$$\sum_{i=1}^{n} k_i \mu_i + \sum_{i=1}^{i_0} k_i \sigma_i \sqrt{2 \ln(4 - \theta_{r,i} + \theta_{l,i}) - 2 \ln(8(1-\alpha) - \theta_{r,i} + \theta_{l,i})}$$
$$+ \sum_{i=i_0+1}^{n} k_i + \sigma_i \sqrt{2 \ln(4 + \theta_{r,i} - \theta_{l,i}) - 2 \ln 8(1-\alpha)} \leqslant t.$$

证明　只需证明 (1)~(3), 结论 (4)~(6) 同理可证.

由于 ξ_i 是 2-型正态模糊变量 $\tilde{\xi}_i$, $i = 1, 2, \cdots, n$ 的均值简约模糊变量, 对于 $i = 1, \cdots, n$ 其可能性分布为

$$\mu_{\xi_i}(x) = \begin{cases} \dfrac{(4 + \theta_{r,i} - \theta_{l,i}) \exp\left(-\dfrac{(x - \mu_i)^2}{2\sigma_i^2}\right)}{4}, \\ \qquad\qquad x \leqslant \mu_i - \sigma_i \sqrt{2 \ln 2} \ \text{或者} \ x \geqslant \mu_i + \sigma_i \sqrt{2 \ln 2}, \\ \dfrac{(4 - \theta_{r,i} + \theta_{l,i}) \exp\left(-\dfrac{(x - \mu_i)^2}{2\sigma_i^2}\right) + \theta_{r,i} - \theta_{l,i}}{4}, \\ \qquad\qquad \mu_i - \sigma_i \sqrt{2 \ln 2} < x < \mu_i + \sigma_i \sqrt{2 \ln 2}. \end{cases}$$

记 $\xi = \sum_{i=1}^{n} k_i \xi_i$. 若 $\alpha \leqslant 0.5$, 则有

$$\tilde{\mathrm{Cr}}\{\xi \leqslant t\} = \frac{1}{2}\left(1 + \sup_{x \leqslant t} \mu_\xi(x) - \sup_{x > t} \mu_\xi(x)\right) = \frac{1}{2}\left(1 + \sup_{x \leqslant t} \mu_\xi(x) - 1\right) = \frac{1}{2} \sup_{x \leqslant t} \mu_\xi(x).$$

因此 $\tilde{\mathrm{Cr}}\{\xi \leqslant t\} \geqslant \alpha$ 等价于

$$\sup_{x \leqslant t} \mu_\xi(x) \geqslant 2\alpha.$$

对于 $\alpha \in (0, 1]$, 若记 $\xi_{\inf}(\alpha) = \inf\{r \mid \sup_{x \leqslant r} \mu_\xi(x) \geqslant \alpha\}$, 则有

$$\xi_{\inf}(2\alpha) \leqslant t.$$

因为 $\xi_1, \cdots, \xi_n$ 是相互独立的模糊变量, 则有

$$\xi_{\inf}(2\alpha) = \left(\sum_{i=1}^{n} k_i \xi_i\right)_{\inf}(2\alpha) = \sum_{i=1}^{n} k_i \xi_{i,\inf}(2\alpha) \leqslant t.$$

若 $2\alpha \leqslant (4 + \theta_{r,i} - \theta_{l,i})/8$, 即 $\alpha \in (0, (4 + \theta_{r,i} - \theta_{l,i})/16]$, 则对于每一个 i, $\xi_{i,\inf}(2\alpha)$ 是方程

$$\frac{1}{4}(4 + \theta_{r,i} - \theta_{l,i}) \exp\left(-\frac{(x - \mu_i)^2}{2\sigma_i^2}\right) - 2\alpha = 0$$

的解. 求解上述方程可得

$$\xi_{i,\inf}(2\alpha) = \mu_i - \sigma_i\sqrt{2\ln(4+\theta_{r,i}-\theta_{l,i})-2\ln 8\alpha}.$$

此外, 若 $2\alpha > (4+\theta_{r,i}-\theta_{l,i})/8$, 即 $\alpha \in ((4+\theta_{r,i}-\theta_{l,i})/16, 0.5)$, 则对于任意的 i, $\xi_{i,\inf}(2\alpha)$ 是方程

$$\frac{1}{4}\left((4-\theta_{r,i}+\theta_{l,i})\exp\left(-\frac{(x-\mu_i)^2}{2\sigma_i^2}\right)+\theta_{r,i}-\theta_{l,i}\right)-2\alpha = 0$$

的解. 求解上述方程可得

$$\xi_{i,\inf}(2\alpha) = \mu_i - \sigma_i\sqrt{2\ln(4-\theta_{r,i}+\theta_{l,i})-2\ln(8\alpha-\theta_{r,i}+\theta_{l,i})}.$$

注意到 $\theta_{r,1}-\theta_{l,1} \leqslant \theta_{r,2}-\theta_{l,2} \leqslant \cdots \leqslant \theta_{r,n}-\theta_{l,n}$, 则有如下结论:
若 $2\alpha \leqslant (4+\theta_{r,1}-\theta_{l,1})/8$, 即 $\alpha \in (0, (4+\theta_{r,1}-\theta_{l,1})/16]$, 则 $2\alpha \leqslant (4+\theta_{r,i}-\theta_{l,i})/8$, $i = 1, 2, \cdots, n$. 因此, 若 $\alpha \in (0, (4+\theta_{r,1}-\theta_{l,1})/16]$, 则 $\tilde{\mathrm{Cr}}\{\sum_{i=1}^n k_i\xi_i \leqslant t\} \geqslant \alpha$ 等价于

$$\sum_{i=1}^n k_i\left(\mu_i - \sigma_i\sqrt{2\ln(4+\theta_{r,i}-\theta_{l,i})-2\ln 8\alpha}\right) \leqslant t.$$

若 $2\alpha > (4+\theta_{r,n}-\theta_{l,n})/8$, 即 $\alpha \in ((4+\theta_{r,n}-\theta_{l,n})/16, 0.5]$, 则 $2\alpha > (4+\theta_{r,i}-\theta_{l,i})/8$, $i = 1, 2, \cdots, n$. 因此, 若 $\alpha \in ((4+\theta_{r,n}-\theta_{l,n})/16, 0.5]$, 则 $\tilde{\mathrm{Cr}}\{\sum_{i=1}^n k_i\xi_i \leqslant t\} \geqslant \alpha$ 等价于

$$\sum_{i=1}^n k_i\left(\mu_i - \sigma_i\sqrt{2\ln(4-\theta_{r,i}+\theta_{l,i})-2\ln(8\alpha-\theta_{r,i}+\theta_{l,i})}\right) \leqslant t.$$

若存在一个 i_0, $1 \leqslant i_0 < n$, 满足 $(4+\theta_{r,i_0}-\theta_{l,i_0})/8 < 2\alpha \leqslant (4+\theta_{r,i_0+1}-\theta_{l,i_0+1})/8$, 即 $\alpha \in ((4+\theta_{r,i_0}-\theta_{l,i_0})/16, (4+\theta_{r,i_0+1}-\theta_{l,i_0+1})/16]$, 则 $\tilde{\mathrm{Cr}}\{\sum_{i=1}^n k_i\xi_i \leqslant t\} \geqslant \alpha$ 等价于

$$\sum_{i=1}^n k_i\mu_i - \sum_{i=1}^{i_0} k_i\sigma_i\sqrt{2\ln(4+\theta_{r,i}-\theta_{l,i})-2\ln 8\alpha}$$
$$- \sum_{i=i_0+1}^n k_i\sigma_i\sqrt{2\ln(4-\theta_{r,i}+\theta_{l,i})-2\ln(8\alpha-\theta_{r,i}+\theta_{l,i})} \leqslant t.$$

结论 (1)~(3) 得证. □

8.2.2　广义均值 DEA 模型

传统的 CCR 模型 (Charnes et al., 1978) 可以评价具有确定的输入和输出数据的 DMU 之间的相对有效性. 然而由于多种原因, 如数据输入误差和数据噪声的影

响, 不能获得每一个 DMU 的准确信息. 在本小节中, 我们假设输入数据和输出数据都是 2- 型模糊变量, 在这种情形下, CCR 模型 (8.1) 转化为

$$
\begin{cases}
\max\limits_{u,v} & \dfrac{v^{\mathrm{T}}\tilde{\eta}_0}{u^{\mathrm{T}}\tilde{\xi}_0} \\
\text{s.t.} & \dfrac{v^{\mathrm{T}}\tilde{\eta}_i}{u^{\mathrm{T}}\tilde{\xi}_i} \leqslant 1, \quad i = 1,\cdots,n, \\
& u \geqslant 0, u \neq 0, \\
& v \geqslant 0, v \neq 0,
\end{cases}
\tag{8.9}
$$

其中 $\tilde{\xi}_i, i = 1,\cdots,n$ 表示 DMU_i 的 2- 型模糊输入列向量, $\tilde{\xi}_0$ 表示 DMU_0 的 2- 型模糊输入列向量, $\tilde{\eta}_i, i = 1,\cdots,n$ 表示 DMU_i 的 2- 型模糊输出列向量, $\tilde{\eta}_0$ 表示 DMU_0 的 2- 型模糊输出列向量.

在问题 (8.9) 中, 由于输入数据和输出数据的模糊性, 目标函数和约束函数的含义不明确. 为了建立一个有明确数学意义的优化模型, 我们首先采用均值简约方法对输入输出数据进行简约, 然后建立如下的 DEA 模型:

$$
\begin{cases}
\max\limits_{u,\,v} & V = \tilde{\mathrm{E}}\left[\dfrac{v^{\mathrm{T}}\eta_0}{u^{\mathrm{T}}\xi_0}\right] \\
\text{s.t.} & \tilde{\mathrm{Cr}}\{-u^{\mathrm{T}}\xi_i + v^{\mathrm{T}}\eta_i \leqslant 0\} \geqslant \alpha_i, \quad i = 1,\cdots,n, \\
& u \geqslant 0, u \neq 0, \\
& v \geqslant 0, v \neq 0.
\end{cases}
\tag{8.10}
$$

称模型 (8.10) 是一个模糊广义期望值 DEA 模型, 其中的符号含义在表 8.6 中给出.

表 8.6　模型 (8.10) 中的记号

记号	定义
ξ_i	$\tilde{\xi}_i$ 的均值简约模糊变量, $i = 1,\cdots,n$
ξ_0	$\tilde{\xi}_0$ 的均值简约模糊变量
η_i	$\tilde{\eta}_i$ 的均值简约模糊变量, $i = 1,\cdots,n$
η_0	$\tilde{\eta}_0$ 的均值简约模糊变量
$u \in \Re^m$	2- 型模糊输入列向量的权重
$v \in \Re^s$	2- 型模糊输出列向量的权重
$\alpha_i \in (0,1]$	预先确定的广义可信性水平, $i = 1,\cdots,n$

在传统的 CCR 模型 (8.1) 中, 用 $\dfrac{v^{\mathrm{T}}y_0}{u^{\mathrm{T}}x_0}$ 的值来度量 DMU_0 的有效性. 当且仅当最优值等于 1 且至少存在一个最优解 (u^*, v^*), $u^* > 0, v^* > 0$ 时称 DMU_0 是有效的. 然而, 由于不确定性的存在, 决策单元的有效性需要重新定义, 所以在模型

(8.10) 中, 我们将用最优值 V^* 作为 DMU_0 的广义期望有效性, 且这个值越大, 就越有效.

8.2.3 DEA 模型的等价参数规划

为了求解模型 (8.10), 我们在目标函数中需要计算模糊变量的广义期望值, 在约束中需要计算模糊事件的广义可信性. 下面讨论当输入数据和输出数据是 2- 型三角模糊变量时, 将目标函数和约束函数转化为等价的参数函数形式.

首先讨论模型 (8.10) 中约束的等价形式. 为此, 假设模型 (8.10) 中的 ξ_i, η_i, $i = 1, \cdots, n$ 是相互独立的 2- 型三角模糊向量, 对于 $i = 1, \cdots, n$, 其分量分别定义为

$$\tilde{\xi}_{j,i} = (\tilde{\xi}_{j,i}^{r_1}, \tilde{\xi}_{j,i}^{r_2}, \tilde{\xi}_{j,i}^{r_3}; \theta_{l,j,i}, \theta_{r,j,i}), \quad j = 1, \cdots, m,$$

以及

$$\tilde{\eta}_{k,i} = (\tilde{\eta}_{k,i}^{r_1}, \tilde{\eta}_{k,i}^{r_2}, \tilde{\eta}_{k,i}^{r_3}; \bar{\theta}_{l,k,i}, \bar{\theta}_{r,k,i}), \quad k = 1, \cdots, s,$$

则有

$$(-\tilde{\xi}_{j,i}) = (-\tilde{\xi}_{j,i}^{r_3}, -\tilde{\xi}_{j,i}^{r_2}, -\tilde{\xi}_{j,i}^{r_1}; \theta_{l,j,i}, \theta_{r,j,i}), \quad j = 1, \cdots, m.$$

设 ξ 和 η 分别是 $\tilde{\xi}$ 和 $\tilde{\eta}$ 的均值简约模糊变量, 则 $(-\xi_{j,i})$ 和 $\eta_{k,i}$ 是相互独立的模糊变量.

注意到 $-u^{\mathrm{T}}\xi_i + v^{\mathrm{T}}\eta_i = u^{\mathrm{T}}(-\xi_i) + v^{\mathrm{T}}\eta_i$. 令 $J = \{1, 2, \cdots, m\}$, $K = \{1, 2, \cdots, s\}$, 并且对于任意的 $i = 1, 2, \cdots, n$, 令 $J_i = \{j \mid 0.5 < \alpha_i \leqslant (12 - (\theta_{r,j,i} - \theta_{l,j,i}))/16\}$, $K_i = \{k \mid 0.5 < \alpha_i \leqslant (12 - (\bar{\theta}_{r,k,i} - \bar{\theta}_{l,k,i}))/16\}$. 根据定理 8.3, 若 $\alpha_i > 0.5$, 则 $\tilde{\mathrm{Cr}}\{-u^{\mathrm{T}}\xi_i + v^{\mathrm{T}}\eta_i \leqslant 0\} \geqslant \alpha_i$ 等价于

$$
\begin{aligned}
&- \sum_{j \in J_i} \frac{4(2\alpha_i - 1)x_{j,i}^{r_1} + (8(1-\alpha_i) - \theta_{r,j,i} + \theta_{l,j,i})\, x_{j,i}^{r_2}}{4 - \theta_{r,j,i} + \theta_{l,j,i}} u_j \\
&- \sum_{j \in J/J_i} \frac{(4(2\alpha_i - 1) + \theta_{r,j,i} - \theta_{l,j,i})\, x_{j,i}^{r_1} + 8(1-\alpha_i)x_{j,i}^{r_2}}{4 + \theta_{r,j,i} - \theta_{l,j,i}} u_j \\
&+ \sum_{k \in K_i} \frac{4(2\alpha_i - 1)y_{k,i}^{r_3} + (8(1-\alpha_i) - \theta_{r,k,i} + \theta_{l,k,i})\, y_{k,i}^{r_2}}{4 - \theta_{r,k,i} + \theta_{l,k,i}} v_k \\
&+ \sum_{k \in K/K_i} \frac{(4(2\alpha_i - 1) + \theta_{r,k,i} - \theta_{l,k,i})\, y_{k,i}^{r_3} + 8(1-\alpha_i)y_{k,i}^{r_2}}{4 + \theta_{r,k,i} - \theta_{l,k,i}} v_k \leqslant 0.
\end{aligned}
\tag{8.11}
$$

下面, 我们对于均值简约方法得到的模糊变量建立相应的期望值公式. 由模糊变量期望值的性质可得到如下结果.

若 ξ 是一个简约模糊变量, 则其期望值可以表示为下面的等价形式 (Liu Y K, Liu B, 2003b):

$$\tilde{\mathrm{E}}[\xi] = \frac{1}{2} \int_0^1 (\xi_{\mathrm{sup}}(\alpha) + \xi_{\mathrm{inf}}(\alpha))\mathrm{d}\alpha, \tag{8.12}$$

其中

$$\xi_{\mathrm{sup}}(\alpha) = \sup\{r \mid \sup_{x \geqslant r} \mu(x) \geqslant \alpha\}, \quad \alpha \in (0,1],$$

$$\xi_{\mathrm{inf}}(\alpha) = \inf\{r \mid \sup_{x \leqslant r} \mu(x) \geqslant \alpha\}, \quad \alpha \in (0,1].$$

下面证明两个模糊变量比值的广义期望值计算公式.

定理 8.5(Qin et al., 2011b) 设 $\xi_{j,0}$ 和 $\eta_{k,0}$ 是 2-型输入数据 $\tilde{\xi}_{j,0} = (\tilde{\xi}_{j,0}^{r_1}, \tilde{\xi}_{j,0}^{r_2}, \tilde{\xi}_{j,0}^{r_3}; \theta_{l,j,0}, \theta_{r,j,0})$ 和输出数据 $\tilde{\eta}_{k,0} = (\tilde{\eta}_{k,0}^{r_1}, \tilde{\eta}_{k,0}^{r_2}, \tilde{\eta}_{k,0}^{r_3}; \bar{\theta}_{l,k,0}, \bar{\theta}_{r,k,0})$ 的均值简约模糊变量, $j = 1, 2, \cdots, m$, $k = 1, 2, \cdots, s$. 假设 $\{\xi_{j,0}\}$ 和 $\{\eta_{k,0}\}$ 是相互独立的, 且 $\theta_{r,j,0} - \theta_{l,j,0} = \bar{\theta}_{r,k,0} - \bar{\theta}_{l,k,0} = \theta_{r,0} - \theta_{l,0}$, 则模型 (8.10) 中的目标函数具有下面的解析表达式

$$\begin{aligned}
\tilde{\mathrm{E}}\left[\frac{\sum_{k=1}^{s} v_k \eta_{k,0}}{\sum_{j=1}^{m} u_j \xi_{j,0}}\right] = {} & \frac{\sum_{k=1}^{s}(\eta_{k,0}^{r_2} - \eta_{k,0}^{r_1})v_k}{2\sum_{j=1}^{m}(\xi_{j,0}^{r_2} - \xi_{j,0}^{r_3})u_j} \\
& + \frac{\sum_{k=1}^{s}\eta_{k,0}^{r_1}v_k \sum_{j=1}^{m}\xi_{j,0}^{r_2}u_j - \sum_{k=1}^{s}\eta_{k,0}^{r_2}v_k \sum_{j=1}^{m}\xi_{j,0}^{r_3}u_j}{8\left(\sum_{j=1}^{m}(\xi_{j,0}^{r_2} - \xi_{j,0}^{r_3})u_j\right)^2} \\
& \times \left(2(\theta_{r,0} - \theta_{l,0})\ln\sum_{j=1}^{m}(\xi_{j,0}^{r_2} + \xi_{j,0}^{r_3})u_j - (4 + \theta_{r,0} - \theta_{l,0})\ln 2\sum_{j=1}^{m}\xi_{j,0}^{r_3}u_j\right. \\
& \left. + (4 - \theta_{r,0} + \theta_{l,0})\ln 2\sum_{j=1}^{m}\xi_{j,0}^{r_2}u_j\right) + \frac{\sum_{k=1}^{s}(\eta_{k,0}^{r_2} - \eta_{k,0}^{r_3})v_k}{2\sum_{j=1}^{m}(\xi_{j,0}^{r_2} - \xi_{j,0}^{r_1})u_j} \\
& + \frac{\sum_{k=1}^{s}\eta_{k,0}^{r_3}v_k \sum_{j=1}^{m}\xi_{j,0}^{r_2}u_j - \sum_{k=1}^{s}\eta_{k,0}^{r_2}v_k \sum_{j=1}^{m}\xi_{j,0}^{r_1}u_j}{8\left(\sum_{j=1}^{m}(\xi_{j,0}^{r_2} - \xi_{j,0}^{r_1})u_j\right)^2} \\
& \times \left(2(\theta_{r,0} - \theta_{l,0})\ln\sum_{j=1}^{m}(\xi_{j,0}^{r_2} + \xi_{j,0}^{r_1})u_j - (4 + \theta_{r,0} - \theta_{l,0})\ln 2\sum_{j=1}^{m}\xi_{j,0}^{r_1}u_j\right. \\
& \left. + (4 - \theta_{r,0} + \theta_{l,0})\ln 2\sum_{j=1}^{m}\xi_{j,0}^{r_2}u_j\right).
\end{aligned}$$

证明 对于任意的 $j = 1, 2, \cdots, m$ 和 $k = 1, 2, \cdots, s$, 因为 $\xi_{j,0}$ 和 $\eta_{k,0}$ 是 2-型模糊变量 $\tilde{\xi}_{j,0}$ 和 $\tilde{\eta}_{k,0}$ 的均值简约模糊变量, 其可能性分布分别为

$$\mu_{\xi_{j,0}}(x) = \begin{cases}
\dfrac{(4 + \theta_{r,j,0} - \theta_{l,j,0})(x - \xi_{j,0}^{r_1})}{4(\xi_{j,0}^{r_2} - \xi_{j,0}^{r_1})}, & x \in \left[\xi_{j,0}^{r_1}, \dfrac{\xi_{j,0}^{r_1} + \xi_{j,0}^{r_2}}{2}\right], \\[3mm]
\dfrac{(4 - \theta_{r,j,0} + \theta_{l,j,0})x + (\theta_{r,j,0} - \theta_{l,j,0})\xi_{j,0}^{r_2} - 4\xi_{j,0}^{r_1}}{4(\xi_{j,0}^{r_2} - \xi_{j,0}^{r_1})}, & x \in \left(\dfrac{\xi_{j,0}^{r_1} + \xi_{j,0}^{r_2}}{2}, \xi_{j,0}^{r_2}\right], \\[3mm]
\dfrac{(-4 + \theta_{r,j,0} - \theta_{l,j,0})x + 4\xi_{j,0}^{r_3} - (\theta_{r,j,0} - \theta_{l,j,0})\xi_{j,0}^{r_2}}{4(\xi_{j,0}^{r_3} - \xi_{j,0}^{r_2})}, & x \in \left(\xi_{j,0}^{r_2}, \dfrac{\xi_{j,0}^{r_2} + \xi_{j,0}^{r_3}}{2}\right], \\[3mm]
\dfrac{(4 + \theta_{r,j,0} - \theta_{l,j,0})(\xi_{j,0}^{r_3} - x)}{4(\xi_{j,0}^{r_3} - \xi_{j,0}^{r_2})}, & x \in \left(\dfrac{\xi_{j,0}^{r_2} + \xi_{j,0}^{r_3}}{2}, \xi_{j,0}^{r_3}\right],
\end{cases}$$

$$\mu_{\eta_{k,0}}(x) = \begin{cases} \dfrac{(4+\bar{\theta}_{r,k,0}-\bar{\theta}_{l,k,0})(x-\eta_{k,0}^{r_1})}{4(\eta_{k,0}^{r_2}-\eta_{k,0}^{r_1})}, & x \in \left[\eta_{k,0}^{r_1}, \dfrac{\eta_{k,0}^{r_1}+\eta_{k,0}^{r_2}}{2}\right], \\[3mm] \dfrac{(4-\bar{\theta}_{r,k,0}+\bar{\theta}_{l,k,0})x+(\bar{\theta}_{r,k,0}-\bar{\theta}_{l,k,0})\eta_{k,0}^{r_2}-4\eta_{k,0}^{r_1}}{4(\eta_{k,0}^{r_2}-\eta_{k,0}^{r_1})}, & x \in \left(\dfrac{\eta_{k,0}^{r_1}+\xi_{j,0}^{r_2}}{2}, \eta_{k,0}^{r_2}\right], \\[3mm] \dfrac{(-4+\bar{\theta}_{r,k,0}-\bar{\theta}_{l,k,0})x+4\eta_{k,0}^{r_3}-(\bar{\theta}_{r,k,0}-\bar{\theta}_{l,k,0})\eta_{k,0}^{r_2}}{4(\eta_{k,0}^{r_3}-\eta_{k,0}^{r_2})}, & x \in \left(\eta_{k,0}^{r_2}, \dfrac{\eta_{k,0}^{r_2}+\eta_{k,0}^{r_3}}{2}\right], \\[3mm] \dfrac{(4+\bar{\theta}_{r,k,0}-\bar{\theta}_{l,k,0})(\eta_{k,0}^{r_3}-x)}{4(\eta_{k,0}^{r_3}-\eta_{k,0}^{r_2})}, & x \in \left(\dfrac{\eta_{k,0}^{r_2}+\eta_{k,0}^{r_3}}{2}, \eta_{k,0}^{r_3}\right). \end{cases}$$

记 $\xi = \sum_{j=1}^m u_j \xi_{j,0}$, $\eta = \sum_{k=1}^s v_k \eta_{k,0}$, 则有

$$\begin{aligned} \tilde{E}\left[\frac{\eta}{\xi}\right] &= \frac{1}{2}\int_0^1 \left(\left(\frac{\eta}{\xi}\right)_{\sup}(\alpha) + \left(\frac{\eta}{\xi}\right)_{\inf}(\alpha)\right) d\alpha \\ &= \frac{1}{2}\int_0^1 \left(\frac{\eta_{\sup}(\alpha)}{\xi_{\inf}(\alpha)} + \frac{\eta_{\inf}(\alpha)}{\xi_{\sup}(\alpha)}\right) d\alpha \\ &= \frac{1}{2}\int_0^1 \left(\frac{\sum_{k=1}^s v_k \eta_{k,0,\sup}(\alpha)}{\sum_{j=1}^m u_j \xi_{j,0,\inf}(\alpha)} + \frac{\sum_{k=1}^s v_k \eta_{k,0,\inf}(\alpha)}{\sum_{j=1}^m u_j \xi_{j,0,\sup}(\alpha)}\right) d\alpha \\ &= \frac{1}{2}\int_0^1 (M_1 + M_2) d\alpha. \end{aligned}$$

对于任意的 j 和 k, 有

$$\mu_{\xi_{j,0}}((\xi_{j,0}^{r_1}+\xi_{j,0}^{r_2})/2) = \mu_{\eta_{k,0}}((\eta_{k,0}^{r_2}+\eta_{k,0}^{r_3})/2) = (4+\theta_{r,0}-\theta_{l,0})/8.$$

当 $\alpha \in (0, (4+\theta_{r,0}-\theta_{l,0})/8]$ 时, $\eta_{k,0,\sup}(\alpha)$ 和 $\xi_{j,0,\inf}(\alpha)$ 分别是方程

$$\frac{(4+\theta_{r,0}-\theta_{l,0})(\eta_{k,0}^{r_3}-x)}{4(\eta_{k,0}^{r_3}-\eta_{k,0}^{r_2})} - \alpha = 0 \quad 和 \quad \frac{(4+\theta_{r,0}-\theta_{l,0})(x-\xi_{j,0}^{r_1})}{4(\xi_{j,0}^{r_2}-\xi_{j,0}^{r_1})} - \alpha = 0$$

的解; 另外, $\eta_{k,0,\inf}(\alpha)$ 和 $\xi_{j,0,\sup}(\alpha)$ 分别是方程

$$\frac{(4+\theta_{r,0}-\theta_{l,0})(x-\eta_{j,0}^{r_1})}{4(\eta_{j,0}^{r_2}-\eta_{j,0}^{r_1})} - \alpha = 0 \quad 和 \quad \frac{(4+\theta_{r,0}-\theta_{l,0})(\xi_{k,0}^{r_3}-x)}{4(\xi_{k,0}^{r_3}-\xi_{k,0}^{r_2})} - \alpha = 0$$

的解. 通过求解上述方程, 可得

$$\eta_{k,0,\sup}(\alpha) = \frac{(4(1-\alpha)+\theta_{r,0}-\theta_{l,0})\eta_{k,0}^{r_3}+4\alpha\eta_{k,0}^{r_2}}{4+\theta_{r,0}-\theta_{l,0}},$$

$$\xi_{j,0,\inf}(\alpha) = \frac{(4(1-\alpha)+\theta_{r,0}-\theta_{l,0})\xi_{j,0}^{r_1}+4\alpha\xi_{j,0}^{r_2}}{4+\theta_{r,0}-\theta_{l,0}},$$

$$\eta_{k,0,\inf}(\alpha) = \frac{(4(1-\alpha)+\theta_{r,0}-\theta_{l,0})\eta_{k,0}^{r_1}+4\alpha\eta_{k,0}^{r_2}}{4+\theta_{r,0}-\theta_{l,0}},$$

$$\xi_{j,0,\sup}(\alpha) = \frac{(4(1-\alpha)+\theta_{r,0}-\theta_{l,0})\xi_{j,0}^{r_3}+4\alpha\xi_{j,0}^{r_2}}{4+\theta_{r,0}-\theta_{l,0}}.$$

因此, 当 $\alpha \in (0, (4 + \theta_{r,0} - \theta_{l,0})/8]$ 时, 有

$$M_1 = \frac{4 \sum_{k=1}^{s} v_k (\eta_{k,0}^{r2} - \eta_{k,0}^{r3})\alpha + (4 + \theta_{r,0} - \theta_{l,0}) \sum_{k=1}^{s} v_k \eta_{k,0}^{r3}}{4 \sum_{j=1}^{m} u_j (\xi_{j,0}^{r2} - \xi_{j,0}^{r1})\alpha + (4 + \theta_{r,0} - \theta_{l,0}) \sum_{j=1}^{m} u_j \xi_{j,0}^{r1}},$$

$$M_2 = \frac{4 \sum_{k=1}^{s} v_k (\eta_{k,0}^{r2} - \eta_{k,0}^{r1})\alpha + (4 + \theta_{r,0} - \theta_{l,0}) \sum_{k=1}^{s} v_k \eta_{k,0}^{r1}}{4 \sum_{j=1}^{m} u_j (\xi_{j,0}^{r2} - \xi_{j,0}^{r3})\alpha + (4 + \theta_{r,0} - \theta_{l,0}) \sum_{j=1}^{m} u_j \xi_{j,0}^{r3}}.$$

对于 $\alpha \in ((4 + \theta_{r,0} - \theta_{l,0})/8, 1]$, 同理可以推得

$$M_1 = \frac{4 \sum_{k=1}^{s} v_k (\eta_{k,0}^{r2} - \eta_{k,0}^{r3})\alpha + \sum_{k=1}^{s} v_k (4\eta_{k,0}^{r3} - (\theta_{r,0} - \theta_{l,0})\eta_{k,0}^{r2})}{4 \sum_{j=1}^{m} u_j (\xi_{j,0}^{r2} - \xi_{j,0}^{r1})\alpha + \sum_{j=1}^{m} u_j (4\xi_{j,0}^{r1} - (\theta_{r,0} - \theta_{l,0})\xi_{j,0}^{r2})},$$

$$M_2 = \frac{4 \sum_{k=1}^{s} v_k (\eta_{k,0}^{r2} - \eta_{k,0}^{r1})\alpha + \sum_{k=1}^{s} v_k (4\eta_{k,0}^{r1} - (\theta_{r,0} - \theta_{l,0})\eta_{k,0}^{r2})}{4 \sum_{j=1}^{m} u_j (\xi_{j,0}^{r2} - \xi_{j,0}^{r3})\alpha + \sum_{j=1}^{m} u_j (4\xi_{j,0}^{r3} - (\theta_{r,0} - \theta_{l,0})\xi_{j,0}^{r2})}.$$

因此, 有

$$\tilde{E}\left[\frac{\eta}{\xi}\right] = \frac{1}{2} \int_0^{\frac{4 + \theta_{r,0} - \theta_{l,0}}{8}} M_1 \mathrm{d}\alpha + \frac{1}{2} \int_0^{\frac{4 + \theta_{r,0} - \theta_{l,0}}{8}} M_2 \mathrm{d}\alpha$$

$$+ \frac{1}{2} \int_{\frac{4 + \theta_{r,0} - \theta_{l,0}}{8}}^{1} M_1 \mathrm{d}\alpha + \frac{1}{2} \int_{\frac{4 + \theta_{r,0} - \theta_{l,0}}{8}}^{1} M_2 \mathrm{d}\alpha.$$

由下式

$$\int_0^{\frac{4 + \theta_{r,0} - \theta_{l,0}}{8}} \frac{c\alpha + d}{a\alpha + b} \mathrm{d}\alpha = \int_0^{\frac{4 + \theta_{r,0} - \theta_{l,0}}{8}} \frac{\frac{c}{a}(a\alpha + b) + d - \frac{bc}{a}}{a\alpha + b} \mathrm{d}\alpha$$

$$= \int_0^{\frac{4 + \theta_{r,0} - \theta_{l,0}}{8}} \left(\frac{c}{a} + \frac{ad - bc}{a^2} \frac{1}{\alpha + \frac{b}{a}} \right) \mathrm{d}\alpha$$

$$= \frac{(4 + \theta_{r,0} - \theta_{l,0})c}{8a} + \frac{ad - bc}{a^2} \left(\ln \left(\frac{4 + \theta_{r,0} - \theta_{l,0}}{8} + \frac{b}{a} \right) - \ln \frac{b}{a} \right)$$

$$= \frac{(4 + \theta_{r,0} - \theta_{l,0})c}{8a} + \frac{ad - bc}{a^2} \ln \frac{(4 + \theta_{r,0} - \theta_{l,0})a + 8b}{8b},$$

可知

$$\int_0^{\frac{4 + \theta_{r,0} - \theta_{l,0}}{8}} M_1 \mathrm{d}\alpha = \frac{(4 + \theta_{r,0} - \theta_{l,0}) \sum_{k=1}^{s} (\eta_{k,0}^{r2} - \eta_{k,0}^{r3})v_k}{8 \sum_{j=1}^{m} (\xi_{j,0}^{r2} - \xi_{j,0}^{r1})u_j}$$

$$+ \frac{(4 + \theta_{r,0} - \theta_{l,0}) \left(\sum_{k=1}^{s} \eta_{k,0}^{r3} v_k \sum_{j=1}^{m} \xi_{j,0}^{r2} u_j - \sum_{k=1}^{s} \eta_{k,0}^{r2} v_k \sum_{j=1}^{m} \xi_{j,0}^{r1} u_j \right)}{4 \left(\sum_{j=1}^{m} (\xi_{j,0}^{r2} - \xi_{j,0}^{r1})u_j \right)^2}$$

$$\times \ln \frac{\sum_{j=1}^{m} (\xi_{j,0}^{r1} + \xi_{j,0}^{r2})u_j}{2 \sum_{j=1}^{m} \xi_{j,0}^{r1} u_j},$$

$$\int_0^{\frac{4+\theta_{r,0}-\theta_{l,0}}{8}} M_2 \mathrm{d}\alpha = \frac{(4+\theta_{r,0}-\theta_{l,0})\sum_{k=1}^s (\eta_{k,0}^{r2}-\eta_{k,0}^{r1})v_k}{8\sum_{j=1}^m (\xi_{j,0}^{r2}-\xi_{j,0}^{r3})u_j}$$

$$+\frac{(4+\theta_{r,0}-\theta_{l,0})\left(\sum_{k=1}^s \eta_{k,0}^{r1}v_k\sum_{j=1}^m \xi_{j,0}^{r2}u_j-\sum_{k=1}^s \eta_{k,0}^{r2}v_k\sum_{j=1}^m \xi_{j,0}^{r3}u_j\right)}{4\left(\sum_{j=1}^m (\xi_{j,0}^{r2}-\xi_{j,0}^{r3})u_j\right)^2}$$

$$\times \ln \frac{\sum_{j=1}^m (\xi_{j,0}^{r2}+\xi_{j,0}^{r3})u_j}{2\sum_{j=1}^m \xi_{j,0}^{r3}u_j}.$$

类似地, 可得

$$\int_{\frac{4+\theta_{r,0}-\theta_{l,0}}{8}}^1 M_2 \mathrm{d}\alpha = \frac{(4-\theta_{r,0}+\theta_{l,0})\sum_{k=1}^s (\eta_{k,0}^{r2}-\eta_{k,0}^{r3})v_k}{8\sum_{j=1}^m (\xi_{j,0}^{r2}-\xi_{j,0}^{r1})u_j}$$

$$+\frac{(4-\theta_{r,0}+\theta_{l,0})\left(\sum_{k=1}^s \eta_{k,0}^{r3}v_k\sum_{j=1}^m \xi_{j,0}^{r2}u_j-\sum_{k=1}^s \eta_{k,0}^{r2}v_k\sum_{j=1}^m \xi_{j,0}^{r1}u_j\right)}{4\left(\sum_{j=1}^m (\xi_{j,0}^{r2}-\xi_{j,0}^{r1})u_j\right)^2}$$

$$\times \ln \frac{2\sum_{j=1}^m \xi_{j,0}^{r2}u_j}{\sum_{j=1}^m (\xi_{j,0}^{r1}+\xi_{j,0}^{r2})u_j},$$

$$\int_{\frac{4+\theta_{r,0}-\theta_{l,0}}{8}}^1 M_1 \mathrm{d}\alpha = \frac{(4-\theta_{r,0}+\theta_{l,0})\sum_{k=1}^s (\eta_{k,0}^{r2}-\eta_{k,0}^{r1})v_k}{8\sum_{j=1}^m (\xi_{j,0}^{r2}-\xi_{j,0}^{r3})u_j}$$

$$+\frac{(4-\theta_{r,0}+\theta_{l,0})\left(\sum_{k=1}^s \eta_{k,0}^{r1}v_k\sum_{j=1}^m \xi_{j,0}^{r2}u_j-\sum_{k=1}^s \eta_{k,0}^{r2}v_k\sum_{j=1}^m \xi_{j,0}^{r3}u_j\right)}{4\left(\sum_{j=1}^m (\xi_{j,0}^{r2}-\xi_{j,0}^{r3})u_j\right)^2}$$

$$\times \ln \frac{2\sum_{j=1}^m \xi_{j,0}^{r2}u_j}{\sum_{j=1}^m (\xi_{j,0}^{r2}+\xi_{j,0}^{r3})u_j}.$$

因此, 广义期望值为

$$\tilde{\mathrm{E}}\left[\frac{\eta}{\xi}\right] = \frac{1}{2}\left(\int_0^{\frac{4+\theta_{r,0}-\theta_{l,0}}{8}} M_1 \mathrm{d}\alpha + \int_0^{\frac{4+\theta_{r,0}-\theta_{l,0}}{8}} M_2 \mathrm{d}\alpha\right.$$

$$\left.+\int_{\frac{4+\theta_{r,0}-\theta_{l,0}}{8}}^1 M_1 \mathrm{d}\alpha + \int_{\frac{4+\theta_{r,0}-\theta_{l,0}}{8}}^1 M_2 \mathrm{d}\alpha\right)$$

$$=\frac{\sum_{k=1}^s (\eta_{k,0}^{r2}-\eta_{k,0}^{r1})v_k}{2\sum_{j=1}^m (\xi_{j,0}^{r2}-\xi_{j,0}^{r3})u_j}+\frac{\sum_{k=1}^s \eta_{k,0}^{r1}v_k\sum_{j=1}^m \xi_{j,0}^{r2}u_j-\sum_{k=1}^s \eta_{k,0}^{r2}v_k\sum_{j=1}^m \xi_{j,0}^{r3}u_j}{8\left(\sum_{j=1}^m (\xi_{j,0}^{r2}-\xi_{j,0}^{r3})u_j\right)^2}$$

$$\times \left(2(\theta_{r,0}-\theta_{l,0})\ln \sum_{j=1}^m (\xi_{j,0}^{r2}+\xi_{j,0}^{r3})u_j-(4+\theta_{r,0}-\theta_{l,0})\ln 2\sum_{j=1}^m \xi_{j,0}^{r3}u_j\right.$$

$$
\begin{aligned}
&+(4-\theta_{r,0}+\theta_{l,0})\ln 2\sum_{j=1}^{m}\xi_{j,0}^{r_2}u_j\Bigg) \\
&+\frac{\sum_{k=1}^{s}(\eta_{k,0}^{r_2}-\eta_{k,0}^{r_3})v_k}{2\sum_{j=1}^{m}(\xi_{j,0}^{r_2}-\xi_{j,0}^{r_1})u_j}+\frac{\sum_{k=1}^{s}\eta_{k,0}^{r_3}v_k\sum_{j=1}^{m}\xi_{j,0}^{r_2}u_j-\sum_{k=1}^{s}\eta_{k,0}^{r_2}v_k\sum_{j=1}^{m}\xi_{j,0}^{r_1}u_j}{8\left(\sum_{j=1}^{m}(\xi_{j,0}^{r_2}-\xi_{j,0}^{r_1})u_j\right)^2} \\
&\times\Bigg(2(\theta_{r,0}-\theta_{l,0})\ln\sum_{j=1}^{m}(\xi_{j,0}^{r_2}+\xi_{j,0}^{r_1})u_j-(4+\theta_{r,0}-\theta_{l,0})\ln 2\sum_{j=1}^{m}\xi_{j,0}^{r_1}u_j \\
&+(4-\theta_{r,0}+\theta_{l,0})\ln 2\sum_{j=1}^{m}\xi_{j,0}^{r_2}u_j\Bigg).
\end{aligned}
\tag{8.13}
$$

$\square$

由上面的讨论, 可知当输入数据和输出数据是相互独立的 2- 型三角模糊变量, 且对于每一个 j 和 $k, \theta_{r,j,0}-\theta_{l,j,0}=\bar{\theta}_{r,k,0}-\bar{\theta}_{l,k,0}=\theta_{r,0}-\theta_{l,0}$ 时, 模型 (8.10) 等价于下面的参数规划问题

$$
\begin{cases}
\max\limits_{u,\,v} & f_0(u,v) \\
\text{s.t.} & g_i(u,v)\leqslant 0, \quad i=1,\cdots,n, \\
& u\geqslant 0, u\neq 0, \\
& v\geqslant 0, v\neq 0,
\end{cases}
\tag{8.14}
$$

其中 $f_0(u,v)$ 由式 (8.13) 确定, $g_i(u,v)\leqslant 0$ 由式 (8.11) 确定. 对于任意给定的参数, 模型 (8.14) 可采用优化软件进行求解.

8.2.4 数值例子

在本小节中, 我们考虑由 5 个决策单元构成的系统, 其中每个决策单元有 4 个输入和 4 个输出, 表 8.7 和表 8.8 给出了 2- 型模糊输入数据和输出数据. 此外, 假定在此系统中, 可信性水平满足 $\alpha_1=\cdots=\alpha_5=\alpha$.

表 8.7　5 个决策单元的 2- 型三角模糊输入

DMU_i	输入 1	输入 2
$i=1$	$(\widetilde{2.6},\widetilde{3.0},\widetilde{3.3};\theta_l,\theta_r)$	$(\widetilde{3.7},\widetilde{3.9},\widetilde{4.0};\theta_l,\theta_r)$
$i=2$	$(\widetilde{1.1},\widetilde{1.5},\widetilde{1.7};\theta_l,\theta_r)$	$(\widetilde{1.8},\widetilde{2.0},\widetilde{2.1};\theta_l,\theta_r)$
$i=3$	$(\widetilde{2.3},\widetilde{2.4},\widetilde{2.5};\theta_l,\theta_r)$	$(\widetilde{3.0},\widetilde{3.2},\widetilde{3.5};\theta_l,\theta_r)$
$i=4$	$(\widetilde{1.6},\widetilde{1.8},\widetilde{1.9};\theta_l,\theta_r)$	$(\widetilde{2.2},\widetilde{2.3},\widetilde{2.5};\theta_l,\theta_r)$
$i=5$	$(\widetilde{3.4},\widetilde{3.5},\widetilde{3.7};\theta_l,\theta_r)$	$(\widetilde{2.2},\widetilde{2.5},\widetilde{2.8};\theta_l,\theta_r)$

DMU_i	输入 3	输入 4
$i=1$	$(\widetilde{3.8}, \widetilde{4.0}, \widetilde{4.2}; \theta_l, \theta_r)$	$(\widetilde{3.3}, \widetilde{3.7}, \widetilde{4.3}; \theta_l, \theta_r)$
$i=2$	$(\widetilde{2.0}, \widetilde{2.3}, \widetilde{2.5}; \theta_l, \theta_r)$	$(\widetilde{1.8}, \widetilde{2.0}, \widetilde{2.1}; \theta_l, \theta_r)$
$i=3$	$(\widetilde{2.4}, \widetilde{2.7}, \widetilde{2.9}; \theta_l, \theta_r)$	$(\widetilde{2.7}, \widetilde{2.8}, \widetilde{3.0}; \theta_l, \theta_r)$
$i=4$	$(\widetilde{2.7}, \widetilde{2.8}, \widetilde{3.0}; \theta_l, \theta_r)$	$(\widetilde{3.3}, \widetilde{3.4}, \widetilde{3.6}; \theta_l, \theta_r)$
$i=5$	$(\widetilde{3.8}, \widetilde{4.0}, \widetilde{4.2}; \theta_l, \theta_r)$	$(\widetilde{3.9}, \widetilde{4.1}, \widetilde{4.3}; \theta_l, \theta_r)$

表 8.8　5 个决策单元的 2- 型三角模糊输入

DMU_i	输出 1	输出 2
$i=1$	$(\widetilde{5.4}, \widetilde{5.5}, \widetilde{5.7}; \theta_l, \theta_r)$	$(\widetilde{5.2}, \widetilde{5.3}, \widetilde{5.5}; \theta_l, \theta_r)$
$i=2$	$(\widetilde{4.0}, \widetilde{4.2}, \widetilde{4.3}; \theta_l, \theta_r)$	$(\widetilde{4.2}, \widetilde{4.4}, \widetilde{4.7}; \theta_l, \theta_r)$
$i=3$	$(\widetilde{4.2}, \widetilde{4.5}, \widetilde{4.7}; \theta_l, \theta_r)$	$(\widetilde{4.0}, \widetilde{4.1}, \widetilde{4.3}; \theta_l, \theta_r)$
$i=4$	$(\widetilde{4.1}, \widetilde{4.3}, \widetilde{4.4}; \theta_l, \theta_r)$	$(\widetilde{3.8}, \widetilde{4.0}, \widetilde{4.2}; \theta_l, \theta_r)$
$i=5$	$(\widetilde{5.5}, \widetilde{5.8}, \widetilde{6.0}; \theta_l, \theta_r)$	$(\widetilde{5.1}, \widetilde{5.5}, \widetilde{5.8}; \theta_l, \theta_r)$

DMU_i	输出 3	输出 4
$i=1$	$(\widetilde{6.0}, \widetilde{6.2}, \widetilde{6.4}; \theta_l, \theta_r)$	$(\widetilde{4.8}, \widetilde{5.0}, \widetilde{5.5}; \theta_l, \theta_r)$
$i=2$	$(\widetilde{5.0}, \widetilde{5.1}, \widetilde{5.3}; \theta_l, \theta_r)$	$(\widetilde{3.1}, \widetilde{3.3}, \widetilde{3.4}; \theta_l, \theta_r)$
$i=3$	$(\widetilde{5.3}, \widetilde{5.5}, \widetilde{5.6}; \theta_l, \theta_r)$	$(\widetilde{3.0}, \widetilde{3.3}, \widetilde{3.5}; \theta_l, \theta_r)$
$i=4$	$(\widetilde{5.2}, \widetilde{5.3}, \widetilde{5.5}; \theta_l, \theta_r)$	$(\widetilde{3.5}, \widetilde{3.7}, \widetilde{3.9}; \theta_l, \theta_r)$
$i=5$	$(\widetilde{6.6}, \widetilde{6.7}, \widetilde{6.9}; \theta_l, \theta_r)$	$(\widetilde{5.0}, \widetilde{5.4}, \widetilde{5.7}; \theta_l, \theta_r)$

根据模型 (8.14), 当 $\alpha = 0.95$ 时, 可把系统描述为如下的参数规划

$$
\begin{cases}
\max\limits_{u,\,v} & f_0(u_1, u_2, u_3, u_4, v_1, v_2, v_3, v_4) \\
\text{s.t.} & g_i(u_1, u_2, u_3, u_4, v_1, v_2, v_3, v_4) \leqslant 0, \\
& u_j \geqslant 0, u_j \neq 0, j = 1, 2, 3, 4, \\
& v_k \geqslant 0, v_k \neq 0, k = 1, 2, 3, 4.
\end{cases}
\tag{8.15}
$$

当把 DMU_1 看成目标决策单元 UMU_0 时, 上述模型中的目标函数具有下面的解析表达式:

$$
\begin{aligned}
f_1 = & -\frac{v_1 + v_2 + 2v_3 + 2v_4}{2(3u_1 + u_2 + 2u_3 + 16u_4)} - \frac{2v_1 + 2v_2 + 2v_3 + 5v_4}{2(4u_1 + 2u_2 + 2u_3 + 4u_4)} + \\
& \frac{(54v_1 + 52v_2 + 60v_3 + 48v_4)(30u_1 + 39u_2 + 40u_3 + 37u_4)}{8(3u_1 + u_2 + 2u_3 + 6u_4)^2} \\
& -\frac{(33u_1 + 40u_2 + 42u_3 + 43u_4)(55v_1 + 53v_2 + 62v_3 + 50v_4)}{8(3u_1 + u_2 + 2u_3 + 6u_4)^2} \\
& \times \left(2(\theta_r - \theta_l)\ln(6.3u_1 + 7.9u_2 + 8.2u_3 + 8.0u_4)\right. \\
& \left. -(4 + \theta_r - \theta_l)\ln 2(3.3u_1 + 4.0u_2 + 4.2u_3 + 4.3u_4)\right.
\end{aligned}
$$

$$+ (4 - \theta_r + \theta_l) \ln 2(3.0u_1 + 3.9u_2 + 4.0u_3 + 3.7u_4))$$

$$+ \frac{(57v_1 + 55v_2 + 64v_3 + 55v_4)(30u_1 + 39u_2 + 40u_3 + 37u_4)}{8(4u_1 + 2u_2 + 2u_3 + 4u_4)^2}$$

$$- \frac{(26u_1 + 37u_2 + 38u_3 + 33u_4)(55v_1 + 53v_2 + 62v_3 + 50v_4)}{8(4u_1 + 2u_2 + 2u_3 + 4u_4)^2}$$

$$\times (2(\theta_r - \theta_l) \ln(5.6u_1 + 7.6u_2 + 7.8u_3 + 7.0u_4)$$

$$- (4 + \theta_r - \theta_l) \ln 2(2.6u_1 + 3.7u_2 + 3.8u_3 + 3.3u_4)$$

$$+ (4 - \theta_r + \theta_l) \ln 2(3.0u_1 + 3.9u_2 + 4.0u_3 + 3.7u_4)),$$

此外, 模型 (8.15) 中的约束函数由下面的五个解析表达式给出:

$$
\begin{aligned}
g_1 = & - \frac{2.6\,(4(2\alpha - 1) + \theta_r - \theta_l) + 2 \times 3.0(1 - \alpha)}{4 + \theta_r - \theta_l} u_1 \\
& - \frac{3.7\,(4(2\alpha - 1) + \theta_r - \theta_l) + 2 \times 3.9(1 - \alpha)}{4 + \theta_r - \theta_l} u_2 \\
& - \frac{3.8\,(4(2\alpha - 1) + \theta_r - \theta_l) + 2 \times 4.0(1 - \alpha)}{4 + \theta_r - \theta_l} u_3 \\
& - \frac{3.3\,(4(2\alpha - 1) + \theta_r - \theta_l) + 2 \times 3.7(1 - \alpha)}{4 + \theta_r - \theta_l} u_4 \\
& + \frac{5.7\,(4(2\alpha - 1) + \theta_r - \theta_l) + 2 \times 5.5(1 - \alpha)}{4 + \theta_r - \theta_l} v_1 \\
& + \frac{5.5\,(4(2\alpha - 1) + \theta_r - \theta_l) + 2 \times 5.3(1 - \alpha)}{4 + \theta_r - \theta_l} v_2 \\
& + \frac{6.4\,(4(2\alpha - 1) + \theta_r - \theta_l) + 2 \times 6.2(1 - \alpha)}{4 + \theta_r - \theta_l} v_3 \\
& + \frac{5.5\,(4(2\alpha - 1) + \theta_r - \theta_l) + 2 \times 5.0(1 - \alpha)}{4 + \theta_r - \theta_l} v_4,
\end{aligned}
$$

$$
\begin{aligned}
g_2 = & - \frac{1.1\,(4(2\alpha - 1) + \theta_r - \theta_l) + 2 \times 1.5(1 - \alpha)}{4 + \theta_r - \theta_l} u_1 \\
& - \frac{1.8\,(4(2\alpha - 1) + \theta_r - \theta_l) + 2 \times 2.0(1 - \alpha)}{4 + \theta_r - \theta_l} u_2 \\
& - \frac{2.0\,(4(2\alpha - 1) + \theta_r - \theta_l) + 2 \times 2.3(1 - \alpha)}{4 + \theta_r - \theta_l} u_3 \\
& - \frac{1.8\,(4(2\alpha - 1) + \theta_r - \theta_l) + 2 \times 2.0(1 - \alpha)}{4 + \theta_r - \theta_l} u_4 \\
& + \frac{4.3\,(4(2\alpha - 1) + \theta_r - \theta_l) + 2 \times 4.2(1 - \alpha)}{4 + \theta_r - \theta_l} v_1
\end{aligned}
$$

$$+ \frac{4.7\left(4(2\alpha - 1) + \theta_r - \theta_l\right) + 2 \times 4.4(1 - \alpha)}{4 + \theta_r - \theta_l} v_2$$

$$+ \frac{5.3\left(4(2\alpha - 1) + \theta_r - \theta_l\right) + 2 \times 5.1(1 - \alpha)}{4 + \theta_r - \theta_l} v_3$$

$$+ \frac{3.4\left(4(2\alpha - 1) + \theta_r - \theta_l\right) + 2 \times 3.3(1 - \alpha)}{4 + \theta_r - \theta_l} v_4,$$

$$g_3 = - \frac{2.3\left(4(2\alpha - 1) + \theta_r - \theta_l\right) + 2 \times 2.4(1 - \alpha)}{4 + \theta_r - \theta_l} u_1$$

$$- \frac{3.0\left(4(2\alpha - 1) + \theta_r - \theta_l\right) + 2 \times 3.2(1 - \alpha)}{4 + \theta_r - \theta_l} u_2$$

$$- \frac{2.4\left(4(2\alpha - 1) + \theta_r - \theta_l\right) + 2 \times 2.7(1 - \alpha)}{4 + \theta_r + \theta_l} u_3$$

$$- \frac{2.7\left(4(2\alpha - 1) + \theta_r - \theta_l\right) + 2 \times 2.8(1 - \alpha)}{4 + \theta_r - \theta_l} u_4$$

$$+ \frac{4.7\left(4(2\alpha - 1) + \theta_r - \theta_l\right) + 2 \times 4.5(1 - \alpha)}{4 + \theta_r - \theta_l} v_1$$

$$+ \frac{4.3\left(4(2\alpha - 1) + \theta_r - \theta_l\right) + 2 \times 4.1(1 - \alpha)}{4 + \theta_r - \theta_l} v_2$$

$$+ \frac{5.6\left(4(2\alpha - 1) + \theta_r - \theta_l\right) + 2 \times 5.5(1 - \alpha)}{4 + \theta_r - \theta_l} v_3$$

$$+ \frac{3.5\left(4(2\alpha - 1) + \theta_r - \theta_l\right) + 2 \times 3.3(1 - \alpha)}{4 + \theta_r - \theta_l} v_4,$$

$$g_4 = - \frac{1.6\left(4(2\alpha - 1) + \theta_r - \theta_l\right) + 2 \times 1.8(1 - \alpha)}{4 + \theta_r - \theta_l} u_1$$

$$- \frac{2.2\left(4(2\alpha - 1) + \theta_r - \theta_l\right) + 2 \times 2.3(1 - \alpha)}{4 + \theta_r - \theta_l} u_2$$

$$- \frac{2.7\left(4(2\alpha - 1) + \theta_r - \theta_l\right) + 2 \times 2.8(1 - \alpha)}{4 + \theta_r - \theta_l} u_3$$

$$- \frac{3.3\left(4(2\alpha - 1) + \theta_r - \theta_l\right) + 2 \times 3.4(1 - \alpha)}{4 + \theta_r - \theta_l} u_4$$

$$+ \frac{4.4\left(4(2\alpha - 1) + \theta_r - \theta_l\right) + 2 \times 4.3(1 - \alpha)}{4 + \theta_r - \theta_l} v_1$$

$$+ \frac{4.2\left(4(2\alpha - 1) + \theta_r - \theta_l\right) + 2 \times 4.0(1 - \alpha)}{4 + \theta_r - \theta_l} v_2$$

$$+ \frac{5.5\left(4(2\alpha - 1) + \theta_r - \theta_l\right) + 2 \times 5.3(1 - \alpha)}{4 + \theta_r - \theta_l} v_3$$

$$+ \frac{3.9\left(4(2\alpha - 1) + \theta_r - \theta_l\right) + 2 \times 3.7(1 - \alpha)}{4 + \theta_r - \theta_l} v_4,$$

$$g_5 = -\frac{3.4\left(4(2\alpha-1)+\theta_r-\theta_l\right)+2\times3.5(1-\alpha)}{4+\theta_r-\theta_l}u_1$$

$$-\frac{2.2\left(4(2\alpha-1)+\theta_r-\theta_l\right)+2\times2.5(1-\alpha)}{4+\theta_r-\theta_l}u_2$$

$$-\frac{3.8\left(4(2\alpha-1)+\theta_r-\theta_l\right)+2\times4.0(1-\alpha)}{4+\theta_r-\theta_l}u_3$$

$$-\frac{3.9\left(4(2\alpha-1)+\theta_r-\theta_l\right)+2\times4.1(1-\alpha)}{4+\theta_r-\theta_l}u_4$$

$$+\frac{6.0\left(4(2\alpha-1)+\theta_r-\theta_l\right)+2\times5.8(1-\alpha)}{4+\theta_r-\theta_l}v_1$$

$$+\frac{5.8\left(4(2\alpha-1)+\theta_r-\theta_l\right)+2\times5.5(1-\alpha)}{4+\theta_r-\theta_l}v_2$$

$$+\frac{6.9\left(4(2\alpha-1)+\theta_r-\theta_l\right)+2\times6.7(1-\alpha)}{4+\theta_r-\theta_l}v_3$$

$$+\frac{5.7\left(4(2\alpha-1)+\theta_r-\theta_l\right)+2\times5.4(1-\alpha)}{4+\theta_r-\theta_l}v_4.$$

当参数 $(\theta_l,\theta_r)=(0.5,0.5)$ 时, 用 LINGO 软件求解, 可得到对每一个决策单元的评价结果, 如表 8.9 所示. 从求解结果可以得到对每一个决策单元的评价信息. DMU_2 有最大的 α- 有效值 0.8907017, 其次是 DMU_5 和 DMU_4, 这说明 DMU_2 是最有效的.

表 8.9 $\alpha=0.95,(\theta_l,\theta_r)=(0.5,0.5)$ 时, 对于每一个决策单元的评价结果

DMUs	最优解 (u,v)	有效值
DMU_1	(0.0000,0.0000,1.0000,0.0000,0.0000,0.0000,0.0000,0.5925)	0.7532368
DMU_2	(0.0000,1.0000,0.0000,1.0000,0.8403,0.0000,0.0000,0.0000)	0.8907017
DMU_3	(0.0000,0.0000,1.0000,0.0000,0.4673,0.0000,0.0000,0.0000)	0.7854416
DMU_4	(0.5360,1.0000,0.0000,0.0000,0.0000,0.0000,0.0000,0.7084)	0.8022854
DMU_5	(0.0000,0.5254,1.0000,0.0000,0.0000,0.0000,0.0000,0.8724)	0.8851112

当 (θ_l,θ_r) 取不同值时, 可得到对每一个决策单元的评价结果, 如表 8.10 所示. 由评价结果可以看出, 当 θ_l 和 θ_r 的取值在 0 与 1 之间变化时, 有效值也明显地随之变化, 当 $(\theta_l,\theta_r)=(1,0)$ 时, 所有决策单元都达到最有效; 当 $(\theta_l,\theta_r)=(0,1)$ 时, 所有决策单元都是最无效的. 进一步有, 随着 $\theta_r-\theta_l$ 的减少, 有效值增加. 因此根据均值简约方法, 决策者可以根据所获得的信息建立具有鲁棒性的参数优化模型.

表 8.10   在 $\alpha=0.95$, 当 (θ_l,θ_r) 取不同值时, 每一个决策单元的评价结果

(θ_l,θ_r)	(0, 1)	(0.2, 0.8)	(0.4, 0.7)	(0.5, 0.5)
DMU_1	0.7537467	0.7534785	0.7533294	0.7532368
DMU_2	0.8912393	0.8909861	0.8908271	0.8907017

(θ_l, θ_r)	$(0, 1)$	$(0.2, 0.8)$	$(0.4, 0.7)$	$(0.5, 0.5)$
DMU_3	0.7857255	0.7855686	0.7854860	0.7854416
DMU_4	0.8011681	0.8015485	0.8018876	0.8022854
DMU_5	0.8843601	0.8846195	0.8848473	0.8851112
(θ_l, θ_r)	$(0.7, 0.4)$	$(0.8, 0.2)$	$(1, 0)$	
DMU_1	0.7532160	0.7532865	0.7535808	
DMU_2	0.8906188	0.8905908	0.8906705	
DMU_3	0.7854455	0.7855117	0.7857329	
DMU_4	0.8027576	0.8033258	0.8042885	
DMU_5	0.8854209	0.8857895	0.8864065	

8.3　二次参数规划有价证券选择均值–矩模型

8.3.1　矩的定义及性质

对于等价值简约模糊变量 ξ, 我们首先给出事件 $\{\xi \leqslant t\}$ 的广义可能性、必要性和可信性分布的定义.

定义 8.1(Wu et al., 2012)　设 ξ 是 2- 型模糊变量 $\tilde{\xi}$ 的等价值简约模糊变量, 其参数可能性分布为 $\mu_\xi(t; \theta)$, 则对于任意的 $t \in \Re$, 事件 $\{\xi \leqslant t\}$ 的广义可能性、必要性和可信性分布分别定义为

$$\mathrm{Pos}\{\xi \leqslant t\} = \sup_{u \leqslant t} \mu_\xi(u; \theta), \tag{8.16}$$

$$\mathrm{Nec}\{\xi \leqslant t\} = \sup_{u \in \Re} \mu_\xi(u; \theta) - \sup_{u > t} \mu_\xi(u; \theta) \tag{8.17}$$

和

$$\mathrm{Cr}\{\xi \leqslant t\} = \frac{1}{2} \left(\sup_{u \in \Re} \mu_\xi(u; \theta) + \sup_{u \leqslant t} \mu_\xi(u; \theta) - \sup_{u > t} \mu_\xi(u; \theta) \right). \tag{8.18}$$

可能性、必要性和可信性分布都是含有参数 θ 的关于 $t \in \Re$ 的单调增函数, 所以可以通过 L-S 积分定义简约模糊变量的三种 n 阶矩.

定义 8.2(Wu et al., 2012)　设 ξ 是 2- 型模糊变量 $\tilde{\xi}$ 的等价值简约模糊变量, 并具有有限期望值 $E[\xi]$, 则 ξ 的悲观 n 阶矩由如下的 L-S 积分定义

$$\mathrm{M}_{n,*}[\xi] = \int_{(-\infty, +\infty)} (t - E[\xi])^n \mathrm{d}\left(\mathrm{Pos}\{\xi \leqslant t\}\right), \tag{8.19}$$

ξ 的乐观 n 阶矩定义为

$$\mathrm{M}_n^*[\xi] = \int_{(-\infty, +\infty)} (t - E[\xi])^n \mathrm{d}\left(\mathrm{Nec}\{\xi \leqslant t\}\right). \tag{8.20}$$

ξ 的 n 阶矩定义为

$$\mathrm{M}_n[\xi] = \int_{(-\infty,+\infty)} (t - E[\xi])^n \mathrm{d}\,(\mathrm{Cr}\{\xi \leqslant t\}). \tag{8.21}$$

简约模糊变量的三种 n 阶矩之间存在如下的关系.

命题 8.1(Wu et al., 2012) 设 ξ_*, ξ^* 和 ξ 分别是 2- 型模糊变量 $\tilde{\xi}$ 的 EV_*, EV^* 和 EV 简约模糊变量, 则 n 阶矩之间存在如下的关系

$$\mathrm{M}_n[\xi_*] = \frac{1}{2}(\mathrm{M}_{n,*}[\xi_*] + \mathrm{M}_n^*[\xi_*]), \tag{8.22}$$

$$\mathrm{M}_n[\xi^*] = \frac{1}{2}(\mathrm{M}_{n,*}[\xi^*] + \mathrm{M}_n^*[\xi^*]), \tag{8.23}$$

和

$$\mathrm{M}_n[\xi] = \frac{1}{2}(\mathrm{M}_{n,*}[\xi] + \mathrm{M}_n^*[\xi]). \tag{8.24}$$

证明 只需证明式 (8.24), 式 (8.22) 和式 (8.23) 同理可证. 由于

$$\mathrm{Cr}\{\xi \leqslant t\} = \frac{1}{2}(\mathrm{Pos}\{\xi \leqslant t\} + \mathrm{Nec}\{\xi \leqslant t\}),$$

其中 $\mathrm{Pos}\{\xi \leqslant t\}$ 和 $\mathrm{Nec}\{\xi \leqslant t\}$ 都是关于 $t \in \Re$ 的单调增函数, 因此, 由 L-S 积分的线性, 有

$$\begin{aligned}
\mathrm{M}_n[\xi] &= \int_{(-\infty,+\infty)} (t - E[\xi])^2 \mathrm{d}\,(\mathrm{Cr}\{\xi \leqslant t\}) \\
&= \frac{1}{2}\int_{(-\infty,+\infty)} (t - E[\xi])^2 \mathrm{d}\,(\mathrm{Pos}\{\xi \leqslant t\}) + \frac{1}{2}\int_{(-\infty,+\infty)} (t - E[\xi])^2 \mathrm{d}\,(\mathrm{Nec}\{\xi \leqslant t\}) \\
&= \frac{1}{2}(\mathrm{M}_{n,*}[\xi] + \mathrm{M}_n^*[\xi]). \qquad\qquad\qquad\qquad\qquad\qquad\qquad\qquad\qquad\square
\end{aligned}$$

下面给出几种常用等价值简约模糊变量的矩公式.

定理 8.6(Wu, Liu, 2012) 设 $\tilde{\xi} = (\tilde{r}_1, \tilde{r}_2, \tilde{r}_3, \tilde{r}_4; \theta_l, \theta_r)$ 是 2- 型梯形模糊变量, 且 ξ_*, ξ^* 和 ξ 分别是 $\tilde{\xi}$ 的 EV_*, EV^* 和 EV 简约模糊变量, 则有

(1) ξ_* 的二阶矩为

$$\begin{aligned}
\mathrm{M}_2[\xi_*] = {} & \frac{1}{48}(5r_1^2 + 5r_2^2 + 5r_3^2 + 5r_4^2 + 2r_1r_2 + 2r_3r_4 - 6r_1r_3 - 6r_1r_4 - 6r_2r_3 - 6r_2r_4) \\
& - \frac{1}{256}\theta_l^2(r_1 - r_2 - r_3 + r_4)^2 - \frac{1}{32}\theta_l(r_1^2 - r_2^2 - r_3^2 + r_4^2 + 2r_2r_3 - 2r_1r_4),
\end{aligned}$$

它等价于如下的参数矩阵形式

$$\mathrm{M}_2[\xi_*] = \frac{1}{2}r^{\mathrm{T}}Q_*r,$$

其中 $r = (r_1, r_2, r_3, r_4)^{\mathrm{T}}$, 且 Q_* 为

$$
\begin{bmatrix}
-\dfrac{1}{128}\theta_l^2 - \dfrac{1}{16}\theta_l + \dfrac{5}{24} & \dfrac{1}{128}\theta_l^2 + \dfrac{1}{24} & \dfrac{1}{128}\theta_l^2 - \dfrac{1}{8} & -\dfrac{1}{128}\theta_l^2 + \dfrac{1}{16}\theta_l - \dfrac{1}{8} \\[2mm]
\dfrac{1}{128}\theta_l^2 + \dfrac{1}{24} & -\dfrac{1}{128}\theta_l^2 + \dfrac{1}{16}\theta_l + \dfrac{5}{24} & -\dfrac{1}{128}\theta_l^2 - \dfrac{1}{16}\theta_l - \dfrac{1}{8} & \dfrac{1}{128}\theta_l^2 - \dfrac{1}{8} \\[2mm]
\dfrac{1}{128}\theta_l^2 - \dfrac{1}{8} & -\dfrac{1}{128}\theta_l^2 - \dfrac{1}{16}\theta_l - \dfrac{1}{8} & -\dfrac{1}{128}\theta_l^2 + \dfrac{1}{16}\theta_l + \dfrac{5}{24} & \dfrac{1}{128}\theta_l^2 + \dfrac{1}{24} \\[2mm]
-\dfrac{1}{128}\theta_l^2 + \dfrac{1}{16}\theta_l - \dfrac{1}{8} & \dfrac{1}{128}\theta_l^2 - \dfrac{1}{8} & \dfrac{1}{128}\theta_l^2 + \dfrac{1}{24} & -\dfrac{1}{128}\theta_l^2 - \dfrac{1}{16}\theta_l + \dfrac{5}{24}
\end{bmatrix}.
$$

(2) ξ^* 的二阶矩为

$$
\mathrm{M}_2[\xi^*] = \frac{1}{48}(5r_1^2 + 5r_2^2 + 5r_3^2 + 5r_4^2 + 2r_1 r_2 + 2r_3 r_4 - 6r_1 r_3 - 6r_1 r_4 - 6r_2 r_3 - 6r_2 r_4)
$$
$$
- \frac{1}{256}\theta_r^2 (r_1 - r_2 - r_3 + r_4)^2 + \frac{1}{32}\theta_r (r_1^2 - r_2^2 - r_3^2 + r_4^2 + 2r_2 r_3 - 2r_1 r_4),
$$

它等价于如下的参数矩阵形式

$$
\mathrm{M}_2[\xi^*] = \frac{1}{2} r^{\mathrm{T}} Q^* r,
$$

其中 $r = (r_1, r_2, r_3, r_4)^{\mathrm{T}}$, 且 Q^* 为

$$
\begin{bmatrix}
-\dfrac{1}{128}\theta_r^2 + \dfrac{1}{16}\theta_r + \dfrac{5}{24} & \dfrac{1}{128}\theta_r^2 + \dfrac{1}{24} & \dfrac{1}{128}\theta_r^2 - \dfrac{1}{8} & -\dfrac{1}{128}\theta_r^2 - \dfrac{1}{16}\theta_r - \dfrac{1}{8} \\[2mm]
\dfrac{1}{128}\theta_r^2 + \dfrac{1}{24} & -\dfrac{1}{128}\theta_r^2 - \dfrac{1}{16}\theta_r + \dfrac{5}{24} & -\dfrac{1}{128}\theta_r^2 + \dfrac{1}{16}\theta_r - \dfrac{1}{8} & \dfrac{1}{128}\theta_r^2 - \dfrac{1}{8} \\[2mm]
\dfrac{1}{128}\theta_r^2 - \dfrac{1}{8} & -\dfrac{1}{128}\theta_r^2 + \dfrac{1}{16}\theta_r - \dfrac{1}{8} & -\dfrac{1}{128}\theta_r^2 + \dfrac{1}{16}\theta_r + \dfrac{5}{24} & \dfrac{1}{128}\theta_r^2 + \dfrac{1}{24} \\[2mm]
-\dfrac{1}{128}\theta_r^2 - \dfrac{1}{16}\theta_r - \dfrac{1}{8} & \dfrac{1}{128}\theta_r^2 - \dfrac{1}{8} & \dfrac{1}{128}\theta_r^2 + \dfrac{1}{24} & -\dfrac{1}{128}\theta_r^2 + \dfrac{1}{16}\theta_r + \dfrac{5}{24}
\end{bmatrix}.
$$

(3) ξ 的二阶矩为

$$
\mathrm{M}_2[\xi] = \frac{1}{48}(5r_1^2 + 5r_2^2 + 5r_3^2 + 5r_4^2 + 2r_1 r_2 + 2r_3 r_4 - 6r_1 r_3 - 6r_1 r_4 - 6r_2 r_3 - 6r_2 r_4)
$$
$$
- \frac{1}{1024}(\theta_r - \theta_l)^2 (r_1 - r_2 - r_3 + r_4)^2
$$
$$
+ \frac{1}{64}(\theta_r - \theta_l)(r_1^2 - r_2^2 - r_3^2 + r_4^2 + 2r_2 r_3 - 2r_1 r_4),
$$

它等价于如下的参数矩阵形式

$$
\mathrm{M}_2[\xi] = \frac{1}{2} r^{\mathrm{T}} Q r,
$$

其中 $r = (r_1, r_2, r_3, r_4)^{\mathrm{T}}$, 并且对称矩阵 Q 由以下元素组成

$$
Q_{11} = Q_{44} = -\frac{1}{512}(\theta_r - \theta_l)^2 + \frac{1}{32}(\theta_r - \theta_l) + \frac{5}{24},
$$

$$Q_{12} = Q_{34} = \frac{1}{512}(\theta_r - \theta_l)^2 + \frac{1}{24},$$

$$Q_{13} = Q_{24} = \frac{1}{512}(\theta_r - \theta_l)_r^2 - \frac{1}{8},$$

$$Q_{14} = -\frac{1}{512}(\theta_r - \theta_l)^2 - \frac{1}{32}(\theta_r - \theta_l) - \frac{1}{8},$$

$$Q_{22} = Q_{33} = -\frac{1}{512}(\theta_r - \theta_l)^2 - \frac{1}{32}(\theta_r - \theta_l) + \frac{5}{24},$$

$$Q_{23} = -\frac{1}{512}(\theta_r - \theta_l)^2 + \frac{1}{32}(\theta_r - \theta_l) - \frac{1}{8}.$$

并且二阶矩 $M_2[\xi_*]$, $M_2[\xi^*]$ 和 $M_2[\xi]$ 都是关于参数向量 $r \in \Re^4$ 的二次凸函数.

证明   只需证明结论 (3), 其余结论同理可证. 由于 ξ 是 $\tilde{\xi}$ 的 EV 简约模糊变量, 其参数可能性分布为 $\mu_\xi(t; \theta_l, \theta_r)$, 因此 ξ 的可信性分布为

$$\mathrm{Cr}\{\xi \leqslant t\} = \begin{cases} 0, & t < r_1, \\ \dfrac{(4 + \theta_r - \theta_l)(t - r_1)}{8(r_2 - r_1)}, & r_1 \leqslant t < \dfrac{r_1 + r_2}{2}, \\ \dfrac{(4 - \theta_r + \theta_l)t + (\theta_r - \theta_l)r_2 - 4r_1}{8(r_2 - r_1)}, & \dfrac{r_1 + r_2}{2} \leqslant t < r_2, \\ \dfrac{1}{2}, & r_2 \leqslant t \leqslant r_3, \\ 1 - \dfrac{(-4 + \theta_r - \theta_l)t - (\theta_r - \theta_l)r_3 + 4r_4}{8(r_4 - r_3)}, & r_3 \leqslant t < \dfrac{r_3 + r_4}{2}, \\ 1 - \dfrac{(4 + \theta_r - \theta_l)(r_4 - t)}{8(r_4 - r_3)}, & \dfrac{r_3 + r_4}{2} \leqslant t < r_4, \\ 1, & t > r_4, \end{cases}$$

并且 ξ 的期望值为

$$E[\xi] = \frac{1}{4}(r_1 + r_2 + r_3 + r_4) + \frac{1}{32}(\theta_r - \theta_l)(r_1 - r_2 - r_3 + r_4),$$

将其记作 m. 因此, ξ 的二阶矩计算如下:

$$\begin{aligned} M_2[\xi] &= \int_{(-\infty, +\infty)} (t - m)^2 \mathrm{d}(\mathrm{Cr}\{\xi \leqslant t\}) \\ &= \int_{\left(r_1, \frac{r_1 + r_2}{2}\right)} (t - m)^2 \mathrm{d}\left(\frac{(4 + \theta_r - \theta_l)(t - r_1)}{8(r_2 - r_1)}\right) \\ &\quad + \int_{\left(\frac{r_1 + r_2}{2}, r_2\right)} (t - m)^2 \mathrm{d}\left(\frac{(4 - \theta_r + \theta_l)t + (\theta_r - \theta_l)r_2 - 4r_1}{8(r_2 - r_1)}\right) \\ &\quad + \int_{\left(r_3, \frac{r_3 + r_4}{2}\right)} (t - m)^2 \mathrm{d}\left(1 - \frac{(-4 + \theta_r - \theta_l)t - (\theta_r - \theta_l)r_3 + 4r_4}{8(r_4 - r_3)}\right) \end{aligned}$$

$$+ \int_{\left(\frac{r_3+r_4}{2}, r_4\right)} (t-m)^2 \mathrm{d} \left(1 - \frac{(4+\theta_r-\theta_l)(r_4-t)}{8(r_4-r_3)}\right)$$

$$= \frac{4+\theta_r-\theta_l}{8(r_2-r_1)} \int_{r_1}^{\frac{r_1+r_2}{2}} (t-m)^2 \mathrm{d}t + \frac{4-\theta_r+\theta_l}{8(r_2-r_1)} \int_{\frac{r_1+r_2}{2}}^{r_2} (t-m)^2 \mathrm{d}t$$

$$- \frac{-4+\theta_r-\theta_l}{8(r_4-r_3)} \int_{r_3}^{\frac{r_3+r_4}{2}} (t-m)^2 \mathrm{d}t + \frac{4+\theta_r-\theta_l}{8(r_4-r_3)} \int_{\frac{r_3+r_4}{2}}^{r_4} (t-m)^2 \mathrm{d}t$$

$$- \frac{1}{1024}(\theta_r-\theta_l)^2(r_1-r_2-r_3+r_4)^2 + \frac{1}{64}(\theta_r-\theta_l)(r_1^2-r_2^2-r_3^2+r_4^2+2r_2r_3-2r_1r_4)$$

$$= \frac{1}{2} r^{\mathrm{T}} Q r.$$

此外, 被积函数 $(t-m)^2$ 和可信性分布 $\mathrm{Cr}\{\xi \leqslant t\}$ 都是非负的, 故 $\mathrm{M}_2[\xi] \geqslant 0$ 对于任意向量 $r \in \Re^4$ 都成立. 另外, Q 是一个 4×4 阶对称参数矩阵. 因此, 二阶矩 $\mathrm{M}_2[\xi]$ 是一个半正定二次型. 换言之, 对于任意的参数 θ_l 和 θ_r, $\mathrm{M}_2[\xi]$ 都是关于向量 $r \in \Re^4$ 的参数二次凸函数. □

作为定理 8.6 的推论, 关于 2- 型三角模糊变量的简约变量, 其二阶矩有如下计算公式.

推论 8.1 (Wu, Liu, 2012) 设 $\tilde{\xi} = (\tilde{r}_1, \tilde{r}_2, \tilde{r}_3; \theta_l, \theta_r)$ 是一个 2- 型三角模糊变量, 且 ξ_*, ξ^* 和 ξ 分别是 $\tilde{\xi}$ 的 EV_*, EV^* 和 EV 简约模糊变量, 则有

(1) ξ_* 的二阶矩为

$$\mathrm{M}_2[\xi_*] = \frac{1}{48}(5r_1^2 + 4r_2^2 + 5r_3^2 - 4r_1r_2 - 4r_2r_3 - 6r_1r_3)$$
$$- \frac{1}{256}\theta_l^2(r_1 - 2r_2 + r_3)^2 - \frac{1}{32}\theta_l(r_3 - r_1)^2,$$

它等价于如下的参数矩阵形式

$$\mathrm{M}_2[\xi_*] = \frac{1}{2} r^{\mathrm{T}} R_* r,$$

其中 $r = (r_1, r_2, r_3)^{\mathrm{T}}$, 并且

$$R_* = \begin{bmatrix} -\frac{1}{128}\theta_l^2 - \frac{1}{16}\theta_l + \frac{5}{24} & \frac{1}{64}\theta_l^2 - \frac{1}{12} & -\frac{1}{128}\theta_l^2 + \frac{1}{16}\theta_l - \frac{1}{8} \\ \frac{1}{64}\theta_l^2 - \frac{1}{12} & -\frac{1}{32}\theta_l^2 + \frac{1}{6} & \frac{1}{64}\theta_l^2 - \frac{1}{12} \\ -\frac{1}{128}\theta_l^2 + \frac{1}{16}\theta_l - \frac{1}{8} & \frac{1}{64}\theta_l^2 - \frac{1}{12} & -\frac{1}{128}\theta_l^2 - \frac{1}{16}\theta_l + \frac{5}{24} \end{bmatrix}.$$

(2) ξ^* 的二阶矩为

$$\mathrm{M}_2[\xi^*] = \frac{1}{48}(5r_1^2 + 4r_2^2 + 5r_3^2 - 4r_1r_2 - 4r_2r_3 - 6r_1r_3)$$
$$- \frac{1}{256}\theta_r^2(r_1 - 2r_2 + r_3)^2 + \frac{1}{32}\theta_r(r_3 - r_1)^2,$$

它等价于如下的参数矩阵形式

$$M_2[\xi^*] = \frac{1}{2} r^{\mathrm{T}} R^* r,$$

其中 $r = (r_1, r_2, r_3)^{\mathrm{T}}$, 并且

$$R^* = \begin{bmatrix} -\dfrac{1}{128}\theta_r^2 + \dfrac{1}{16}\theta_r + \dfrac{5}{24} & \dfrac{1}{64}\theta_r^2 - \dfrac{1}{12} & -\dfrac{1}{128}\theta_r^2 - \dfrac{1}{16}\theta_r - \dfrac{1}{8} \\[2mm] \dfrac{1}{64}\theta_r^2 - \dfrac{1}{12} & -\dfrac{1}{32}\theta_r^2 + \dfrac{1}{6} & \dfrac{1}{64}\theta_r^2 - \dfrac{1}{12} \\[2mm] -\dfrac{1}{128}\theta_r^2 - \dfrac{1}{16}\theta_r - \dfrac{1}{8} & \dfrac{1}{64}\theta_r^2 - \dfrac{1}{12} & -\dfrac{1}{128}\theta_r^2 + \dfrac{1}{16}\theta_r + \dfrac{5}{24} \end{bmatrix}.$$

(3) ξ 的二阶矩为

$$M_2[\xi] = \frac{1}{48}(5r_1^2 + 4r_2^2 + 5r_3^2 - 4r_1 r_2 - 4r_2 r_3 - 6r_1 r_3)^2$$
$$- \frac{1}{1024}(\theta_r - \theta_l)^2 (r_1 - 2r_2 + r_3) + \frac{1}{64}(\theta_r - \theta_l)(r_3 - r_1)^2,$$

它等价于如下的参数矩阵形式

$$M_2[\xi] = \frac{1}{2} r^{\mathrm{T}} R r,$$

其中 $r = (r_1, r_2, r_3)^{\mathrm{T}}$, 并且 R 为

$$\begin{bmatrix} -\dfrac{1}{512}(\theta_r-\theta_l)^2 + \dfrac{1}{32}(\theta_r-\theta_l) + \dfrac{5}{24} & \dfrac{1}{256}(\theta_r-\theta_l)^2 - \dfrac{1}{12} & -\dfrac{1}{512}(\theta_r-\theta_l)^2 - \dfrac{1}{32}(\theta_r-\theta_l) - \dfrac{1}{8} \\[2mm] \dfrac{1}{256}(\theta_r-\theta_l)^2 - \dfrac{1}{12} & -\dfrac{1}{128}(\theta_r-\theta_l)^2 + \dfrac{1}{6} & \dfrac{1}{256}(\theta_r-\theta_l)^2 - \dfrac{1}{12} \\[2mm] -\dfrac{1}{512}(\theta_r-\theta_l)^2 - \dfrac{1}{32}(\theta_r-\theta_l) - \dfrac{1}{8} & \dfrac{1}{256}(\theta_r-\theta_l)^2 - \dfrac{1}{12} & -\dfrac{1}{512}(\theta_r-\theta_l)^2 + \dfrac{1}{32}(\theta_r-\theta_l) + \dfrac{5}{24} \end{bmatrix}.$$

此外, 二阶矩 $M_2[\xi_*]$, $M_2[\xi^*]$ 和 $M_2[\xi]$ 都是关于参数向量 $r \in \Re^3$ 的二次凸函数.

对于 2- 型正态模糊变量的等价值简约变量, 有下面结论.

定理 8.7(Wu et al., 2012)   设 $\tilde{\xi} = \tilde{n}(\mu, \sigma^2; \theta_l, \theta_r)$ 是 2- 型正态模糊变量, 且 ξ_*, ξ^* 和 ξ 分别是 $\tilde{\xi}$ 的 EV$_*$, EV* 和 EV 简约模糊变量, 则有

(1) ξ_* 的二阶矩为 $M_2[\xi_*] = (2 - \theta_l \ln 2)\sigma^2$;

(2) ξ^* 的二阶矩为 $M_2[\xi^*] = (2 + \theta_r \ln 2)\sigma^2$;

(3) ξ 的二阶矩为 $M_2[\xi] = [2 + (1/2)\ln 2(\theta_r - \theta_l)]\sigma^2$.

此外, $M_2[\xi^*]$, $M_2[\xi_*]$ 和 $M_2[\xi]$ 都是关于 $\sigma \in (0, +\infty)$ 的参数二次凸函数.

证明   只需证明结论 (2), 其余结论同理可证. 由于 ξ^* 是 2- 型正态模糊变量 $\tilde{\xi}$ 的 EV* 简约模糊变量, 因而 ξ^* 的可能性分布 $\mu_{\xi^*}(t; \theta_r)$ 为

$$\mu_{\xi^*}(t;\theta_r) = \begin{cases} \dfrac{1}{2}(2+\theta_r)\exp\left(-\dfrac{(t-\mu)^2}{2\sigma^2}\right), & t\leqslant\mu-\sigma\sqrt{2\ln 2}\ \text{或}\ t\geqslant\mu+\sigma\sqrt{2\ln 2}, \\[3mm] \dfrac{1}{2}\left((2-\theta_r)\exp\left(-\dfrac{(t-\mu)^2}{2\sigma^2}\right)+\theta_r\right), & \mu-\sigma\sqrt{2\ln 2}<t\leqslant\mu+\sigma\sqrt{2\ln 2}. \end{cases}$$

于是, 有

$$\mathrm{Cr}\{\xi^*\leqslant t\} = \begin{cases} \dfrac{1}{4}(2+\theta_r)\exp\left(-\dfrac{(t-\mu)^2}{2\sigma^2}\right), & t<\mu-\sigma\sqrt{2\ln 2}, \\[3mm] \dfrac{1}{4}\left((2-\theta_r)\exp\left(-\dfrac{(t-\mu)^2}{2\sigma^2}\right)+\theta_r\right), & \mu-\sigma\sqrt{2\ln 2}\leqslant t<\mu, \\[3mm] 1-\dfrac{1}{4}\left[(2-\theta_r)\exp\left(-\dfrac{(t-\mu)^2}{2\sigma^2}\right)+\theta_r\right], & \mu\leqslant t<\mu+\sigma\sqrt{2\ln 2}, \\[3mm] 1-\dfrac{1}{4}(2+\theta_r)\exp\left(-\dfrac{(t-\mu)^2}{2\sigma^2}\right), & t\geqslant\mu+\sigma\sqrt{2\ln 2}, \end{cases}$$

且 $E[\xi^*]=\mu$. 因此, ξ^* 的二阶矩计算如下:

$$\begin{aligned}
\mathrm{M}_2[\xi^*] &= \int_{(-\infty,+\infty)}(t-\mu)^2\mathrm{d}(\mathrm{Cr}\{\xi^*\leqslant t\}) \\
&= \int_{(-\infty,\mu-\sigma\sqrt{2\ln 2}]}(t-\mu)^2\left(\frac{1}{4}(2+\theta_r)\exp\left(-\frac{(t-\mu)^2}{2\sigma^2}\right)\right)'\mathrm{d}t \\
&\quad + \int_{[\mu-\sigma\sqrt{2\ln 2},\mu]}(t-\mu)^2\left(\frac{1}{4}\left((2-\theta_r)\exp\left(-\frac{(t-\mu)^2}{2\sigma^2}\right)+\theta_r\right)\right)'\mathrm{d}t \\
&\quad + \int_{[\mu,\mu+\sigma\sqrt{2\ln 2}]}(t-\mu)^2\left(1-\frac{1}{4}\left((2-\theta_r)\exp\left(-\frac{(t-\mu)^2}{2\sigma^2}\right)+\theta_r\right)\right)'\mathrm{d}t \\
&\quad + \int_{[\mu+\sigma\sqrt{2\ln 2},+\infty)}(t-\mu)^2\left(1-\frac{1}{4}(2+\theta_r)\exp\left(-\frac{(t-\mu)^2}{2\sigma^2}\right)\right)'\mathrm{d}t \\
&= \int_{-\infty}^{\mu-\sigma\sqrt{2\ln 2}}(t-\mu)^2\mathrm{d}\left(\frac{1}{4}(2+\theta_r)\exp\left(-\frac{(t-\mu)^2}{2\sigma^2}\right)\right) \\
&\quad + \int_{\mu-\sigma\sqrt{2\ln 2}}^{\mu}(t-\mu)^2\mathrm{d}\left(\frac{1}{4}\left((2-\theta_r)\exp\left(-\frac{(t-\mu)^2}{2\sigma^2}\right)+\theta_r\right)\right) \\
&\quad + \int_{\mu}^{\mu+\sigma\sqrt{2\ln 2}}(t-\mu)^2\mathrm{d}\left(-\frac{1}{4}\left((2-\theta_r)\exp\left(-\frac{(t-\mu)^2}{2\sigma^2}\right)+\theta_r\right)\right) \\
&\quad + \int_{\mu+\sigma\sqrt{2\ln 2}}^{+\infty}(t-\mu)^2\mathrm{d}\left(-\frac{1}{4}(2+\theta_r)\exp\left(-\frac{(t-\mu)^2}{2\sigma^2}\right)\right) \\
&= (2+\theta_r\ln 2)\sigma^2.
\end{aligned}$$

另外, 对于任意的 $\theta_r\in[0,1]$, 系数 $2+\theta_r\ln 2>0$, 所以二阶矩 $\mathrm{M}_2[\xi^*]\geqslant 0$ 对于任意的 $\sigma>0$ 都成立. 因此, 对于任意的参数 θ_r, 二阶矩 $\mathrm{M}_2[\xi^*]$ 都是一个关于 $\sigma>0$ 的参数二次凸函数. □

定理 8.8(Wu et al., 2012)   设 $\tilde{\xi} = \tilde{\gamma}(\lambda, r; \theta_l, \theta_r)$ 是一个 2- 型 Γ 模糊变量, 且 ξ_*, ξ^* 和 ξ 分别是 $\tilde{\xi}$ 的 EV_*, EV^* 和 EV 简约模糊变量, 则有

(1) ξ_* 的二阶矩为

$$
M_2[\xi_*] = (\lambda r - m)^2 + 2\lambda^2 \sum_{n=0}^{r} \left((n+1)\frac{1}{r^n}\frac{r!}{(r-n)!} \right)
$$
$$
+2\lambda(\lambda r - m)\sum_{n=0}^{r}\left(\frac{1}{r^n}\frac{r!}{(r-n)!}\right) - (r+1)\lambda^2\frac{r!}{r^r}\exp(r) + m\lambda\frac{r!}{r^r}\exp(r)
$$
$$
-\frac{1}{4}\theta_l\left[(t_1-m)^2 + (t_2-m)^2 - 2(\lambda r - m)^2 + 2(t_1-m)\sum_{n=0}^{r}\left(\lambda^{n+1}\frac{1}{t_1^n}\frac{r!}{(r-n)!}\right)\right.
$$
$$
+2\sum_{n=0}^{r}\left((n+1)\lambda^{n+2}\frac{1}{t_1^n}\frac{r!}{(r-n)!}\right) - 4\lambda(\lambda r - m)\sum_{n=0}^{r}\left(\frac{1}{r^n}\frac{r!}{(r-n)!}\right)
$$
$$
-4\lambda^2\sum_{n=0}^{r}\left((n+1)\frac{1}{r^n}\frac{r!}{(r-n)!}\right) + 2(t_2-m)\sum_{n=0}^{r}\left(\lambda^{n+1}\frac{1}{t_2^n}\frac{r!}{(r-n)!}\right)
$$
$$
\left.+2\sum_{n=0}^{r}\left((n+1)\lambda^{n+2}\frac{1}{t_2^n}\frac{r!}{(r-n)!}\right) - 2(r+1)\lambda^2\frac{r!}{r^r}\exp(r) + 2m\lambda\frac{r!}{r^r}\exp(r)\right].
$$

(2) ξ^* 的二阶矩为

$$
M_2[\xi^*] = (\lambda r - m)^2 + 2\lambda^2 \sum_{n=0}^{r} \left((n+1)\frac{1}{r^n}\frac{r!}{(r-n)!} \right)
$$
$$
+2\lambda(\lambda r - m)\sum_{n=0}^{r}\left(\frac{1}{r^n}\frac{r!}{(r-n)!}\right) - (r+1)\lambda^2\frac{r!}{r^r}\exp(r) + m\lambda\frac{r!}{r^r}\exp(r)
$$
$$
+\frac{1}{4}\theta_r\left[(t_1-m)^2 + (t_2-m)^2 - 2(\lambda r - m)^2 + 2(t_1-m)\sum_{n=0}^{r}\left(\lambda^{n+1}\frac{1}{t_1^n}\frac{r!}{(r-n)!}\right)\right.
$$
$$
+2\sum_{n=0}^{r}\left((n+1)\lambda^{n+2}\frac{1}{t_1^n}\frac{r!}{(r-n)!}\right) - 4\lambda(\lambda r - m)\sum_{n=0}^{r}\left(\frac{1}{r^n}\frac{r!}{(r-n)!}\right)
$$
$$
-4\lambda^2\sum_{n=0}^{r}\left((n+1)\frac{1}{r^n}\frac{r!}{(r-n)!}\right) + 2(t_2-m)\sum_{n=0}^{r}\left(\lambda^{n+1}\frac{1}{t_2^n}\frac{r!}{(r-n)!}\right)
$$
$$
\left.+2\sum_{n=0}^{r}\left((n+1)\lambda^{n+2}\frac{1}{t_2^n}\frac{r!}{(r-n)!}\right) - 2(r+1)\lambda^2\frac{r!}{r^r}\exp(r) + 2m\lambda\frac{r!}{r^r}\exp(r)\right].
$$

(3) ξ 的二阶矩为

$$
M_2[\xi] = (\lambda r - m)^2 + 2\lambda^2 \sum_{n=0}^{r} \left((n+1)\frac{1}{r^n}\frac{r!}{(r-n)!} \right)
$$
$$
+2\lambda(\lambda r - m)\sum_{n=0}^{r}\left(\frac{1}{r^n}\frac{r!}{(r-n)!}\right) - (r+1)\lambda^2\frac{r!}{r^r}\exp(r) + m\lambda\frac{r!}{r^r}\exp(r)
$$
$$
+\frac{1}{8}(\theta_r - \theta_l)\left[(t_1-m)^2 + (t_2-m)^2 - 2(\lambda r - m)^2 + 2(t_1-m)\sum_{n=0}^{r}\left(\lambda^{n+1}\frac{1}{t_1^n}\frac{r!}{(r-n)!}\right)\right.
$$

$$
\begin{aligned}
&+2\sum_{n=0}^{r}\left((n+1)\lambda^{n+2}\frac{1}{t_1^n}\frac{r!}{(r-n)!}\right)-4\lambda(\lambda r-m)\sum_{n=0}^{r}\left(\frac{1}{r^n}\frac{r!}{(r-n)!}\right)\\
&-4\lambda^2\sum_{n=0}^{r}\left((n+1)\frac{1}{r^n}\frac{r!}{(r-n)!}\right)+2(t_2-m)\sum_{n=0}^{r}\left(\lambda^{n+1}\frac{1}{t_2^n}\frac{r!}{(r-n)!}\right)\\
&+2\sum_{n=0}^{r}\left((n+1)\lambda^{n+2}\frac{1}{t_2^n}\frac{r!}{(r-n)!}\right)-2(r+1)\lambda^2\frac{r!}{r^r}\exp(r)+2m\lambda\frac{r!}{r^r}\exp(r)\Bigg],
\end{aligned}
$$

其中 $t_1,t_2\in\Re^+$ 满足

$$
\left(\frac{t_1}{\lambda r}\right)^r\exp\left(r-\frac{t_1}{\lambda}\right)=\frac{1}{2},\quad\left(\frac{t_2}{\lambda r}\right)^r\exp\left(r-\frac{t_2}{\lambda}\right)=\frac{1}{2}.
$$

证明　只需证明结论 (3), 其余结论同理可证. 由于 ξ 是 2- 型 Γ 模糊变量 $\tilde{\xi}$ 的 EV 简约模糊变量, 因而 ξ 的可能性分布 $\mu_\xi(t;\theta_l,\theta_r)$ 为

$$
\mu_\xi(t;\theta_l,\theta_r)=\begin{cases}\dfrac{1}{4}(4+\theta_r-\theta_l)\left(\dfrac{t}{\lambda r}\right)^r\exp\left(r-\dfrac{t}{\lambda}\right), & \left(\dfrac{t}{\lambda r}\right)^r\exp\left(r-\dfrac{t}{\lambda}\right)\leqslant\dfrac{1}{2},\\[3mm]\dfrac{1}{4}\left((4-\theta_r+\theta_l)\left(\dfrac{t}{\lambda r}\right)^r\exp\left(r-\dfrac{t}{\lambda}\right)+\theta_r-\theta_l\right), & \left(\dfrac{t}{\lambda r}\right)^r\exp\left(r-\dfrac{t}{\lambda}\right)>\dfrac{1}{2}.\end{cases}
$$

于是, 有

$$
\mathrm{Cr}\{\xi\leqslant t\}=\begin{cases}0, & t<0,\\[2mm]\dfrac{1}{8}(4+\theta_r-\theta_l)\left(\dfrac{t}{\lambda r}\right)^r\exp\left(r-\dfrac{t}{\lambda}\right), & 0\leqslant t<t_1,\\[2mm]\dfrac{1}{8}\left((4-\theta_r+\theta_l)\left(\dfrac{t}{\lambda r}\right)^r\exp\left(r-\dfrac{t}{\lambda}\right)+\theta_r-\theta_l\right), & t_1\leqslant t<\lambda r,\\[2mm]1-\dfrac{1}{8}\left((4-\theta_r+\theta_l)\left(\dfrac{t}{\lambda r}\right)^r\exp\left(r-\dfrac{t}{\lambda}\right)+\theta_r-\theta_l\right), & \lambda r<t\leqslant t_2,\\[2mm]1-\dfrac{1}{8}(4+\theta_r-\theta_l)\left(\dfrac{t}{\lambda r}\right)^r\exp\left(r-\dfrac{t}{\lambda}\right), & t\geqslant t_2,\end{cases}
$$

其中 $t_1,t_2\in\Re^+$ 满足

$$
\left(\frac{t_1}{\lambda r}\right)^r\exp\left(r-\frac{t_1}{\lambda}\right)=\frac{1}{2},\quad\left(\frac{t_2}{\lambda r}\right)^r\exp\left(r-\frac{t_2}{\lambda}\right)=\frac{1}{2}.
$$

记期望值 $E[\xi]=m$, ξ 的二阶矩计算如下:

$$
\begin{aligned}
\mathrm{M}_2[\xi]=&\int_{(-\infty,+\infty)}(t-m)^2\mathrm{d}(\mathrm{Cr}\{\xi\leqslant t\})\\
&+\int_{(\lambda r,t_2)}(t-m)^2\mathrm{d}\left(1-\frac{1}{8}\left((4-\theta_r+\theta_l)\left(\frac{t}{\lambda r}\right)^r\exp\left(r-\frac{t}{\lambda}\right)+\theta_r-\theta_l\right)\right)
\end{aligned}
$$

$$
+ \int_{(t_2,+\infty)} (t-m)^2 \mathrm{d}\left(1 - \frac{1}{8}(4+\theta_r-\theta_l)\left(\frac{t}{\lambda r}\right)^r \exp\left(r-\frac{t}{\lambda}\right)\right)
$$

$$
= \int_{(0,t_1)} (t-m)^2 \left(\frac{1}{8}(4+\theta_r-\theta_l)\left(\frac{t}{\lambda r}\right)^r \exp\left(r-\frac{t}{\lambda}\right)\right)' \mathrm{d}t
$$

$$
+ \int_{(t_1,\lambda r)} (t-m)^2 \left(\frac{1}{8}\left((4-\theta_r+\theta_l)\left(\frac{t}{\lambda r}\right)^r \exp\left(r-\frac{t}{\lambda}\right)+\theta_r-\theta_l\right)\right)' \mathrm{d}t
$$

$$
+ \int_{(\lambda r,t_2)} (t-m)^2 \left(1 - \frac{1}{8}\left((4-\theta_r+\theta_l)\left(\frac{t}{\lambda r}\right)^r \exp\left(r-\frac{t}{\lambda}\right)+\theta_r-\theta_l\right)\right)' \mathrm{d}t
$$

$$
+ \int_{(t_2,+\infty)} (t-m)^2 \left(1 - \frac{1}{8}(4+\theta_r-\theta_l)\left(\frac{t}{\lambda r}\right)^r \exp\left(r-\frac{t}{\lambda}\right)\right)' \mathrm{d}t
$$

$$
= \int_{[0,t_1]} (t-m)^2 \left(\frac{1}{8}(4+\theta_r-\theta_l)\left(\frac{t}{\lambda r}\right)^r \exp\left(r-\frac{t}{\lambda}\right)\right)' \mathrm{d}t
$$

$$
+ \int_{[t_1,\lambda r]} (t-m)^2 \left(\frac{1}{8}\left((4-\theta_r+\theta_l)\left(\frac{t}{\lambda r}\right)^r \exp\left(r-\frac{t}{\lambda}\right)+\theta_r-\theta_l\right)\right)' \mathrm{d}t
$$

$$
+ \int_{[\lambda r,t_2]} (t-m)^2 \left(1 - \frac{1}{8}\left((4-\theta_r+\theta_l)\left(\frac{t}{\lambda r}\right)^r \exp\left(r-\frac{t}{\lambda}\right)+\theta_r-\theta_l\right)\right)' \mathrm{d}t
$$

$$
+ \int_{[t_2,+\infty)} (t-m)^2 \left(1 - \frac{1}{8}(4+\theta_r-\theta_l)\left(\frac{t}{\lambda r}\right)^r \exp\left(r-\frac{t}{\lambda}\right)\right)' \mathrm{d}t.
$$

$$
= \int_0^{t_1} (t-m)^2 \mathrm{d}\left(\frac{1}{8}(4+\theta_r-\theta_l)\left(\frac{t}{\lambda r}\right)^r \exp\left(r-\frac{t}{\lambda}\right)\right)
$$

$$
+ \int_{t_1}^{\lambda r} (t-m)^2 \mathrm{d}\left(\frac{1}{8}\left((4-\theta_r+\theta_l)\left(\frac{t}{\lambda r}\right)^r \exp\left(r-\frac{t}{\lambda}\right)+\theta_r-\theta_l\right)\right)
$$

$$
+ \int_{\lambda r}^{t_2} (t-m)^2 \mathrm{d}\left(-\frac{1}{8}\left((4-\theta_r+\theta_l)\left(\frac{t}{\lambda r}\right)^r \exp\left(r-\frac{t}{\lambda}\right)+\theta_r-\theta_l\right)\right)
$$

$$
+ \int_{t_2}^{+\infty} (t-m)^2 \mathrm{d}\left(-\frac{1}{8}(4+\theta_r-\theta_l)\left(\frac{t}{\lambda r}\right)^r \exp\left(r-\frac{t}{\lambda}\right)\right).
$$

进一步, 有如下的计算结果:

$$
\mathrm{M}_2[\xi] = (\lambda r-m)^2 + 2\lambda^2 \sum_{n=0}^{r}\left((n+1)\frac{1}{r^n}\frac{r!}{(r-n)!}\right) + 2\lambda(\lambda r-m)\sum_{n=0}^{r}\left(\frac{1}{r^n}\frac{r!}{(r-n)!}\right)
$$

$$
- (r+1)\lambda^2\frac{r!}{r^r}\exp(r) + m\lambda\frac{r!}{r^r}\exp(r) + \frac{1}{8}(\theta_r-\theta_l)\Bigg[(t_1-m)^2
$$

$$
+ (t_2-m)^2 - 2(\lambda r-m)^2 + 2(t_1-m)\sum_{n=0}^{r}\left(\frac{1}{t_1^n}\lambda^{n+1}\frac{r!}{(r-n)!}\right)
$$

$$
+ 2\sum_{n=0}^{r}\left((n+1)\frac{1}{t_1^n}\lambda^{n+2}\frac{r!}{(r-n)!}\right) - 4\lambda(\lambda r-m)\sum_{n=0}^{r}\left(\frac{1}{r^n}\frac{r!}{(r-n)!}\right)
$$

$$
- 4\lambda^2\sum_{n=0}^{r}\left((n+1)\frac{1}{r^n}\frac{r!}{(r-n)!}\right) + 2(t_2-m)\sum_{n=0}^{r}\left(\frac{1}{t_2^n}\lambda^{n+1}\frac{r!}{(r-n)!}\right)
$$

$$
+ 2\sum_{n=0}^{r}\left((n+1)\frac{1}{t_2^n}\lambda^{n+2}\frac{r!}{(r-n)!}\right) - 2(r+1)\lambda^2\frac{r!}{r^r}\exp(r) + 2m\lambda\frac{r!}{r^r}\exp(r)\Bigg],
$$

其中期望值为

$$E[\xi] = m = \lambda r + \sum_{n=0}^{r} \left[\lambda \frac{1}{r^n} \frac{r!}{(r-n)!} \right] - \frac{\lambda r!}{2r^r} \exp(r)$$

$$+ \frac{1}{8}(\theta_r - \theta_l) \left[t_1 + t_2 - 2\lambda r + 2 \sum_{n=0}^{r} \left(\lambda^{n+1} \frac{1}{2t_1^n} \frac{r!}{(r-n)!} \right) \right.$$

$$+ 2 \sum_{n=0}^{r} \left(\lambda^{n+1} \frac{1}{2t_2^n} \frac{r!}{(r-n)!} \right) - 2 \sum_{n=0}^{r} \left(\lambda \frac{1}{r^n} \frac{r!}{(r-n)!} \right) - \frac{\lambda r!}{r^r} \exp(r) \bigg] . \quad \Box$$

　　关于等价值简约模糊变量的非负线性组合, 我们有下面的一些结论. 首先介绍 2- 型梯形模糊变量的简约变量的非负线性组合及其二阶矩.

　　定理 8.9(Wu, Liu, 2012)　设 $\tilde{\xi}_i = (\tilde{r}_{i1}, \tilde{r}_{i2}, \tilde{r}_{i3}, \tilde{r}_{i4}; \theta_l, \theta_r), i = 1, 2, \cdots, n$ 是相互独立的 2- 型梯形模糊变量, 且 $\xi_{i,*}$, ξ_i^* 和 ξ_i 分别是 $\tilde{\xi}_i$ 的 EV_*, EV^* 和 EV 简约模糊变量, 则对于 $x_i \in \Re_+, i = 1, 2, \cdots, n$, 有

　　(1) $\xi_*^{\mathrm{T}} x$ 的二阶矩为

$$\mathrm{M}_2 \left[\xi_*^{\mathrm{T}} x \right] = \frac{1}{2} x^{\mathrm{T}} D_* x,$$

其中 $x = (x_1, x_2, \cdots, x_n)^{\mathrm{T}}$, $\xi_*^{\mathrm{T}} = (\xi_{1,*}, \xi_{2,*}, \cdots, \xi_{n,*})^{\mathrm{T}}$, $D_* = F^{\mathrm{T}} Q_* F$,

$$F = \begin{bmatrix} r_{11} & r_{21} & \cdots & r_{n1} \\ r_{12} & r_{22} & \cdots & r_{n2} \\ r_{13} & r_{23} & \cdots & r_{n3} \\ r_{14} & r_{24} & \cdots & r_{n4} \end{bmatrix}, \quad (8.25)$$

并且对称矩阵 Q_* 为

$$\begin{bmatrix} -\frac{1}{128}\theta_l^2 - \frac{1}{16}\theta_l + \frac{5}{24} & \frac{1}{128}\theta_l^2 + \frac{1}{24} & \frac{1}{128}\theta_l^2 - \frac{1}{8} & -\frac{1}{128}\theta_l^2 + \frac{1}{16}\theta_l - \frac{1}{8} \\ \frac{1}{128}\theta_l^2 + \frac{1}{24} & -\frac{1}{128}\theta_l^2 + \frac{1}{16}\theta_l + \frac{5}{24} & -\frac{1}{128}\theta_l^2 - \frac{1}{16}\theta_l - \frac{1}{8} & \frac{1}{128}\theta_l^2 - \frac{1}{8} \\ \frac{1}{128}\theta_l^2 - \frac{1}{8} & -\frac{1}{128}\theta_l^2 - \frac{1}{16}\theta_l - \frac{1}{8} & -\frac{1}{128}\theta_l^2 + \frac{1}{16}\theta_l + \frac{5}{24} & \frac{1}{128}\theta_l^2 + \frac{1}{24} \\ -\frac{1}{128}\theta_l^2 + \frac{1}{16}\theta_l - \frac{1}{8} & \frac{1}{128}\theta_l^2 - \frac{1}{8} & \frac{1}{128}\theta_l^2 + \frac{1}{24} & -\frac{1}{128}\theta_l^2 - \frac{1}{16}\theta_l + \frac{5}{24} \end{bmatrix} .$$

　　(2) $\xi^{*\mathrm{T}} x$ 的二阶矩为

$$\mathrm{M}_2 \left[\xi^{*\mathrm{T}} x \right] = \frac{1}{2} x^{\mathrm{T}} D^* x,$$

其中 $x = (x_1, x_2, \cdots, x_n)^{\mathrm{T}}$, $\xi^* = (\xi_1^*, \xi_2^*, \cdots, \xi_n^*)^{\mathrm{T}}$, $D^* = F^{\mathrm{T}} Q^* F$, F 是由式 (8.25)

定义的矩阵, 并且对称矩阵 Q^* 为

$$
\begin{bmatrix}
-\dfrac{1}{128}\theta_r^2+\dfrac{1}{16}\theta_r+\dfrac{5}{24} & \dfrac{1}{128}\theta_r^2+\dfrac{1}{24} & \dfrac{1}{128}\theta_r^2-\dfrac{1}{8} & \dfrac{1}{128}\theta_r^2-\dfrac{1}{16}\theta_r-\dfrac{1}{8} \\[2mm]
\dfrac{1}{128}\theta_r^2+\dfrac{1}{24} & -\dfrac{1}{128}\theta_r^2-\dfrac{1}{16}\theta_r+\dfrac{5}{24} & -\dfrac{1}{128}\theta_r^2+\dfrac{1}{16}\theta_r-\dfrac{1}{8} & \dfrac{1}{128}\theta_r^2-\dfrac{1}{8} \\[2mm]
\dfrac{1}{128}\theta_r^2-\dfrac{1}{8} & -\dfrac{1}{128}\theta_r^2+\dfrac{1}{16}\theta_r-\dfrac{1}{8} & \dfrac{1}{128}\theta_r^2-\dfrac{1}{16}\theta_r+\dfrac{5}{24} & \dfrac{1}{128}\theta_r^2+\dfrac{1}{24} \\[2mm]
-\dfrac{1}{128}\theta_r^2-\dfrac{1}{16}\theta_r-\dfrac{1}{8} & \dfrac{1}{128}\theta_r^2-\dfrac{1}{8} & \dfrac{1}{128}\theta_r^2+\dfrac{1}{24} & -\dfrac{1}{128}\theta_r^2+\dfrac{1}{16}\theta_r+\dfrac{5}{24}
\end{bmatrix}.
$$

(3) $\xi^{\mathrm{T}}x$ 的二阶矩为

$$
\mathrm{M}_2\left[\xi^{\mathrm{T}}x\right]=\frac{1}{2}x^{\mathrm{T}}Dx,
$$

其中 $x=(x_1,x_2,\cdots,x_n)^{\mathrm{T}}$, $\xi=(\xi_1,\xi_2,\cdots,\xi_n)^{\mathrm{T}}$, $D=F^{\mathrm{T}}QF$, F 是由式 (8.25) 定义的矩阵, 并且对称矩阵 Q 由如下元素组成

$$
Q_{11}=Q_{44}=-\frac{1}{512}(\theta_r-\theta_l)^2+\frac{1}{32}(\theta_r-\theta_l)+\frac{5}{24},
$$

$$
Q_{12}=Q_{34}=\frac{1}{512}(\theta_r-\theta_l)^2+\frac{1}{24},
$$

$$
Q_{13}=Q_{24}=\frac{1}{512}(\theta_r-\theta_l)^2-\frac{1}{8},
$$

$$
Q_{14}=-\frac{1}{512}(\theta_r-\theta_l)^2-\frac{1}{32}(\theta_r-\theta_l)-\frac{1}{8},
$$

$$
Q_{22}=Q_{33}=-\frac{1}{512}(\theta_r-\theta_l)^2-\frac{1}{32}(\theta_r-\theta_l)+\frac{5}{24},
$$

$$
Q_{23}=-\frac{1}{512}(\theta_r-\theta_l)^2+\frac{1}{32}(\theta_r-\theta_l)-\frac{1}{8}.
$$

此外, 二阶矩 $\mathrm{M}_2[\xi_*^{\mathrm{T}}x]$, $\mathrm{M}_2[\xi^{*\mathrm{T}}x]$ 和 $\mathrm{M}_2[\xi^{\mathrm{T}}x]$ 都是关于决策向量 $x\in\Re^n$ 的参数二次凸函数.

证明 只需证明结论 (3), 其余结论同理可证. 由于 ξ_i 是相互独立的简约模糊变量. 若记 $R(x,\xi)=\xi^{\mathrm{T}}x$, 则其 α- 截集为 $R_\alpha(x,\xi)=\sum_{i=1}^n x_i\xi_{i,\alpha}$. 因此, $R(x,\xi)$ 的参数可能性分布为

$$
\mu_R(t;\theta_l,\theta_r)=
\begin{cases}
\dfrac{(4+\theta_r-\theta_l)(t-r_1)}{4(r_2-r_1)}, & r_1\leqslant t<\dfrac{r_1+r_2}{2} \\[3mm]
\dfrac{(4-\theta_r+\theta_l)t+(\theta_r-\theta_l)r_2-4r_1}{4(r_2-r_1)}, & \dfrac{r_1+r_2}{2}\leqslant t<r_2 \\[3mm]
1, & r_2\leqslant t<r_3 \\[3mm]
\dfrac{(-4+\theta_r-\theta_l)t-(\theta_r-\theta_l)r_3+4r_4}{4(r_4-r_3)}, & r_3\leqslant t<\dfrac{r_3+r_4}{2} \\[3mm]
\dfrac{(4+\theta_r-\theta_l)(r_4-t)}{4(r_4-r_3)}, & \dfrac{r_3+r_4}{2}\leqslant t\leqslant r_4,
\end{cases}
$$

其中 $r_1 = \sum_{i=1}^{n} x_i r_{i1}, r_2 = \sum_{i=1}^{n} x_i r_{i2}, r_3 = \sum_{i=1}^{n} x_i r_{i3}$ 且 $r_4 = \sum_{i=1}^{n} x_i r_{i4}$.

根据定理 8.6 的结论 (3), $\xi^{\mathrm{T}} x$ 的二阶矩为

$$\mathrm{M}_2[\xi^{\mathrm{T}} x] = \frac{1}{2}[r_1, r_2, r_3, r_4] Q \begin{bmatrix} r_1 \\ r_2 \\ r_3 \\ r_4 \end{bmatrix} \geqslant 0.$$

另外, 有

$$\begin{bmatrix} r_1 \\ r_2 \\ r_3 \\ r_4 \end{bmatrix} = \begin{bmatrix} r_{11} & r_{21} & \cdots & r_{n1} \\ r_{12} & r_{22} & \cdots & r_{n2} \\ r_{13} & r_{23} & \cdots & r_{n3} \\ r_{14} & r_{24} & \cdots & r_{n4} \end{bmatrix} \begin{bmatrix} x_1 \\ x_2 \\ \vdots \\ x_n \end{bmatrix}.$$

若记 $x = (x_1, x_2, \cdots, x_n)^{\mathrm{T}}$, 且

$$F = \begin{bmatrix} r_{11} & r_{21} & \cdots & r_{n1} \\ r_{12} & r_{22} & \cdots & r_{n2} \\ r_{13} & r_{23} & \cdots & r_{n3} \\ r_{14} & r_{24} & \cdots & r_{n4} \end{bmatrix},$$

则 $(r_1, r_2, r_3, r_4)^{\mathrm{T}} = Fx$. 因此, $\xi^{\mathrm{T}} x$ 的二阶矩为

$$\mathrm{M}_2\left[\xi^{\mathrm{T}} x\right] = \frac{1}{2} x^{\mathrm{T}} F^{\mathrm{T}} Q F x = \frac{1}{2} x^{\mathrm{T}} D x \geqslant 0,$$

其中 $D = F^{\mathrm{T}} Q F$. 对于任意的 $x \in \Re_{+}^{n}$, 二阶矩 $\mathrm{M}_2[\xi^{\mathrm{T}} x] \geqslant 0$ 恒成立, 且矩阵 D 是一个对称的参数矩阵. 因此, 对于任意的参数 θ_l 和 θ_r, 二阶矩 $\mathrm{M}_2[\xi^{\mathrm{T}} x]$ 都是关于决策向量 $x \in \Re_{+}^{n}$ 的参数二次凸规划. $\qquad \square$

作为定理 8.9 的推论, 关于 2- 型三角模糊变量有如下结论.

推论 8.2(Wu, Liu, 2012)　设 $\tilde{\xi}_i = (\tilde{r}_{i1}, \tilde{r}_{i2}, \tilde{r}_{i3}; \theta_l, \theta_r), i = 1, 2, \cdots, n$ 是相互独立的 2- 型三角模糊变量, 且 $\xi_{i,*}, \xi_i^*$ 和 ξ_i 分别是 $\tilde{\xi}_i$ 的 EV_*, EV^* 和 EV 简约模糊变量, 则对于 $x_i \in \Re_+, i = 1, 2, \cdots, n$, 有

(1) $\xi_*^{\mathrm{T}} x$ 的二阶矩为

$$\mathrm{M}_2\left[\xi_*^{\mathrm{T}} x\right] = \frac{1}{2} x^{\mathrm{T}} H_* x,$$

其中 $x = (x_1, x_2, \cdots, x_n)^{\mathrm{T}}, \xi_*^{\mathrm{T}} = (\xi_{1,*}, \xi_{2,*}, \cdots, \xi_{n,*})^{\mathrm{T}}, H_* = S^{\mathrm{T}} R_* S,$

$$S = \begin{bmatrix} r_{11} & r_{21} & r_{31} & \cdots & r_{n1} \\ r_{12} & r_{22} & r_{32} & \cdots & r_{n2} \\ r_{13} & r_{23} & r_{33} & \cdots & r_{n3} \end{bmatrix}, \tag{8.26}$$

且

$$R_* = \begin{bmatrix} -\dfrac{1}{128}\theta_l^2 - \dfrac{1}{16}\theta_l + \dfrac{5}{24} & \dfrac{1}{64}\theta_l^2 - \dfrac{1}{12} & -\dfrac{1}{128}\theta_l^2 + \dfrac{1}{16}\theta_l - \dfrac{1}{8} \\[2mm] \dfrac{1}{64}\theta_l^2 - \dfrac{1}{12} & -\dfrac{1}{32}\theta_l^2 + \dfrac{1}{6} & \dfrac{1}{64}\theta_l^2 - \dfrac{1}{12} \\[2mm] -\dfrac{1}{128}\theta_l^2 + \dfrac{1}{16}\theta_l - \dfrac{1}{8} & \dfrac{1}{64}\theta_l^2 - \dfrac{1}{12} & -\dfrac{1}{128}\theta_l^2 - \dfrac{1}{16}\theta_l + \dfrac{5}{24} \end{bmatrix}.$$

(2) $\xi^{*\mathrm{T}}x$ 的二阶矩为

$$\mathrm{M}_2\left[\xi^{*\mathrm{T}}x\right] = \frac{1}{2}x^{\mathrm{T}}H^*x,$$

其中 $x = (x_1, x_2, \cdots, x_n)^{\mathrm{T}}$, $\xi^* = (\xi_1^*, \xi_2^*, \cdots, \xi_n^*)^{\mathrm{T}}$, $H^* = S^{\mathrm{T}}R^*S$, S 是由式 (8.26) 定义的矩阵, 并且

$$R^* = \begin{bmatrix} -\dfrac{1}{128}\theta_r^2 + \dfrac{1}{16}\theta_r + \dfrac{5}{24} & \dfrac{1}{64}\theta_r^2 - \dfrac{1}{12} & -\dfrac{1}{128}\theta_r^2 - \dfrac{1}{16}\theta_r - \dfrac{1}{8} \\[2mm] \dfrac{1}{64}\theta_r^2 - \dfrac{1}{12} & -\dfrac{1}{32}\theta_r^2 + \dfrac{1}{6} & \dfrac{1}{64}\theta_r^2 - \dfrac{1}{12} \\[2mm] -\dfrac{1}{128}\theta_r^2 - \dfrac{1}{16}\theta_r - \dfrac{1}{8} & \dfrac{1}{64}\theta_r^2 - \dfrac{1}{12} & -\dfrac{1}{128}\theta_r^2 + \dfrac{1}{16}\theta_r + \dfrac{5}{24} \end{bmatrix}.$$

(3) $\xi^{\mathrm{T}}x$ 的二阶矩为

$$\mathrm{M}_2\left[\xi^{\mathrm{T}}x\right] = \frac{1}{2}x^{\mathrm{T}}Hx,$$

其中 $x = (x_1, x_2, \cdots, x_n)^{\mathrm{T}}$, $\xi = (\xi_1, \xi_2, \cdots, \xi_n)^{\mathrm{T}}$, $H = S^{\mathrm{T}}RS$, S 是由式 (8.26) 定义的矩阵, 并且 R 为

$$\begin{bmatrix} -\dfrac{1}{512}(\theta_r - \theta_l)^2 + \dfrac{1}{32}(\theta_r - \theta_l) + \dfrac{5}{24} & \dfrac{1}{256}(\theta_r - \theta_l)^2 - \dfrac{1}{12} & -\dfrac{1}{512}(\theta_r - \theta_l)^2 - \dfrac{1}{32}(\theta_r - \theta_l) - \dfrac{1}{8} \\[2mm] \dfrac{1}{256}(\theta_r - \theta_l)^2 - \dfrac{1}{12} & -\dfrac{1}{128}(\theta_r - \theta_l)^2 + \dfrac{1}{6} & \dfrac{1}{256}(\theta_r - \theta_l)^2 - \dfrac{1}{12} \\[2mm] -\dfrac{1}{512}(\theta_r - \theta_l)^2 - \dfrac{1}{32}(\theta_r - \theta_l) - \dfrac{1}{8} & \dfrac{1}{256}(\theta_r - \theta_l)^2 - \dfrac{1}{12} & -\dfrac{1}{512}(\theta_r - \theta_l)^2 + \dfrac{1}{32}(\theta_r - \theta_l) + \dfrac{5}{24} \end{bmatrix}.$$

此外, 二阶矩 $\mathrm{M}_2[\xi_*^{\mathrm{T}}x]$, $\mathrm{M}_2[\xi^{\mathrm{T}}x]$ 和 $\mathrm{M}_2[\xi^{\mathrm{T}}x]$ 都是关于决策向量 $x \in \Re_+^n$ 的参数二次凸函数.

由定理 8.7, 关于 2- 型正态模糊变量的等价值简约变量的线性组合, 其二阶矩公式如下.

定理 8.10(Wu et al., 2012) 设 $\tilde{\xi}_i = \tilde{n}(\mu_i, \sigma_i^2; \theta_l, \theta_r)$, $i = 1, 2, \cdots, n$ 是相互独立的 2- 型正态模糊变量, 且 ξ_{i*}, ξ_i^* 和 ξ_i 分别为 $\tilde{\xi}_i$ 的 EV_*, EV^* 和 EV 简约模糊变量, 则对于 $x_i \in \Re_+$, $i = 1, 2, \cdots, n$, 有

(1) $\sum_{i=1}^n x_i\xi_{i,*}$ 的二阶矩为

$$\mathrm{M}_2\left[\sum_{i=1}^n x_i\xi_{i,*}\right] = \frac{1}{2}x^{\mathrm{T}}P_*x,$$

其中 $x = (x_1, x_2, \cdots, x_n)^{\mathrm{T}}$, $P_* = (4 - 2\theta_l \ln 2)\Sigma$, 且

$$\Sigma = \begin{bmatrix} \sigma_1^2 & \sigma_1\sigma_2 & \cdots & \sigma_1\sigma_n \\ \sigma_2\sigma_1 & \sigma_2^2 & \cdots & \sigma_2\sigma_n \\ \vdots & \vdots & & \vdots \\ \sigma_n\sigma_1 & \sigma_n\sigma_2 & \cdots & \sigma_n^2 \end{bmatrix}. \tag{8.27}$$

(2) $\sum_{i=1}^{n} x_i \xi_i^*$ 的二阶矩为

$$\mathrm{M}_2\left[\sum_{i=1}^{n} x_i \xi_i^*\right] = \frac{1}{2} x^{\mathrm{T}} P^* x,$$

其中 $x = (x_1, x_2, \cdots, x_n)^{\mathrm{T}}$, $P^* = (4 + 2\theta_r \ln 2)\Sigma$, 且 Σ 是由式 (8.27) 定义的矩阵.

(3) $\sum_{i=1}^{n} x_i \xi_i$ 的二阶矩为

$$\mathrm{M}_2\left[\sum_{i=1}^{n} x_i \xi_i\right] = \frac{1}{2} x^{\mathrm{T}} P x,$$

其中 $x = (x_1, x_2, \cdots, x_n)^{\mathrm{T}}$, $P = (4 + \ln 2(\theta_r - \theta_l))\Sigma$, 且 Σ 是由式 (8.27) 定义的矩阵.

此外, $\mathrm{M}_2[\sum_{i=1}^{n} x_i \xi_{i,*}]$, $\mathrm{M}_2[\sum_{i=1}^{n} x_i \xi_i^*]$ 和 $\mathrm{M}_2[\sum_{i=1}^{n} x_i \xi_i]$ 都是关于决策向量 x 的参数二次凸函数.

证明　只需证明结论 (3), 其余结论同理可证. 由于 ξ_i, $i = 1, 2, \cdots, n$ 是 $\tilde{\xi}_i$ 的 EV 简约模糊变量, 故 ξ_i, $i = 1, 2, \cdots, n$ 是相互独立的. 若记 $\xi = \sum_{i=1}^{n} x_i \xi_i$, 则其 α- 截集为 $R_\alpha(x, \xi) = \sum_{i=1}^{n} x_i \xi_{i,\alpha}$. 因此, ξ 的可能性分布为

$$\mu_\xi(t; \theta_l, \theta_r)$$
$$= \begin{cases} \frac{1}{4}(4 + \theta_r - \theta_l)\exp\left(-\frac{(t-\mu)^2}{2\sigma^2}\right), & t \leqslant \mu - \sigma\sqrt{2\ln 2} \text{ 或 } t \geqslant \mu + \sigma\sqrt{2\ln 2}, \\ \frac{1}{4}\left((4 - \theta_r + \theta_l)\exp\left(-\frac{(t-\mu)^2}{2\sigma^2}\right) + \theta_r - \theta_l\right), & \mu - \sigma\sqrt{2\ln 2} < t < \mu + \sigma\sqrt{2\ln 2}, \end{cases}$$

其中 $\mu = \sum_{i=1}^{n} x_i \mu_i$, 并且

$$\sigma^2 = \left(\sum_{i=1}^{n} x_i \sigma_i\right)^2 = (x_1, x_2, \cdots, x_n) \begin{bmatrix} \sigma_1^2 & \sigma_1\sigma_2 & \cdots & \sigma_1\sigma_n \\ \sigma_2\sigma_1 & \sigma_2^2 & \cdots & \sigma_2\sigma_n \\ \vdots & \vdots & & \vdots \\ \sigma_n\sigma_1 & \sigma_n\sigma_2 & \cdots & \sigma_n^2 \end{bmatrix} \begin{bmatrix} x_1 \\ x_2 \\ \vdots \\ x_n \end{bmatrix}.$$

记 $x = (x_1, x_2, \cdots, x_n)^{\mathrm{T}}$, 且

$$
\Sigma = \begin{bmatrix}
\sigma_1^2 & \sigma_1\sigma_2 & \cdots & \sigma_1\sigma_n \\
\sigma_2\sigma_1 & \sigma_2^2 & \cdots & \sigma_2\sigma_n \\
\vdots & \vdots & & \vdots \\
\sigma_n\sigma_1 & \sigma_n\sigma_2 & \cdots & \sigma_n^2
\end{bmatrix},
$$

则根据定理 8.7 中的结论 (3), 有

$$
\mathrm{M}_2\left[\sum_{i=1}^n x_i\xi_i\right] = \left(2 + \frac{1}{2}\ln 2(\theta_r - \theta_l)\right)\sigma^2 = \left(2 + \frac{1}{2}\ln 2(\theta_r - \theta_l)\right)x^{\mathrm{T}}\Sigma x = \frac{1}{2}x^{\mathrm{T}}Px > 0,
$$

其中 $P = (4 + \ln 2(\theta_r - \theta_l))\Sigma$. 由于对于任意的 $x \in \Re_+^n$, $\mathrm{M}_2\left[\sum_{i=1}^n x_i\xi_i\right] > 0$ 都成立, 且 P 是一个对称的参数矩阵. 因此, 对于任意的参数 θ_l, θ_r, 二阶矩 $\mathrm{M}_2\left[\sum_{i=1}^n x_i\xi_i\right]$ 都是关于决策向量 $x \in \Re_+^n$ 的参数二次凸函数.   □

8.3.2   基于矩的投资组合模型

假设有 n 种可供选择的有价证券, $\tilde{\xi}_i$ 表示一个投资周期结束后第 i 种证券的收益, $i = 1, 2, \cdots, n$. 对于 2- 型模糊收益 $\tilde{\xi}_i$ 的第二可能性分布, 我们采用等价值简约方法, 并得到相应的简约模糊收益 ξ_i, 它由参数可能性分布刻画. 我们在此基础上建立两类广义模糊均值–矩模型. 此外, 假设投资者将全部资金投资在这 n 种有价证券上, 非负数 x_i 表示对第 i 种证券的投资比例, 即满足 $\sum_{i=1}^n x_i = 1$. 因此, 该组合投资的收益可表示为

$$
R(x, \xi) = \sum_{i=1}^n x_i\xi_i = \xi^{\mathrm{T}}x,
$$

其中 $x = (x_1, x_2, \cdots, x_n)^{\mathrm{T}}$, $\xi = (\xi_1, \xi_2, \cdots, \xi_n)^{\mathrm{T}}$. 这一组合投资所能产生的收益由其期望收益来衡量, 即 $E[R(x, \xi)] = E\left[\xi^{\mathrm{T}}x\right]$.

通常情况下, 组合投资的收益越高, 投资者所承受的风险就越大. 因此, 需要一种指标来度量获得收益 $R(x, \xi)$ 所带来的风险. 在本书中, 我们用收益 $R(x, \xi)$ 的二阶矩衡量风险水平, 即 $\mathrm{M}_2[R(x, \xi)] = \mathrm{M}_2\left[\xi^{\mathrm{T}}x\right]$.

通常, 不同投资者对风险和收益持不同的态度. 对于冒险型投资者, 为了获取较高的收益而愿意承受较大的风险. 在这种情况下, 投资者可以考虑如下均值 – 矩模型:

$$
\begin{cases}
\max & E[\xi^{\mathrm{T}}x] \\
\text{s.t.} & \mathrm{M}_2[\xi^{\mathrm{T}}x] \leqslant \phi, \\
& \sum_{i=1}^n x_i = 1, \\
& x_i \geqslant 0, i = 1, 2, \cdots, n,
\end{cases}
\tag{8.28}
$$

其中参数 $\phi \geqslant 0$ 表示投资者所能承受的最大风险水平. 我们称这一模型为收益 – 风险模型, 其中 $E[\xi^{\mathrm{T}}x]$ 代表收益, $\mathrm{M}_2[\xi^{\mathrm{T}}x]$ 表示风险.

此外, 如果投资者希望在收益水平 ψ 下最小化风险水平, 可以考虑如下均值 – 矩模型:

$$
\begin{cases}
\min & \mathrm{M}_2[\xi^{\mathrm{T}}x] \\
\text{s.t.} & E[\xi^{\mathrm{T}}x] \geqslant \psi, \\
& \displaystyle\sum_{i=1}^n x_i = 1, \\
& x_i \geqslant 0, i = 1, 2, \cdots, n,
\end{cases}
\tag{8.29}
$$

其中参数 $\psi \geqslant 0$ 表示投资者所能接受的最小的期望收益水平. 我们称这一模型为风险–收益模型, 这是一个关于参数 ψ 的参数优化模型. 在经济上, 关于 ψ 的最优值函数的图像是由风险和收益组成的坐标平面上的效用曲线.

下面我们介绍模型的等价参数规划和求解方法. 我们以相互独立的 2- 型梯形模糊变量 $\tilde{\xi}_i$ 为例来讨论模型 (8.28) 和模型 (8.29) 的等价参数规划. 根据定理 8.9, 模糊收益的二阶矩为

$$
\mathrm{M}_2\left[\xi^{\mathrm{T}}x\right] = \frac{1}{2}x^{\mathrm{T}}Dx,
$$

其中 $x = (x_1, x_2, \cdots, x_n)^{\mathrm{T}}, D = F^{\mathrm{T}}QF$, 并且下面矩阵

$$
F = \begin{bmatrix}
r_{11} & r_{21} & \cdots & r_{n1} \\
r_{12} & r_{22} & \cdots & r_{n2} \\
r_{13} & r_{23} & \cdots & r_{n3} \\
r_{14} & r_{24} & \cdots & r_{n4}
\end{bmatrix}
$$

描述了证券的收益信息. 此外, 对称参数矩阵 Q 的组成元素为

$$
Q_{11} = Q_{44} = -\frac{1}{512}(\theta_r - \theta_l)^2 + \frac{1}{32}(\theta_r - \theta_l) + \frac{5}{24},
$$

$$
Q_{12} = Q_{34} = \frac{1}{512}(\theta_r - \theta_l)^2 + \frac{1}{24},
$$

$$
Q_{13} = Q_{24} = \frac{1}{512}(\theta_r - \theta_l)_r^2 - \frac{1}{8},
$$

$$
Q_{14} = -\frac{1}{512}(\theta_r - \theta_l)^2 - \frac{1}{32}(\theta_r - \theta_l) - \frac{1}{8},
$$

$$
Q_{22} = Q_{33} = -\frac{1}{512}(\theta_r - \theta_l)^2 - \frac{1}{32}(\theta_r - \theta_l) + \frac{5}{24},
$$

$$
Q_{23} = -\frac{1}{512}(\theta_r - \theta_l)^2 + \frac{1}{32}(\theta_r - \theta_l) - \frac{1}{8},
$$

其中参数 θ_l 和 θ_r 刻画了达到某一收益的不确定性程度.

此外, 根据收益信息的独立性, 可知

$$E\left[\xi^{\mathrm{T}}x\right] = \sum_{i=1}^{n} x_i E[\xi_i].$$

上式还可以等价表示为如下的向量形式

$$E\left[\xi^{\mathrm{T}}x\right] = c^{\mathrm{T}}x,$$

其中 $x = (x_1, x_2, \cdots, x_n)^{\mathrm{T}}$, $c = (E[\xi_1], E[\xi_2], \cdots, E[\xi_n])^{\mathrm{T}}$ 和

$$E[\xi_i] = \frac{1}{4}(r_{i1} + r_{i2} + r_{i3} + r_{i4}) + \frac{1}{32}(\theta_r - \theta_l)(r_{i1} - r_{i2} - r_{i3} + r_{i4}).$$

因此, 当收益为 2- 型梯形模糊变量时, 收益–风险模型 (8.28) 可以表示成如下等价参数二次规划问题:

$$\begin{cases} \max & c^{\mathrm{T}}x \\ \text{s.t.} & \dfrac{1}{2}x^{\mathrm{T}}Dx \leqslant \phi, \\ & \displaystyle\sum_{i=1}^{n} x_i = 1, \\ & x_i \geqslant 0, i = 1, 2, \cdots, n. \end{cases} \tag{8.30}$$

同理, 风险 – 收益模型 (8.29) 可以表示成如下等价参数二次规划问题:

$$\begin{cases} \min & \dfrac{1}{2}x^{\mathrm{T}}Dx \\ \text{s.t.} & c^{\mathrm{T}}x \geqslant \psi, \\ & \displaystyle\sum_{i=1}^{n} x_i = 1, \\ & x_i \geqslant 0, i = 1, 2, \cdots, n. \end{cases} \tag{8.31}$$

在模型 (8.30) 和模型 (8.31) 中, 二阶矩 $\frac{1}{2}x^{\mathrm{T}}Dx$ 是关于决策向量 x 的参数二次凸函数. 期望值 $c^{\mathrm{T}}x$ 和约束条件是关于 x 的线性函数. 因此模型 (8.30) 和模型 (8.31) 可以转化为如下包含参数 θ_l 和 θ_r 的参数二次凸规划:

$$\begin{cases} \min & -c^{\mathrm{T}}x \\ \text{s.t.} & \dfrac{1}{2}x^{\mathrm{T}}Dx \leqslant \phi, \\ & \displaystyle\sum_{i=1}^{n} x_i = 1, \\ & x_i \geqslant 0, i = 1, 2, \cdots, n, \end{cases} \tag{8.32}$$

$$\begin{cases} \min & \dfrac{1}{2}x^{\mathrm{T}}Dx \\ \text{s.t.} & -c^{\mathrm{T}}x \leqslant -\psi, \\ & \displaystyle\sum_{i=1}^{n} x_i = 1, \\ & x_i \geqslant 0, i = 1, 2, \cdots, n. \end{cases} \tag{8.33}$$

下面, 根据等价规划问题的结构和性质选取合适的求解算法. 由于模型 (8.32) 和 (8.33) 都是二次凸规划, 因此可以采用传统的优化算法或通用优化软件进行求解. 以模型 (8.32) 为例, 它是一个具有线性目标函数和凸二次约束及线性等式和不等式约束的规划问题, 因此可用切平面方法 (Kelley, 1960) 进行求解.

为了叙述简便, 记

$$f(x) = -c^{\mathrm{T}}x, \quad h(x) = \frac{1}{2}x^{\mathrm{T}}Dx, \quad g(x) = \phi - h(x)$$

且

$$T = \left\{ x \in \Re^n \ \Big|\ \sum_{i=1}^{n} x_i = 1, x_i \geqslant 0, i = 1, 2, \cdots, n \right\}.$$

计算问题 (8.32) 的切平面方法步骤如下:

步骤 1　设 $k = 1$, 求解下面的线性规划

$$\begin{cases} \min & f(x) \\ \text{s.t.} & x \in T \end{cases} \tag{8.34}$$

得到解 x_k.

步骤 2　若 $g(x_k) \geqslant 0$, 则 x_k 是问题 (8.32) 的全局最优解; 否则, 将下面的不等式作为一个切平面添加到问题 (8.34) 中

$$g(x_k) + \nabla g(x_k)(x - x_k) \geqslant 0.$$

步骤 3　求解下面的规划问题

$$\begin{cases} \min & f(x) \\ \text{s.t.} & g(x_k) + \nabla g(x_k)(x - x_k) \geqslant 0, \\ & x \in T \end{cases} \tag{8.35}$$

得其解为 x_{k+1}. 设 $k = k + 1$, 转到步骤 2.

由于模型 (8.32) 是凸规划, 通过切平面方法得到的解为全局最优解. 除了传统的求解方法外, 模型 (8.32) 和模型 (8.33) 还可采用优化软件如 LINGO 进行求解.

8.3.3 数值例子

假设投资者将他的资金投资到三种相互独立的有价证券上, 用 x_i 表示第 i 种证券的投资比例, $\tilde{\xi}_i$ 表示第 i 种证券的模糊收益 $i = 1, 2, 3$. $\tilde{\xi}_i, i = 1, 2, 3$ 的参数分布具有如下形式

$$\tilde{\xi}_1 = (\widehat{1.002}, \widehat{1.033}, \widehat{1.045}\ \theta_l, \theta_r), \quad \tilde{\xi}_2 = (\widehat{1.009}, \widehat{1.027}, \widehat{1.059}\ \theta_l, \theta_r),$$

$$\tilde{\xi}_3 = (\widehat{1.012}, \widehat{1.038}, \widehat{1.073}\ \theta_l, \theta_r).$$

对于这一投资问题, 我们采用模型 (8.32) 进行求解, 其等价的参数二次凸规划可表示如下:

$$\begin{cases} \min & -c^{\mathrm{T}}x \\ \text{s.t.} & \dfrac{1}{2}x^{\mathrm{T}}Hx \leqslant \phi, \\ & \displaystyle\sum_{i=1}^{3} x_i = 1, \\ & x_i \geqslant 0, i = 1, 2, 3, \end{cases} \tag{8.36}$$

其中 $H = S^{\mathrm{T}}RS$,

$$S = \begin{bmatrix} r_{11} & r_{21} & r_{31} \\ r_{12} & r_{22} & r_{32} \\ r_{13} & r_{23} & r_{33} \end{bmatrix},$$

并且对称参数矩阵 R 为

$$\begin{bmatrix} -\dfrac{1}{512}(\theta_r-\theta_l)^2 + \dfrac{1}{32}(\theta_r-\theta_l) + \dfrac{5}{24} & \dfrac{1}{256}(\theta_r-\theta_l)^2 - \dfrac{1}{12} & -\dfrac{1}{512}(\theta_r-\theta_l)^2 - \dfrac{1}{32}(\theta_r-\theta_l) - \dfrac{1}{8} \\ \dfrac{1}{256}(\theta_r-\theta_l)^2 - \dfrac{1}{12} & -\dfrac{1}{128}(\theta_r-\theta_l)^2 + \dfrac{1}{6} & \dfrac{1}{256}(\theta_r-\theta_l)^2 - \dfrac{1}{12} \\ -\dfrac{1}{512}(\theta_r-\theta_l)^2 - \dfrac{1}{32}(\theta_r-\theta_l) - \dfrac{1}{8} & \dfrac{1}{256}(\theta_r-\theta_l)^2 - \dfrac{1}{12} & -\dfrac{1}{512}(\theta_r-\theta_l)^2 + \dfrac{1}{32}(\theta_r-\theta_l) + \dfrac{5}{24} \end{bmatrix}.$$

取参数 $\theta_l = 0.4, \theta_r = 0.8$ 和 $\phi = 0.28 \times 10^{-3}$ 时, 下面我们用切平面方法求解上述问题. 此时有

$$H = \begin{bmatrix} 0.3462 & 0.3742 & 0.4628 \\ 0.3742 & 0.4560 & 0.5516 \\ 0.4628 & 0.5516 & 0.6700 \end{bmatrix} \times 10^{-3},$$

$c = (1.0280, 1.0307, 1.0404)^{\mathrm{T}}$. 所以, 凸规划问题可表示为

$$\begin{cases} \min & f(x) \\ \text{s.t.} & h(x) \leqslant 0.28, \\ & x_1 + x_2 + x_3 = 1, \\ & x_1, x_2, x_3 \geqslant 0, \end{cases} \tag{8.37}$$

其中
$$f(x) = -(1.0280x_1 + 1.0307x_2 + 1.0404x_3),$$

$$h(x) = 0.1731x_1^2 + 0.2280x_2^2 + 0.3350x_3^2 + 0.3742x_1x_2 + 0.4628x_1x_3 + 0.5516x_2x_3.$$

设 $g(x) = 0.28 - h(x)$, $T = \{x \in \Re^3 : x_1 + x_2 + x_3 = 1, x_1, x_2, x_3 \geqslant 0\}$, 且 $Y = \{x \in \Re^3 : g(x) \geqslant 0\}$. 采用切平面方法求解问题 (8.37), 求解过程如下:

迭代 1　求解如下的线性规划问题

$$\begin{cases} \min & f(x) \\ \text{s.t.} & x \in T, \end{cases} \tag{8.38}$$

其解为 $x_1 = (0, 0, 1)^{\mathrm{T}}$, 且 $g(x_1) = -0.0550 < 0$ 说明 $x_1 \notin Y$. 因此 x_1 不是问题 (8.37) 的最优解. 将不等式

$$g(x_1) + \nabla g(x_1)(x - x_1) \geqslant 0$$

添加到问题 (8.38) 作为一个切平面, 即 $0.4628x_1 + 0.5516x_2 + 0.6700x_3 \leqslant 0.6150$.

迭代 2　求解如下的规划问题

$$\begin{cases} \min & f(x) \\ \text{s.t.} & 0.4628x_1 + 0.5516x_2 + 0.6700x_3 \leqslant 0.6150, \\ & x \in T, \end{cases}$$

其解为 $x_2 = (0.2654440, 0, 0.7345560)^{\mathrm{T}}$, 且 $g(x_2) = -0.0032 < 0$ 说明 $x_2 \notin Y$. 因此, x_2 不是问题 (8.37) 的最优解, 将不等式

$$g(x_2) + \nabla g(x_2)(x - x_2) \geqslant 0$$

添加到问题 (8.38) 作为一个切平面, 即 $0.4318x_1 + 0.5045x_2 + 0.6150x_3 \leqslant 0.5632$.

迭代 3　求解如下的规划问题

$$\begin{cases} \min & f(x) \\ \text{s.t.} & 0.4318x_1 + 0.5045x_2 + 0.6150x_3 \leqslant 0.5632, \\ & x \in T, \end{cases}$$

其解为 $x_3 = (0.2827511, 0, 0.7172489)^{\mathrm{T}}$, 且 $g(x_3) = -3.5625 \times 10^{-5} < 0$ 说明 $x_3 \notin Y$. 因此, x_3 不是问题 (8.37) 的最优解, 将不等式

$$g(x_3) + \nabla g(x_3)(x - x_3) \geqslant 0$$

添加到问题 (8.38) 作为一个切平面, 即 $0.4298x_1 + 0.5014x_2 + 0.6114x_3 \leqslant 0.5600$.

迭代 4 求解如下的规划问题

$$\begin{cases} \min & f(x) \\ \text{s.t.} & 0.4298x_1 + 0.5014x_2 + 0.6114x_3 \leqslant 0.5600, \\ & x \in T, \end{cases}$$

其解为 $x_4 = (0.2830396, 0, 0.7169604)^{\mathrm{T}}$, 且 $g(x_4) = 1.6758 \times 10^{-5} > 0$ 说明 $x_4 \in Y$. 因此, 通过切平面方法得到了问题 (8.37) 的最优解为

$$x^* = (0.2830396, 0, 0.7169604)^{\mathrm{T}}.$$

8.4 非线性参数规划有价证券选择均值–方差模型

8.4.1 简约模糊变量的方差

设 2- 型三角模糊变量 $\tilde{\xi} = (\widetilde{r_0 - \alpha}, \tilde{r}_0, \widetilde{r_0 + \beta}; \theta_l, \theta_r)$, ξ 是 $\tilde{\xi}$ 的均值简约变量. 根据均值简约变量的期望值公式 (Liu, Chen, 2010), 可知

$$E[\xi] = \frac{4r_0 - \alpha + \beta}{4} + \frac{(\theta_r - \theta_l)(-\alpha + \beta)}{32}.$$

下面我们推导均值简约变量 ξ 的方差.

定理 8.11(Liu, Chen, 2011) 设 ξ 是 2- 型三角模糊变量 $\tilde{\xi}$ 的均值简约变量, 记 $m = E[\xi]$. 若 $\alpha = \beta$, 则有 $V[\xi] = \dfrac{\alpha^2}{6} + \dfrac{(\theta_r - \theta_l)\alpha^2}{32}$.

证明 由 ξ 的参数可能性分布, 首先推导 $\mathrm{Pos}\{\xi - m \geqslant \sqrt{r}\}$ 和 $\mathrm{Pos}\{\xi - m \leqslant -\sqrt{r}\}$ 的如下表达式

$$\mathrm{Pos}\{\xi - m \geqslant \sqrt{r}\} = \begin{cases} 0, & r \geqslant \alpha^2, \\ \dfrac{(4 + \theta_r - \theta_l)(\alpha - \sqrt{r})}{4\alpha}, & \dfrac{\alpha^2}{4} \leqslant r < \alpha^2, \\ \dfrac{(-4 + \theta_r - \theta_l)\sqrt{r} + 4\alpha}{4\alpha}, & 0 \leqslant r < \dfrac{\alpha^2}{4}, \end{cases}$$

$$\mathrm{Pos}\{\xi - m \leqslant -\sqrt{r}\} = \begin{cases} 0, & r \geqslant \alpha^2, \\ \dfrac{(4 + \theta_r - \theta_l)(\alpha - \sqrt{r})}{4\alpha}, & \dfrac{\alpha^2}{4} \leqslant r < \alpha^2, \\ \dfrac{(-4 + \theta_r - \theta_l)\sqrt{r} + 4\alpha}{4\alpha}, & 0 \leqslant r < \dfrac{\alpha^2}{4}. \end{cases}$$

对于任意的 $r \geqslant 0$, 由于

$$\mathrm{Pos}\{(\xi - m)^2 \geqslant r\} = \mathrm{Pos}\{\xi - m \geqslant \sqrt{r}\} \vee \mathrm{Pos}\{\xi - m \leqslant -\sqrt{r}\}, \tag{8.39}$$

则有

$$
\text{Pos}\{(\xi - m)^2 \geqslant r\} = \begin{cases} 0, & r \geqslant \alpha^2, \\ \dfrac{(4 + \theta_r - \theta_l)(\alpha - \sqrt{r})}{4\alpha}, & \dfrac{\alpha^2}{4} \leqslant r < \alpha^2, \\ \dfrac{(-4 + \theta_r - \theta_l)\sqrt{r} + 4\alpha}{4\alpha}, & 0 \leqslant r < \dfrac{\alpha^2}{4}, \end{cases}
$$

$$
\text{Pos}\{(\xi - m)^2 \leqslant r\} = \text{Pos}\{-\sqrt{r} < \xi - m < \sqrt{r}\} = 1.
$$

由此可得

$$
\text{Cr}\{(\xi - m)^2 \geqslant r\} = \begin{cases} 0, & r \geqslant \alpha^2, \\ \dfrac{(4 + \theta_r - \theta_l)(\alpha - \sqrt{r})}{8\alpha}, & \dfrac{\alpha^2}{4} \leqslant r < \alpha^2, \\ \dfrac{(-4 + \theta_r - \theta_l)\sqrt{r} + 4\alpha}{8\alpha}, & 0 \leqslant r < \dfrac{\alpha^2}{4}. \end{cases}
$$

因此

$$
V[\xi] = E[(\xi - m)^2] = \int_0^\infty \text{Cr}\{(\xi - m)^2 \geqslant r\}\mathrm{d}r = \frac{\alpha^2}{6} + \frac{(\theta_r - \theta_l)\alpha^2}{32}. \qquad \Box
$$

定理 8.12(Liu, Chen, 2011)　设 ξ 是 2- 型三角模糊变量 $\tilde{\xi}$ 的均值简约变量, 记 $m = E[\xi]$. 若 $\alpha < \beta$, 则有

(1) 当 $\theta_r < \theta_l$ 时, 有

$$
V[\xi] = \left[\frac{5\beta^3 - \alpha^3 - 3\alpha\beta^2 - \alpha^2\beta}{6\beta(\beta - \alpha)^3}(m - r_0)^3 + \frac{(m - r_0)^2}{2} - \frac{\beta(m - r_0)}{2} + \frac{\beta^2}{6} \right]
$$
$$
- \frac{\theta_r - \theta_l}{4}\left[\frac{5\beta^3 - \alpha^3 - 3\alpha\beta^2 - \alpha^2\beta}{6\beta(\beta - \alpha)^3}(m - r_0)^3 + \frac{\beta(m - r_0)}{4} - \frac{\beta^2}{8} \right].
$$

(2) 当 $\theta_r \geqslant \theta_l$ 时, 有

$$
V[\xi] = \left[\frac{5\beta^3 - \alpha^3 - 3\alpha\beta^2 - \alpha^2\beta}{6\beta(\beta - \alpha)^3}(m - r_0)^3 + \frac{(m - r_0)^2}{2} - \frac{\beta(m - r_0)}{2} + \frac{\beta^2}{6} \right]
$$
$$
+ \frac{\theta_r - \theta_l}{4}\left[\frac{3\beta^3 + \alpha^3 + 3\alpha\beta^2 - 7\alpha^2\beta}{6\beta(\beta - \alpha)^3}(m - r_0)^3 - \frac{(\alpha + 2\beta)(m - r_0)}{4} + \frac{4\beta^2 - \alpha^2}{96} \right].
$$

证明　我们只需证明结论 (1), 结论 (2) 同理可证. 对于任意的 $r \geqslant 0$, 有如下结果. 若 $r_0 \leqslant m < r_0 + \dfrac{\beta - \alpha}{4}$, 则有

$$\text{Pos}\{(\xi - m) \geqslant \sqrt{r}\}$$

$$= \begin{cases} 0, & r \geqslant (r_0 + \beta - m)^2, \\[2mm] \dfrac{(4 + \theta_r - \theta_l)(r_0 + \beta - m - \sqrt{r})}{4\beta}, & \left(r_0 + \dfrac{\beta}{2} - m\right)^2 \leqslant r < (r_0 + \beta - m)^2, \\[4mm] \dfrac{(-4 + \theta_r - \theta_l)(\sqrt{r} + m - r_0) + 4\beta}{4\beta}, & 0 \leqslant r < \left(r_0 + \dfrac{\beta}{2} - m\right)^2, \end{cases}$$

$$\text{Pos}\{(\xi - m) \leqslant -\sqrt{r}\},$$

$$= \begin{cases} 0, & r \geqslant (r_0 - \alpha - m)^2, \\[2mm] \dfrac{(4 + \theta_r - \theta_l)(m - \sqrt{r} - r_0 + \alpha)}{4\alpha}, & \left(r_0 - \dfrac{\alpha}{2} - m\right)^2 \leqslant r < (r_0 - \alpha - m)^2, \\[4mm] \dfrac{(4 - \theta_r + \theta_l)(m - \sqrt{r} - r_0) + 4\alpha}{4\alpha}, & (r_0 - m)^2 \leqslant r < \left(r_0 + \dfrac{\alpha}{2} - m\right)^2, \\[4mm] 1, & 0 \leqslant r < (r_0 - m)^2. \end{cases}$$

根据式 (8.39), 可得

$$\text{Pos}\{(\xi - m)^2 \geqslant r\}$$

$$= \begin{cases} 0, & r \geqslant (r_0 + \beta - m)^2, \\[2mm] \dfrac{(4 + \theta_r - \theta_l)(r_0 + \beta - m - \sqrt{r})}{4\beta}, & \left(r_0 + \dfrac{\beta}{2} - m\right)^2 \leqslant r < (r_0 + \beta - m)^2, \\[4mm] \dfrac{(-4 + \theta_r - \theta_l)(\sqrt{r} + m - r_0) + 4\beta}{4\beta}, & r_s \leqslant r < \left(r_0 + \dfrac{\beta}{2} - m\right)^2, \\[4mm] \dfrac{(4 - \theta_r + \theta_l)(m - \sqrt{r} - r_0) + 4\alpha}{4\alpha}, & (r_0 - m)^2 \leqslant r < r_s, \\[4mm] 1, & 0 \leqslant r < (r_0 - m)^2, \end{cases}$$

其中 $r_s = \left[\dfrac{(\alpha + \beta)(m - r_0)}{\beta - \alpha}\right]^2$.

此外,

$$\text{Pos}\{(\xi - m)^2 \leqslant r\} = \text{Pos}\{-\sqrt{r} < \xi - m < \sqrt{r}\}$$

$$= \begin{cases} 1, & r \geqslant (r_0 - m)^2, \\[2mm] \dfrac{(-4 + \theta_r - \theta_l)(m - \sqrt{r} - r_0) + 4\beta}{4\beta}, & 0 \leqslant r < (r_0 - m)^2. \end{cases}$$

因此, 可信性

$$\mathrm{Cr}\{(\xi-m)^2 \geqslant r\}$$
$$=\begin{cases} 0, & r \geqslant (r_0+\beta-m)^2, \\[2mm] \dfrac{(4+\theta_r-\theta_l)(r_0+\beta-m-\sqrt{r})}{8\beta}, & \left(r_0+\dfrac{\beta}{2}-m\right)^2 \leqslant r < (r_0+\beta-m)^2, \\[2mm] \dfrac{(-4+\theta_r-\theta_l)(\sqrt{r}+m-r_0)+4\beta}{8\beta}, & r_s \leqslant r < \left(r_0+\dfrac{\beta}{2}-m\right)^2, \\[2mm] \dfrac{(4-\theta_r+\theta_l)(m-\sqrt{r}-r_0)+4\alpha}{8\alpha}, & (r_0-m)^2 \leqslant r < r_s, \\[2mm] \dfrac{4\beta-(-4+\theta_r-\theta_l)(m-\sqrt{r}-r_0)}{8\beta}, & 0 \leqslant r < (r_0-m)^2, \end{cases}$$

其中 $r_s = \left[\dfrac{(\alpha+\beta)(m-r_0)}{\beta-\alpha}\right]^2$.

由此可得

$$V[\xi] = E[(\xi-m)^2] = \int_0^\infty \mathrm{Cr}\{(\xi-m)^2 \geqslant r\}\mathrm{d}r$$
$$= \left[\frac{5\beta^3-\alpha^3-3\alpha\beta^2-\alpha^2\beta}{6\beta(\beta-\alpha)^3}(m-r_0)^3+\frac{(m-r_0)^2}{2}-\frac{\beta(m-r_0)}{2}+\frac{\beta^2}{6}\right]$$
$$-\frac{\theta_r-\theta_l}{4}\left[\frac{5\beta^3-\alpha^3-3\alpha\beta^2-\alpha^2\beta}{6\beta(\beta-\alpha)^3}(m-r_0)^3+\frac{\beta(m-r_0)}{4}-\frac{\beta^2}{8}\right]. \quad \square$$

定理 8.13(Liu, Chen, 2011)　设 ξ 是 2- 型三角模糊变量 $\tilde{\xi}$ 的均值简约变量, 记 $m = E[\xi]$. 若 $\alpha > \beta$, 则有

(1) 当 $\theta_r < \theta_l$ 时, 有

$$V[\xi] = \left[\frac{5\alpha^3-\beta^3-3\alpha^2\beta-\alpha\beta^2}{6\alpha(\beta-\alpha)^3}(r_0-m)^3+\frac{(r_0-m)^2}{2}-\frac{\alpha(r_0-m)}{2}+\frac{\alpha^2}{6}\right]$$
$$-\frac{\theta_r-\theta_l}{4}\left[\frac{5\alpha^3-\beta^3-3\alpha^2\beta-\alpha\beta^2}{6\beta(\beta-\alpha)^3}(r_0-m)^3+\frac{\alpha(r_0-m)}{4}-\frac{\alpha^2}{8}\right].$$

(2) 当 $\theta_r \geqslant \theta_l$ 时, 有

$$V[\xi] = \left[\frac{5\alpha^3-\beta^3-3\alpha^2\beta-\alpha\beta^2}{6\alpha(\beta-\alpha)^3}(r_0-m)^3+\frac{(r_0-m)^2}{2}-\frac{\alpha(r_0-m)}{2}+\frac{\alpha^2}{6}\right]$$
$$+\frac{\theta_r-\theta_l}{4}\left[\frac{3\alpha^3+\beta^3+3\alpha^2\beta-7\alpha\beta^2}{6\alpha(\beta-\alpha)^3}(r_0-m)^3-\frac{(2\alpha+\beta)(r_0-m)}{4}+\frac{4\alpha^2-\beta^2}{96}\right].$$

证明　证明方法与定理 8.12 类似.　　　　　　　　　　　　　　　　　　$\square$

8.4.2 均值 – 方差模型

有价证券选择问题是将一定数量的资金分配到多种有价证券上, 从而使投资者获得最大的收益. 在 1952 年, Markowitz 在随机环境下提出了均值–方差模型 (Markowitz, 1952), 在模型中他使用的最优投资的选择准则是在一定的风险水平下最大化收益, 或在一定的投资回报水平下最小化风险. 传统的均值–方差模型具有如下形式

$$\begin{cases} \max & E[x_1\eta_1 + x_2\eta_2 + \cdots + x_n\eta_n] \\ \text{s.t.} & V[x_1\eta_1 + x_2\eta_2 + \cdots + x_n\eta_n] \leqslant \alpha, \\ & x_1 + x_2 + \cdots + x_n = 1, \\ & x_i \geqslant 0, i = 1, 2, \cdots, n, \end{cases} \tag{8.40}$$

其中 x_i 为证券 i 的投资比例, η_i 代表证券 i 的随机收益, $i = 1, 2, \cdots, n$, 参数 α 是投资者能承受的最大风险水平.

在本节中, 我们用 2- 型模糊变量来表示不确定投资回报. 设 x_i 是证券 i 的投资比例, 2- 型三角模糊变量 $\tilde{\xi}_i$ 代表证券 i 的模糊回报, $i = 1, 2, \cdots, n$. 那么所有投资的回报总和为 $\tilde{\xi} = x_1\tilde{\xi}_1 + x_2\tilde{\xi}_2 + \cdots + x_n\tilde{\xi}_n$. 根据 2- 型三角模糊变量的运算性质 (Chen, 2011), $\tilde{\xi}$ 仍是一个 2- 型的三角模糊变量. 利用均值简约方法, 得到 2- 型模糊变量 $\tilde{\xi}$ 的简约模糊变量 ξ. 假设投资者是风险规避的, 他希望在可控的风险水平下最大化收益, 则可建立如下的均值–方差模型

$$\begin{cases} \max & E[\xi] \\ \text{s.t.} & V[\xi] \leqslant \alpha, \\ & x_1 + x_2 + \cdots + x_n = 1, \\ & x_i \geqslant 0, i = 1, 2, \cdots, n, \end{cases} \tag{8.41}$$

其中参数 α 表示投资者能承受的最大风险水平.

8.4.3 等价的非线性参数规划

为了求解模型 (8.41), 需计算目标函数中简约变量的期望值和约束条件中简约变量的方差. 接下来, 我们就在收益为 2- 型模糊变量的情况下, 讨论目标函数和约束条件的等价形式. 首先处理目标函数. 假设相互独立的 2- 型三角模糊变量 $\tilde{\xi}_i$, $i = 1, \cdots, n$ 的定义为

$$\tilde{\xi}_i = (\widetilde{r_{0i} - \alpha_i}, \widetilde{r_{0i}}, \widetilde{r_{0i} + \beta_i}; \theta_{li}, \theta_{ri}), \quad i = 1, \cdots, n.$$

为了讨论方便, 设 $\theta_{li} = \theta_l, \theta_{ri} = \theta_r, i = 1, \cdots, n$. 若 $\tilde{\xi} = x_1\tilde{\xi}_1 + x_2\tilde{\xi}_2 + \cdots + x_n\tilde{\xi}_n$, 则有

$$\tilde{\xi} = \left(\widetilde{\sum_{i=1}^n x_i r_{0i} - \sum_{i=1}^n x_i \alpha_i}, \widetilde{\sum_{i=1}^n x_i r_{0i}}, \widetilde{\sum_{i=1}^n x_i r_{0i} + \sum_{i=1}^n x_i \beta_i}; \theta_l, \theta_r \right).$$

假设 ξ 是 2- 型三角模糊变量 $\tilde{\xi}$ 的简约变量, 则 ξ 的分布 $\mu_\xi(r)$ 为

$$\mu_\xi(r) = \begin{cases} \dfrac{(4+\theta_r-\theta_l)(r-\sum_{i=1}^n x_i r_{0i}+\sum_{i=1}^n x_i\alpha_i)}{4\sum_{i=1}^n x_i\alpha_i}, \\[2mm] \qquad \sum_{i=1}^n x_i r_{0i}-\sum_{i=1}^n x_i\alpha_i \leqslant r < \sum_{i=1}^n x_i r_{0i}-\dfrac{\sum_{i=1}^n x_i\alpha_i}{2} \\[2mm] \dfrac{(4-\theta_r+\theta_l)(r-\sum_{i=1}^n x_i r_{0i})+4\sum_{i=1}^n x_i\alpha_i}{4\sum_{i=1}^n x_i\alpha_i}, \\[2mm] \qquad \sum_{i=1}^n x_i r_{0i}-\dfrac{\sum_{i=1}^n x_i\alpha_i}{2} \leqslant r < \sum_{i=1}^n x_i r_{0i} \\[2mm] \dfrac{(-4+\theta_r-\theta_l)(r-\sum_{i=1}^n x_i r_{0i})+4\sum_{i=1}^n x_i\beta_i}{4\sum_{i=1}^n x_i\beta_i}, \\[2mm] \qquad \sum_{i=1}^n x_i r_{0i} \leqslant r \leqslant \sum_{i=1}^n x_i r_{0i}+\dfrac{\sum_{i=1}^n x_i\beta_i}{2} \\[2mm] \dfrac{(4+\theta_r-\theta_l)(\sum_{i=1}^n x_i r_{0i}+\sum_{i=1}^n x_i\beta_i-r)}{4\sum_{i=1}^n x_i\beta_i}, \\[2mm] \qquad \sum_{i=1}^n x_i r_{0i}+\dfrac{\sum_{i=1}^n x_i\beta_i}{2} \leqslant r < \sum_{i=1}^n x_i r_{0i}+\sum_{i=1}^n x_i\beta_i. \end{cases}$$

根据简约模糊变量的期望值公式 (Liu, Chen, 2010), 模型 (8.41) 的目标函数等价于

$$E[\xi] = \frac{4\sum_{i=1}^n x_i r_{0i}-\sum_{i=1}^n x_i\alpha_i+\sum_{i=1}^n x_i\beta_i}{4}+\frac{(\theta_r-\theta_l)(-\sum_{i=1}^n x_i\alpha_i+\sum_{i=1}^n x_i\beta_i)}{32}.$$

下面推导约束的确定等价形式. 由于 ξ 是 2- 型模糊变量 $\tilde{\xi}$ 的均值简约变量, 根据定理 8.11~ 定理 8.13, 我们给出各种情况下约束条件的等价形式.

情形 1　$\sum_{i=1}^n x_i\alpha_i = \sum_{i=1}^n x_i\beta_i$. 在此情形下, 有

$$V[\xi] \leqslant \alpha \Leftrightarrow \frac{(\sum_{i=1}^n x_i\alpha_i)^2}{6}+\frac{(\theta_r-\theta_l)(\sum_{i=1}^n x_i\alpha_i)^2}{32} \leqslant \alpha.$$

情形 2　$\sum_{i=1}^n x_i\alpha_i < \sum_{i=1}^n x_i\beta_i$. 在此情形下, 有

(1) 当 $\theta_r < \theta_l$ 时, 有 $V[\xi] \leqslant \alpha \Leftrightarrow$

$$\left\{\left[\frac{5\left(\sum_{i=1}^n x_i\beta_i\right)^3-\left(\sum_{i=1}^n x_i\alpha_i\right)^3-3\sum_{i=1}^n x_i\alpha_i\left(\sum_{i=1}^n x_i\beta_i\right)^2-\left(\sum_{i=1}^n x_i\alpha_i\right)^2\sum_{i=1}^n x_i\beta_i}{6\sum_{i=1}^n x_i\beta_i\left(\sum_{i=1}^n x_i\beta_i-\sum_{i=1}^n x_i\alpha_i\right)^3}\right.\right.$$

$$\times\left(M-\sum_{i=1}^n x_i r_{0i}\right)^3+\frac{\left(M-\sum_{i=1}^n x_i r_{0i}\right)^2}{2}-\frac{\sum_{i=1}^n x_i\beta_i\left(M-\sum_{i=1}^n x_i r_{0i}\right)}{2}$$

$$\left.+\frac{(\sum_{i=1}^n x_i\beta_i)^2}{6}\right]-\frac{(\theta_r-\theta_l)}{4}$$

$$\times \left[\frac{5\left(\sum_{i=1}^n x_i\beta_i\right)^3 - \left(\sum_{i=1}^n x_i\alpha_i\right)^3 - 3\left(\sum_{i=1}^n x_i\alpha_i\right)\left(\sum_{i=1}^n x_i\beta_i\right)^2 - \left(\sum_{i=1}^n x_i\alpha_i\right)^2\left(\sum_{i=1}^n x_i\beta_i\right)}{6\sum_{i=1}^n x_i\beta_i\left(\sum_{i=1}^n x_i\beta_i - \sum_{i=1}^n x_i\alpha_i\right)^3} \right.$$

$$\left. \times \left(M - \sum_{i=1}^n x_i r_{0i}\right)^3 + \frac{\sum_{i=1}^n x_i\beta_i\left(M - \sum_{i=1}^n x_i r_{0i}\right)}{4} - \frac{\left(\sum_{i=1}^n x_i\beta_i\right)^2}{8} \right] \right\} \leqslant \alpha.$$

(2) 当 $\theta_r \geqslant \theta_l$ 时, 有 $V[\xi] \leqslant \alpha \Leftrightarrow$

$$\left\{ \left[\frac{5\left(\sum_{i=1}^n x_i\beta_i\right)^3 - \left(\sum_{i=1}^n x_i\alpha_i\right)^3 - 3\left(\sum_{i=1}^n x_i\alpha_i\right)\left(\sum_{i=1}^n x_i\beta_i\right)^2 - \left(\sum_{i=1}^n x_i\alpha_i\right)^2\sum_{i=1}^n x_i\beta_i}{6\sum_{i=1}^n x_i\beta_i\left(\sum_{i=1}^n x_i\beta_i - \sum_{i=1}^n x_i\alpha_i\right)^3} \right. \right.$$

$$\left(M - \sum_{i=1}^n x_i r_{0i}\right)^3 + \frac{\left(M - \sum_{i=1}^n x_i r_{0i}\right)^2}{2} - \frac{\sum_{i=1}^n x_i\beta_i\left(M - \sum_{i=1}^n x_i r_{0i}\right)}{2}$$

$$+ \frac{\left(\sum_{i=1}^n x_i\beta_i\right)^2}{6} \right] + \frac{(\theta_r - \theta_l)}{4}$$

$$\times \left[\frac{3\left(\sum_{i=1}^n x_i\beta_i\right)^3 + \left(\sum_{i=1}^n x_i\alpha_i\right)^3 + 3\left(\sum_{i=1}^n x_i\alpha_i\right)\left(\sum_{i=1}^n x_i\beta_i\right)^2 - 7\left(\sum_{i=1}^n x_i\alpha_i\right)^2\left(\sum_{i=1}^n x_i\beta_i\right)}{6\sum_{i=1}^n x_i\beta_i\left(\sum_{i=1}^n x_i\beta_i - \sum_{i=1}^n x_i\alpha_i\right)^3} \right.$$

$$\left(M - \sum_{i=1}^n x_i r_{0i}\right)^3 - \frac{\left(\sum_{i=1}^n x_i\alpha_i + 2\sum_{i=1}^n x_i\beta_i\right)\left(M - \sum_{i=1}^n x_i r_{0i}\right)}{4}$$

$$\left. \left. + \frac{4\left(\sum_{i=1}^n x_i\beta_i\right)^2 - \left(\sum_{i=1}^n x_i\alpha_i\right)^2}{96} \right] \right\} \leqslant \alpha.$$

情形 3 $\sum_{i=1}^n x_i\alpha_i > \sum_{i=1}^n x_i\beta_i.$ 在此情形下, 有

(1) 当 $\theta_r < \theta_l$ 时, 有 $V[\xi] \leqslant \alpha \Leftrightarrow$

$$\left\{ \left[\frac{5\left(\sum_{i=1}^n x_i\alpha_i\right)^3 - \left(\sum_{i=1}^n x_i\beta_i\right)^3 - 3\left(\sum_{i=1}^n x_i\beta_i\right)\left(\sum_{i=1}^n x_i\alpha_i\right)^2 - \left(\sum_{i=1}^n x_i\beta_i\right)^2\left(\sum_{i=1}^n x_i\alpha_i\right)}{6\sum_{i=1}^n x_i\alpha_i\left(\sum_{i=1}^n x_i\alpha_i - \sum_{i=1}^n x_i\beta_i\right)^3} \right. \right.$$

$$\times \left(\sum_{i=1}^n x_i r_{0i} - M\right)^3 + \frac{\left(\sum_{i=1}^n x_i r_{0i} - M\right)^2}{2} - \frac{\sum_{i=1}^n x_i\alpha_i\left(\sum_{i=1}^n x_i r_{0i} - M\right)}{2}$$

$$+ \frac{\left(\sum_{i=1}^n x_i\alpha_i\right)^2}{6} \right] + \frac{(\theta_r - \theta_l)}{4}$$

$$\times \left[\frac{3\left(\sum_{i=1}^n x_i\alpha_i\right)^3 + \left(\sum_{i=1}^n x_i\beta_i\right)^3 + 3\left(\sum_{i=1}^n x_i\beta_i\right)\left(\sum_{i=1}^n x_i\alpha_i\right)^2 - 7\left(\sum_{i=1}^n x_i\beta_i\right)^2\left(\sum_{i=1}^n x_i\alpha_i\right)}{6\sum_{i=1}^n x_i\alpha_i\left(\sum_{i=1}^n x_i\alpha_i - \sum_{i=1}^n x_i\beta_i\right)^3} \right.$$

$$\times \left(\sum_{i=1}^n x_i r_{0i} - M\right)^3 - \frac{\left(\sum_{i=1}^n x_i\beta_i + 2\sum_{i=1}^n x_i\alpha_i\right)\left(\sum_{i=1}^n x_i r_{0i} - M\right)}{4}$$

$$\left. \left. + \frac{4\left(\sum_{i=1}^n x_i\alpha_i\right)^2 - \left(\sum_{i=1}^n x_i\beta_i\right)^2}{96} \right] \right\} \leqslant \alpha.$$

(2) 当 $\theta_r \geqslant \theta_l$ 时, 有 $V[\xi] \leqslant \alpha \Leftrightarrow$

$$\left\{\left[\frac{5\left(\sum_{i=1}^n x_i\alpha_i\right)^3-\left(\sum_{i=1}^n x_i\beta_i\right)^3-3\left(\sum_{i=1}^n x_i\beta_i\right)\left(\sum_{i=1}^n x_i\alpha_i\right)^2-\left(\sum_{i=1}^n x_i\beta_i\right)^2\left(\sum_{i=1}^n x_i\alpha_i\right)}{6\sum_{i=1}^n x_i\alpha_i\left(\sum_{i=1}^n x_i\alpha_i-\sum_{i=1}^n x_i\beta_i\right)^3}\right.\right.$$

$$\times\left(\sum_{i=1}^n x_i r_{0i}-M\right)^3+\frac{\left(\sum_{i=1}^n x_i r_{0i}-M\right)^2}{2}-\frac{\sum_{i=1}^n x_i\alpha_i\left(\sum_{i=1}^n x_i r_{0i}-M\right)}{2}$$

$$\left.+\frac{\left(\sum_{i=1}^n x_i\alpha_i\right)^2}{6}\right]-\frac{(\theta_r-\theta_l)}{4}$$

$$\times\left[\frac{5\left(\sum_{i=1}^n x_i\alpha_i\right)^3-\left(\sum_{i=1}^n x_i\beta_i\right)^3-3\left(\sum_{i=1}^n x_i\beta_i\right)\left(\sum_{i=1}^n x_i\alpha_i\right)^2-\left(\sum_{i=1}^n x_i\beta_i\right)^2\left(\sum_{i=1}^n x_i\alpha_i\right)}{6\sum_{i=1}^n x_i\alpha_i\left(\sum_{i=1}^n x_i\alpha_i-\sum_{i=1}^n x_i\beta_i\right)^3}\right.$$

$$\left.\left.\times\left(\sum_{i=1}^n x_i r_{0i}-M\right)^3+\frac{\sum_{i=1}^n x_i\alpha_i\left(\sum_{i=1}^n x_i r_{0i}-M\right)}{4}-\frac{\left(\sum_{i=1}^n x_i\alpha_i\right)^2}{8}\right]\right\}\leqslant\alpha.$$

在上式中,

$$M=E[\xi]=\left(4\sum_{i=1}^n x_i r_{0i}-\sum_{i=1}^n x_i\alpha_i+\sum_{i=1}^n x_i\beta_i\right)\Big/4$$

$$+(\theta_r-\theta_l)\left(-\sum_{i=1}^n x_i\alpha_i+\sum_{i=1}^n x_i\beta_i\right)\Big/32.$$

表 8.11　10 种证券的 2- 型模糊收益

证券 i	收益	证券 i	收益
1	$(2.0, 2.1, 0.4; \theta_l, \theta_r)$	6	$(2.6, 2.8, 0.4; \theta_l, \theta_r)$
2	$(2.1, 2.3, 0.6; \theta_l, \theta_r)$	7	$(2.5, 2.9, 1.2; \theta_l, \theta_r)$
3	$(3.0, 3.4, 0.4; \theta_l, \theta_r)$	8	$(3.0, 3.4, 0.4; \theta_l, \theta_r)$
4	$(2.9, 3.2, 0.5; \theta_l, \theta_r)$	9	$(3.4, 3.8, 0.6; \theta_l, \theta_r)$
5	$(3.1, 3.4, 1.0; \theta_l, \theta_r)$	10	$(3.0, 3.6, 0.5; \theta_l, \theta_r)$

　　通过上面的讨论, 我们得到模型 (8.41) 在三种情况下的等价参数规划. 对于任意给定的参数, 等价规划为确定的非线性规划, 可以通过优化软件进行求解.

8.4.4　数值例子

　　下面, 我们考虑一个有价证券选择问题, 其中 10 种证券的收益为表 8.11 所示的 2- 型三角模糊变量.

　　假设投资者以 1.89 为可接受的最大风险水平, 即在最大化期望收益时要求方差不超过 1.89. 并且设 $\theta_{li}=\theta_l\leqslant\theta_{ri}=\theta_r, i=1,\cdots,10$, 则模型 (8.41) 的等价非线

性规划为

$$
\max \frac{4\sum_{i=1}^{10} x_i r_{0i} - \sum_{i=1}^{10} x_i \alpha_i + \sum_{i=1}^{10} x_i \beta_i}{4} + \frac{(\theta_r - \theta_l)\left(-\sum_{i=1}^{10} x_i \alpha_i + \sum_{i=1}^{n} x_i \beta_i\right)}{32}
$$

s.t.

$$
\left\{\left[\frac{5\left(\sum_{i=1}^{10} x_i \alpha_i\right)^3 - \left(\sum_{i=1}^{10} x_i \beta_i\right)^3 - 3\left(\sum_{i=1}^{10} x_i \beta_i\right)\left(\sum_{i=1}^{10} x_i \alpha_i\right)^2}{6\sum_{i=1}^{10} x_i \alpha_i \left(\sum_{i=1}^{10} x_i \alpha_i - \sum_{i=1}^{10} x_i \beta_i\right)^3}\right.\right.
$$

$$
-\frac{\left(\sum_{i=1}^{10} x_i \alpha_i\right)\left(\sum_{i=1}^{10} x_i \beta_i\right)^2}{\left(\sum_{i=1}^{10} x_i \beta_i\right)^2}\left(\sum_{i=1}^{10} x_i r_{0i} - M\right)^3 + \frac{\left(\sum_{i=1}^{10} x_i r_{0i} - M\right)^2}{2}
$$

$$
\left.-\frac{\sum_{i=1}^{10} x_i \alpha_i \left(\sum_{i=1}^{10} x_i r_{0i} - M\right)}{2} + \frac{\left(\sum_{i=1}^{10} x_i \alpha_i\right)^2}{6}\right] - \frac{(\theta_r - \theta_l)}{4}
$$

$$
\times\left[\frac{5\left(\sum_{i=1}^{10} x_i \alpha_i\right)^3 - \left(\sum_{i=1}^{10} x_i \beta_i\right)^3 - 3\left(\sum_{i=1}^{10} x_i \beta_i\right)\left(\sum_{i=1}^{10} x_i \alpha_i\right)^2}{6\sum_{i=1}^{10} x_i \alpha_i \left(\sum_{i=1}^{10} x_i \alpha_i - \sum_{i=1}^{10} x_i \beta_i\right)^3}\right.
$$

$$
-\frac{\left(\sum_{i=1}^{10} x_i \alpha_i\right)\left(\sum_{i=1}^{10} x_i \beta_i\right)^2}{\left(\sum_{i=1}^{10} x_i \beta_i\right)^2}\left(\sum_{i=1}^{10} x_i r_{0i} - M\right)^3 + \frac{\sum_{i=1}^{10} x_i \alpha_i \left(\sum_{i=1}^{10} x_i r_{0i} - M\right)}{4}
$$

$$
\left.\left.\left.-\frac{\left(\sum_{i=1}^{10} x_i \alpha_i\right)^2}{8}\right]\right]\right\} \leqslant 1.89,
$$

$$
x_1 + x_2 + \cdots + x_{10} = 1,
$$

$$
x_i \geqslant 0, i = 1, 2, \cdots, 10.
$$

使用 LINGO 软件求解, 投资分配结果见表 8.12 和表 8.13. 由此可见, 当 $\theta_l = \theta_r = 0$ 时, 最大期望收益为 2.800000; 当 $\theta_l = 0.3, \theta_r = 0.8$ 时, 最大期望收益为 2.862500.

表 8.12　10 种证券的投资分配 ($\theta_l = \theta_r = 0$)

证券 i	分配比例	证券 i	分配比例
1	0.0000000	6	0.0000000
2	0.6562500	7	0.0000000
3	0.0000000	8	0.0000000
4	0.0000000	9	0.3437500
5	0.0000000	10	0.0000000

表 8.13   10 种证券的投资分配 $(\theta_l = 0.3, \theta_r = 0.8)$

证券 i	分配比例	证券 i	分配比例
1	0.0000000	6	0.0000000
2	0.6564885	7	0.0000000
3	0.0000000	8	0.0000000
4	0.0000000	9	0.3435115
5	0.0000000	10	0.0000000

参 考 文 献

Abdi M. 2009. Fuzzy multi-criteria decision model for evaluating reconfigurable machines. International Journal of Production Economics, 117(1): 1~15

Ammar E. 2008. On solutions of fuzzy random multiobjective quadratic programming with applications in portfolio problem. Information Sciences, 178(2): 468~484

Ammar E. 2009. On fuzzy random multiobjective quadratic programming. European Journal of Operational Research, 193(2): 329~341

Baguley P, Page T, Koliza V, Maropoulos P. 2006. Time to market prediction using type-2 fuzzy sets. Journal of Manufacturing Technology Management, 17(4): 513~520

Ban A, Fechete I. 2007. Componentwise decomposition of some lattice-valued fuzzy integrals. Information Sciences, 177(6): 1430~1440

Bazaraa M, Shetty C. 1979. Nonlinear Programming. New York: Wiley

Birge J, Louveaux F. 1997. Introduction to Stochastic Programming. New York: Springer-Verlag

Bravo M, Gonzalez I. 2009. Applying stochastic goal programming: A case study on water use planning. European Journal of Operational Research, 196(3): 1123~1129

Cai Y, Huang G, Nie X H, et al. 2007. Municipal solid waste management under uncertainty: A mixed interval parameter fuzzy-stochastic robust programming approach. Environmental Engineering Science, 24(3): 338~352

Campos L, González A. 1989. A subjective approach for ranking fuzzy numbers. Fuzzy Sets and Systems, 29(2): 145~153

Carter M, van Brunt B. 2000. The Lebesgue-Stieltges Integral. Berlin: Springer-Verlag

Chang P T, Hung K C. 2006. α-cut fuzzy arithmetic: Simplifying rules and a fuzzy function optimization with a decision variable. IEEE Transactions on Fuzzy Systems, 14(4): 496~510

Charnes A, Cooper W, Rhodes E. 1978. Measuring the efficiency of decision making units. European Journal of Operational Research, 2(6): 429~444

Chen Y. 2009. A law of large numbers for fuzzy random variables. Information, 12(5): 1021~1032

Chen Y, Fung R, Tang J. 2005. Fuzzy expected value modelling approach for determining target values of engineering characteristics in QFD. International Journal of Production Research, 43(17): 3583~3604

Chen Y, Fung R, Tang J. 2006. Rating technical attributes in fuzzy QFD by integrating fuzzy weighted average method and fuzzy expected value operator. European Journal of Operational Research, 174(3): 1553~1566

Chen Y, Liu Y. 2009. The representative value of type-2 fuzzy variable. Proceedings of the 8th International Conference on Machine Learning and Cybernetics, 2: 871~876

Chen Y, Liu Y. 2012. Value-at-risk criteria for uncertain portfolio optimization problem with minimum regret. Journal of Uncertain Systems, 6(3): 233~240

Chen Y, Liu Y K. 2005. Portfolio selection in fuzzy environment. Proceedings of the 4th International Conference on Machine Learning and Cybernetics, 2: 2694~2699

Chen Y, Liu Y K. 2006. A strong law of large numbers in credibility theory. World Journal of Modeling and Simulation, 2(5): 331~337

Chen Y, Liu Y K, Chen J. 2006. Fuzzy portfolio selection problems based on credibility theory. Lecture Notes in Artificial Intelligence, 3930: 377~386

Chen Y, Liu Y K, Wu X. 2012. A new risk criterion in fuzzy environment and its application. Applied Mathematical Modelling, 36(7): 3007~3028

Chen Y, Wang X. 2010. The possibilistic representative value of type-2 fuzzy variable and its properties. Journal of Uncertain Systems, 4(3): 229~240

Chen Y, Zhang L. 2011. Some new results about arithmetic of type-2 fuzzy variables. Journal of Uncertain Systems, 5(3): 227~240

Cohon J. 1978. Multiobjective Programming and Planning. New York: Academic Press

Coupland S, John R. 2008a. A fast geometric method for defuzzification of type-2 fuzzy sets. IEEE Transactions on Fuzzy Systems, 16(4): 929~941

Coupland S, John R. 2008b. New geometric inference techniques for type-2 fuzzy sets. International Journal of Approximate Reasoning, 49(1): 198~211

Cui L, Zhao R, Tang W. 2007. Principal-agent problem in a fuzzy environment. IEEE Transactions on Fuzzy Systems, 15(6): 1230~1237

De Cooman G. 1997. Possibility theory III. International Journal of General Systems, 25(4): 352~371

Denneberg D. 1994. Non-additive Measure and Integral. Dordrecht: Kluwer Academic Publishers

Dubois D, Prade H. 1987. The mean value of a fuzzy number. Fuzzy Sets and Systems, 24(3): 279~300

Dubois D, Prade H. 1988. Possibility Theory. New York: Plenum

Eshghi K, Nematian J. 2008. Special classes of mathematical programming models with fuzzy random variables. Journal of Intelligent and Fuzzy Systems, 19(2): 131~140

Fei W. 2007. Existence and uniqueness of solution for fuzzy random differential equations with non-Lipschitz coefficients. Information Sciences, 177(20): 4329~4337

Feng X, Liu Y K. 2006. Measurability criteria for fuzzy random vectors. Fuzzy Optimization and Decision Making, 5(3): 245~253

Feng X, Yuan G. 2011. Optimizing two-stage fuzzy multi-product multi-period production planning problem. Information, 14(6): 1879~1893

Feng Y, Wu W, Zhang B, Li W. 2008. Power system operation risk assessment using credibility theory. IEEE Transactions on Power Systems, 23(3): 1309~1318

Feng Y, Yang L. 2006. A two-objective fuzzy k-cardinality assignment problem. Journal of Computational and Applied Mathematics, 197(1): 233~244

Fisher P. 2007. What is where? Type-2 fuzzy sets for geographical information. IEEE Computational Intelligence Magazine, 2(1): 9~14

Fung R, Chen Y, Chen L, Tang J. 2005. A fuzzy expected value-based goal programing model for product planning using quality function deployment. Engineering Optimization, 37(6): 633~647

Gao J, Liu Y. 2005. Stochastic Nash equilibrium with a numerical solution method. Lecture Notes in Computer Science, 3496(1): 811~816

Gao J, Lu M. 2005. Fuzzy quadratic minimum spanning tree problem. Applied Mathematics and Computation, 164(3): 773~788

Gao J, Liu Z Q, Shen P. 2009. On characterization of credibilistic equilibria of fuzzy-payoff two-player zero-sum game. Soft Computing, 13(2): 127~132

Gao X, You C. 2009. Maximum entropy membership functions for discrete fuzzy variables. Information Sciences, 179(14): 2353~2361

Georgescu I. 2009. Possibilistic risk aversion. Fuzzy Sets and Systems, 160(18): 2608~2619

González A. 1990. A study of the ranking function approach through mean values. Fuzzy Sets and Systems, 35: 29~41

Greenfield S, Chiclana F, Coupland S, John R. 2009. The collapsing method of defuzzification for discretised interval type-2 fuzzy sets. Information Sciences, 179(13): 2055~2069

Guo R, Guo D. 2009. Random fuzzy variable foundation for Grey differential equation modeling. Soft Computing, 13(2): 185~201

Halmos P R. 1974. Measure Theroy. New York: Springer-Verlag

Hao F, Liu Y K. 2008. Portfolio selection problem with equilibrium chance constraint. Journal of Computational Information Systems, 4(5): 1939~1946

Hao F, Liu Y K. 2009. Mean-variance models for portfolio selection with fuzzy random returns. Journal of Applied Mathematics and Computing, 30(1~2): 9~38

Heilpern S. 1992. The expected value of a fuzzy number. Fuzzy Sets and Systems, 47(1): 81~86

Hogan A, Morris J, Thompson H. 1981. Decision problems under risk and chance constrained programming: dilemmas in the transition. Management Science, 27(6): 698~716

Hou F J, Wu Q Z. 2006. Genetic algorithm-based redundancy optimization problems in fuzzy framework. Communications in Statistics-Theory and Methods, 35(10): 1931~1941

Hu Y C. 2007. Fuzzy integral-based perceptron for two-class pattern classification problems. Information Sciences, 177(7): 1673~1686

Huang T, Zhao R, Tang W. 2009. Risk model with fuzzy random individual claim amount. European Journal of Operational Research, 192(3): 879~890

Huang X. 2008. Mean-entropy models for fuzzy portfolio selection. IEEE Transactions on Fuzzy Systems, 16(4): 1096~1101

Huang X. 2009. A review of credibilistic portfolio selection. Fuzzy Optimization and Decision Making, 8(3): 263~281

Hung W L, Yang M S. 2004. Similarity measures between type-2 fuzzy sets. International Journal of Uncertainty, Fuzziness and Knowlege-Based Systems, 12(6): 827~841

Inuiguchi M, Tanino T. 2000. Portfolio selection under independent possibilistic information. Fuzzy Sets and Systems, 115(1): 83~92

Javid A A, Seifi A. 2007. The use of stochastic analytic center for yield maximization of systems with general distributions of component values. Applied Mathematical Modelling, 31(5): 832~842

Ji X, Iwamura K, Shao Z. 2007. New models for shortest path problem with fuzzy arc lengths. Applied Mathematical Modelling, 31(2): 259~269

Ji X, Shao Z. 2006. Model and algorithm for bilevel newsboy problem with fuzzy demands and discounts. Applied Mathematics and Computation, 172(1): 163~174

Ji X, Zhao X, Zhou D. 2007. A fuzzy programming approach for supply chain network design. International Journal of Uncertainty, Fuzziness and Knowlege-Based Systems, 15(2): 75~87

John R. 1998. Type 2 fuzzy sets: An appraisal of theory and applications. International Journal of Uncertainty, Fuzziness and Knowlege-Based Systems, 6(6): 563~576

John R, Innocent P, Barnes M. 2000. Neuro-fuzzy clustering of radiographic tibia image data using type 2 fuzzy sets. Information Sciences, 125(1~4): 65~82

Kageyama M. 2009. Credibilistic Markov decision processes: The average case. Journal of Computational and Applied Mathematics, 224(1): 140~145

Kahraman C, Ruan D, Bozdag C. 2003. Optimization of multilevel investments using dynamic programming based on fuzzy cash flows. Fuzzy Optimization and Decision Making, 2(2): 101~122

Kall P. 1976. Stochastic Linear Programming. Berlin: Springer-Verlag

Kall P, Wallace S. 1994. Stochastic Programming. Chichester: Wiley

Kanfmann A. 1975. Introduction to the Theory of Fuzzy Subsets I. New York: Academic Press

Karnik N, Mendel J. 2001a. Centroid of a type-2 fuzzy set. Information Sciences, 132(1): 195~220

Karnik N, Mendel J. 2001b. Operations on type-2 fuzzy sets. Fuzzy Sets and Systems,

122(2): 327~348

Kelley J E. 1960. The cutting-plane method for solving convex programs. Journal of the Society for Industrial and Applied Mathematics, 8(4): 703~712

Kennedy J, Eberhart R. 1995. Particle swarm optimization. Proceeding of the 1995 IEEE International Conference on Neural Networks, 1942~1948

Klement P, Mesiar R, Pap E. 2000. Triangular Norms. Netherlands: Kluwer Academic Publishers

Klir G. 1999. On fuzzy-set interpretation of possibility theory. Fuzzy Sets and Systems, 108(3): 263~273

Lan Y, Liu Y K, Sun G. 2009. Modeling fuzzy multi-period production planning and sourcing problem with credibility service levels. Journal of Computational and Applied Mathematics, 231(1): 208~221

Lan Y, Liu Y K, Sun G. 2010. An approximation-based approach for fuzzy multi-period production planning problem with credibility objective. Applied Mathematical Modelling, 34(34): 3202~3215

Larbani M. 2009. Non cooperative fuzzy games in normal form: a survey. Fuzzy Sets and Systems, 160(22): 3184~3210

Li J, Gao B. 2009. On chance maximization model in fuzzy random decision systems. Mathematical and Computer Modelling, 50(3~4): 453~464

Li J, Xu J, Gen M. 2006. A class of multiobjective linear programming model with fuzzy random coefficients. Mathematical and Computer Modelling, 44(11~12): 1097~1113

Li S, Hu C. 2007. Two-step interactive satisfactory method for fuzzy multiple objective optimization with preemptive priorities. IEEE Transactions on Fuzzy Systems, 15(3): 417~425

Li S, Hu C. 2008. An interactive satisfying method based on alternative tolerance for multiple objective optimization with fuzzy parameters. IEEE Transactions on Fuzzy Systems, 16(5): 1151~1160

Li S, Shen Q, Tang W, Zhao R. 2009. Random fuzzy delayed renewal processes. Soft Computing, 13(7): 681~690

Li S, Zhao R, Tang W. 2007. Fuzzy random delayed renewal process and fuzzy random equilibrium renewal process. Journal of Intelligent and Fuzzy Systems, 18(2): 149~156

Li X, Zhang Y, Wong H S, Qin Z. 2009. A hybrid intelligent algorithm for portfolio selection problem with fuzzy returns. Journal of Computational and Applied Mathematics, 233(2): 264~278

Liang R, Gao J. 2008. Dependent-chance programming models for capital budgeting in fuzzy environments. Tsinghua Science and Technology, 13(1): 117~120

Lin L, Lee H M. 2008. A new assessment model for global facility site selection. International Journal of Innovative Computing, Information and Control, 4(5): 1141~1150

Liu B. 2000. Dependent-chance programming in fuzzy environments. Fuzzy Sets and Systems, 109(1): 97~106

Liu B. 2002. Theory and Practice of Uncertain Programming. Heidelberg: Physica-Verlag

Liu B. 2004. Uncertainty Theory: An Introduction to Its Axiomatic Foundations. Berlin: Springer-Verlag

Liu B. 2006. A survey of credibility theory. Fuzzy Optimization and Decision Making, 5(4): 387~408

Liu B, Iwamura K. 1998. Chance-constrained programming with fuzzy parameters. Fuzzy Sets and Systems, 94(2): 227~237

Liu B, Liu Y K. 2002. Expected value of fuzzy variable and fuzzy expected value models. IEEE Transactions on Fuzzy Systems, 10(4): 445~450

Liu F. 2008. An efficient centroid type-reduction strategy for general type-2 fuzzy logic system. Information Sciences, 178(9): 2224~2236

Liu F, Mendel J. 2008. Encoding words into interval type-2 fuzzy sets using an interval approach. IEEE Transactions on Fuzzy Systems, 16(6): 1503~1521

Liu L, Gao X. 2009. Fuzzy weighted equilibrium multi-job assignment problem and genetic algorithm. Applied Mathematical Modelling, 33(10): 3926~3935

Liu L, Li Y. 2006. The fuzzy quadratic assignment problem with penalty: New models and genetic algorithm. Applied Mathematics and Computation, 174(2): 1229~1244

Liu W , Yang C. 2007. Fuzzy random degree-constrained minimum spanning tree problem. International Journal of Uncertainty, Fuzziness and Knowlege-Based Systems, 15(2): 107~115

Liu Y, Chen Y. 2010. Expectation Formulas for Reduced Fuzzy Variables. Proceedings of the 9th International Conference on Machine Learning and Cybernetics, 2: 558~562

Liu Y, Chen Y. 2011. Mean-entropy model for portfolio selection with type-2 fuzzy returns. Lecture Notes in Bioinformatics, 2011, 6840: 345~352

Liu Y, Chen Y. 2012. Portfolio selection problem with type-2 fuzzy returns. Advanced Science Letters, 7: 647~652

Liu Y, Hao F. 2009. The K-T conditions for portfolio selection problem in fuzzy decision system. Proceedings of the 8th International Conference on Machine Learning and Cybernetics, 2: 860~865

Liu Y, Tang W, Zhao R. 2007. Reliability and mean time to failure of unrepairable systems with fuzzy random lifetimes. IEEE Transactions on Fuzzy Systems, 15(5): 1009~1026

Liu Y K. 2001. The completion of a fuzzy measure and its applications. Fuzzy Sets and Systems, 123(2): 137~145

Liu Y K. 2005. Fuzzy programming with recourse. International Journal of Uncertainty, Fuzziness and Knowlege-Based Systems, 13: 381~413

Liu Y K. 2006. Convergent results about the use of fuzzy simulation in fuzzy optimization problems. IEEE Transactions on Fuzzy Systems, 14(2): 295~304

Liu Y K. 2007. The approximation method for two-stage fuzzy random programming with recourse. IEEE Transactions on Fuzzy Systems, 15(6): 1197~1208

Liu Y K. 2008. The convergent results about approximating fuzzy random minimum risk problems. Applied Mathematics and Computation, 205(2): 608~621

Liu Y K, Bai X. 2012. Studying interconnections between two classes of two-stage fuzzy optimization problems. Soft Computing, in press.

Liu Y K, Bai X, Hao F. 2008. A class of random fuzzy programming and its hybrid PSO algorithm. Lecture Notes in Artificial Intelligence, 5227: 308~315

Liu Y K, Gao J. 2005. Convergence criteria and convergence relations for sequences of fuzzy random variables. Lecture Notes in Artificial Intelligence, 3613(1): 321~331

Liu Y K, Gao J. 2007. The independent of fuzzy variables with applications to fuzzy random optimization. International Journal of Uncertainty, Fuzziness and Knowlege-Based Systems, 15(2): 1~20

Liu Y K, Liu B. 2002. Random fuzzy programming with chance measures defined by fuzzy integrals. Mathematical and Computer Modelling, 36(4~5): 509~524

Liu Y K, Liu B. 2003a. A class of fuzzy random optimization: Expected value models. Information Sciences, 155(1~2): 89~102

Liu Y K, Liu B. 2003b. Expected value operator of random fuzzy variable and random fuzzy expected value models. International Journal of Uncertainty, Fuzziness and Knowlege-Based Systems, 11(2): 195~215

Liu Y K, Liu B. 2003c. Fuzzy random variables: A scalar expected value operator. Fuzzy Optimization and Decision Making, 2(2): 143~160

Liu Y K, Liu B. 2005a. Fuzzy random programming with equilibrium chance constraints. Information Sciences, 170(2~4): 363~395

Liu Y K, Liu B. 2005b. On minimum-risk problems in fuzzy random decision systems. Computers and Operations Research, 32(2): 257~283

Liu Y K, Liu B, Chen Y. 2006. The infinite dimensional product possibility space and its applications. Lecture Notes in Artificial Intelligence, 4114: 984~989

Liu Y K, Liu Z Q, Liu Y. 2007. Fuzzy optimization problems with critical value-at-risk criteria. Lecture Notes in Computer Science, 4492(2): 267~274

Liu Y K, Liu Z Q, Gao J. 2009. The modes of convergence in the approximation of fuzzy random optimization problems. Soft Computing, 13(2): 117~125

Liu Y K, Shen S, Qin R. 2008. Particle swarm optimization for two-stage FLA problem with fuzzy random demands. Lecture Notes in Computer Science, 5263(1): 776~785

Liu Y K, Tian M. 2009. Convergence of optimal solutions about approximation scheme for fuzzy programming with minimum-risk criteria. Computers and Mathematics with Applications, 57(6): 867~884

Liu Y K, Wang S. 2006. Theory of Fuzzy Random Optimization. Beijing: China Agricultural University Press

Liu Y K, Wu X, Hao F. 2012. A new chance-variance optimization criterion for portfolio selection in uncertain decision systems. Expert Systems with Applications, 39(7): 6514~6526

Liu Y K, Zhu X. 2007. Capacitated fuzzy two-stage location-allocation problem. International Journal of Innovative Computing, Information and Control, 3(4): 987~999

Liu Z Q, Huang G, Nie X, He L. 2009. Dual-interval linear programming model and its application to solid waste management planning. Environmental Engineering Science, 26(6): 1033~1045

Liu Z Q, Liu Y K. 2007. Fuzzy possibility space and type-2 fuzzy variable. Proceedings of the 2007 IEEE Symposium on Foundations of Computational Intelligence, 616~621

Liu Z Q, Liu Y K. 2010. Type-2 fuzzy variables and their arithmetic. Soft Computing, 14(7): 729~747

Luhandjula M. 2006. Fuzzy stochastic linear programming: Survey and future research directions. European Journal of Operational Research, 174(3): 1353~1367

Maity A, Maity K, Maiti M. 2008. A production-recycling-inventory system with imprecise holding costs. Applied Mathematical Modelling, 32(11): 2241~2253

Maity K. 2008. Possibility and necessity constraints and their uses in inventory control system. International Journal of Operational Research, 3(6): 665~680

Maity K, Maiti M. 2007. Necessity constraint in two plant optimal production problem with imprecise parameters. Information Sciences, 177(24): 5739~5753

Marano G, Quaranta G. 2009. Robust optimum criteria for tuned mass dampers in fuzzy environments. Applied Soft Computing Journal, 9(4): 1232~1243

Markowitz H. 1952. Portfolio selection. Journal of Finance, 7(1): 77~91

Mendel J. 2001. Uncertain Rule-Based Fuzzy Logic Systems: Introduction and New Directions. Prentice Hall PTR

Mendel J, John R. 2002. Type-2 fuzzy sets made simple. IEEE Transactions on Fuzzy Systems, 10(2): 117~127

Meng M, Liu Y K. 2007a. Fuzzy data envelopment analysis with credibility constraints. Fourth International Conference on Fuzzy Systems and Knowledge Discovery, 1: 149~153

Meng M, Liu Y K. 2007b. Fuzzy expectation-based data envelopment analysis model. Proceedings of the Sixth International Conference on Machine Learning and Cybernetics, 3: 1277~1282

Mitchell H. 2005. Pattern recognition using type-II fuzzy sets. Information Sciences, 170(2~4): 409~418

Mitchell H. 2006. Correlation coefficient for type-2 fuzzy sets. International Journal of

Intelligent Systems, 21(2): 143~153

Mizumoto M, Tanaka K. 1976. Some properties of fuzzy sets of type 2. Information and Control, 31(4): 312~340

Mizumoto M, Tanaka K. 1981. Fuzzy sets and type 2 under algebraic product and algebraic sum. Fuzzy Sets and Systems, 5(3): 277~290

Nahmias S. 1978. Fuzzy variables. Fuzzy Sets and Systems, 1(2): 97~101

Nanda S, Panda G, Dash J. 2006. A new solution method for fuzzy chance constrained programming problem. Fuzzy Optimization and Decision Making, 5(4): 355~370

Nanda S, Panda G, Dash J. 2008. A new methodology for crisp equivalent of fuzzy chance constrained programming problem. Fuzzy Optimization and Decision Making, 7(1): 59~74

Narukawa Y, Murofushi T, Sugeno M. 2000. Regular fuzzy measure and representation of comonotonically additive functional. Fuzzy Sets and Systems, 112(2): 177~186

Ni Y. 2008. Fuzzy minimum weight edge covering problem. Applied Mathematical Modelling, 32(7): 1327~1337

Nocedal J, Wright J. 2006. Numerical Optimization. Beijing: Science Press

Pedrycz W. 2007. Granular computing–the emerging paradigm. Journal of Uncertain Systems, 1(1): 38~61

Peidro D, Mula J, Poler R, Lario F C. 2009. Quantitative models for supply chain planning under uncertainty. International Journal of Advanced Manufacturing Technology, 43(3~4): 400~420

Peng J, Jiang Q, Rao C. 2007. Fuzzy dominance: A new approach for ranking fuzzy variables via credibility measure. International Journal of Uncertainty, Fuzziness and Knowlege-Based Systems, 15(2): 29~41

Qin R, Liu Y K. 2010a. A new data envelopment analysis model with fuzzy random inputs and outputs. Journal of Applied Mathematics and Computing, 33(1~2): 327~356

Qin R, Liu Y K. 2010b. Modeling data envelopment analysis by chance method in hybrid uncertain environments. Mathematics and Computers in Simulation, 80(5): 922~950

Qin R, Liu Y K, Liu Z Q. 2011a. Methods of critical value reduction for type-2 fuzzy variables and their applications. Journal of Computational and Applied Mathematics, 235(5): 1454~1481

Qin R, Liu Y K, Liu Z Q. 2011b. Modeling fuzzy data envelopment analysis by parametric programming method. Expert Systems with Applications, 38(7): 8648~8663

Qin R, Liu Y K, Liu Z Q, Wang G. 2009. Modeling fuzzy DEA with type-2 fuzzy variable coefficients. Lecture Notes in Computer Science, 5552(2): 25~34

Qin Z, Li X, Ji X. 2009. Portfolio selection based on fuzzy cross-entropy. Journal of Computational and Applied Mathematics, 228(1): 139~149

Qiu J, Sun T, Shi Y. 2007. On autocontinuity and pseudo-autocontinuity of fuzzy complex measures. International Journal of Innovative Computing, Information and Control, 3(4): 1001~1008

Rickard J, Aisbett J, Gibbon G. 2009. Fuzzy subsethood for fuzzy sets of type-2 and generalized type-n. IEEE Transactions on Fuzzy Systems, 17(1): 50~60

Román-Flores H, Flores-Franulič A, Chalco-Cano Y. 2007. A Jensen type inequality for fuzzy integrals. Information Sciences, 177(15): 3192~3201

Roy A, Maity K, Kar S, Maiti M. 2009. A production-inventory model with remanufacturing for defective and usable items in fuzzy-environment. Computers and Industrial Engineering, 56(1): 87~96

Sevastjanov P, Figat P. 2007. Aggregation of aggregating modes in MCDM: Synthesis of Type 2 and Level 2 fuzzy sets. Omega, 35(5): 505~523

Shao Z, Ji X. 2006. Fuzzy multi-product constraint newsboy problem. Applied Mathematics and Computation, 180(1): 7~15

Sharma J, Rawani A. 2008. Ranking engineering characteristics in quality function deployment by factoring-in the roof values. International Journal of Productivity and Quality Management, 3(2): 223~240

Shen Q, Zhao R, Tang W. 2008. Modeling random fuzzy renewal reward processes. IEEE Transactions on Fuzzy Systems, 16(5): 1379~1385

Shen Q, Zhao R, Tang W. 2009. Random fuzzy alternating renewal processes. Soft Computing, 13(2): 139~147

Shen S, Liu Y K. 2010. A new class of fuzzy location-allocation problems and its approximation method. Information, 13(3A): 577~591

Steuer R. 1986. Multiple Criteria Optimization: Theory, Computation, and Application. New York: Wiley

Sugeno M. 1974. Theory of fuzzy integrals and its applications. Ph.D. Thesis, Tokyo Institute of Technology

Sun G, Liu Y K, Lan Y. 2010. Optimizing material procurement planning problem by two-stage fuzzy programming. Computers and Industrial Engineering, 58(1): 97~107

Sun G, Liu Y K, Lan Y. 2011. Fuzzy two-stage material procurement planning problem. Journal of Intelligent Manufacturing, 22(2): 319~331

Tahayori H, Antoni G. 2008. Operations on concavoconvex type-2 fuzzy sets. International Journal of Fuzzy Systems, 10(4): 276~286

Tizhoosh H. 2005. Image thresholding using type II fuzzy sets. Pattern Recognition, 38(12): 2363~2372

Uno T, Katagiri H, Kato K. 2008. An evolutionary multi-agent based search method for Stackelberg solutions of bilevel facility location problems. International Journal of Innovative Computing, Information and Control, 4(5): 1033~1042

van Hop N. 2007a. Fuzzy stochastic goal programming problems. European Journal of

Operational Research, 176(1): 77~86

van Hop N. 2007b. Solving fuzzy (stochastic) linear programming problems using superiority and inferiority measures. Information Sciences, 177(9): 1977~1991

van Hop N. 2007c. Solving linear programming problems under fuzziness and randomness environment using attainment values. Information Sciences, 177(14): 2971~2984

viertl R. 2008. Foundations of fuzzy bayesian inference. Journal of Uncertain Systems, 2(3): 187~191

Wagenknecht M, Hartmann K. 1988. Application of fuzzy sets of type 2 to the solution of fuzzy equations systems. Fuzzy Sets and Systems, 25(2): 183~190

Walcup D, Wets R. 1967. Stochastic programs with recourse. SIAM Journal on Applied Mathematics, 15(5): 1299~1314

Walker C, Walker E. 2009. Some general comments on fuzzy sets of type-2. International Journal of Intelligent Systems, 24(1): 62~75

Wang C, Tang W, Zhao R. 2008. Static Bayesian games with finite fuzzy types and the existence of equilibrium. Information Sciences, 178(24): 4688~4698

Wang G, Liu Y, Zheng M. 2009. Fuzzy two-stage supply chain problem and its intelligent algorithm. Lecture Notes in Computer Science, 5552(2): 15~24

Wang H, Wu W, Zhang B, Pan J. 2007. Fuzzy power flow based on credibility theory. Automation of Electric Power Systems, 31(17): 21~25

Wang J, Zhao R, Tang W. 2008. Supply chain coordination by revenue-sharing contract with fuzzy demand. Journal of Intelligent and Fuzzy Systems, 19(6): 409~420

Wang J H, Hao J. 2007. Fuzzy linguistic PERT. IEEE Transactions on Fuzzy Systems, 15(2): 133~144

Wang J Q, Gong L. 2009. Interval probability fuzzy random multi-criteria decision-making approach based on expectation-hybrid entropy. Control and Decision, 24(7): 1065~1069

Wang P. 1982. Fuzzy contactability and fuzzy variables. Fuzzy Sets and Systems, 8(1): 81~92

Wang S, Liu Y K. 2003. Fuzzy two-stage mathematical programming problems. Proceedings of the 2th International Conference on Machine Learning and Cybernetics, 5: 2638~2643

Wang S, Liu Y K, Watada J. 2009. Fuzzy random renewal process with queueing applications. Computers and Mathematics with Applications, 57(7): 1232~1248

Wang S, Watada J. 2009a. Fuzzy random renewal reward process and its applications. Information Sciences, 179(23): 4057~4069

Wang S, Watada J. 2009b. Modelling redundancy allocation for a fuzzy random parallel-series system. Journal of Computational and Applied Mathematics, 232(2): 539~557

Wang X, Tang W. 2009. Optimal production run length in deteriorating production processes with fuzzy elapsed time. Computers and Industrial Engineering, 56(4):

1627~1632

Wang X, Tang W, Zhao R. 2007. Random fuzzy EOQ model with imperfect quality items. Fuzzy Optimization and Decision Making, 6(2): 139~153

Wang Z, Klir J. 1992. Fuzzy Measure Theory. New York: Plenum Press

Wen M, Iwamura K. 2008. Fuzzy facility location-allocation problem under the Hurwicz criterion. European Journal of Operational Research, 184(2): 627~635

Wen M, Li H. 2009. Fuzzy data envelopment analysis (DEA): Model and ranking method. Journal of Computational and Applied Mathematics, 223(2): 872~878

Wen P, Zhou J, Zheng L. 2008. Hybrid methods of spatial credibilistic clustering and particle swarm optimization in high noise image segmentation. International Journal of Fuzzy Systems, 10(3): 174~184

Wu D, Mendel J. 2007. Uncertainty measures for interval type-2 fuzzy sets. Information Sciences, 177(23): 5378~5393

Wu D, Mendel J. 2009. A comparative study of ranking methods, similarity measures and uncertainty measures for interval type-2 fuzzy sets. Information Sciences, 179(8): 1169~1192

Wu H, Wu Y, Liu H, Zhang H. 2007. Roughness of type-2 fuzzy set based on similarity relation. International Journal of Uncertainty, Fuzziness and Knowlege-Based Systems, 15(4): 503~517

Wu H, Wu Y, Luo J. 2009. An interval type-2 fuzzy rough set model for attribute reduction. IEEE Transactions on Fuzzy Systems, 17(2): 301~315

Wu X, Liu Y K. 2011. Spread of fuzzy variable and expectation-spread model for fuzzy port-foio optimization problem. Journal of Applied Mathematics and Computing, 36(1~2): 373~400

Wu X, Liu Y K. 2012. Optimizing fuzzy portfolio selection problems by parametric quadratic programming. Fuzzy Optimization and Decision Making, in press.

Wu X, Liu Y K, Chen W. 2012. Reducing uncertain information in type-2 fuzzy variables by Lebesgue-Stieltjes integral with applications. Information, 15(4): 1409~1426

Xu J, Liu Q, Wang R. 2008. A class of multi-objective supply chain networks optimal model under random fuzzy environment and its application to the industry of Chinese liquor. Information Sciences, 178(8): 2022~2043

Xu J, Liu Y. 2008. Multi-objective decision making model under fuzzy random environment and its application to inventory problems. Information Sciences, 178(14): 2899~2914

Xue F, Tang W, Zhao R. 2008. The expected value of a function of a fuzzy variable with a continuous membership function. Computers and Mathematics with Applications, 55(6): 1215~1224

Xue X R. 2008. Calculation method of economic evaluation indices for highway engineering project. Journal of Traffic and Transportation Engineering, 8(4): 58~60

Yager R. 1981. A procedure for ordering fuzzy subsets of the unit interval. Information Sciences, 24(1): 143~161

Yager R. 2002. On the evaluation of uncertain courses of action. Fuzzy Optimization and Decision Making, 1(1): 13~41

Yang K, Liu Y K, Yang G. 2013. An improved hybrid particle swarm optimization algorithm for fuzzy p-hub center problem. Computers and Industrial Engineering, 64(1): 133~142

Yang L. 2009. Chance-constrained methods for optimization problems with random and fuzzy parameters. International Journal of Innovative Computing, Information and Control, 5(2): 413~422

Yang L, Ji X, Gao Z, Li K. 2007. Logistics distribution centers location problem and algorithm under fuzzy environment. Journal of Computational and Applied Mathematics, 208(2): 303~315

Yang M S, Lin D C. 2009. On similarity and inclusion measures between type-2 fuzzy sets with an application to clustering. Computers and Mathematics with Applications, 57(6): 896~907

You C. 2009. On the convergence of uncertain sequences. Mathematical and Computer Modelling, 49(3~4): 482~487

You C, Wen M. 2008. The entropy of fuzzy vectors. Computers and Mathematics with Applications, 56(6): 1626~1633

Yu J R, Shi R X, Sheu H J. 2008. A linearization method for quadratic minimum spanning tree problem. International Journal of Fuzzy Systems, 10(4): 287~291

Yuan G. 2012. Two-stage fuzzy production planning expected value model and its approximation method. Applied Mathematical Modelling, 36(6): 2429~2445

Yuan G, Liu Y K. 2006. Two-stage fuzzy optimization of an MPMP production planning model. Proceedings of the 2006 International Conference on Machine Learning and Cybernetics, 1685~1690

Zadeh L A. 1975. The concept of a linguistic variable and its application to approximate reasoning. Information Sciences, 8(3): 199~251

Zadeh L A. 1978. Fuzzy sets as a basis for a theory of possibility. Fuzzy Sets and Systems, 1(1): 3~28

Zhang C, Zhao R, Tang W. 2009. Optimal run lengths in deteriorating production processes in random fuzzy environments. Computers and Industrial Engineering, 57(3): 941~948

Zhang J, Zhao R, Tang W. 2008. Fuzzy age-dependent replacement policy and SPSA algorithm based-on fuzzy simulation. Information Sciences, 178(2): 573~583

Zhang Q, Yu Y, Lai K. 2006. Ant colony system for a fuzzy adjacent multiple-level warehouse layout problem. Journal of Beijing Institute of Technology, 15(4): 500~504

Zhao R, Tang W, Wang C. 2007. Fuzzy random renewal process and renewal reward process. Fuzzy Optimization and Decision Making, 6(3): 279~295

Zhao R, Tang W, Yun H. 2006. Random fuzzy renewal process. European Journal of Operational Research, 169(1): 189~201

Zhou J, Liu B. 2004. Analysis and algorithms of bifuzzy systems. International Journal of Uncertainty, Fuzziness and Knowlege-Based Systems, 12(3): 357~376

Zhu Y. 2008. On para-normed space with fuzzy variables based on expected valued operator. International Journal of Uncertainty, Fuzziness and Knowlege-Based Systems, 16(1): 95~106

Zhu Y, Ji X. 2006. Expected values of functions of fuzzy variables. Journal of Intelligent and Fuzzy Systems, 17(5): 471~478

索　引

《运筹与管理科学丛书》已出版书目